饲料卫生防控技术

◎ 张海棠 王自良 姜金庆 主编

中国农业科学技术出版社

图书在版编目（CIP）数据

饲料卫生防控技术／张海棠，王自良，姜金庆主编．—北京：
中国农业科学技术出版社，2013.9
ISBN 978 – 7 – 5116 – 1216 – 8

Ⅰ.①饲…　Ⅱ.①张…②王…③姜…　Ⅲ.①饲料–卫生检验
Ⅳ.①S816.17

中国版本图书馆 CIP 数据核字（2013）第 039365 号

责任编辑	闫庆健　胡晓蕾
责任校对	贾晓红

出 版 者	中国农业科学技术出版社
	北京市中关村南大街 12 号　邮编：100081
电　　话	（010）82106632（编辑室）　（010）82109704（发行部）
	（010）82109709（读者服务部）
传　　真	（010）82106625
网　　址	http://www.castp.cn
经 销 者	各地新华书店
印 刷 者	北京富泰印刷有限责任公司
开　　本	787 mm × 1 092 mm　1/16
印　　张	19.75
字　　数	480 千字
版　　次	2013 年 9 月第 1 版　2013 年 9 月第 1 次印刷
定　　价	35.00 元

《饲料卫生防控技术》
编委会

主　编：张海棠　王自良　姜金庆

副主编：何　云　王元元　王淑云　王丽莎

编　委：（按姓氏笔画排序）

丁　菡（河南科技学院）

王元元（河南科技学院）

王自良（河南科技学院）

王丽莎（漯河食品职业学院）

王岩保（河南省鹤壁市畜牧局）

王岩锋（河南省鹤壁市山城区畜牧局）

王彦华（河南省饲草饲料站）

王淑云（河南科技学院）

方忠意（河南省饲料产品质量监督检验站）

李　艺（河南科技学院）

何　云（河南科技学院）

孙保玲（河南省鹤壁市畜牧局）

张海棠（河南科技学院）

姜金庆（河南科技学院）

崔国庆（河南省纯种肉牛繁育中心）

蔡凯丽（河南省鹤壁市畜牧局）

出版支持　得到河南省高校科技创新人才支持计划（2010HASTIJ026）和"十二五"国家科技支撑计划专题2011BAK10B01–15科研支持与资助

前　言

随着生活水平的不断提高，人们对动物性食品的卫生质量要求与日俱增，吃"放心肉"、"安全肉"已成为人们谈论的热门话题和迫切需求。饲料是动物的"粮食"，饲料卫生状况直接影响动物性产品的卫生和安全，通过食物链间接影响人类健康。"水俣病"、"二噁英"、"疯牛病"、"瘦肉精"等饲料卫生安全事件，使人们在越来越丰富、精美的食品面前，反而如临雷池、如履薄冰。饲料有毒有害物质如重金属铅、砷、铬及致癌的黄曲霉毒素等卫生指标不合格的几乎占了不合格饲料的一半。饲料卫生质量不容忽视！

本书主要围绕影响饲料卫生质量的因素和提高饲料卫生质量的措施，详细阐述了饲料源性毒物及由外界环境污染的有毒有害物质的种类、理化性质、毒性、作用机理、中毒症状等问题，介绍了含毒饲料去毒处理方法、合理利用途径及饲料卫生的质量监督与管理、饲料毒物的检测方法等。全书共分13章，包括绪论、饲料细菌污染及控制、饲料霉菌污染与控制、有毒金属元素对饲料的污染及控制、农药对饲料的污染及控制、饲料添加剂的残留和控制、饲料脂肪酸败与控制、饲料抗营养因子、植物性饲料毒物中毒与防治、饼粕类饲料毒物中毒与防治、无机氟化物和食盐中毒与防治、饲料卫生质量的监督与管理、饲料中有毒有害物质的检测等内容。本书充分体现了科学性、先进性和实用性，既反映了学科发展的最新成就和未来需要，又紧密结合生产实践。本书可供高等农业院校的动物科学专业、动物营养与饲料加工专业、动物医学专业的师生以及相关领域的科研、生产及管理人员参考使用。

由于编者水平有限，书中疏漏和错误之处在所难免，期望广大读者和同行提出修正意见。

编者

2013 年 5 月

目　　　录

第一章 绪 论

饲料是动物的食物，动物产品又是人类的食物和食品工业的原料，所以，饲料是人类的间接食品，饲料卫生与人类健康密切相关。近年来，随着饲料工业的快速发展，在饲料卫生领域内出现的新问题越来越多，其中，主要是有毒有害物质对饲料质量的影响，进而影响动物的生长发育、产品质量和环境卫生，甚至威胁人类的健康。因此，广大畜牧、兽医、环境卫生等领域的科学工作者，要高度重视饲料的卫生状况，努力提高对饲料卫生质量监督和对有毒物质防除的意识，保证畜牧业的稳步发展。

第一节 饲料卫生学的研究内容和任务

一、饲料卫生学的概念

饲料卫生学（feed hygiene，feed hygienics）是研究动物饲料中有毒有害物质和抗营养因子的变化规律与动物健康的关系及防除措施等有关问题的科学。它既是预防兽医学的重要组成部分，又是饲料科学和饲料毒物学领域中近年发展起来的一门新兴边缘学科，为饲料卫生标准的制定和实施提供理论依据。

二、饲料卫生学的内容

（一）防除饲料毒物，充分利用饲料资源

据专家预测：到 2020 年和 2030 年，我国粮食产量的 43% 和 50% 将用作饲料。因人口增加和耕地面积减少，2010～2020 年，我国能量饲料的差额为 4 300 万～8 300万 t；蛋白质饲料的差额为 2 400 万～4 800万 t，其中饼粕类差额为 2 560万 t 左右。因此 21 世纪中国的粮食问题，特别是饲料粮问题，将是制约我国饲料工业和畜牧业发展的主要因素。饲料资源匮乏只能通过提高饲料利用率、开辟非常规饲料资源和调整农作物种植结构等办法来解决，但不管哪种办法，都必须保证饲料的营养水平和安全卫生，都和饲料毒物与抗营养因子的研究和防除有关。

1. 提高饲料利用率

在设计配合饲料配方时，既要考虑畜禽的生长阶段、生理特点、饲养环境、营养素之间的互作等常规因素，还要考虑饲料中毒物和抗营养因子对营养素利用率的制约，以进一步提高配合饲料的饲料转化率。在配合饲料原料生产工艺中，要采用各种脱毒和抗营养因子钝化技术，提高现有含毒、含抗营养因子饲料原料的营养价值，特别是提高含毒、含抗营养因子的蛋白质饲料的利用效率。

我国蛋白质饲料不足主要来自饼粕类，如大豆饼粕、菜籽饼粕、棉籽饼粕和花生饼粕等，其中绝大部分都存在毒素或抗营养因子。2012 年我国豆粕生产量预计为 4 819 万 t，棉籽饼粕约 600 万 t，菜籽饼粕约 800 万 t。如果通过技术解决其中毒素或抗营养因子问题，可提高饼粕饲料蛋白质利用率，可节约饼粕类蛋白质饲料。

鱼粉、血粉和骨粉等动物性饲料常因生产、销售和贮运过程中极易发生霉变、酸败等问题，导致质量下降，甚至产生有害物质而影响动物健康。

饲料酶技术是提高饲料利用率的有效方法。玉米中植酸磷占总磷的 50% ~75%，猪只能利用其中 10% ~12% 磷，加入植酸酶后，植酸磷利用率提高 60%，粪中磷排出量减少 40%，可大大减少粪便中磷对环境的污染。β-葡聚糖和阿拉伯木聚糖是大麦和小麦的抗营养因子，大麦和小麦日粮中加入酶后，能量利用率可提高 10% ~20%。

糠麸、次粉一般占原粮的 21%，可用于配合饲料这两种。调查表明用于饲料的糠麸、次粉占 60% 左右。如果不除去油，米糠易氧化酸败，不耐贮藏，降低适口性。

2. 开发利用非常规饲料资源

大规模使用非常规饲料资源是我国国情，是必走之路。以一个很简单的例子来说明我国养殖业与人争粮的严峻局面：根据《中国农业年鉴 2007》公布的资料，2006 年我国猪肉总产量达到 5 197 万 t，占全世界猪肉总产量的 50.1%；在我国国内，则占猪肉、牛肉、羊肉、禽肉等所有肉类总产量的 60%，当年出栏猪只 6.8 亿头，平均每头猪产肉 76.4kg，与国际上的产肉标准相似，如果按国际标准生产一头猪需要粮食 350kg 计算（含母猪所消耗饲料及死亡率），则出栏 6.8 亿头猪，需要粮食 2.38 亿 t，而我国粮食总产量为 5 亿 t，如果养猪采用全粮食喂养，需要消耗我国粮食总产量的近 1/2，按猪肉占所有肉类产量的 60% 计，再算上奶、蛋、水产肉类等消耗的粮食，则我国每年生产的粮食根本无法满足养殖业的需要，所以，采用全粮食饲养模式不现实，也根本不可能。

在开发非常规饲料资源过程中，应注意其中存在的毒物、抗营养因子的脱毒和钝化问题。由于对此类饲料原料或其加工过程的有毒有害物质常常不完全了解，或者已知其理化性质与检测方法的物质，尚缺乏饲料毒理学试验资料，不知其对动物机体的危害情况，因此必须进行安全性毒理学评价，以减少危害，提高饲料利用率。

薯类作物是巨大的非常规饲料资源宝库，据资料介绍：我国年产木薯 800 万 t，甘薯 1 亿 t，马铃薯 7 000 万 t，木薯茎干 500 万 t，木薯叶 500 万 t，甘薯藤叶 1 亿 t，马铃薯藤叶 6 000 万 t，三大薯类作物的可饲用部分总量达到 3.48 亿 t，折算干物质有近 1 亿 t。但甘薯易出现黑斑病、木薯含有氰苷、马铃薯含有茄碱等毒素，须用水浸泡、限量饲喂等方法减毒后利用。

我国年产农作物秸秆约 5 亿 t，是北方草原每年打草量的 50 倍，以此作为草食家畜的饲料资源，再添加一定量的其他农副产品（如饼粕类，糠麸类），可以养活我国牛羊的 2/3 之多，生产出我国牛羊肉的 3/4。在利用农作物秸秆时，要注意其中有毒有害物质的含量情况，采取有效措施加以防除，如秸秆青贮、氨化等。但是，目前秸秆经青贮、氨化后作为草食家畜的饲料仅占 2%，个别先进地区（如河南省的周口地区）也只占到 12%。

糟渣类饲料资源来源于酿造工业、制糖业、副食加工业等，有酒糟、醋糟、酱油糟、豆渣、粉渣、甜菜渣等。全国年生产各类糟渣 3 000 万 t 以上，95% 可用于饲料，但目前只有50%用于饲料，其余则被浪费。糟渣类饲料中存在甲醇、亚硫酸等有害成分问题，须经无害处理后才能饲用。

对动物性非常规饲料原料的利用，也涉及有毒有害物质的防除，如皮革蛋白粉须经脱铬处理后方能使用、蚕蛹饲料要解决酸败和防腐等问题。

3. 优化农业种植结构，提高饲料粮产量

一方面改良饲料作物品种，另一方面将粮食、经济作物的二元种植结构调整为粮食、经济作物和饲料的三元种植结构，建立有效的饲料粮品种培育、种植区化体系，提高饲料作物产量，这两方面都存在许多和毒素、抗营养因子有关的问题需要研究。改良饲料作物品种方面，选育低毒或无毒饲料粮或牧草品种，需要开展大量毒素和抗营养因子含量的测定工作；调整种植结构方面，如中科院西北高原生物研究所高原生态农业研究中心培育的"高原338"春小麦，虽然作粮食不受欢迎，但其产量高达 12.6 t/hm^2，最高产量达 15 t/hm^2，比普通小麦高77%，可利用其高产性能作为饲料粮种植，但该小麦中往往含有抗营养因子阿拉伯木聚糖，因而利用酶制剂消除其抗营养作用的研究应同时进行。用未成熟玉米作牛饲料，可提高其营养价值，又能缩短作物生长周期。

三元种植结构已提倡多年，取得了一些进展，但仍然存在粮饲不分等问题，在作物品种选择和加工处理方法上，尚未发挥饲料作物的特点和优势。应尽快将饲料作物的种植有计划地纳入农业生产，实行优势区域布局，示范推广饲料作物的种植模式，搞好饲料作物的加工去毒处理，彻底解决饲料粮的稳定供应问题。

（二）防止饲料污染，保证饲料卫生安全

在饲料的生产、贮运、加工、饲用等环节中，常致饲料的生物性或非生物性有毒有害物质污染，严重影响饲料的质量，进而危及动物和人的健康和安全。

1. 生物性污染

与饲料卫生有关的细菌包括致病菌和相对致病菌，前者可直接进入消化道，引起消化道感染而发生中毒性疾病，称为感染型饲料中毒，如沙门氏菌中毒等；后者是某些细菌在饲料中繁殖并产生细菌毒素，通过相应的发病机制引起中毒病，称为细菌毒素型饲料中毒，如肉毒梭菌毒素和葡萄球菌毒素等所引起的细菌外毒素中毒等。

霉菌及霉菌毒素对饲料的污染系我国主要的饲料生物性污染。饲料中常见的产毒霉菌有曲霉菌属、镰刀菌属和青霉属等菌种。因我国各地的气候、饲料种类以及贮运加工方法不同，霉菌及霉菌毒素对饲料的污染具有一定的地区特点。

饲料的细菌、霉菌污染或虫害都能引起饲料的外观和质量发生变化，降低饲料的营养价值及利用率，并造成动物中毒。

2. 非生物性污染

各种化学物质，如重金属、某些无机和有机化合物污染饲料后，都能严重影响饲料的卫生与安全，它们主要来自工业的废水、废气和废渣，农药、化肥，兽药及饲料添加剂的不适当应用等。针对污染的发生原因进行治理和防除，可有效减少非生物性污染，保障饲料的卫生和安全。

（三）完善饲料卫生标准，加强质量检测

制定国家饲料卫生标准，是用法规形式限定饲料中有毒有害物质的最高允许量。我国最新出台的《饲料卫生标准》（GB 13078—2001及其后的修改单和增补内容）明确规定了饲料中可能出现的砷、汞、铅、镉、氟、铬、亚硝酸盐等无机毒物，游离棉酚、生氰糖苷（氰化物）、异硫氰酸盐、噁唑烷硫酮等有机毒物，滴滴涕（DDT）和六六六等有机氯农药，黄曲霉毒素等生物毒素，沙门氏菌等微生物及其他有害物质的限量要求。饲料中任一种毒害物超标，则不允许上市销售。新《饲料卫生标准》还列出了各种有毒有害物质的检测方法，使饲料卫生质量检测有法可依。然而，它与快速发展的饲料工业和畜牧业相比，还不完全匹配，不能够解决生产中出现的诸多饲料卫生问题。具体表现在以下几方面。

1. 覆盖面小

标准中只涉及部分有毒有害物质在配合饲料和饲料原料中的允许含量，其他毒物如、钼、有机磷农药（如对硫磷和马拉硫磷等）、麦角毒素、3，4-苯并芘等环境毒物、大肠杆菌和炭疽杆菌等微生物在标准中没有规定。显然这些有毒有害物质都会影响动物健康和畜产品质量。

2. 检测方法烦琐

仪器设备昂贵，限制了饲料卫生质量检测工作的普及应用，因此要加快对饲料中有毒有害物质快速检测技术的研究。

（四）安全性毒理学评价

对饲料中各种有毒有害物、污染物和药物添加剂进行安全性毒理学评价，证明其确实安全后，才能批准正式生产和使用。对兽药和药物添加剂必须规定休药期，以法规（农业部168.02205公告）形式制定动物性食品中兽药、药物添加剂及其他化学物质的最高残留量或允许残留量。

在饲料安全性毒理学评价方面，参考"食品安全性毒理学评价程序和方法"（GB 15193—1994）和饲料毒理学评价（GB/T 23179—2008）规定的检测要求和指标进行。为了保证和提高开发饲料资源的技术水平和经济效益，努力开展饲料、饲料添加剂和兽药的安全性毒理学评价工作及有关标准的制定，已成为人们日益关注的问题。

（五）加强饲料管理，执行饲料法规

1. 贯彻执行《兽药管理条例》

由国务院颁布从2004年11月1日起施行的《兽药管理条例》使兽药的研制、生产、经营、进出口、使用和监督检查具有法律依据。新兽药研制者在向国务院兽医行政管理部门提出新兽药注册申请时，应当提交该新兽药的样品以及名称、主要成分、理化性质、质量标准、检测方法、药理和毒理试验结果、环境影响报告、污染防治措施等，经验证安全、有效后，方可考虑批准生产。研制的新兽药属于生物制品的，还应当提供菌（毒、虫）种、细胞等有关材料和资料；用于食用动物的新兽药，还应当按照国务院兽医行政管理部门的规定进行兽药残留试验并提供休药期、最高残留限量标准、残留检测方法及其制定依据等资料。随着《兽药管理条例》的实施，逐步形成了一套兽药监督法规保障体系，对我国兽药管理工作的法制化，规范兽药生产经营活动，提高兽药质量，促进与国际接轨，保障畜牧业发展，维护人体健康起到了积极作用。

2. 贯彻执行《饲料和饲料添加剂管理条例》

《饲料和饲料添加剂管理条例》是国务院颁布的我国有关饲料的第一部权威性法规，它经过多年来的讨论和反复修订，集中了各方面的意见和智慧，总结了我国饲料工业发展的经验，吸收了国外的先进经验，对饲料和饲料添加剂的管理原则、管理范围、管理手段、执法主体，都作了明确的规定。随着"《饲料和饲料添加剂管理条例》实施细则"、"生产许可证管理办法"、"批准文号管理办法"、"新饲料和新饲料添加剂审定办法"、"进口饲料和饲料添加剂管理办法"、"允许使用的饲料和饲料添加剂品种目录"和"经营备案制度"等配套法规的逐步修改完善，对规范饲料生产和销售，加强饲料行业管理，完善饲料企业的质量管理体系，提高饲料产品质量，促进我国饲料工业的快速发展，我国饲料卫生学必将进入新的发展阶段。

（六）饲料毒物中毒病的研究

兽医临床实践证明，饲料毒物引起的疾病占动物中毒病的多数。我国对动物中毒病的研究常常是围绕生产实践中出现的严重问题而展开，因饲料毒物的种类之多，饲料毒物中毒病的复杂性尚不被人们所认识，加上科技水平和研究投入赶不上中毒病的发展速度，所以，对原有的饲料中毒病尚未完全解决时，新饲料毒物引起的新中毒病已不断发生，往往被误诊为其他内科病、代谢病、传染病或寄生虫病，造成大批动物死亡或生产性能下降。研究动物饲料中毒病的根本目的在于揭示饲料毒物中毒的一般规律，特别是探索饲料中有毒有害物质存在的原因、中毒机理、危害、诊断和治疗方法以及防除措施，为开展饲料安全性毒理学评价和制定饲料中有毒物质的最高允许量标准提供科学依据。

三、饲料卫生学的任务

饲料卫生学主要关注有毒有害物质对饲料质量的影响，以及对动物和人类健康乃至环境的危害。广大畜牧、兽医、水产、动物营养、环境卫生、饲料工业等行业的科学工作者，必须引起高度重视，提高饲料卫生质量监督和防除意识，既保证饲料产量增加，又保证饲料质量提高和饲料对动物乃至人的安全，保证畜牧业健康稳步发展。

随着饲料资源的广泛开发和利用以及饲料加工业的高速发展，饲料卫生学科中必将出现越来越多的新问题，亟待深入研究和解决。因此，饲料卫生学的主要任务是：

①深入研究各地可利用饲料中的有毒有害物质的种类、含量、理化性质、毒性、作用机理及其去毒利用的不同方法，以便更好地推动饲料的开发利用。

②研究和解决各种饲料添加剂在使用过程中可能带来的毒性及卫生问题，对已生产推广的饲料和新开发的饲料资源进行安全性评定，经常进行卫生质量监测工作。

③继续研究和探讨棉籽、菜籽、蓖麻、桐籽、胡麻等饼粕中的有毒成分和方便、有效、经济、安全的去毒新方法，不断地开发和利用植物蛋白资源。

④继续制定和完善各类饲料中各种有毒有害物质的允许量标准，确定并统一饲料卫生鉴定方法，特别是注意建立现场快速检测方法和研制有关仪器设备。

⑤深入研究外来性毒物污染饲料的途径，饲料本身毒物的产生过程与形成条件，寻找预防饲料污染和防霉去毒的新方法，保证各类饲料的营养价值。

⑥深入了解与饲料卫生质量有关的有毒有害物质，调查研究有关动物饲料中毒的原

因，阐明其发生发展规律，充分认识其危害性，研究有效的预防和去除措施。

⑦积极开展饲料毒物学与饲料卫生学的基础理论研究，加强饲料毒物的检测和饲料卫生学的基础工作，增进国内外学术交流，充分利用相关学科中新发展的研究方法和现代技术，促进饲料卫生学的不断发展和完善。

四、饲料卫生学与其他学科的关系

饲料卫生学是在饲料毒物学、畜禽中毒病学、饲料学、饲养学、家畜环境卫生学、饲料加工学、生物化学、分析化学、生理学等学科不断发展的基础上建立起来的新兴学科，它的发展与这些学科息息相关，相辅相承，互相促进。

第二节 影响饲料卫生的因素及危害

一、影响饲料卫生的因素

（一）饲料自身因素

在饲料的生产过程（包括生长、收获、运输、加工、贮藏等）中，饲料本身固有或自然形成的某些有毒有害成分或其前体物质，这些物质可大体分为饲料毒物、抗营养因子和新饲料资源开发利用中的未知因素。

饲料毒物（feed toxicants）是影响饲料卫生的重要因素，它作为饲料的天然成分，产生于饲料生产的各个环节，如棉籽中含有棉酚及其衍生物，菜籽饼粕中含有硫氰酸酯和噁唑烷硫酮等，当动物采食并吸收达一定量时，即可发生机体的机能性和器质性病变，影响生产性能，表现某些特征性中毒症状，严重时造成部分或大批动物死亡。

抗营养因子（antinutritional factors，ANFs）是降低或破坏饲料中营养物质，影响机体对营养物质的吸收和利用率，甚至导致动物中毒性疾病的一类物质。如植酸、蛋白酶抑制因子、抗维生素因子、非淀粉多糖、脂（肪）氧合酶及硫胺素酶、植物凝集素、单宁等。

实际上，抗营养因子和毒物之间常常没有明显的界限，有些抗营养因子可表现出一定的毒性作用，而很多毒物也具有一定的抗营养作用，因而把它们统称为有毒有害物质，这些物质的毒性效应可表现为直接影响动物对饲料营养成分的吸收、代谢与转化，也可能表现为间接影响内分泌、免疫功能、生殖发育、神经传递等生理机能。

在新饲料资源的开发利用过程中，不仅要肯定非常规饲料中的营养成分，更要注意其中有毒有害物质的种类与含量及其对饲喂动物的安全性。某些蛋白质含量较高的饲料（如棉籽饼粕、菜籽饼粕、亚麻籽饼粕、蓖麻籽饼粕、油籽饼粕、橡胶籽饼粕、木薯、银合欢、棘豆属和黄芪属植物等），含有不同种类的有毒有害物质，动物大量或长期采食后，出现急、慢性或特殊毒性作用，甚至导致大批死亡。因而蛋白质饲料资源的开发和利用一直是国家科技攻关和生产建设的重大课题。

（二）自然与环境因素

饲料作物长期生长在自然界中，通过不同方式与土壤和空气进行物质交换，体内成分必然受到自然与环境因素的影响。地壳表层中各种金属元素分布极不均衡，如我国多数地区的土壤中无机氟含量偏高，硒缺乏等；局部地区某种元素过多或过少，或因某种植物的特殊吸收功能，往往致饲料中矿物元素的含量差异，从而影响到动物的健康。因气候、季节和温湿度的作用，微生物在不同饲料中生长繁殖并产生有毒有害物质，如有害细菌、霉菌及其毒素常可引起动物的细菌性、霉菌性或（和）毒素中毒性疾病，不仅影响饲料品质，而且导致动物产品的质量和数量下降，造成经济损失。这些现象多伴有明显的地区性或季节性特点。

（三）人为因素

在饲料生产的各个环节，离不开人类活动，因人为作用造成的饲料卫生不良现象时常发生。如不合理的施肥、杀虫、加工、贮藏等，均可导致饲料成分及质量的改变，从而影响饲料的营养价值和安全性，引起动物机能性或（和）器质性病理变化，发生中毒。新农药等化学品的不断合成，其中有的尚未完成安全性试验即大量投放市场，甚至滥用或不合理使用都会影响饲料质量和动物健康。随着工业化的迅速发展，工业三废（废水、废气和废渣）处理不当而污染环境和饲料，导致畜禽中毒性疾病的事件越来越多（如二噁英事件等）。近年来，饲料添加剂的品种和产量越来越多，用之得当则可改善饲料品质，提高饲料报酬，预防或治疗畜禽疾病，促进畜禽生长，提高畜产品质量；如果配比不当，添加过量，就会导致畜禽中毒、药物残留、动物机体产生耐药性等恶果。

二、饲料中有毒有害物质的分类与危害

（一）有毒有害物质的种类

饲料有毒有害物质的成分复杂，种类繁多，且有许多不确定或未知因素，因而其分类方法也不统一。目前，常见的分类方法有以下几种。

1. 按来源分类

可分为天然饲料毒物（包括其前体物和衍生物）、农药（包括杀虫剂、杀鼠剂、化肥以及植物生长调节剂等）、有害微生物（如某些细菌、霉菌及其毒素等）、环境污染物（如工业"三废"、地质性氟过多、放射性物质等）、饲料添加剂（如维生素、微量元素、药物等）、有毒植物（如棘豆属和黄芪属有毒植物、栎属植物的果实及嫩叶、紫茎泽兰、闹羊花、萱草根、狼毒等）等。

2. 按化学结构分类

可笼统地分为有机物质和无机物质两大类或详细分为盐类、甙类、生物碱、酚类、肽类、蛋白质类、萜烯类、重金属类、非蛋白氨基酸等。

3. 按危害作用

可分为神经毒物、细胞毒物、肝毒物、肾毒物、三致（致畸、致癌、致突变）毒物、抗营养因子（包括植酸、非淀粉多糖、某些酶及酶抑制剂、单宁、凝集素、环丙烯类脂肪酸等）、致敏因子等。

（二）饲料毒物的体内转运和转化

饲料毒物进入机体的途径主要是消化道的吸收作用，极少数可经呼吸道或皮肤黏膜吸

收而产生毒性作用。大部分进入血液循环的毒物与血浆蛋白，特别是白蛋白（少数与球蛋白）结合，少数呈游离状态。一般来说，这种结合可逆，血浆中结合的毒物与游离的毒物保持着动态平衡。与蛋白质结合紧密的毒物，不易透过细胞膜进入靶器官对组织产生毒性作用。不同毒物与血浆蛋白的结合力有别，即已结合的毒物可被结合力更强的毒物取代而游离出来，或被内源性代谢物竞争或置换，从而增强其毒性。由于结合、主动运输或溶于脂质中，毒物能在组织器官的特定部位贮存。各种毒物在体内各组织器官中的分布数量与贮存时间，由其透过细胞膜的能力及其与不同组织器官的亲和力决定，而且常成为引起毒性作用的基础。肝脏是毒物在体内贮存和生物转化的主要器官。

多数饲料毒物在体内经过氧化、还原、水解、结合（或合成）等作用，改变其结构和性质，从而达到活化（毒性更强）或失活（解毒）的作用。部分毒物在生物转运和转化过程中，发挥毒性作用，引起机体的代谢功能和组织结构的变化，损害机体的组织及其生理功能，发生中毒现象，如硝酸盐被还原生成毒性更强的亚硝酸盐；生氰糖苷经水解后释放氢氰酸；硫葡萄糖苷可生成硫氰酸盐、异硫氰酸盐和噁唑烷硫酮；马铃薯发芽变绿时产生多种茄碱；过多的碳水化合物可在瘤胃微生物的作用下产生大量酸性物质等。

（三）饲料毒物的作用机理

饲料毒物的毒性可分为两大类，即一般毒性（急性、亚急性、蓄积性和慢性）和特殊毒性（致突变、致畸、致癌、致敏、局部刺激和免疫抑制等）。毒物中毒机理的解释可以从脏器、细胞、亚细胞和分子水平几个层次进行研究。

①确定生物大分子的靶点，回答何种组织器官或大分子对该毒物有较强的亲和性。

②分离和鉴定出毒物的活性代谢产物，测定由毒物所引起体内论物质的数量或活性的改变，为更好地了解毒物的毒性和确定早期诊断指标提供依据。

③动物种属之间，在最基本结构分子水平上的基因表达非常相似，因此用有毒有害物质引起某种动物染色体和基因突变的资料，推测有毒有害物质对其他动物的遗传危害，从而弥补传统毒理学研究的某些不足。

研究证实，体内的脂肪组织对有机氯制剂具有高度亲和性；砷和铅主要贮存在骨骼和肝肾组织中；棉酚和蓖麻毒素具有细胞毒性和血液毒性；菜籽饼粕毒素能引起甲状腺肿大等症状；黄曲霉毒素 B_1 能诱发肝癌和胆管壁增厚；植酸和氟离子能与许多二价离子（如 Ca^{2+}、Zn^{2+}、Fe^{2+}、Mg^{2+}、Cu^{2+}）结合，形成络合物，从而降低这些元素的生物利用率，造成缺乏症；亚硝酸根离子可导致高铁血红蛋白症；氰离子与细胞色素氧化酶中三价铁结合，造成细胞内缺氧和生物氧化功能丧失；氟乙酸经活化生成的氟柠檬酸能抑制顺乌头酸酶的活性，从而中断三羧酸循环和能量的产生；有机磷酸酯类可抑制胆碱酯酶的活性，从而降低其水解乙酰胆碱的能力，导致乙酰胆碱在体内迅速大量蓄积，引起神经功能异常；饲料中的某些酶抑制剂能使消化道中蛋白酶、淀粉酶或脂肪酶失活，影响饲料的消化吸收。

目前，用电子显微镜可观察到亚细胞结构的改变，用生物化学方法能从细胞形态学改变联系到体内某些物质的变化，这些方法手段使毒理机制的研究有了更大的进展。

第三节 提高饲料卫生质量的措施

一、增强饲料卫生观念

饲料的安全卫生直接关系到饲喂动物的安全和健康，间接影响到人类的卫生和安全。1991 年我国颁布了《饲料卫生标准》，限定了 16 种有毒有害物质在饲料中的最高允许量。随着饲料工业和养殖业的发展，对原饲料卫生标准进行了修订完善，在 2001 年又颁布了新《饲料卫生标准》（GB 13078—2001），与原标准相比，有毒有害物质的种类增加了铬元素，动物的种类从单纯的猪鸡增加到包括牛、羊、鹌鹑、鸭等多种动物，饲料种类也有所增加。2006～2010 年又增加了赭曲霉毒素 A、玉米赤霉烯酮、脱氧雪腐镰刀菌烯醇、T-2 毒素、硒、铜、锡有毒有害物质项目。农业部在 1989 年公布了 20 种畜禽饲料中允许使用的药物添加剂及其使用方法，1997 年增加为 30 种，2001 年为 33 种。这些标准和规定对保证畜禽饲料的安全卫生起到了重要作用。但是，近十年来，我国饲料卫生安全问题仍不容乐观，由饲料卫生问题导致的食品安全及人畜共患病事件屡次发生，影响人类的健康和畜产品出口，分析原因主要是由于违禁药物或化学药品在饲料中长期使用，导致在畜产品中残留增加或是细菌对抗生素产生耐药性影响人类疾病的防控。现将 2001～2010 年发生的重大安全事件列表如下（表 1-1）。

表 1-1 2001～2010 年重大安全事件

年份	事件名称	事件经过	事件危害
2001	瘦肉精中毒事件	11 月，广东河源 484 人因食含瘦肉精的猪肉导致中毒，2 人死亡	中毒 5 600 人，死亡 9 人
2002	蜂蜜氯霉素事件	8 月，美国查处我国 500t 蜂蜜中高浓度氯霉素，扣留并销毁	主要出口国全部遭禁
2003	毒狗肉事件	7 月，浙江查获 48t 含剧毒氰化物的狗肉	中毒事件 4 次
2004	红心鸭蛋事件	2 月，发现苏丹红 1 号色素，河北红心鸭蛋、江苏高邮咸鸭蛋等	全国捕杀鸭 20 多万只
2005	猪链球病菌事件	5 月，四川省报告人感染猪链球菌病，震惊全国	患者 117 人，死亡 1 人
2006	福寿螺事件	6 月，北京报告人食用福寿螺导致管圆线虫病	确诊病例达 500 多例
2007	丙烯酰胺事件	5 月，香港发现肯德基中均含有致癌物质丙烯酰胺	300 多人中毒
2008	三聚氰胺事件	7 月，甘肃省收治婴儿尿结石患者达 1 000 余人，9 月 11 日，卫生部证实是由于三鹿集团生产的婴幼儿配方奶粉中含有三聚氰胺所致	婴幼儿患者 291 846 人，赔偿 262 662 人，死亡 6 例

年份	事件名称	事件经过	事件危害
2009	猪流感事件	4月，美国严重疫情，波及全球	死亡2 000多人
2010	豇豆含毒事件	1月，海南豇豆被检测出含有高毒农药水胺硫磷	危害全国多个地区

在国外同样存在着各种各样的饲料卫生安全问题。1986 年，英国首次发现疯牛病，其后政府下令宰杀国内的牛，欧盟于 1996 年起禁止进口英国的牛肉，直至 1998 年才解禁。疯牛病事件给英国百年称雄的肉牛业带来了致命的打击。据研究，疯牛病传播的主要途径之一是饲料中利用牛加工副产品制成的肉骨粉。疯牛病引起了世界范围的公众恐慌，也为世界敲响了饲料安全的警钟。1999 年 3 月底，比利时一些养鸡场突然出现异常，专家调查证明，饲料受二噁英（dioxin）污染，在鸡脂肪及鸡蛋中发现有二噁英，其含量超过常规的 800～1 000 倍，比利时的畜牧业及涉及畜产品的食品加工业顷刻瘫痪，世界各国都宣布停止销售其商品。二噁英主要来源于与氯有关的化工厂、农药厂、垃圾焚烧和纸浆及纸的漂白过程。二噁英极其稳定，不溶于水，溶于脂肪，进入动物体内后沉积在脂肪中，从而在食物中累积，鱼体内的二噁英浓度可达周围环境的 10 万倍，牛肉、牛奶、猪肉中也都含有微量二噁英，随着环境中二噁英含量升高，人类疾病的发生率明显升高。1999 年 8 月 15 日，法国有 4 家大型肉食品生产商使用污水处理厂和化粪池的沉淀物来饲养家禽曝光，3 万多 t 污染饲料彻底销毁。化粪池的污秽物含有对人体有害的重金属、能抵抗抗生素的细菌以及二噁英等化学物质，人类食用这些受污染的肉制品后健康会受到影响，尤其是脑部的神经系统机能可能受损。

随着生活水平的提高，人们对畜产品的质量有了更高的要求，无污染、无残留和无公害、绿色食品已成为人们一种新的消费时尚，然而诸多的饲料或食品卫生安全事件令人触目惊心。因此，需要增强饲料卫生观念，进一步完善饲料卫生标准和法规，加大宣传力度，用法律保证我国饲料和饲料添加剂的安全，保障饲用动物产品的卫生安全和人类健康。

二、防除饲料中的有毒有害因子

（一）作物育种

通过作物育种法，把天然饲料毒物或其前体物的含量降低到最低水平，虽然需要严密的科技手段和较长的培育时间，但可从根本上除去饲料中的有毒有害因子。我国于 20 世纪 70 年代引进了无色素腺体棉花新品种，经多年选育，棉仁中的棉酚含量由 1.04%（4个老品种的平均值）降低到仅为 0.02%（9 个新品种的平均值），其加工后的饼粕中棉酚含量极少，aa 组成不同；无毒不仅一定程度上改变营养价值，可以直接大量饲喂动物。近年来，我国还引进和选育出低硫葡萄糖苷和低芥酸含量的"双低"油菜新品种，提高了饼粕的品质和利用率。但新培育出的低毒品种仍存在着产量低、抗病力差和易出现品种退化等问题，需作进一步研究。

（二）环境治理

环境污染以工业"三废"、农药和土壤中金属元素含量过多为重要因素。因此，认真贯彻执行国家于 1989 年颁布的《环境保护法》，开展环境治理工作是防止环境污染，确保饲料卫生的根本措施。工业"三废"中可污染饲料的物质种类繁多，最重要的是矿藏开发冶炼过程中，重金属元素的扩散，轻工业生产中排放的有机毒性物质，可造成工厂周围或沿河下游灌区的饲料污染。因而，要严格控制工业"三废"的排放，对"三废"进行净化回收处理，对农田进行污水灌溉和使用污泥、废渣时应加强对环境污染的监测。农药的大量使用或滥用，严重影响饲料卫生，特别是那些残效长或在环境中不易破坏的农药（如有机氯类），应停止生产、严禁使用，继续研制高效、低毒、低残留的农药，加强饲料中农药残留量的检测和进行去污处理。

（三）脱毒或灭活处理

毒物的脱毒或灭活处理研究倍受关注，尤其是有毒饼粕的脱毒方法、工艺等。随着毒物脱毒工作的深入研究，饲料脱毒工作者逐渐达成共识，即在饲料脱毒的同时，须兼顾保护饲料中营养物质（特别是蛋白质）和饲料成本。只有这样，才能提高饲料资源开发的技术水平和经济效益，饲料脱毒研究才能健康深入发展。例如，农业部规划设计研究院，在微生物脱毒技术研究方面取得了一定成绩。他们利用真菌等微生物分解棉籽饼粕中的棉酚，脱毒率达到 85%，利用细菌分解菜籽饼粕中的异硫氰酸酯和噁唑烷硫酮达到 90%，且富含多种必需氨基酸，经养猪试验，可使猪的增重率提高 15% 左右。黄玉德、李延云等也用各种微生物脱毒技术，有效地降低了棉籽、菜籽饼粕中毒物的含量，同时提高了蛋白质、氨基酸和维生素的含量。也可应用 ZR 热喷技术进行有毒饼粕的工业化脱毒，工艺简单、生产效率高、成本低，且脱毒效果好。体内外脱毒添加剂的研制和应用也为饲料脱毒利用增添了新途径。

饲料中天然存在多种酶，有些酶能促进饲料中营养物质的消化和利用；另一些酶可使饲料中的营养成分减少或完全消失，或在营养物质转化过程中产生有毒有害物质；还有一些酶能使饲料中的毒素与抗营养因子失去活性或破坏。开展饲料中重要酶及酶抑制剂的研究，已经成为饲料科学工作者的研究热点。随着该领域研究的不断深入，必将产生更多的研究成果并转化为饲料生产的巨大动力，从而保护动物健康，提高饲料营养价值。

三、规范饲料添加剂使用

为加强饲料、兽药和人用药品管理，防止在饲料生产、经营、使用和动物饮用水中超范围、超剂量使用兽药和抗生素，杜绝滥用违禁药品的行为，我国农业部、卫生部和国家食品药品监督管理局颁布了《饲料和饲料添加剂管理条例》《兽药管理条例》《药品管理法》《禁止在饲料和动物饮用水中使用的药物品种目录》《水产养殖质量安全管理规定》《水产苗种管理办法》及《农产品质量安全法》等。1999 年农业部还发布了《动物性食品中兽药的最高残留量》的通知，规定了对 101 种兽药的使用品种及在靶组织中的最大残留限量。2002 年，对其又进行了修订。但是，部分还在使用的兽药鱼药，还没有制定药物残留标准。

药物饲料添加剂的使用必须遵守国家的法令法规，不合理使用会导致畜产品中药物残留超标、病原菌产生抗药性以及污染环境等不良影响。

2006 年 11 月，上海市食品药品监督管理局对市场上所销售的多宝鱼进行抽检，结果被检的 30 个样品均含有硝基呋喃类代谢物，同时部分样品还分别检出恩诺沙星、环丙沙星、氯霉素、红霉素等抗生素残留，部分样品土霉素超过国家标限量要求。这一事件在国内引起了极大的关注。2007 年 7 月，农业部新闻办公室发布农产品质量安全概况，在 1 月、4 月两次畜产品抽检中，磺胺类药物残留监测平均合格率分别为 98.8% 和 99.0%，超市、批发市场和农贸市场磺胺类药物监测合格率分别为 98.7%、99.0% 和 99.2%。水产品中氯霉素污染的平均合格率为 99.6%，超市、批发市场和农贸市场分别为 100%、99.7% 和 99.3%。虽然，我国近年来畜产品质量安全合格率总体呈上升态势，但各种调研数据依然让我们对国内畜产品的抗生素残留情况表示担忧。在超市的食用动物内脏产品、生乳及养殖场动物尿样和饲料样中均有检出氯霉素、四环素类、磺胺类、硝基呋喃类代谢产物的报道，各种抗生素的检出率在 3.3% ~ 50% 不等。减少抗生素残留的一个重要前提是严格执行休药期，休药期动物不应屠宰上市。

病原微生物对化学治疗剂发生钝化乃至出现耐药性，给现代化学疗法带来了极大的困难，又给抗生素及其他药品的化学疗法的前途投下了许多阴影。据美国《新闻周刊》报道，仅 1992 年全美就有 13 300 名患者死于抗生素耐药性细菌感染。在国内，磺胺类、四环类、青霉素、氯霉素、卡那霉素、庆大霉素等药物，在畜禽中已大量产生抗药性，临床效果越来越差，使用剂量也大幅度增加。1990 年，对从北京某鸡场分离的 121 株大肠杆菌进行药敏测定，结果全部菌株有耐药性，85% 的菌株抗 4 种以上的药物，有 5 株对所有 10 种抗菌药物全部有抗性。1991 年，对从京津地区发病鸡场分离的 120 株金黄色葡萄球菌与 1985 年从京津地区发病鸡场分离的 164 株金黄色葡萄球菌进行药敏测定，试验结果表明，1991 年分离的菌株比 1985 年分离的菌株对青霉素、链霉素和四环素的耐药率，分别上升 100%、50.8% 和 85%，并且 80% 以上的菌株耐 3 种以上的抗菌药物。有人从使用金霉素作饲料添加剂的农场饲养员体内分离出凝固醇阳性的鼻链球菌，并测试其对 8 种抗生素的敏感性，结果发现其中已有 19.10% 菌株耐受金霉素，而从对照人群中，则没有分离到耐金霉素的菌株。

近年来，高铜、高锌和有机砷的大量应用，给环境带来了污染。以砷为例，厂家宣传时对有机砷制剂的介绍有片面强调其促生长及疗效的一面，而忽视其致毒及可能导致污染环境的一面。据预测，一个万头猪场按美国 FDA 允许使用的砷制剂剂量推算，若连续使用含砷的加药饲料，5 ~ 8 年之后将可能向猪场周边排放近 1t 砷，16 年后土壤中砷含量即上升 0.28mg/kg，按此计算不出 10 年，该地所产甘薯中砷含量会全部超过国家食品卫生标准，这片耕地只能废弃或种其他作物。

四、加速推广应用新型绿色安全的饲料添加剂

（一）微生态制剂

微生态制剂以活菌的形式在动物消化道中与病原菌进行竞争抑制，增强动物机体的免

疫功能，并直接参与胃肠道微生物的平衡，加快达到胃肠道功能的正常化，产品无抗药性和药物残留。

（二）酶制剂

酶制剂是微生物体内合成的高效能生物活性物质，通过外源性酶制剂的使用，帮助畜禽对饲料的消化，提高饲料利用率，促进生长，并减少动物体内矿物质排泄，减轻环境污染。在幼龄畜禽，还可弥补其消化酶分泌的不足。酶制剂研究中最为重要的问题是，在生产及其处理过程中如何保持酶的稳定性和饲喂效果。

（三）酸化剂

利用几种特定的有机酸和无机酸复合制成复合酸化剂，能迅速降低 pH 值，使动物保持良好的缓冲值。首先提高幼龄畜禽不成熟的消化道中的酸度，激活消化酶，有利于饲料中营养成分的消化，其次防止活细菌从外界环境中进入小肠末端，促进有益菌群的繁殖，抑制有害菌的生长，同时又可参与体内的一系列反应，提高饲料的适口性等。在饲料中加入酸化剂可提高动物日增重，降低料肉比，减少疾病（特别是仔猪腹泻等）。

（四）中草药制剂

对中草药主要药理作用的研究表明，中草药具有协助发汗、解热、抗菌抗病毒、助消化、增食欲、泻下、抗炎、镇痛、调节平滑肌收缩、疏通微循坏、增加器官血流量、改善胃肠血循环、增加消化液分泌、强心、抗休克、镇静、抗惊厥、增强免疫、抑制腺体分泌、吸附、收敛等作用。国内外已有用中草药组方的饲料添加剂，已取得了一定成效。中草药应用具有广阔的前景，但受原料品质、炮制方法等因素的影响，饲喂效果不稳定。

第四节　饲料卫生学展望

在畜牧业和饲料工业的高速发展过程中，饲料的安全卫生问题逐渐成为国际社会广泛关注的热点之一。世界上经济发达的国家在十分重视饲料相关立法的同时，非常重视饲料工业标准化建设，从而更有效地对饲料产品研制、生产、销售、质量检测和使用等环节实施严密的监督，为提高饲料和饲料添加剂的产量和质量，保证畜牧养殖业和饲料工业的发展，保证人畜健康，促进国民经济的发展做出了积极贡献。

我国饲料科学工作者在各级政府的关怀和支持下，经过近几十年的艰苦奋斗，协作攻关，不断总结经验和教训，借鉴国际先进技术，在饲料生产、利用和卫生质量控制等方面，已经做出了显著成绩，为饲料新资源的不断开发和利用提供了科学依据，为饲料卫生学的形成和发展奠定了坚实的基础。

在当前和今后较长时间内，饲料卫生学的主要工作将是研究可利用饲料资源中有毒有害物质的毒性、作用机理及其防除措施，对新开发饲料资源作好安全性毒理学评价工作，研究和解决新饲料添加剂在使用中可能带来的毒性问题及其他有关安全卫生问题，研究环境污染的新动态和治理方法，探索简易、快速、准确的检测方法。

为了适应我国饲料工业化发展的形势，适应饲料新产品开发研究和产业化的需要，我们还需要进一步完善国家饲料安全卫生标准，促生长剂、药物有效成分分析标准，形成从原料、预混料、浓缩料、配合饲料最终产品的完整配套检测技术，使检测方法标准达到 ISO、AOAC、FAO、CAC、WHO 所发布的标准，尽快与国际接轨。针对饲料工业高新技术产品及饲料营养研究的最新进展，需要开展相应"高"、"难"检测技术的研究，如酶制剂、生菌剂、螯合剂的检测及营养元素形态学区分与检测技术；加强快速检测技术研究，如近红外光谱、酶联免疫等检测技术和现场快速检测方法研究。

第二章 饲料细菌污染及控制

第一节 细菌污染与饲料变质

一、细菌污染饲料的环境条件

细菌具有普遍存在的特点，饲料中广泛分布，目前，人类的技术也不可能根除饲料中的细菌。为了有效地控制细菌对饲料的污染，必须首先了解细菌污染饲料的环境条件。与细菌生命活动有关的环境条件包括温度、水分、氢离子浓度、渗透压及辐射等。

（一）温度

在影响细菌生长繁殖的各种因素中，温度最重要。适宜的温度可促进细菌的生长繁殖，否则细菌的生命活动减弱或可能引起细菌的形态、生理等特性的改变，甚至导致细菌死亡。自然界中各种微生物都有它适宜的生长温度。根据微生物的适宜生长温度范围，可将微生物分为嗜冷性、嗜温性和嗜热性 3 类。在每类微生物生长温度范围内，又分最低、最适和最高生长温度（表 2 - 1）。

表 2 - 1 微生物生长温度范围

微生物类型	生长温度范围（℃）			分布
	最低温度	最适温度	最高温度	
嗜冷性微生物	- 5 ~ 0	10 ~ 20	25 ~ 30	水中和冷藏处的微生物
嗜温性微生物	10 ~ 20	25 ~ 37	40 ~ 45	病原微生物、腐生微生物
嗜热性微生物	25 ~ 40	45 ~ 55	60 ~ 75	温泉、土壤、厩肥中的某些微生物

嗜冷性微生物：适宜在 - 5 ~ 30℃ 范围内生长。海洋、湖泊和河流中的部分微生物及在冷藏场所出现的微生物属于此类。嗜冷性微生物能在低温下生长，主要系其酶在低温下能有效起催化作用，高温（30 ~ 40℃），会使酶失活。另外，嗜冷性微生物的细胞膜含有较高的不饱和脂肪酸，能在低温下保持膜的半流动性，从而保证了膜的通透性能，有利于微生物生长。

嗜温性微生物：生长温度范围在 10 ~ 45℃，最适温度为 25 ~ 37℃。发酵工业应用的微生物菌种、引起动物疾病的病原微生物，以及引起食品与饲料原料和成品腐败变质的微生物，往往属于此类。这类微生物的生长速率高于嗜冷性微生物。温度低于 10℃ 时，能抑制此类微生物中酶的功能，从而抑制其生长。温度升高，抑制解除，功能又恢复。所以，可在低温下保存菌种。

沙门氏菌、肉毒梭菌、葡萄球菌均是嗜温性微生物。沙门氏菌的温度范围为 10～42℃，最适温度 37℃。肉毒梭菌 A 型和 B 型的温度范围为 10～48℃，最适温度 35℃；C 型生长温度在 33～45℃，最适温度为 35℃。葡萄球菌的最适生长温度为 37℃。

嗜热性微生物：生长温度范围在 25～75℃，最适生长温度为 45～55℃，这类微生物常存在于土壤、堆肥和温泉中。嗜热性微生物能在高温下生长，是因其具有抗热性的酶；能产生保护大分子免受高温损害的胺类；细胞膜中含有较多的饱和脂肪酸和直链脂肪酸，使膜具有热稳定性。此外，它们的核酸也有保证热稳定的结构。

微生物的最低生长温度是指微生物生长的温度下限，低于这个温度，微生物就不能生长。最适生长温度是指微生物生长最旺盛的温度，即在这种温度下微生物生长速度最快，增代时间最短；增代时间是指新细胞成长至繁殖出下一代细胞所需的时间。不同的微生物在最适温度下的增代时间有差异，如大肠杆菌为 18min，霍乱弧菌为 20min，枯草杆菌为 30min，结核杆菌则为 18h。最高生长温度是指微生物生长的温度上限，超过这个温度，就会引起死亡。致死的原因主要是由于微生物菌体蛋白质包括酶类在内，受热变性或凝固的结果。微生物耐热性的大小常用以下几种参数来表示。

（1）热力致死时间（TDT）　在特定条件和特定温度下，杀死一定数量微生物所需要的时间（min）。

（2）D 值　利用一定温度进行加热，活菌数减少一个对数周期（即 90% 的活菌被杀死）时所需的时间（min）。

（3）Z 值　在加热致死时间曲线中，时间降低一个对数周期（即缩短 90% 的加热时间）所需要升高的温度（℃）。

（4）F 值　在一定的基质中，121.1℃，加热杀死一定数量微生物所需的时间（min）。

伤寒沙门氏菌在 60℃ 时的 TDT 为 5min，大肠杆菌为 5～30min，梭状芽孢杆菌芽孢在 100℃ 下的 TDT 为 5～800min。微生物数量的多少与抗热力有明显的关系。菌量愈多，抗热力愈高，即含有微生物的数量越多，加热杀死最后一个微生物所需的时间也越长。如在 100℃ 时，肉毒梭菌的芽孢菌数为 7.2×10^{10}，TDT 是 240min；芽孢菌数为 3.2×10^{7}，TDT 是 110min；芽孢菌数为 3.3×10^{2}，TDT 是 40min。

（二）水分

细菌在生命活动过程中，不可缺少的水，而且需要大量的水分，才能维持细菌正常代谢的进行。缺少水分时，有些细菌可能迅速死亡，有些细菌随着干燥环境的延续逐渐死亡，另有一些细菌可以较长时间的存活下来，但已不能进行生长繁殖。干燥引起细菌细胞内蛋白质的变性和盐类浓度的增高，是抑制微生物生长或促使微生物死亡的主要原因。干燥温度和速度、菌龄、基质及空气环境都会影响干燥作用。干燥温度越高，细菌越容易死亡；高速干燥时，细菌不容易死亡；幼龄细菌比老龄细菌容易死亡；基质中养分含量丰富时，细菌不容易死亡；经真空干燥后并在真空环境中贮存的细菌可长期保存其生活力。为了保存饲料，通常要求饲料必须干燥到一定程度。

（三）渗透压

细菌的细胞具有一层半透膜，它能调节细胞内外的渗透压平衡。各种细菌都有其最适宜渗透压。必须在含有 2% 以上盐浓度才能良好生长的微生物称为嗜盐微生物或嗜高渗微生物；在 2% 以下盐浓度中能良好生长，在 2% 以上也能生长的微生物称为耐盐微生物。各种细菌耐受盐浓度的能力不同，多数杆菌在超过 10% 的盐浓度时不能生长。有些耐盐性差的，在低于 10% 盐浓度时即已停止生长。如大肠杆菌、沙门氏杆菌、肉毒梭菌等在 6%～8% 的盐浓度时已完全处于抑制状态。高糖溶液产生高渗也能对细菌产生抑制作用。

（四）氢离子浓度（pH 值）

不同细菌耐受酸碱的能力不同，即各种细菌都有其适宜生长的 pH 值。如肉毒梭菌 A 型和 B 型生长的最低 pH 值为 4.7，E 型则为 5.0。金黄色葡萄球菌最低生长 pH 值为 4.8，在缺氧条件下则为 5.0。

（五）辐射

电磁波中某些波长的射线，如 X 射线、紫外线、放射性同位素射线等具有杀菌作用。革兰氏阴性无芽孢杆菌对紫外线最敏感，用 15W 紫外线杀菌灯距离 50cm 照射 1min，或距离 10cm 照射 6s 几乎可以把大肠杆菌、痢疾杆菌、伤寒杆菌全部杀死。放射性同位素发出的射线有 α、β、γ 三种射线。微生物细胞的细胞质在一定强度放射线照射下，核酸代谢受到损害，蛋白质发生变性，其繁殖机能也会受到损害。细菌对放射线的敏感性与其种类、数量、所处的基质状态、氧的存在与否以及细菌的不同发育阶段等多种因素有关。

为了防止细菌对饲料的污染，在饲料的生产、加工、运输和营销等过程中要采取有效措施，严格控制细菌生长的环境条件。

二、污染饲料的细菌种类

存在于自然界中的细菌种类繁多，但因受饲料的理化性质及加工处理等因素的限制，只有部分细菌存在于饲料中。在饲料卫生学上，将饲料中常见的细菌称为饲料细菌，包括致病菌、相对致病菌和非致病菌三大类。

（一）致病菌和相对致病菌

这两类细菌是引起畜禽细菌性饲料中毒的主要原因，包括沙门氏菌、肉毒梭菌、志贺菌、致病性大肠杆菌、葡萄球菌、变形杆菌、副溶血性弧菌等。这些细菌不仅能引起畜禽疾病，且能在畜禽体内产生毒性更大的细菌毒素，如金黄色葡萄球菌可产生溶血素、杀白细胞毒素、肠毒素等，从而引起畜禽患病。

1. 沙门氏菌

沙门氏菌属为革兰氏阴性短小杆菌，菌体四周有鞭毛，能运动，不产芽孢及荚膜，为兼性厌氧菌，多数菌有菌毛，能吸附于宿主细胞表面。沙门氏菌不耐热，生长温度为 10～42℃，最适温度为 37℃，在 60℃ 水中 10～20min 即死亡。最适生长 pH 值为 6.8～7.8，消毒药物，如来苏儿、石炭酸、漂白粉等，5%～50% 的浓度即可迅速将其杀灭。

目前已发现沙门氏菌属的菌种有 2 500 种以上血清型，分别对人、哺乳动物及鸟类有致病力。根据沙门氏菌的传染范围可分为 3 个菌群。

（1）肠热型菌群　专门引起人类发病的沙门氏菌，如伤寒沙门氏菌、甲型副伤寒沙门氏菌、乙型副伤寒沙门氏菌、丙型副伤寒沙门氏菌。

（2）食物中毒菌群　对哺乳动物及鸟类有致病性的沙门氏菌，并能引起人类食物中毒，如鼠伤寒沙门氏菌、猪霍乱沙门氏菌、肠炎沙门氏菌、德彼沙门氏菌、纽波特沙门氏菌、汤波逊沙门氏菌以及鸭沙门氏菌等菌型最为常见。

（3）仅能使动物发病，较少传染于人的沙门氏菌　如马流产沙门氏菌、鸡伤寒沙门氏菌和鸡白痢沙门氏菌，有时也会引起人胃肠炎。

2. 肉毒梭菌

肉毒梭菌为革兰氏阳性厌氧较粗大杆菌，有芽孢，有鞭毛，能运动，无荚膜，最适生长温度为 28～37℃，最适 pH 值为 6～8，但产生毒素的最适温度为 25～30℃，最适 pH 值为 7.8～8。根据肉毒梭菌的生化反应及毒素的血清型不同，可分为 A、B、C、D、E、F 及 G 7 个型，C 型又分为 C_1 和 C_2 2 种。A 和 B 型的抗热力最强，E 型最弱。马对 B、D 型，牛对 C、D 型，绵羊对 C 型，鸟类对 C 型敏感。C_1 型主要引起野水禽中毒。猪、猫和狗对各型肉毒梭菌毒素都有较强的抵抗力。

肉毒梭菌的繁殖体抵抗力较弱，但其芽孢抵抗力强，煮沸 1～6h 不死，180℃干热 5～15min 或 120℃高压蒸汽灭菌 10～20min 或 10% 盐酸中 1h 被杀死。在酒精中可以存活 2 个月。肉毒梭菌的 A、B 型抵抗力最强，所以罐头食品的灭菌是否彻底，以本菌为指示菌，特别是芽孢位于罐头食品的深层，数量不多时，尽管用高温灭菌也常不能杀死，故要特别注意。肉毒毒素不耐热，80℃，10min 或 100℃ 1min 即被破坏；随食物进入胃后，胃内的胃液和消化酶在 24h 内不能将其破坏，故易被胃吸收而引起中毒。

3. 葡萄球菌

葡萄球菌为革兰氏阳性球状细菌，呈葡萄状排列。无芽孢，无鞭毛，不能运动，需氧或兼性厌氧，在 20% 二氧化碳环境中有利于毒素的产生，最适生长温度为 37℃，最适 pH 值为 7.4。耐盐性强，能在含有 10%～15% 氯化钠的培养基上生长。

葡萄球菌对外界的抵抗力较强，在干燥的脓汁或血液中可存活 2～3 个月，80℃ 30min 才能杀死，煮沸可迅速死亡。在 3%～5% 石炭酸、0.1% 升汞液中 10～15min 即可死亡，70% 乙醇在数分钟内可将其杀死。葡萄球菌对某些染料比较敏感，如 1：（$1×10^5$～$3×10^5$）稀释的龙胆紫溶液能抑制其生长繁殖。在冷冻贮藏环境中不易死亡，因此在冷冻食品中常可检出。在含有 50%～60% 蔗糖或 15% 食盐以上的食品中可被抑制。

（二）非致病菌

此类细菌是评价饲料卫生质量的重要指标。它们寄生于饲料中，一方面消耗饲料养分，降低饲料营养价值，另一方面往往与饲料出现的特异色泽、气味、荧光等有关。常见的有假单孢菌属、微球菌属、芽孢杆菌和梭菌属等。

三、细菌污染饲料的危害

（一）细菌污染引起饲料腐败变质

当饲料污染细菌并达到一定数量时，可腐败变质。在饲料卫生学上，腐败变质是指在以饲料细菌为主的多种因素作用下，饲料降低或失去其营养价值等系列变化。

饲料腐败变质的过程极为复杂，主要是使饲料中的营养成分分解，出现特异的感官性状。饲料中的芽孢杆菌、梭菌、假单胞菌或链球菌再产生的蛋白质分解酶和肽链内切酶作用于饲料中的蛋白质，使其先分解为肽，再分解成氨基酸，氨基酸及其他含氮物质在相应酶的作用下进一步分解成胺类、酮类、不饱和脂肪酸及有机酸等，饲料出现腐败特征，即出现饲料发黏、渗出物增加，并出现特殊难闻的恶臭味。细菌可使饲料脂肪发生水解和氧化，脂肪酸败不仅使饲料的气味发生变化，其营养价值也大大降低。在饲料细菌产生的各种酶的作用下，碳水化合物分解为低级产物如醇、醛、酮、羧酸、CO_2 和水，其结果是饲料酸度升高而使饲料呈"发酸"味。维生素遭到破坏，矿物元素失去平衡。饲料受到细菌污染而发生腐败变质后，则会产生下列不良作用。

①饲料感观异常，不良的颜色、气味影响饲料的适口性，降低动物的采食量。

②营养物质遭到破坏，营养价值大幅度降低。

③增大了致病菌及产毒霉菌存在的可能性，引起动物机体的不良反应，发生疾病，甚至中毒。

④腐败变质的产物也可能直接危害动物机体，如鱼粉腐败产生的组胺可使雏鸡中毒等。

（二）细菌污染导致动物中毒

细菌性饲料中毒可分为感染型和毒素型 2 类。病原细菌污染饲料后，在饲料中大量繁殖，这种含有大量活菌的饲料被动物摄入以后，会引起动物消化道的感染而造成中毒，称之为感染型饲料中毒。饲料中污染了某些细菌以后，在适宜的条件下，这些细菌在饲料中繁殖并产生毒素，这种饲料被动物摄入后会引起中毒，称之为毒素型饲料中毒。还有一些细菌性饲料中毒的病理机制尚未完全清楚，难以确切划分。

1. 沙门氏菌

沙门氏菌不属于腐败菌，不分解蛋白质，不产生吲哚，所以饲料中虽有大量细菌繁殖，也不能从视觉和嗅觉上识别出来。当动物通过饲料大量摄入这些细菌时，除引起相应的肠道疾病外，菌体还在肠道内崩解，释放出内毒素，而使动物中毒。沙门氏菌中毒为感染型饲料中毒，其临床症状为急性胃肠炎，发生呕吐、腹痛、腹泻，四肢发冷，黏膜苍白，抽搐，体温升高；腹泻严重时可引起脱水或虚脱，如不及时抢救可致死亡。沙门氏菌内毒素是一种多糖、类脂、蛋白质化合物，动物从饲料摄入大量活菌，并在肠道内继续繁殖，才能引起中毒。肠道内大量的菌体及菌体崩解后释放出来的内毒素，对肠道黏膜、肠壁及肠壁的神经有强烈的刺激作用，造成肠道黏膜肿胀、渗出和脱落。内毒素由肠壁吸收进入血液后，还作用于体温调节中枢和血管运动神经，引起体温上升和运动神经麻痹。本病的潜伏期为 12～36h，潜伏期的长短与摄入菌的数量有关。不同沙门氏菌对动物的危害如下。

（1）马流产沙门氏菌　能侵害怀孕母马胎盘，引起流产或继发子宫炎，能使初生幼驹发生败血症或局部感染，引起关节炎、肺炎等。

（2）猪霍乱沙门氏菌　主要引起仔猪的副伤寒，猪瘟继发感染。

（3）鸡白痢沙门氏菌　主要侵害雏鸡，引起败血症；引起成年母鸡卵巢炎，该菌还可通过种蛋传递给下一代雏鸡。

（4）鸡伤寒沙门氏菌　主要感染鸡，也可感染火鸡、鸭、鹌鹑等，可使雏鸡发生急性或慢性败血症。

2. 肉毒梭菌

肉毒梭菌本身无致病力，但在缺氧条件下，能大量繁殖并产生毒性极强的外毒素（如毒梭菌毒素），比氰化钾毒性大 1 万倍。肉毒梭菌毒素是目前已知的细菌外毒素中毒性最强者，为强烈的嗜神经毒素，0.01μg 可使豚鼠死亡，成人只要食入 0.01mg 就可毙命。该毒素对动物的胃肠道也有刺激作用，在胃及小肠上段进入血液，选择性地作用于神经末梢及神经与肌肉连接处，由于神经传导的化学介质乙酰胆碱的释放或合成被抑制而发生肌肉麻痹；还可以作用于血管的神经感受器而导致中枢病变。动物中毒后，最急性者往往不表现任何症状而突然死亡。一般病畜出现四肢无力、全身麻痹、运动不便、不能站立等中毒症状，有的 24h 内即可死亡。肉毒梭菌毒素中毒的症状与肌肉麻痹有关，常常呈现进行性运动麻痹，视觉障碍，咀嚼吞咽困难，全身进行性衰弱，多因呼吸及心脏麻痹而死亡。

肉毒梭菌毒素中毒多发生于禽类，尤其是水禽。美国的禽类发病率较高，如美国西部一次爆发事件中，损失达 100 多万只。牛发生肉毒梭菌毒素中毒多见于草原粗放的牛群。土壤中磷不足，牛喜欢啃咬在牧场上能找到的任何带肉的骨头，如果这些骨头带有 D 型肉毒梭菌，则引起中毒，约 1g 带毒尸体干肉所含毒素可能足以杀死一头生长良好的母牛。动物采食 D 型肉毒梭菌芽孢，这些芽孢在肠内发芽，产生毒素，导致动物死亡；毒素侵入肌肉，反过来又成为杀死其他动物的有毒物质。

3. 葡萄球菌

葡萄球菌外毒素对动物胃和小肠有强烈的刺激作用，可引起局部炎症。进入血液后可作用于血管运动神经，加剧局部瘀血、水肿、渗出，作用于植物性神经，引起胃肠剧烈蠕动。中毒动物发生剧烈呕吐，大量流涎，腹痛腹泻，粪便带血，严重腹泻后出现失水症状，肌肉痉挛、虚脱、体温大多正常。如果及时治疗，多能恢复。

（三）饲料中革兰氏阴性细菌导致内毒素中毒的毒理机制

构成细菌毒力的一个极为重要的因素就是细菌毒素。革兰氏阴性细菌内毒素常引起动物发热、弥漫性血管内凝血、内毒素性炎症、内毒素败血症和败血性休克等症状。内毒素的本质是脂多糖（LPS），位于革兰氏阴性细菌的外膜上。LPS 的类脂部分结合在外膜内侧，多糖侧链突出于膜外。LPS 是细菌细胞壁的一部分，其作用是保护菌体免受宿主体内因子的作用。革兰氏阴性细菌主要通过 2 个途径释放内毒素：一是以外膜泡形式释放内毒素。外膜泡的形成只出现在细菌的对数增殖期，其释放方式类似于成熟果实的自然脱落，并不损坏细胞的完好性。二是细菌溶解时把内毒素释放到宿主体内，然后随血液进入各组织器官。大量内毒素进入宿主体内使动物发生上述中毒症状。

研究表明，内毒素的生物学作用并非其本身引起，而是由其所诱导产生的细胞因子作用的结果。革兰氏阴性细菌释放的内毒素被宿主吸收后，可分别作用于其靶细胞，并诱导这些细胞合成和分泌细胞因子，细胞因子参与并导致内毒素性炎症、败血症及休克。并提出了内毒素中毒的细胞因子治疗可利用抗细胞因子或其受体的抗体，利用可溶性细胞因子受体，利用细胞因子受体颉颃物。

第二节 细菌污染的控制

一、沙门氏菌污染的控制

饲料中的沙门氏菌，主要来源于动物源性饲料原料如鱼粉、肉骨粉、骨粉、蚕蛹等。因此选购时，应特别注意检测。有些植物性蛋白质饲料如饼粕类，也可携带沙门氏菌，同样应重视。控制沙门氏菌污染饲料，应采取综合性措施。

①严格检测，禁止使用被污染的原料。

②原料和成品分开放置，防控交叉污染。

③制定灭鼠措施，隔离鸟类和昆虫接触原料。

④控制饲料的含水量不超过13%。

⑤及时清理各种废料。

⑥减少粉尘，避免沙门氏菌扩散。

⑦抗菌药物对该菌有抑制作用，因此饲料中添加沙门氏菌敏感的抗菌药物，可以避免或减轻沙门氏菌对动物的危害。

⑧添加有机酸，消灭和抑制饲料中沙门氏菌的生长与繁殖。

二、肉毒梭菌污染的控制

肉毒梭菌是一种腐败寄生菌，广泛存在于土壤、动物的粪便、鱼的肠管及人的粪便中，在未开垦的土壤和牧场所在地，污染尤为严重。植物性饲料潮湿堆积发热造成腐败和发霉后，或鱼、肉类在加工过程中不注意卫生，均易被肉毒梭菌污染。肉毒梭菌污染的控制措施如下。

①鼠、鸟可成为肉毒梭菌的携带者，因此要注意灭鼠，控制与防治鸟类接触饲料传播本菌。

②畜禽粪便也是污染源，要控制和防治。

③各种屠宰下脚料以及剩饭，需加热煮熟后再用来饲喂动物。

三、葡萄球菌污染的控制

本菌广泛存在于空气、水、土壤、动物的皮肤及牛的乳房中，尤其是存在于患乳房炎的牛乳、动物化脓性疾病及其分泌物中。当含蛋白质、脂肪、糖和水分充足的饲料或鱼肉、剩饭等被葡萄球菌污染时，则迅速繁殖并产生外毒素。该毒素耐热，煮沸也不能破坏，用这些残羹剩饭饲喂动物就有中毒危险。动物若采食因化脓性肝炎、肾炎、腹膜炎而死亡的动物肉或食入患乳房炎的乳时亦可发生中毒。应根据饲料中葡萄球菌的常见污染途径和条件制定相应措施，控制污染。葡萄球菌对磺胺类、青霉素、金霉素、土霉素、红霉素、新霉素等抗生素敏感，因此可在饲料中添加相应药物或用于治疗，但易产生耐药性。临床上常用1%~3%龙胆紫溶液治疗葡萄球菌引起的化脓症。

第三章 饲料霉菌污染与控制

第一节 霉菌污染与饲料霉变

霉菌是真菌（fungi）的重要组成部分。自然界中霉菌无处不在，霉菌孢子又极易扩散，饲料原料在田间生长到收获、贮藏、加工调制、运输、销售等环节均可被霉菌污染。霉菌污染饲料并不意味着一定有毒素生成，霉菌在饲料上生长繁殖是产毒的先决条件，即霉菌毒素是产毒霉菌在一定条件下产生的。霉菌能否在饲料上繁殖和产毒与饲料本身的营养成分、水分环境温度和湿度等有关。

一、霉菌污染饲料的条件

（一）霉菌繁殖和产毒需要适宜的基质

霉菌生长必需能量，能量主要源于糖类，因此它们极易在含有淀粉的谷物或饲料（如玉米、高粱、棉籽等）上生长。试验证明，多种饲料都能提供足够的能量供霉菌生长并成为霉菌的产毒基质。

一般情况下，霉菌在天然基质上比在人工合成的培养基上更易繁殖，但不同的霉菌菌种最适繁殖的基质不同，即各种基质中出现的霉菌以一定的菌种为主。花生、玉米、棉籽及其饼粕等植物或饲料中，以曲霉菌属为主；玉米与花生中黄曲霉及其毒素的检出率最高，T-2毒素也易污染玉米；麦秸、稻草、玉米秸、青干草中镰刀菌属出现的频率最高；醋糟、酱渣、豆渣、鱼粉中的有毒真菌为曲霉属和青霉属；黑斑病霉菌最适宜的基质是甘薯、木薯等。因失去种皮的保护，粉碎的谷物或细小的颗粒或粉料，极易被霉菌污染，且其中的能量也易被霉菌利用，因此可作为霉菌的良好基质，促进霉菌的生长繁殖。

（二）温度

温度是影响霉菌繁殖和产毒的主要因素之一，常见霉菌的生长最适温度为25℃，一般在20～28℃，大部分霉菌都能生长，随贮藏时间的延长霉菌数量不断增加；低于10℃和高于30℃时霉菌的生长显著减慢，在0℃以下时霉菌几乎不能产毒。尽管如此，不同霉菌生长繁殖所需的环境温度仍有差异。黄曲霉菌的最低繁殖温度范围为6～8℃，最高44～50℃，最适温度30～40℃，而黄曲霉的产毒适宜温度为24～30℃，可见黄曲霉的产毒适宜温度与生长最适温度并不完全一致，在适宜的产毒温度和湿度条件下，黄曲霉在24h内就会产生毒素，并在10d后达到最大量，以后随着繁殖时间延长黄曲霉菌的产毒量逐渐下降；杂色曲霉、构巢曲霉等产杂色曲霉毒素的菌种最适产毒温度为26～29℃，最适宜的发育温度为25～28℃，二者基本一致；棕曲霉菌产毒的适宜温度为25～35℃，尤其在高温和高湿条件下有利于毒素的合成；烟曲霉、黑曲霉、毛霉、根霉菌繁殖的最适宜温度为25～40℃。青霉最适宜的生长温度在25℃左右，而产毒的最适宜温度为30℃左右，但少数青霉属菌种在0～10℃仍能生长。甘薯黑斑病菌生长的最适温度为23～28.5℃，生长的最低温度为9～10℃，最高为34.5～36℃。镰刀菌属霉菌繁殖和产毒的环境温度要求比较复杂，一般繁殖的最适温度为20～22℃，但产毒往往在较低的温度下进行，尤其在气温忽高忽低的变温条件下产毒量最高，变温范围一般在5～25℃，但梨孢镰刀菌、尖孢镰刀菌、拟枝孢镰刀菌和雪腐镰刀菌的最适产毒温度却为0℃或−2～−7℃。

（三）湿度

适宜的湿度可促进霉菌的繁殖与产毒。多数霉菌生长约需要75%以上的相对湿度，80%～100%时生长迅速。黄曲霉菌最适宜生长、繁殖的相对湿度为80%，而最适产毒的相对湿度为85%；镰刀菌的生长、繁殖要求高湿度的环境，一般不低于80%，最适为85%～90%或更高。饲料周围的相对湿度往往受地理环境和季节的影响。南方多雨，相对湿度大，适于霉菌生长和产毒，西北地区雨量少，饲料污染较轻；夏秋季雨水多，相对湿度大，比冬季更适于霉菌的生长和产毒。饲料周围的相对湿度也受饲料含水量影响，含水量越高，周围空气的相对湿度就越大，越有利于霉菌繁殖和产毒。据报道，含水量18%的玉米，其周围空气的相对湿度为80%，当含水量降为14.5%时，则周围空气的相对湿度为75%。

（四）饲料含水量

饲料含水量不仅通过影响其周围空气的相对湿度来影响霉菌的生长，而且霉菌在某种饲料上生长时也需要一定的含水量。饲料的含水量不同，霉菌繁殖和产毒量也不同，通常含水量越高则霉菌生长越旺盛。以黄曲霉为例，谷类水分在20%左右时产毒最适宜，花生水分在25%时产毒量最大，水分小于23%时则产毒量直线下降。只有达到安全含水量的饲料才不利于霉菌生长。研究表明，当粮食水分活性［Water activity，简称"wa"（它仅限于能供真菌利用的部分水分，并非食品或粮食水分的全部含量）］降低到0.7以下或因水分降低到13%以下时，一般真菌均不能生长。但在饲料的保存、运输、销售等过程中，因雨淋或环境相对湿度大，引起饲料吸潮，其含水量常常超过安全范围，如在28℃、相对湿度80%的条件下贮存4周，玉米粉及粉状饲料的水分含量分别增加了3.8%和1.8%。主要产毒菌的变化：玉米粉中黄曲霉增加了83%，粉状饲料中黄曲霉增加了214%，串珠镰刀菌增加了37倍。可见，在适宜霉菌生长的温度、湿度条件下，即使是安全水分的饲料或原料，由于保存条件不好，因吸湿作用其水分含量也会迅速增加并引起霉菌的大量增殖导致霉变的发生。若用双层聚乙烯薄膜包装安全水分的玉米和粉状饲料，在自然条件下储藏1年（温度5～32℃，相对湿度40%～75%），水分没有明显变化，产毒霉菌黄曲霉和串珠镰刀菌的带菌量都逐渐下降。

霉菌种类不同其繁殖和产毒所要求的最适含水量不一样，常见产毒霉菌所要求的最适含水量为：黄曲霉18%～19.5%，黑曲霉17%以上，赭曲霉、白曲霉、杂色曲霉16%，棕曲霉14.5%～16.5%，灰绿青霉14.5%，纯绿青霉15.6%～21%，串珠镰刀菌

18.4%，禾谷镰刀菌27.9%。

（五）通风和透气条件

多数霉菌的生长繁殖需要氧气，当空气中的氧含量在1%以下、CO_2浓度由平时的0.03%增加到100%时，黄曲霉菌产毒能力明显下降。提供霉菌生长繁殖的氧气一般有2个来源，一是仓库的空气流动，二是饲料颗粒空隙中存在的氧气。但有些霉菌属于厌氧菌，只有在厌氧条件下才能繁殖和产毒，如毛霉、灰绿曲霉和酵母等可耐受高浓度的二氧化碳。然而通风可降低环境温度，促进水分蒸发，降低饲料周围的相对湿度，从而限制霉菌的繁殖和产毒。Jackson（1967年）研究了花生中黄曲霉菌产生毒素的条件，认为快速风干比缓慢风干对防止黄曲霉毒素的产生效果好。

二、污染饲料的主要霉菌及其毒素

自然界霉菌分布广泛，种类繁多。据陈必芳等（1996）对采自全国28个省、区、市104个饲料加工厂和养殖场的627份饲料和原料样品进行分析，从中共分离鉴定出23属73种霉菌，其中曲霉属23种，青霉属21种，毛霉属3种，镰刀菌属2种，其他霉菌24种。检出率最高的是曲霉属（87.7%），其次是青霉属（73.8%），镰刀菌属（36.6%），毛霉属（35.4%），此外还有枝孢霉属、交链孢霉属、共头霉属、梨头霉属、拟青霉属、木霉属、根霉属等。

污染饲料的霉菌在适宜的条件下可大量繁殖并产生毒素，造成饲料变质并进一步影响动物的生长、发育、生产、甚至危及生命。目前已知污染饲料的产毒霉菌约100多种，可产生200多种毒素，其中30多种霉菌和菌株对畜禽危害较大。饲料中常见的主要有害霉菌大致可分为3类：曲霉菌属、青霉菌属和镰刀菌属。

曲霉菌属（*Aspergillus*）：包括黄曲霉、赭（棕）曲霉、杂色曲霉、烟曲霉、构巢曲霉、寄生曲霉和棒曲霉等，它们在生长繁殖过程中可产生黄曲霉毒素（aflatoxin，AF）、赭曲霉毒素（ochratoxin，OTA）、杂色曲霉毒素（sterigmatocystin）等多种曲霉菌毒素。

青霉菌属（*Penicillium*）：包括岛青霉、黄绿青霉、橘青霉、红色青霉、扩展青霉、荨麻青霉、展青霉、圆弧青霉、鲜绿青霉和产紫青霉等，它们在生长繁殖过程中产生橘青霉毒素、展青霉毒素（patulin）、红青霉毒素（rubratoxin）等多种霉菌毒素。

镰刀菌属（*Fusarium*）：包括禾谷镰刀菌、串珠镰刀菌、三线镰刀菌、梨孢镰刀菌、尖孢镰刀菌、雪腐镰刀菌、茄病镰刀菌、粉红镰刀菌、木贼镰刀菌、半裸镰刀菌、燕麦镰刀菌、拟枝孢镰刀菌和黄色镰刀菌等，它们可产生脱氧雪腐镰刀菌烯醇（或称呕吐毒素，deoxynivalenol，DON）、玉米赤霉烯酮（zearalenone，ZEN）和T-2毒素（T-2 toxin）等霉菌毒素。

其他菌属：如粉红色单端孢霉（单端孢霉属）、绿色木霉（木霉属）、葡萄穗菌（葡萄穗菌属）、甘薯黑斑病菌（长喙壳菌属）、麦角菌（麦角菌属）和漆斑菌（漆斑菌属）等，它们能产生葡萄状穗霉毒素（satratoxin）、甘薯酮、甘薯醇、麦角生物碱等多种霉菌毒素。

由于饲料的物理形状、营养成分、含水量地理环境和贮存条件不同，因此不同饲料污染的主要有害霉菌及数量不同。

三、饲料霉菌污染状况

（一）饲料霉菌污染的原因

饲料原料的收获、贮存以及饲料的加工、包装、运输、调制等各个环节都可能被霉菌污染。引起饲料霉菌污染的原因较多，归纳起来主要有以下几个方面。

1. 自然界中有霉菌孳生，环境条件又适于霉菌繁殖

霉菌在自然界中分布广泛，种类繁多，且产生的霉菌孢子容易随空气流动而传播，因此饲料较易被霉菌孢子污染，同时饲料及其原料营养丰富且常裸露，加工时又破坏了种皮的自身保护作用，在适宜的温度和湿度下霉菌伺机繁殖并产生多种霉菌毒素。

2. 防霉去毒意识不强

对已经污染霉菌的饲料或原料，总以为弃之可惜或一味追求利润，脱毒处理不当，致使霉菌未被杀死，事实上成了下批饲料的霉菌接种剂，扩大了污染面，加速了霉菌繁殖，缩短了饲料保质期，造成饲料的霉变和损失。特别是引起饲料霉变的菌类多属产毒菌种，如黄曲霉、赭曲霉、构巢曲霉及杂色曲霉等，当其毒素超过一定量时就会影响动物生长发育，出现各种病症，甚至死亡，据全国饲料质量检验中心对山东、上海、浙江等省市规模化饲料厂加工的 90 份饲料检测，黄曲霉毒素 B_1 污染率达 87.8%，有的甚至为 100%，由此可见产毒霉菌在饲料中的污染危害程度。

3. 饲料原料水分高

饲料及其原料含水量偏高，为霉菌的生长和繁殖创造了良好的条件，是引起饲料霉变的主要原因之一。多雨季节、洪涝地区或收获季节饲料原料的含水量大都超标，玉米含水量达 16% 以上，豆粕 14% 以上，这种原料如不经过干燥处理即投入生产，其产品的水分含量必然超标，再加上库存和运输防霉条件差，就会加速饲料霉变。

4. 饲料不加防霉剂或防霉剂的效力差

就我国目前的情况看，中小饲料厂林立，多数饲料根本不加防霉剂。大型饲料厂虽然使用防霉剂，但效力差也易致饲料霉变。当前市场上的防霉剂品种繁多，如果使用防霉效果差的防霉剂，就达不到预期效果。特别是在当前假冒伪劣产品充斥市场的情况下，如何鉴别优劣真伪，选好防霉剂是一个值得注意的问题。

5. 市场疲软，超过保质期

在饲料市场不景气的情况下，饲料产品往往在销售中停留很长时间，这样饲料虽加防霉剂，但其防霉作用只在一定的温度、湿度和期限内才有保证，如果严重超过期限，也会引起饲料霉变。

6. 饲料及原料的贮存条件差

贮存条件的好坏是引起饲料霉菌污染的主要因素之一。我国不同地区的饲料厂，饲料及其原料的贮存条件不一样，霉菌污染的程度也不同。若饲料仓简易，无控温控湿设备，无防霉菌污染设备，且不加防霉剂，则霉菌污染率就高。饲料加工后散热不彻底就装袋，可使水分转移、结露，导致饲料局部霉变。大量购存原料也易使原料在运输、贮存过程中受霉菌污染，致使成品饲料的带菌量增加造成霉变。

（二）霉菌污染饲料的途径

霉菌种类繁多，霉菌及其孢子无处不在，周围环境中空气、水土等都可能成为饲料中霉菌的污染源。污染途径归纳起来主要有 2 个，即内源性和外源性污染。

1. 内源性污染

主要指饲料原料污染，也称田间污染或收获前污染。引起饲料原料污染的霉菌，多起源于收获前的种植地，谷物抽穗期和收割时霉菌孢子就黏附其上，以后伺机繁殖。污染饲料原料的田间霉菌主要有交链孢霉属（Alternaria）、芽枝霉属（Cladosporium）、镰刀霉属（Fusarium）、蠕孢霉属（He minthosporium）、黑孢霉属（Nigrosporium）和甘薯黑斑病菌（Ceratocystis fimbriata）等。另外，受地理环境、土壤类别、气候条件、栽培管理、害虫活动等生态条件的影响，各种饲料原料甚至不同品种感染霉菌的种类和数量也有差异。新收获的小麦污染交链孢霉最多，几乎每粒都有，其次还有曲霉和青霉；我国中部生产的玉米污染镰刀菌最多，曲霉和青霉次之；东北地区的玉米也是镰刀菌占优势，头孢霉和交链孢霉有相当数量，芽枝霉和青霉普遍存在；广东和广西壮族自治区的玉米内部与外部均以黄曲霉最多，其次是镰刀菌、黑曲霉、灰绿曲霉和杂色曲霉等。一般花生果壳上带菌量比种仁多，但曲霉属则花生仁上多；广东花生的果壳和种仁上以黄曲霉、黑曲霉和灰绿曲霉居优势，四川花生则以黄曲霉、棕曲霉、灰绿曲霉和青霉为优势菌，山东花生以灰绿曲霉和青霉最多。豆类以局限曲霉和赤曲霉为优势菌，并发现有灰绿曲霉和青霉。油菜籽外以细交链孢霉、顶抱头孢霉和镰刀菌分布广且数量多，其次是黄曲霉。棉籽、向日葵籽和亚麻籽最易受黄曲霉侵染。

2. 外源性污染

也称收获后污染。饲料原料在晒场上或贮藏过程中易被霉菌污染，尤其是仓库保管条件不好，如表面潮湿、水分转移、结露和早期发热时发生，该污染霉菌称贮藏霉菌，主要有曲霉属和青霉属。饲料在加工、贮存、销售以及饲喂过程中，通过接触空气、地面、加工机械、运输工具、贮存场所、饲喂用具等环境中的霉菌孢子也可导致饲料污染。

（三）我国饲料污染状况及特点

1. 饲料污染状况

20 世纪 60 年代研究人员发现黄曲霉毒素 B_1 是英国"火鸡 X 病"的罪魁祸首，引起了全世界关于霉菌毒素对人类食品和动物饲料污染问题的重视（Spensley，1963）。据联合国粮农组织（FAO）估计，全世界每年谷物产量的 25% 受到霉菌毒素污染，约 10% 的食品和饲料因霉变而损失掉。我国的畜牧工作者在不同时期对各个地区的饲料霉菌污染状况也进行了调查，发现饲料及原料均不同程度受到霉菌污染，给畜牧业造成了巨大的损失。

国家饲料质量监督检验中心陈必芳等（1996）对采自全国 28 个省、区、市 104 个饲料加工厂和养殖场的 627 份饲料和原料样品的带菌量情况进行了抽样检查。带菌量是指每克饲料中所能检出的霉菌总数，用来评价霉菌对饲料的污染程度。被检测的饲料原料样品有 286 份，结果表明：玉米和麸皮霉菌污染率为 100%，豆饼（粕）为 99%；玉米的带菌量一般在 $10^2 \sim 10^5$ 个/g，80 份玉米中，符合饲料卫生标准的有 54 份，占 67.5%，霉菌数量超过允许量的有 26 份，占 32.5%，超过禁用限值的有 16 份，占 20%。麦麸带菌量一般为 $10^2 \sim 10^4$

个/g，55 份麦麸中有 7 份超过了允许量，占 12.7%，3 份超过了禁用限值，占 5.5%。豆饼（粕）带菌量一般在 $10^2 \sim 10^4$ 个/g，69 份中有 6 个超过了允许量，占 8.7%，2 份超过了禁用限值，占 4.3%。我国不同地区主要饲料原料霉菌带菌量见表 3-1。

通过对 341 份配合饲料样品（包括猪、鸡、鸭配合饲料和牛补充料，粉状饲料占 78.6%，颗粒饲料占 21.4%）进行分析，霉菌检出率为 99%，其中粉料为 100%，颗粒料为 96%。粉状饲料和颗料饲料，不同地区霉菌总数均有明显差异。粉状饲料带菌量一般在 $10^2 \sim 10^5$ 个/g 之间，最高可达 $3.45 \times 10^6 \sim 5.0 \times 10^6$ 个/g，颗粒饲料带菌量一般为 $10 \sim 10^3$ 个/g。各地区检出的霉菌总数见表 3-2。检测结果表明，带菌量超过允许量的饲料品牌有 110 个，占 32.3%，其中超过禁用界限的有 68 个，占 19.9%，属于轻度污染的饲料只有 67.7%。

表 3-1　我国不同地区主要饲料原料霉菌带菌量

| 地区 | 玉米 × (10^3 个/g) | | | | | 麦麸 × (10^3 个/g) | | | | | 豆饼（粕）× (10^3 个/g) | | | | |
| | 带菌量 | >40 | | >100 | | 菌量 | >40 | | >100 | | 菌量 | >40 | | >100 | |
		数量	比例（%）	数量	比例（%）		数量	比例（%）	数量	比例（%）		数量	比例（%）	数量	比例（%）
东北	1.0~2.0	0	0	0	0	0.15~12.0	0	0	0	0	0.1~72.0	1	20	0	0
华北	0.1~15.0	0	0	0	0	0.1~4.0	0	0	0	0	0.1~2.0	0	0	0	0
西北	0.1~130	3	23.1	0	0	0.1~50.0	1	7.7	0	0	0~130	2	15.4	0	0
西南	0.1~830	2	16.7	0	0	0.17~11.0	0	0	0	0	0.08~7.0	0	0	0	0
华中	0.02~460	6	42.9	6	42.9	0.02~530	5	31.2	2	12.5	0.01~1 890	1	12.5	1	12.5
华东	1.0~460	8	57.0	5	35.7	7.0~585	1	20	1	20	0.02~54.5	0	0	0	0
华南	4.5~840	7	63.6	5	45.4	—					0.4~140	3	50	2	33.3
合计		26	32.5	16	20		7	12.7	3	5.5		6	8.7	3	4.3

表 3-2　配合饲料霉菌带菌量

| 地区 | 配合饲料霉菌数范围 × (10^3 个/g) | | | | | >40×10^3（个/g） | | >100×10^3（个/g） | |
	蛋鸡料	肉鸡料	蛋鸭料	猪料	牛料	数量	比例（%）	数量	比例（%）
东北	0.3~6.0	1.0~41.0		0.1~43.0		5	16.7	0	0
华北	0.1~12.0	2.5~4.9		0.1~8.6	3.3~5.5	0	0	0	0
西北	0.76~150.9	0.1~88.0		2.1~8.2	6.8~105.6	6	8.0	2	2.67
西南	0.2~420	1.2~56.0		0.1~160		19	41.3	7	15.2
华中	0.05~750	0.02~900	0.02~66.0	0.02~450		51	47.7	33	35.5
华东	0.01~950	18.5~335	0.07~720	0.02~3 450*		20	50.0	18	47.5
华南	115~210	2.35~80.0	1.8~180	2.25~5 000*		9	52.9	7	41.1
合计						110	32.3	68	19.9

※表 3-1 和表 3-2 资料来源：陈必芳（国家饲料质量监督检验中心）等．中国饲料，1996，（14）：9~13

王若军等（2003）分别从华南、华北和华中的饲料厂、仓库及客户手中采集 109 个样品，检测结果表明，我国饲料和原料污染霉菌毒素超标的比例达 60% ~ 70%；由多种饲料原料配制全价料将大大增加全价料受多种霉菌毒素污染的危险，被检全价料中 6 种霉菌毒素的检出率均在 90% 以上，黄曲霉毒素、T-2 毒素、呕吐毒素和玉米赤霉烯酮的检出率高达 100%。其中黄曲霉毒素和 T-2 毒素的含量未见超标，属于轻度污染；烟曲霉毒素、呕吐毒素、玉米赤霉烯酮和赭曲霉毒素均有不同程度的超标，超标率分别为 66.7%、57.1%、21.4% 和 18.7%，平均含量分别为 1 020 μg/kg、600μg/kg、83.96μg/kg 和 12.75μg/kg，最高含量分别高达 2 500μg/kg、820μg/kg、230.30μg/kg 和 56.03μg/kg。6 种霉菌毒素对全价料的污染，烟曲霉毒素和呕吐毒素最严重，玉米赤霉烯酮和赭曲霉毒素次之（表 3 – 3）。

表 3 – 3　被检全价料中 6 种霉菌毒素的含量

项　目	黄曲霉毒素	烟曲霉毒素	赭曲霉毒素	T-2 毒素	呕吐毒素	玉米赤霉烯酮
检测数目	15	12	16	16	7	14
检出率（%）	100	91.7	93.7	100	100	100
超标率（%）	0	66.7	18.7	0	57.1	21.4
毒素平均含量（μg/kg）	8.27 ± 0.93	1 020 ± 210	12.75 ± 3.30	41.23 ± 4.79	600 ± 55	83.96 ± 16.26
最小值（μg/kg）	3.30	0.00	0.00	20.74	440	39.22
最大值（μg/kg）	14.25	2 500	56.03	79.80	820	230.30

※资料来源：王若军等. 饲料工业，2003，24（7）：53 ~ 54

敖志刚等（2006，2007）对采自 14 个省、市的 225 份饲料和原料样品进行了检测，结果表明，所有样品中黄曲霉毒素、赭曲霉毒素、T-2 毒素、玉米赤霉烯酮、烟曲霉毒素和呕吐毒素均普遍存在，6 种毒素的检出率分别为 92.1%、95.1%、93.4%、91.2%、88.5% 和 99.1%；黄曲霉毒素和 T-2 毒素的超标率较低，分别只有 6.6% 和 4.4%，平均含量分别为 8.15μg/kg、39.11μg/kg，未超标，属于轻度污染；赭曲霉毒素、玉米赤霉烯酮、烟曲霉毒素和呕吐毒素的超标率分别为 28.3%、46.9%、38.1% 和 53.5%，平均含量分别为 32.01μg/kg、257.43μg/kg、950.00μg/kg 和 1 020.00μg/kg，超出相关规定的上限，属于重度污染。在被检测的 225 份饲料和原料样品中，玉米及其加工副产品和全价饲料污染严重。玉米中 6 种霉菌毒素的检出率均在 80% 以上，其中黄曲霉毒素，赭曲霉毒素和 T-2 毒素的超标率很低，分别为 2.6%、0 和 0，其平均含量分别为 3.14μg/kg、6.59μg/kg 和 20.57μg/kg，未超标，属于轻度污染；玉米赤霉烯酮、烟曲霉毒素和呕吐毒素的超标率分别为 36.4%、51.3% 和 72.7%，平均含量分别为 143.24μg/kg、1 490.00μg/kg 和 1 280.00μg/kg，达到相关规定上限的 2 ~ 3 倍，属于重度污染。在全价饲料中，6 种霉菌毒素的检出率均在 95% 以上，赭曲霉毒素和呕吐毒素的检出率高达 100%，其中黄曲霉毒素、赭曲霉毒素和 T-2 毒素的含量未见超标；玉米赤霉烯酮、烟曲霉毒素和呕吐毒素的超标率分别为 65.3%、71.4% 和 83.7%，平均含量分别为 241.70μg/kg、1 500.00

μg/kg 和 1 300.00 μg/kg，最高含量分别为 681.29μg/kg、6 350.00 μg/kg 和 3 930.00 μg/kg，是污染上限的 6～12 倍，属于重度污染（表 3-4）。结果表明，被检玉米及全价饲料样品中 6 种霉菌毒素的污染均比较普遍，其中玉米赤霉烯酮、烟曲霉毒素和呕吐毒素的污染严重；与玉米相比，全价饲料的污染更严重，因此控制和检测全价饲料中霉菌毒素的污染水平更具有现实意义。

表 3-4　被检全价料中 6 种霉菌毒素的含量

项　　目	黄曲霉毒素	烟曲霉毒素	赭曲霉毒素	T-2 毒素	呕吐毒素	玉米赤霉烯酮
检测数目	49	49	49	49	49	49
检出率（%）	95.9	97.9	100	95.9	100	97.9
超标率（%）	10.2	71.4	4.1	0	83.7	65.3
毒素平均含量（μg/kg）	10.64	1 500.00	8.89	33.08	1 300.00	241.70
最小值（μg/kg）	0.00	30.00	2.18	0	170.00	0.00
最大值（μg/kg）	101.2	6 350.00	40.04	61.83	3 930.00	681.29

※资料来源：敖志刚等．中国畜牧兽医，2008，35（1）：152～156

在玉米加工副产品中霉菌毒素的检出水平较高。玉米可用于生产燃料乙醇，1 t 玉米生产乙醇后可以产生 330kg 的副产品干酒糟（DDGS），这样 DDGS 中的霉菌毒素被浓缩成玉米中的 3 倍。如果在饲料中大量使用 DDGS、玉米蛋白粉和玉米胚芽粕等玉米副产品来替代能量和蛋白质饲料，就会造成动物全价饲料中霉菌毒素含量超标。在被检的 DDGS 样品中除了烟曲霉毒素外，其他 5 种霉菌毒素的检出率均高达 100%，其中黄曲霉毒素和 T-2 毒素的平均含量分别为 21.53μg/kg 和 61.95μg/kg，不超标或刚刚达到标准属于轻度污染；赭曲霉毒素、玉米赤霉烯酮、烟曲霉毒素和呕吐毒素的超标率分别为 83.3%、100%、50.0% 和 100%，平均含量分别为 103.06μg/kg、997.91μg/kg、2 220.00μg/kg 和 2 900.00μg/kg，达到相关规定上限的 5～10 倍，属于重度污染，其最高含量分别为 240.40μg/kg、3 506.90μg/kg、7 380.00μg/kg 和 7 000.00μg/kg。

（注：根据 GB 2761—2011，霉菌毒素的最高限量分别为：黄曲霉毒素 20μg/kg，赭曲霉毒素 20μg/kg，T-2 毒素 80μg/kg，玉米赤霉烯酮 100μg/kg，烟曲霉毒素 500μg/kg，呕吐毒素 500μg/kg）

在被检测的饲料样品中，仓储型毒素如黄曲霉毒素、赭曲霉毒素的超标率和检出水平均较低，说明近年来随着人们对霉菌毒素问题的重视，粮食和饲料生产企业加强了对谷物干燥和仓储的管理，减少了仓储型毒素；但田间型毒素如玉米赤霉烯酮、烟曲霉毒素和呕吐毒素的检出率、超标率和检出水平均较高，主要是由于全球范围内反常气候，如干旱、洪涝和虫害的影响。因此，在畜牧生产中不能仅仅检测原料和饲料中单一的黄曲霉毒素是否超标，要对多种毒素同时进行检测，否则可能会出现饲料中的黄曲霉毒素并未超标，但动物却发生霉菌毒素中毒的现象。

张丞等（2008）对采自全国各地的 174 份饲料和原料样品进行了霉菌毒素污染的检

测。在所有样品中，完全没有检测出霉菌毒素的样品仅6份，占样品总数的3.4%；只检测到1种霉菌毒素的样品数为18份，占样品总数的10.3%；检测到2种或超过2种霉菌毒素的样品占86.2%，同时检测到玉米赤霉烯酮、呕吐毒素和烟曲霉毒素的样品数85份，占总数的48.9%。结果表明，霉菌毒素对饲料的污染仍较普遍，且大多数饲料受多种霉菌毒素的污染。

在饲料原料中，玉米及其加工副产物（DDG/DDGS、玉米蛋白粉和玉米胚芽粕）的污染情况比较受关注，因为这些原料是全价料中霉菌毒素的主要来源。小麦、糠麸及饼粕蛋白类原料受霉菌毒素污染较轻。玉米及其加工副产物、全价料中霉菌毒素的检测结果见表3－5、表3－6和表3－7。从检测结果看，玉米和玉米加工副产物、全价料中的霉菌毒素主要为呕吐毒素、烟曲霉毒素和玉米赤霉烯酮，说明这些田间型毒素比仓储型毒素对饲料的污染要严重一些。

表3－5　玉米样品霉菌毒素检测结果

项　目	黄曲霉毒素 B_1	玉米赤霉烯酮	呕吐毒素	烟曲霉毒素 B_1	赭曲霉毒素
总样品数（份）	40	37	40	35	35
阳性样品数（份）	5	26	38	25	8
检出率（%）	12.5	70.3	95.0	71.4	22.9
最高值（μg/kg）	78	1 042	6 120	9 481	19
阳性样品平均值（μg/kg）	44	235	1 034	2 518	6
阳性样品中值（μg/kg）*	60	99	519	867	5

＊：表示阳性样品中50%样品毒素含量低于该数值，50%样品高于该数值。下同

表3－6　玉米加工副产物样品霉菌毒素检测结果

项　目	黄曲霉毒素 B_1	玉米赤霉烯酮	呕吐毒素	烟曲霉毒素 B_1	赭曲霉毒素
总样品数（份）	20	20	20	20	20
阳性样品数（份）	4	20	19	15	12
检出率（%）	20.0	100.0	95.0	75.0	60.0
最高值（μg/kg）	29	955	32 893	6 931	16
阳性样品平均值（μg/kg）	10	220	3 365	1 235	6
阳性样品中值（μg/kg）	3	84	1 456	349	5

表3－7　全价料样品霉菌毒素检测结果

项　目	黄曲霉毒素 B_1	玉米赤霉烯酮	呕吐毒素	烟曲霉毒素 B_1	赭曲霉毒素
总样品数（份）	72	73	76	73	73
阳性样品数（份）	23	54	74	56	30
检出率（%）	31.9	74.0	97.4	76.7	41.1
最高值（μg/kg）	155	868	7 455	9 194	11

（续表）

项　目	黄曲霉毒素 B_1	玉米赤霉烯酮	呕吐毒素	烟曲霉毒素 B_1	赭曲霉毒素
阳性样品平均值（μg/kg）	22	165	960	1 087	4
阳性样品中值（μg/kg）	5	99	420	380	4

※表3-5、表3-6和表3-7资料来源：张丞等. 饲料研究，2008，（11）：57～59

　　从多年来的调查结果来看，霉菌对饲料的污染具有普遍性。因此，从事饲料、养殖等工作的人员应采取合理的措施预防和控制霉菌及其毒素对饲料的污染，以保证动物健康及食品安全。

　　2. 霉菌污染饲料的特点

　　（1）与地理条件有关　因全国各地区地理条件、季节不同，霉菌赖以繁殖和产毒的条件如温度和相对湿度有差异，因此各地区饲料污染程度不尽相同。我国南方温暖多雨，相对湿度大，霉菌适于繁殖和产毒，饲料污染较重；北方寒冷，霉菌繁殖受到限制，饲料污染较轻。如东北、华北地区玉米带菌量均不超过饲料卫生标准规定的允许量，而南方地区玉米带菌量超标严重，华中占42.9%，华东57.0%，华南63.6%。同一地区同种饲料，随季节、温湿度不同，污染程度也不一样，如在污染程度较轻的北方春秋季（温度20℃左右，相对湿度60%～70%），测得饲料霉菌总数只有 $1 \times 10^3 \sim 4 \times 10^3$ 个/g，而在夏季（温度高达30℃以上，相对湿度70%以上），霉菌检出总数达 6×10^4 个/g，夏季饲料污染程度比春秋季高十几倍。因此，即使在污染程度较轻的北方，也一定要注意夏季防霉。

　　（2）与饲料状态有关　饲料物理形状主要有粉状饲料和颗粒饲料，饲料加工工艺不同，其带菌量有别。据调查，粉状饲料比颗粒饲料霉菌数量高10～100倍。污染程度不同的原因在于粉状饲料颗粒小，与外界接触面积大，污染霉菌的机会多，同时粉状饲料营养成分裸露，极易吸潮，尤其在高温高湿的情况下能很好地提供霉菌生长所需的营养、温度、相对湿度和氧气，因此有利于霉菌生长与繁殖；而颗粒饲料在加工制粒时，由于加温、蒸汽挤压杀死了部分饲料原料中污染的霉菌分生孢子，且颗粒饲料外表光滑，内部组织紧密，霉菌不易侵入和生长，因此颗粒饲料霉菌含量低于粉状饲料。

　　目前我国饲料工业还比较落后，全国只有20%～30%的饲料厂生产颗粒饲料，在这种情况下饲料生产工艺也可作为评价饲料污染状况的指标之一。

　　（3）与贮存条件有关　饲料及其原料贮存条件的好坏是引起饲料霉菌污染的主要因素之一。若饲料仓简易，无控温控湿设备，则霉菌污染率就很高；反之，霉菌污染率就低。

四、饲料霉变的感官变化

　　被霉菌污染的饲料，营养成分遭到不同程度的分解破坏，同时产生多种代谢产物，使饲料的外观发生变化。感官变化可用来鉴别饲料是否霉变。

　　（一）饲料发热

　　污染霉菌的饲料在贮存过程中，因其中水分过高，饲料内部水分转移，或因温差过大而结露，或因外界相对湿度大等会引起霉菌大量繁殖。霉菌的有氧呼吸释放出的热量使饲料温度升高，当饲料温度升到一定程度时主要的有害菌如曲霉菌、青霉菌代谢更加旺盛，使饲料温度进一步升高达 50～55℃，甚至饲料自燃。在此温度下虽然霉菌繁殖受到限制，但饲料已明显霉变，出现变色和异味，即使加强通风也只能降低饲料温度，并不能消除霉变的影响。

（二）发潮、结块

堆放的饲料中霉菌大量繁殖，产生代谢水分，使饲料表面潮润，有"出汗"、"返潮"现象，饲料流散性降低，黏滞性增加，用手搓或插入饲料堆有涩滞感觉，严重者出现结块并有发热现象。

（三）生霉

生霉是饲料霉菌大量繁殖的结果，此时的饲料已出现明显的发热。在霉变的饲料中可见不同颜色的霉菌菌落，呈毛状或绒状，称为饲料"生毛"、"点翠"，并有霉味出现。饲料生霉是饲料霉变的标志之一。

（四）饲料变色

被霉菌污染的饲料常会失去原有的新鲜色泽和整洁度，变得晦暗。

1. 霉菌引起饲料变色的原因

引起饲料变色的原因大致可归纳为 3 种情况，可以同时发生，也可以单独表现出来。

（1）霉菌菌体颜色　多数霉菌菌体有色，当饲料霉变时附在其上的不同颜色的霉菌使饲料的外观颜色发生变化。如许多曲霉和青霉可使饲料"点翠"呈绿、黄、蓝等颜色；镰刀菌、单端孢霉、念珠菌等则可使小麦、玉米等呈粉红色。此外还有一些具有暗色菌丝体的霉菌如交链孢霉、长蠕孢霉、芽枝霉等，它们侵入饲料后可引起局部暗褐色变。

（2）霉菌产生的色素　有些霉菌在代谢过程中能分泌特有的色素使饲料变色。如产黄青霉、橘青霉等能产生黄色色素，产紫青霉和一些镰刀菌等能产生红色色素等，这些水溶性色素很容易使饲料染上相同的颜色。

（3）霉菌分解饲料的产物和坏死组织　霉菌分解蛋白质产生的氨基化合物常呈棕色，含硫氨基酸分解产生的硫醇类化合物为黄色。霉菌分解饲料产生的氨基酸和还原糖还会通过羰氨反应发生褐变，生成棕褐色至黑色的类黑色素物质，使饲料发灰、变褐或变黑。

2. 饲料变色的类型和菌类

由于霉菌危害程度不同引起饲料局部或全部变色。根据所呈现的颜色，饲料变色有以下几种类型。

（1）黄色类　产黄青霉、橘黄青霉、黄绿青霉、岛青霉、葡匐青霉、木霉以及一些假单孢菌和芽孢杆菌等可以导致稻米、麦类等饲料产生黄至黄褐色变。

（2）红色类　紫青霉、赤青霉等可引起饲料赤变，一些镰刀菌、单端孢霉、念珠霉和头孢霉等大量繁殖可使饲料产生淡红或暗红的变色斑块。

（3）褐色类　交链孢霉、蠕孢霉等霉菌的侵害常使麦类、稻米等呈棕褐及茶褐色，构巢曲霉可使饲料变成茶褐色。

（4）黑色类　赤曲霉侵害大米变成黑色，而芽枝霉等具有暗色菌丝体的霉菌在繁殖过程中使饲料变为暗褐或黑褐色。

（5）污色类　许多根霉、毛霉、梨头霉、青霉、曲霉等在饲料上繁殖时可使饲料发生白垩、灰褐等污色色变。

（五）饲料变味

霉菌污染饲料后，不论其霉变程度如何都会使饲料失去其固有的品味，而产生各种异常的气味和味道，使饲料变味。

1. 霉菌引起饲料变味的原因

霉菌本身具有特殊气味，吸附到饲料上使饲料带有异味。霉菌分解饲料中的有机物，生成各种具有异常气味的产物，引起饲料变味。

2. 霉菌引起饲料变味的类型

（1）霉味　霉味来自霉菌的菌体，因霉菌种类和危害程度不同而强弱不一。新鲜菌体的气味比老年菌体更强烈。许多青霉、曲霉、毛霉和根霉都能产生较强的霉味。

（2）酸味　霉菌分解饲料生成的各种有机酸使饲料酸度增高和变酸。一些低分子的有机酸挥发性强，具有刺鼻的酸味。

（3）酒味　饲料密闭或缺氧贮存时，一些厌氧性霉菌分解碳水化合物进行酒精发酵，使饲料带有酒精气味。在酒精产生之前，有些饲料如玉米、高粱等常带有甜的气味出现，而甘薯软腐时甜气尤为明显，但不久即会变酸、腐臭。

（4）臭味　霉菌引起饲料严重霉败时常有恶劣的腐臭味发生。蛋白质的许多分解产物，如氨、氨化物、硫化氢、硫醇以及吲哚和甲基吲哚等物质均具有刺鼻的恶臭。

（5）苦味　霉菌分解饲料有机物质过程中，可产生一些苦味物质，如分解脂肪产生的酮类。患甘薯黑斑病的病薯中含有呋喃类物质，具有苦味和药腥气味。此外，霉菌在自身的代谢活动中，可能产生许多有机酸、酮类、醛类、醇类等物质，使霉变饲料具有令人不愉快的辛辣、哈喇、霉涩等气味和食味。

（六）重量减轻

因霉菌的大量繁殖，破坏了饲料中的营养物质，使霉变饲料的干物质遭受损失，造成饲料干重下降。一般情况下霉变越严重，损耗也越大。研究证明，含水量相同的玉米在20～23℃下贮存24d，生霉的玉米比未生霉的玉米干重损失高达2倍以上。

（七）霉烂

饲料霉变的后期，会出现严重的霉烂、腐败现象，甚至使饲料成团结块，完全失去饲用价值。此外，被霉菌污染的饲料的固有组织结构和成分发生了变化，饲料松脆易碎，硬度显著下降，如霉变的稻谷甚至可用手指捻碎。霉变的饲料适口性下降，畜禽往往拒食。

五、霉变饲料的影响

霉菌和霉菌毒素是对饲料危害最大的天然生物性污染物。霉菌污染饲料后，从饲料卫生学角度主要考虑2个方面的问题。一是霉菌污染引起饲料变质，饲用价值降低，甚至完全不能饲用；二是霉菌毒素可引起畜禽急、慢性中毒，甚至死亡。早在1960年，英国一牧场10万只火鸡黄曲霉毒素中毒就是一个典型的例证。此外，残留在畜禽脏器、肉、蛋、奶中的霉菌毒素还可通过食物链影响人类的健康或中毒致癌。

（一）霉菌污染引起饲料变质

1. 对饲料营养成分的影响

饲料被霉菌污染后，因霉菌生长，饲料中的蛋白质、淀粉、脂肪等被分解，饲料中的营养成分遭到破坏，各种营养物质平衡失调。研究表明，饲料霉变后营养物质平均损失为15%，发霉特别严重的饲料其营养值可能为零，甚至是负值，饲料完全不能饲用。

霉菌可导致饲料蛋白质质量发生变化，出现蛋白质溶解度降低、纯蛋白质含量减少、氨态氮增加等，影响蛋白质消化率和利用率。陈喜斌等（2004）研究表明，随着豆粕中霉菌生长，豆粕粗蛋白质含量没有明显改变，但蛋白质溶解度呈线性下降，总氨基酸含量也显著下降，其中必需氨基酸受影响明显大于非必需氨基酸，在所测的17种氨基酸中，蛋氨酸、赖氨酸、丙氨酸、异亮氨酸受影响最大，含量下降最多；随着豆粕中霉菌数量的增加，粗蛋白质利用率下降，当霉菌含量超过8万个/g时，总氨基酸和必需氨基酸平均利用率下降显著，尤其是丙氨酸、蛋氨酸、赖氨酸、胱氨酸下降最多。霉菌能破坏饲料中的碳水化合物，减少谷物能值，如曲霉菌属、青霉菌属、根霉属和毛霉菌属的多种霉菌具有淀粉酶，可将淀粉分解为酒精和醋酸，使饲料发生酸味，同时饲料的营养价值大大降低。在霉菌污染的饲料中，霉菌生长越快，粗脂肪分解越快。饲料在贮藏过程中霉菌是导致其中脂肪腐败的主要原因之一。试验表明，小麦在高温高湿条件下存放，当霉菌量从1 000个/g增加到200×10^6个/g时，脂肪总量下降40%，类脂（糖脂和磷脂）含量也同时下降。霉菌生长需要维生素，如维生素A、D、E、K和B_{12}、硫胺素、核黄素、尼克酸、吡哆醇和生物素等均为霉菌必需，因此，霉菌广泛生长可使饲料中这些维生素含量大大减少。

据报道，贮存期间发霉的玉米（玉米含水量15.1%，贮存96d）中脂肪含量明显减少，由3.8%降低到2.4%；胡萝卜素由3.1mg/kg降低到2.3mg/kg；维生素E由22.1mg/kg降低到20.6mg/kg。串珠镰刀菌可使被感染的饲料中维生素B_1的含量显著下降，从而引起动物维生素B_1缺乏症。雏火鸡食入发霉豆粕时可引起生长缓慢，而当添加赖氨酸时则可防止生长下降。受霉菌污染的玉米其代谢能下降5%~25%。

2. 对饲料品质的影响

霉菌不仅可破坏饲料中的营养成分，还可引起饲料结块，结块的饲料其气味、颜色和质地均会发生变化。因霉变饲料中脂肪被分解氧化产生各种低分子的醛、酮、酸等酸败产物，从而产生难闻的酸味和辛辣味，降低饲料适口性，动物不愿采食。另外，霉菌污染饲料后，会使饲料的外观发生变化，如污染黄曲霉的饲料往往最初呈现乳白色，继而出现黄绿色、灰绿色、灰黑色等粉毛状物。污染青霉的饲料呈茸毛状，初为白色，后为青绿、灰绿、橙绿、红褐色。镰刀菌属感染麦粒后初呈红色病斑，动物采食后常常呕吐。毛霉存在于水分较大的饲料中，在谷物中为絮状物，初为纯白或灰白，后为灰褐、黄褐色，毛霉能分解蛋白质、脂肪和糖类，感染此菌的饲料有霉味或酒味。

（二）霉菌毒素引起动物中毒

霉变饲料对动物的危害并非霉菌本身，而是污染饲料的霉菌在适宜的温度、湿度等条件下产生的霉菌毒素，引起动物霉菌毒素中毒。对中国的配合饲料和饲料原料霉菌毒素污染的调查报告表明，80%饲用玉米遭到各种霉菌毒素不同程度的污染，有88%、84%、77%和60%的玉米样本分别含有T-2毒素、黄曲霉毒素、烟曲霉毒素和赭曲霉毒素A，所有的玉米样本都含有玉米赤霉烯酮和呕吐毒素；90%以上的配合饲料样本都含有以上6种霉菌毒素。因此，在目前情况下畜禽要想完全避免霉菌毒素的危害几乎不可能，特别是在夏季更容易发生霉菌毒素中毒。

我国各地区调查资料表明，因饲料霉变引起畜禽中毒死亡的事件时有发生。2007年，华南地区某存栏1 800多头母猪的大型猪场，购入了批外观质量尚好，水分含量偏高（15.6%）的玉米，在加工过程中也未添加霉菌毒素吸附剂，猪群采食使用该批玉米配制而成的全价料十多天后，开始出现霉菌毒素中毒症状，虽然采取了多种控制措施，但最终仍然造成81头母猪死亡，62头母猪流产和产死胎，18头失去种用价值的母猪被淘汰，480多头中小猪死亡，全场饲料转化率直线下降，经济损失严重。2006年，通辽市一大型养兔企业发生饲料（粗饲料原料）霉变中毒事件，持续时间达一月之久，死亡家兔万只以上，造成了极其严重的损失。江西省某新建种猪场，有120头后备种猪，从2005年3月至6月陆续死亡12头，对现用的饲料开包检查发现有霉味（1周前生产的），仓库的玉米外观完好，掰开胚乳可见黑色霉变，约占玉米粒1/10。种鸡产蛋期饲用霉变饲料会导致产蛋率、孵化率降低，且孵出的雏鸡成活率低。2004年，广东某黄羽肉鸡种鸡场，在产蛋期间，由于饲料原料紧张、价格急升，使用了发霉变质的玉米（玉米水分含量高达20%），饲喂后第2天开始出现产蛋率下降，死亡增加，产蛋率最低时只有40%，发病期90d，死亡率达17%，最后只好提前淘汰这批种鸡。发病前入孵蛋孵化率为85%~86%，发病后入孵蛋孵化率下降到65%~75%，孵出的雏鸡饲养到5~6日龄开始出现急性暴发性死亡，10日龄达到死亡高峰，以后逐渐减少，到25日龄死亡基本停止。在发病的20d内共死亡1 210羽雏鸡（共5 000羽），死亡率达24.2%，病雏鸡体内的霉菌毒素来源于种蛋。

近年来，霉菌毒素中毒给畜牧业带来的危害越来越大，应引起足够的重视。但由于霉菌毒素种类多，发病症状复杂，且许多症状一般不具有指征性和特异性，因此对于临床经验较少、诊断技巧不熟练的人易发生诊断误导。霉菌毒素中毒病和一般疾病相比，通常具有以下几个特点。

1. 与饲料相关性

中毒的发生与某些饲料、饲草有关，如采食某批饲料后，动物在一段时间内相继发病，而同时饲喂不同饲料的动物不发病。饲料初步检测可发现大量真菌，但还应测定霉菌毒素含量。

2. 可诱发复制性

用检查出某些霉菌或霉菌毒素的可疑饲料进行动物试验，可以复制出与自然病例相同的中毒病。

3. 地区性和季节性

动物霉菌毒素中毒一年四季均可发生，但往往有一定的地区性和季节性，因污染饲料的霉菌必须在适宜的温度、湿度时才能大量增殖并产生毒素。调查表明，由黄曲霉毒素所致的中毒多发生于春末夏初或热带地区，而镰刀菌毒素所致的中毒多发生于寒冷季节或寒带地区，温暖多雨的南方畜禽霉菌毒素中毒多于北方，受洪涝灾害地区尤为严重。

4. 群发性和不传染性、无免疫性

成群大批发病，有疫病流行的特点，但无传染性，饲喂不同饲料的动物不发病。霉菌毒素为非抗原性的低分子化合物，无免疫原性，不产生抗体，故康复后一旦又接触相同的霉菌毒素时，可再次发病。

5. 症状复杂多样

因毒素种类不同，作用的靶器官（组织）不同，因此表现的临床中毒症状也不同。即使同一种霉菌毒素中毒，其临床表现也取决于它在饲料中的含量、分布、饲料品质、动物年龄和品种的易感性、不良的环境因素以及畜禽是否长期或偶然进食等因素。一般来讲，发霉饲料含毒量越高，毒性越强，畜禽一次大量采食可发生急性中毒，病势较重，常呈急性死亡；而饲料含毒量较低或采食量少而长期饲喂时可发生慢性中毒，表现亚临床症状，引起组织器官变性损伤，诱发癌肿，免疫机能降低，生产性能和繁殖机能紊乱，如生长缓慢、乳、蛋产量降低、母畜不孕、产死胎、畸胎、流产等。毒素中毒动物的乳、肉、蛋中含有霉菌毒素，通过食物链危害人类健康。

6. 治疗困难

动物霉菌毒素中毒目前尚无特效解毒剂，一般化学药物和抗生素治疗无效，甚至由于机体抵抗力降低而导致菌群失调，常引起继发性感染。

第二节　饲料中的霉菌毒素

一、黄曲霉毒素

（一）来源和分布

黄曲霉毒素（aflatoxin，AF）是黄曲霉（*Aspergillus flavus*）和寄生曲霉（*A. parasiticus*）在适宜的生长条件下产生的有毒代谢产物。黄曲霉广泛分布于世界各地，是常见的腐生真菌，黄曲霉菌中能产生毒素者仅限于某些菌株。据研究，只有热带地区寄生曲霉才产生黄曲霉毒素，寄生曲霉全部菌株都能产生黄曲霉毒素，此菌在我国罕见。

在黄曲霉毒素产生的条件中，除菌株本身的产毒能力外，适宜的湿度（80%～90%）和基质的含水量16%以上、温度（25～30℃）、氧气（1%以上）、培养时间（7d左右）和培养基成分均为产毒菌株生长、繁殖和产毒必不可少的条件。一般天然培养基比人工综合培养基产毒量高。在粮食和饲料中，玉米、花生及其饼粕、棉籽及其饼粕最易被黄曲霉菌污染，产生黄曲霉毒素，特别是在多雨季节；此外，麦类、糠麸类饲料、高粱、甘薯、大豆粕以及秸秆、酒糟等均可被黄曲霉毒素污染。

（二）理化性质

黄曲霉毒素是一类化学结构相似的二呋喃香豆素（difurocoumarin）的衍生物。在紫外线照射下，能产生强烈的荧光，根据荧光颜色不同，将其分为两大类，并以荧光颜色英文名称的首字母来命名。发出蓝色（Blue）荧光的称B族毒素，包括黄曲霉毒素 B_1（AFB_1）和黄曲霉毒素 B_2（AFB_2）；发出绿色（Green）荧光的称G族毒素，有黄曲霉毒

素 G_1（AFG_1）和黄曲霉毒素 G_2（AFG_2）。人和动物摄入黄曲霉毒素 B_1 和黄曲霉毒素 B_2 后，在乳汁和尿中可检出其代谢产物黄曲霉毒素 M_1（AFM_1）和黄曲霉毒素 M_2（AFM_2）。黄曲霉毒素 B_1、黄曲霉毒素 B_2、黄曲霉毒素 G_1、黄曲霉毒素 G_2 和黄曲霉毒素 M_1 是饲料和食物中最重要的污染物，其结构式见图 3-1。此外还有黄曲霉毒素 B_{2a}、黄曲霉毒素 G_{2a}、黄曲霉毒素 P_1、黄曲霉毒素 GM_1、黄曲霉毒素 GM_2 和毒醇等多种，是由黄曲霉毒素 B_1、黄曲霉毒素 B_2、黄曲霉毒素 G_1、黄曲霉毒素 G_2 衍生而来的。

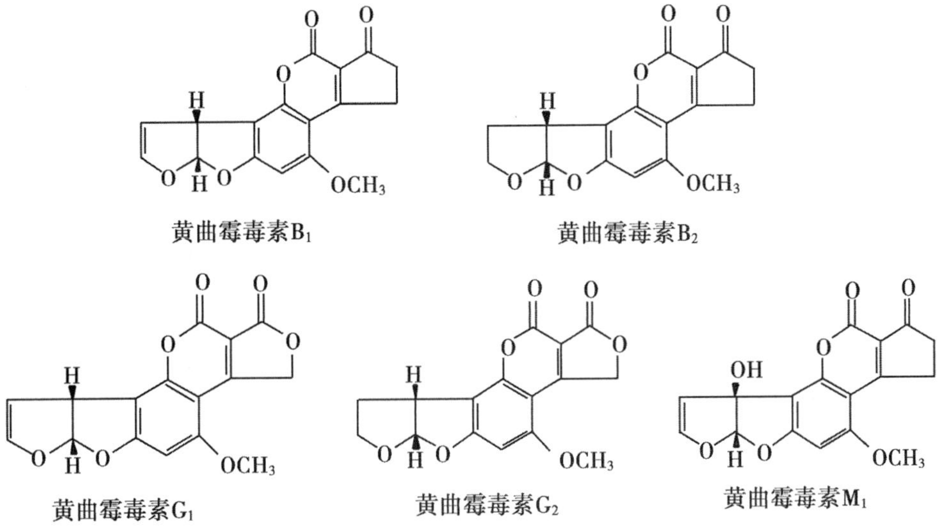

黄曲霉毒素B_1 　　　　　黄曲霉毒素B_2

黄曲霉毒素G_1 　　黄曲霉毒素G_2 　　黄曲霉毒素M_1

图 3-1 黄曲霉毒素的化学结构

　　黄曲霉毒素耐高温，通常的加热条件不易被破坏，只有在熔点温度下才发生分解，如 AFB_1 可耐 200℃。黄曲霉毒素遇碱能迅速分解，荧光消失，但此反应可逆，即在酸性条件下又复原。过氧化氢、次氯酸钠等氧化剂可使其破坏。黄曲霉毒素可溶于多种有机溶剂如氯仿、甲醇、乙醇、丙酮等中，但不溶于己烷、乙醚、石油醚和水。黄曲霉毒素的理化性质见表 3-8。

表 3-8 主要黄曲霉毒素的理化性质

毒素名称	分子式	分子量	熔点（℃）	紫外吸收值		荧光发射波长（nm）
				摩尔消光系数（ξ）	最大吸收峰波长（nm）	
AFB_1	$C_{17}H_{12}O_6$	312	268~269	19 800	346	425
AFB_2	$C_{17}H_{14}O_6$	314	286~289	20 900	348	425
AFG_1	$C_{17}H_{12}O_7$	328	244~246	17 100	353	450
AFG_2	$C_{17}H_{14}O_7$	330	237~240	18 200	354	450
AFM_1	$C_{17}H_{12}O_7$	328	299	17 450	345	425
AFM_2	$C_{17}H_{14}O_7$	330	293	18 950	346	—

注：用苯、乙腈（98：2）作溶剂

（三）毒性

黄曲霉毒素是已发现的霉菌毒素中毒性最大的一种，对多种动物均表现出很强的细胞毒性、致突变性和致癌性。其中以黄曲霉毒素 B_1 毒性最大、致癌力最强，黄曲霉毒素 M_1、黄曲霉毒素 G_1 次之，黄曲霉毒素 B_2、黄曲霉毒素 G_2、黄曲霉毒素 M_2 毒性较弱；黄曲霉毒素 B_1 的毒性是砒霜的 68 倍、氰化钾的 10 倍。因此，在检测饲料总黄曲霉毒素的含量和进行饲料卫生学评价时，一般以黄曲霉毒素 B_1 作为主要指标。

各种动物对黄曲霉毒素的敏感程度不同。一般来说，幼年动物较敏感，雄性较雌性敏感。高蛋白饲料可降低动物对黄曲霉毒素的敏感性，营养状况较好的动物抵抗力较强。雏鸭对黄曲霉毒素极其敏感，常用于生物学鉴定（表 3-9）。鼠类的耐受量较高，其次为鸡、猴、羊、火鸡、豚鼠等（表 3-10）。

表 3-9　黄曲霉毒素对雏鸭的 LD_{50}（急性，经口）

黄曲霉毒素	LD_{50}（μg/只）	每千克体重添加量（mg）	黄曲霉毒素	LD_{50}（μg/只）	每千克体重添加量（mg）
B_1	12.0 ~ 28.2	0.24 ~ 0.56	M_2	62.0	1.24
M_1	16.6	0.32	B_2	84.4	1.68
G_1	39.2 ~ 60.0	0.78 ~ 1.20	G_2	172.5	3.45

表 3-10　黄曲霉毒素 B_1 对动物的 LD_{50}（急性，经口）

动物种类	每千克体重添加量（mg）	动物种类	每千克体重添加量（mg）
雏鸭	0.24 ~ 0.56	火鸡	1.86 ~ 2.00
兔	0.35 ~ 0.50	羊	1.00 ~ 2.00
猫	0.55	猴	2.20 ~ 7.80
猪	0.62	鸡	6.30
狗	0.50 ~ 1.00	大白鼠	7.20（雄）~ 17.90（雌）
虹鳟鱼	0.81（腹腔注射）	小白鼠	9.00
豚鼠	1.40	仓鼠	10.20

（四）毒性作用

1. 致癌、致畸、致突变

黄曲霉毒素是目前发现的最强化学致癌物，黄曲霉毒素 B_1 诱发肝癌的能力比二甲基亚硝胺大 75 倍。除肝癌外，在其他部位也可诱发癌瘤，如胃腺癌、肾癌、直肠癌、乳腺癌、卵巢瘤等。黄曲霉毒素的致癌性及毒性强弱与其化学结构有关，凡二呋喃环末端有双键者均极易发生环氧化反应，形成 2,3-环氧化物，使毒性增加，致癌性增强。在用微生物进行的致突变试验中，黄曲霉毒素 B_1 呈现阳性致突变反应；黄曲霉毒素 M_1、黄曲霉毒素 G_1、毒醇，也有致突变性。据致畸试验，妊娠鼠给予黄曲霉毒素 B_1，能使胎鼠死亡及发生畸形。黄曲霉毒素 B_1 对不同动物的致癌性和致突变性作用见表 3 – 11。

表 3 – 11　黄曲霉毒素 B_1 对不同动物的一般毒性、致癌性和致突变性（经口）

动物	接毒时间和剂量	毒性表现
雏鸭	2 ~ 3 月龄，每隔 2d 每千克体重 41.65mg，连续 6 个月	从第 3 个月开始，体重和血红蛋白降低；第 180 天，有 83.3% 发生肝细胞瘤
鸡	0 ~ 3 周龄，日粮中含 2.5mg/kg	抑制生长的最低剂量
阉牛	日粮中含 600mg/kg	155d 后出现体重减轻和肝脏损伤
虹鳟鱼	饲料中含 0.4μg/kg	15 个月后，肝癌发生率为 14%
	饲料中含 20μg/kg	8 个月和 12 个月后，肝癌发生率分别为 56% 和 83%
银鲑	每尾在 5 天内饲喂 10 ~ 15mg	内脏器官广泛出血、坏死，胆囊和肾上腺肿大，脑膜水肿
小鼠	日粮中含 1.0mg/kg	16 个月后肝细胞瘤发生率为 15%
	怀孕小鼠，日粮中含 4.0mg/kg	8d 后胎儿发生致死性畸变
大鼠	日粮中含 150mg/kg	16 个月后肝细胞瘤发生率为 100%
猴	每千克体重 0.5mg	3 ~ 4 周后出现脂肪肝

资料来源：居乃琥，1980；J. E. Smith, et al, 1991

　　雏鸭对黄曲霉毒素敏感，急性中毒性病变具有一定的特征：肝实质细胞坏死，胆管上皮细胞增生，肝细胞脂质消失延迟，肝脏出血。因此，雏鸭常作为黄曲霉毒素生物鉴定的首选受试动物，胆管上皮细胞增生是最具特征性的病变。但是，在生产实践中，持续摄入少量黄曲霉毒素所造成的慢性中毒比一次大剂量摄入所造成的急性中毒更常见。慢性中毒时，动物采食量减少，生长缓慢，生产性能下降，繁殖机能降低；肝功能和组织结构发生变化，肝脂肪增多，发生肝硬化、肝癌；血管通透性增加，血管变脆并破裂，发生出血现象；影响钙、磷代谢等。

　　从人类肝癌流行病学调查结果得知，黄曲霉毒素的高水平摄入和人类肝癌的发病率密切相关。在对我国南方进行的研究中表明，原发性肝癌和食物中黄曲霉毒素含量的多少有关。广西扶绥县为肝癌高发区，县境内低、中和高发地区主粮中黄曲霉毒素 B_1 的平均含量分别为 25.6μg/kg、56.4μg/kg 和 164.8μg/kg，人年均摄入黄曲霉毒素分别为 0.638mg、1.197mg 和 6.016mg，各区每 10 万人的年均肝癌死亡率分别为 14.1 人、30.7 人和 131.4 人。江苏启东市地处潮湿的三角州地带，粮食易于霉变，流行病学调查表明该地区玉米和花生所含的黄曲霉毒素 B_1 含量超过了诱发动物肿瘤所需要的剂量。

　　鉴于黄曲霉毒素具有极强的致癌性，世界各国都对食物中的黄曲霉毒素含量均作出了严格的规定。FAO/WHO 规定，玉米和花生制品中黄曲霉毒素（以 AFB_1 表示）的最大允许量为 15μg/kg；美国 FDA 规定牛奶中黄曲霉毒素的最高限量为 0.5μg/kg，其他大多数食物为 20μg/kg，动物性原料中黄曲霉毒素的最大允许量为 100g/kg，超标的污染食物和原料产品将被没收和销毁。我国食品中黄曲霉毒素的允许量如表 3 – 12 所示。

表 3 - 12　我国食品中黄曲霉毒素的最大允许量　　　　（单位：μg/kg）

食 品 种 类	最大允许量
玉米、花生及其制品	20
大米和食用油脂（花生油除外）	10
其他粮食、豆类和发酵食品	5
酱油和醋	5
婴儿代乳品	0

2. 抑制 DNA、RNA 和蛋白质的合成

黄曲霉毒素可直接作用于核酸合成酶而具有抑制信使核糖核酸（mRNA）的合成，进一步抑制 DNA 合成，且对 DNA 合成所依赖的 RNA 聚合酶也有抑制作用；黄曲霉毒素可与 DNA 结合，改变 DNA 的模板结构，干扰 RNA 转录；黄曲霉毒素还可改变溶酶体膜的结构，使 RNA 酶从溶酶体释放，从而增加 RNA 的分解速率；也可刺激 RNA 甲基化酶促进 RNA 的烷基化作用；因而使蛋白质、脂肪的合成和代谢障碍，线粒体代谢以及溶酶体的结构和功能发生变化。电子显微镜观察表明，在给予黄曲霉毒素 30min 内，最初的细胞变化发生在核仁内，使核仁的内含物重新分配；细胞质中的核糖、核蛋白体减少和解聚，内质网增生，糖原损失和线粒体退化。

3. 影响机体的免疫机能

黄曲霉毒素对免疫的影响实质上是指在黄曲霉毒素的作用下，使动物机体对某种传染性疾病的抵抗力和获得性免疫受到影响。试验证明，当饲喂家禽低剂量（0.25～0.5mg/kg）黄曲霉毒素的饲料后，其对巴氏杆菌、沙门氏杆菌、念珠菌的抵抗力降低；黄曲霉毒素中毒的鸡对盲肠球虫病、马立克氏病、包涵体肝炎和传染性法氏囊病的易感性增加；黄曲霉毒素还可使禽霍乱和猪丹毒免疫失败，鸡新城疫免疫抗体滴度下降。黄曲霉毒素抑制机体免疫机能的主要原因之一是抑制 DNA 和 RNA 的合成，进而影响蛋白质的合成，使血清蛋白含量及其比值发生变化，即 α-球蛋白、β-球蛋白与白蛋白含量降低，血清总蛋白含量减少，但 γ-球蛋白含量正常或升高。此外，黄曲霉毒素能抑制补体和干扰素等非特异性体液免疫物质的生成，降低巨噬细胞的吞噬能力，从而抑制细胞介导免疫；可引起细胞免疫器官胸腺发育不良或萎缩；黄曲霉毒素中毒的动物肝脏受损，肝细胞脂肪沉积，胆管上皮增生。

（五）代谢

动物摄入 AFB_1 后，迅速经胃肠道吸收，进入门静脉血液，随后经门静脉进入肝脏。通常，在摄食后 0.5～1h 肝内毒素浓度最高，比其他组织器官高 5～10 倍，血液中含量甚低，肌肉中难以检出。AFB_1 在体内主要有 2 条代谢途径：一是羟基化作用，生成单羟基的衍生物 AFM_1，通常存在于奶、尿、粪便和肝脏中；二是经去甲基作用，生成酚环的衍生物 AFP_1，主要存在于尿中。此外，尚有一部分发生环氧化作用，生成 AFB_1-2,3-环氧化物，再进一步与谷胱甘肽结合，生成谷胱甘肽结合物（图 3 - 2）。

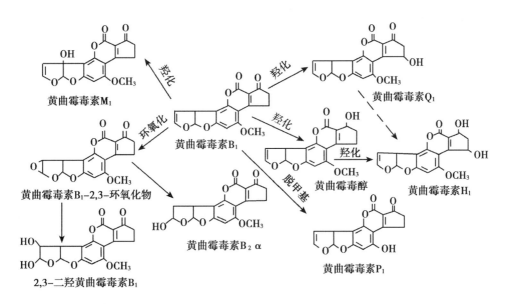

图 3 - 2　黄曲霉毒素 B₁ 的代谢途径

黄曲霉毒素的代谢产物排泄较快，故一般不会发生蓄积性中毒。试验表明，摄入毒素约 1 周后，大部分经胆汁入肠道随粪便排出，少部分经肾脏随尿排出，或经乳腺分泌从乳汁排出，家禽也可通过蛋排出。但长期持续摄入黄曲霉毒素，可在体内蓄积，造成中毒。

（六）在畜产品中的残留与人类食品卫生

动物摄入 AFB₁ 后，通过代谢，AFB₁ 及其代谢产物会少量残留在肉、奶、蛋等畜产品中，造成动物性食品污染。在牛羊乳汁中，毒素的主要形式是 AFM₁，其性质稳定且耐热性强，鲜奶的巴氏消毒法和奶粉的制作过程均不能除掉或破坏它。Frobish 等（1986）报道，奶牛日粮中的 AFB₁ 有 1.7% 以 AFM₁ 的形式从奶中排出，停喂含毒饲料后，AFM₁ 在 12h 后下降 40% ~50%，48h 降至最低水平。Raisbeck 等（1991）报道，牛奶中 AFM₁ 大约是日粮中 AFB₁ 的 1/300。广西卫生防疫站（1998）报道，当乳牛摄入含 AFB₁20μg/kg 的饲料时，牛乳中 AFM₁ 的平均含量为 0.52μg/kg；摄入含 AFB₁ 50ug/kg 的饲料时，牛乳中 AFM₁1.58μg/kg。Agacdelen（1993）报道，给产蛋母鸡饲喂含 AFB₁500μg/d，第 7 天鸡蛋中 AFB₁ 含量为 0.117μg/g，停喂含 AFB₁ 饲料 4d 后，蛋中未检出 AFB₁。Kan 等（1989）报道，给肉鸡和蛋鸡饲喂含 AFB₁ 750μg/kg（自然污染）的日粮，3 周后蛋鸡胸肌、蛋（检出限量 <5ng/kg）和肉鸡肝脏（检出限量 <10ng/kg）中未检出 AFB₁，而蛋鸡肝脏和肾脏中检出微量 AFB₁（10~200ng/kg）。Wu 等（1988）报道，生长猪日粮中含 25~100mg/kg AFB₁ 时，其腰肌、腿肌和心肌未检出 AFB₁；当日粮中 AFB₁ 含量为 200~400mg/kg 时，上述组织中检出微量 AFB₁（0.01~0.02mg/kg）；日粮中 AFB₁ 含量为 400mg/kg 时，其肝脏、肾脏中 AFB₁ 含量分别为 0.21mg/kg 和 0.07mg/kg，AFM₁ 含量分别为 0.10mg/kg 和 0.17mg/kg。

肉、奶、蛋等畜产品中残留的黄曲霉毒素及其代谢产物可通过食物链危害人类健康，特别是以乳品为主的婴幼儿，机体解毒功能较弱，而且对黄曲霉毒素的敏感性较高，容易发生中毒,因此乳及乳制品中 AFM$_1$ 对婴幼儿的健康有直接威胁。我国国家标准规定婴儿乳粉中 AFM$_1$ 含量 ≤0.5mg/kg(GB2761—2011)。其他国家如美国食品与药物管理局(FDA)规定,鲜乳及乳制品中 AFM$_1$ 的允许量为 0.5μg/kg,瑞士规定牛乳中 AFM$_1$ 的允许量为 0.01μg/L。对黄曲霉毒素的污染要高度重视,严格执行国家食品卫生标准和饲料卫生标准,确保人畜健康。

（七）防制中毒的措施

目前,对黄曲霉毒素中毒无特效治疗药物,应以预防为主。防止饲料发霉是预防中毒的关键,但对于已经霉变(轻度)的饲料,需采取有效的去毒方法。

1. 物理法

（1）剔除霉粒 因霉菌毒素在谷实籽粒中分布不均匀,主要集中在霉坏、破损及虫蛀籽粒中,若用手工、机械的或电子的挑选技术将这些籽粒挑选除去,可大大降低饲料原料中的毒素含量。某些在田间生长期感染霉菌的谷实如赤霉病麦粒,其相对密度比正常麦粒小,可利用风选法将小而轻的病麦粒吹掉;也可用一定比重的黄泥水或20%食盐水使病麦粒漂浮而且除去。

（2）混合稀释 将受霉菌毒素污染的饲料与未被污染的饲料混合稀释,使整个配合饲料中的霉菌毒素含量不超过饲料卫生标准规定的允许量。例如,我国饲料卫生标准(GB2761—2011)中规定,玉米中黄曲霉毒素 B$_1$ 的允许量 ≤0.05mg/kg,肉仔鸡前期及雏鸡配合饲料中黄曲霉毒素 B$_1$ 的允许量 ≤0.01mg/kg,产蛋鸡和生长肥育猪配合饲料 ≤0.02mg/kg。

（3）热处理 黄曲霉毒素对热稳定,在通常的加热处理(蒸煮烘炒)时破坏较少,只有在加热加压或延长加热时间的情况下才能使一部分霉菌毒素失活。试验证明,污染玉米在 145~160℃ 条件下烘烤 30~60min,可减少 60%~80% 的毒素,爆炒可使 AFB$_1$、AFG$_1$ 含量分别减少 60% 和 62%。用稀氨液处理过的玉米,再行蒸煮烘干或晾干,可除去 99% 的 AFB$_1$。

（4）辐射法 将污染黄曲霉毒素的饲料撒铺成薄层,用高压汞灯紫外线大剂量照射,去毒率可达 97%~99%。

2. 化学法

（1）碱处理 最常用。在碱性条件下,黄曲霉毒素结构中的内酯环被破坏,形成邻位香豆素钠盐而溶于水,再用水冲洗可将毒素除去。在生产实际中常使用石灰水、氨水、氢氧化钠等对饲料进行去毒处理。

①石灰水处理:用 5%~8% 石灰水浸泡霉败饲料 3~5h,清水淘净,晒干即可。

②氨处理:在被污染的饲料中每千克饲料拌入农用氨水 125g,混匀后倒入缸内,封口 3~5d,去毒效果达 90% 以上。或用塑料薄膜密封被霉菌污染的饲料,然后加氨封闭一定时间,达到去毒效果;一般来说,对于含毒量在 0.2mg/kg 以下的饲料采用 0.2%~0.4% 的氨,含毒量在 0.2~0.5mg/kg 的饲料采用 0.5%~0.7% 氨,含毒量 0.6mg/kg 以上的饲料常用 0.7%~1.0% 的氨,若延长密闭时间,剂量可相应降低。但经氨处理的饲料色泽变深,且留有氨臭味,影响适口性,最好饲喂前挥去残余的氨气。

③氢氧化钠（NaOH）或碳酸氢钠（NaHCO₃）处理：污染黄曲霉毒素的玉米用 0.5% ~1% 的 NaOH 溶液处理 24h，黄曲霉毒素含量由处理前的 235μg/kg 降到 20μg/kg。1% NaOH 水溶液处理含有 AFB₁ 的花生饼 1d，可使毒素由 84.9μg/kg 降至 27.6μg/kg。用 1% 的 NaHCO₃ 溶液浸泡霉变的花生、豆类等，再用清水冲洗至中性，烘干，可除去 98% 的毒素。

（2）氧化法　依据 AFB₁ 遇氧化剂迅速分解的原理进行脱毒，是化验室常用的较好方法之一。过氧化氢在碱性条件下去毒效果可达 98% ~100%；5% 的次氯酸钠在几秒钟内便可破坏 AFB₁，用此法处理时会产生大量的热，破坏饲料的某些营养成分如维生素和赖氨酸，但对于反刍动物的影响较小。

（3）二氧化氯法　二氧化氯的安全性较好，1948 年被 WHO 定为 A1 级高效安全消毒剂，以后又被 FAO 定为食品添加剂。张勇等（2001）的试验结果表明，二氧化氯对 AFB₁ 的脱毒作用具有高效快速的特点，0.5mg AFB₁ 纯品在 0.1mg 二氧化氯作用下，瞬间被破坏解毒。霉变产毒玉米用 5 倍体积、浓度为 250μg/ml 的二氧化氯浸泡 30 ~60min 可去除 AFB₁ 的毒性。用于玉米脱毒的二氧化氯浓度为 AFB₁ 纯品用量的 2.5 倍，说明玉米中存在的有机物对脱毒效果有一定影响。

（4）中草药处理　试验证明，用山苍籽芳香油薰蒸，可使 AFB₁ 含量超标 10 ~20 倍的粮食基本无毒，而且不影响粮食的营养成分和适口性。污染饲料中添加大茴香、桂皮粉，由于桂皮醛和茴香醛均可与 AFB₁ 发生取代反应，加速 AFB₁ 的氧化解毒过程。

化学处理效果明显，但往往会使饲料的营养品质和适口性有所降低。

3. 营养素补充法

（1）补加蛋白质或氨基酸　添加蛋氨酸可以减轻霉菌毒素（特别是黄曲霉毒素）对动物的有害作用。其机理是在动物体内肝脏的生物转化过程中，肝脏可以利用谷胱甘肽（GSH）的生物氧化还原反应对黄曲霉毒素进行解毒。谷胱甘肽的组成成分之一是半胱氨酸，而蛋氨酸在动物体内能转变为胱氨酸与半胱氨酸。据报道，在被黄曲霉毒素污染的肉仔鸡饲料中额外添加比 NRC 推荐标准多 30% ~40% 的蛋氨酸，可减轻毒素对肉仔鸡生长的抑制作用。在含 AFB₁ 182μg/kg 的断奶仔猪日粮中，把原蛋白质水平（18%）提高 2% 饲喂，或另加 0.25% 的盐酸 L-赖氨酸，可保证仔猪的生产性能不受影响。

（2）补充维生素　饲料维生素与霉菌毒素之间有某种颉颃作用，如烟酸和烟酰胺可以加强谷胱甘肽转移酶的活性，增加与 AFB₁ 的结合速度而解毒；同时能增强葡萄糖醛酸转移酶的活性而促进对 T-2 毒素的解毒作用。污染霉菌的饲料中加入一定量叶酸后喂猪，可提高饲料转化率，加快生长速度。

（3）补充硒　在缺硒地区，硒可以提高谷胱甘肽过氧化物酶的活性，能增加火鸡、猪对黄曲霉毒素的抵抗作用。

4. 微生物发酵法

某些微生物可使霉菌毒素破坏或转化为低毒物质。我国南方酿造米酒所产生的德氏根瘤菌素对 AFB₁ 有很强的解毒作用。国外利用红色棒状杆菌的生物转化功能，对饲料中 AFB₁ 的降解率达 99%。据报道，用无根根霉、米根霉、橙色黄杆菌和亮菌等进行发酵处理，对去除粮食和饲料中的黄曲霉毒素有较好效果。酵酒酵母细胞壁上的甘露聚糖可结合霉菌毒素，500g 酵母细胞壁甘露聚糖的吸附能力相当于 8kg 黏土。Devegowda（1994）报道，啤酒酵母培养物能有效降低黄曲霉毒素对肉仔鸡和鸭的毒性。与物理法和化学法相比，微生物发酵处理法对饲料营养成分的损失和影响较小，是一个比较有前途的研究领域。

5. 吸附法

某些矿物质如活性炭、白陶土、膨润土、沸石、蛭石、硅藻土、水合硅铝酸盐等，有较强的吸附作用，且性质稳定，添加到饲料产品中，可以吸附饲料中的霉菌毒素，减少动物消化道对霉菌毒素的吸收，特别是对黄曲霉毒素有良好的吸附效果。白陶土的主要成分为 $Al_2O_3 \cdot 2SiO_2 \cdot 2H_2O$；膨润土的主要成分为 $Al_2O_3 \cdot Fe_2O_3 \cdot 3MgO \cdot 4SiO_2 \cdot nH_2O$；沸石是一种含水铝硅酸盐矿物，主要成分有 SiO_2、Al_2O_3 和 CaO；蛭石的主要成分有 SiO_2、MgO、Al_2O_3、Fe_2O_3 等；硅藻土的主要化学成分是 SiO_2。它们的吸附效果与其分子结构的吸附能力和吸附对象（霉菌毒素）的特性有关。

活性炭颗粒多孔、表面积很大、吸附能力强，能吸附多种霉菌毒素，是一种普遍应用的吸附剂。试验表明，在含 0.5mg/kg AFB_1 的肉鸡日粮中添加 200μg/kg 的活性炭，从 1d 饲喂到 4d，试验鸡的饲料转化率为 3.1，而对照组为 3.3；试验鸡的血清天冬氨酸转移酶和碱性磷酸酶活性基本正常，而对照组鸡则显著增加；试验鸡的血清总蛋白及胆固醇、钙、磷水平基本正常，而对照组鸡却显著降低。

国外报道表明，在被黄曲霉毒素污染的畜禽饲料中添加 0.5% ~2% 的水合硅铝酸钙钠盐（hydrated sodium calcium alu minosilicate，HSCAS），可显著减轻黄曲霉毒素的有害作用。Phillips 等（1988）报道，在含 7.5mg/kg AFB_1 的肉仔鸡日粮中添加 0.5% 的 HSCAS 后，其生产性能恢复正常。Harvey（1984）报道，在生长猪日粮中添加 3mg/kg 的黄曲霉毒素和 0.5% 的 HSCAS 对生产性能没有影响。Nahm（1995）报道，在雏鸡日粮中添加硒、蛋氨酸以及维生素 E 等抗氧化剂与硅铝酸钙钠盐（HSCAS）相配合，有很好的防制黄曲霉毒素中毒的效果。我国批准进口的霉菌毒素解毒剂"驱毒霸"（SORB-IT）是多种天然硅酸盐的混合剂；"保以康"是由保以康与硅藻土按 20:80 比例混合而成。

吸附剂不仅能吸附霉菌毒素，减少胃肠黏膜对霉菌毒素的吸收，还可吸附胃肠道内的大肠杆菌和沙门氏菌产生的毒素，抑制某些病原菌的生长发育，兼有供给机体必需的矿物元素，提高营养物质的吸收率和转化率，吸附消化道内有害气体，促进动物生长的作用。

在上述不同去毒方法中，吸附法比较安全、经济有效、简单实用和资源丰富，值得大力推广应用。

二、赭曲霉毒素

（一）来源和分布

赭曲霉毒素（ochratoxin，OT）是由多种曲霉和青霉菌产生的一类分子结构相似的化合物，包括赭曲霉毒素 A（OTA）、赭曲霉毒素 B、赭曲霉毒素 C 等，毒性强弱顺序是：OTA > OTC > OTB，OTB 和 OTC 在被污染饲料中的含量较低，因此在饲料检测时，主要分析 OTA，一般不考虑 OTB 和 OTC。现已证明，曲霉属的 7 个菌种和青霉属的 6 个菌种可产生赭曲霉毒素，它们分别是赭曲霉（*A. ochraceus*）、硫色曲霉（*A. sulphureus*）、菌核曲霉（*A. sclerotiorum*）、洋葱曲霉（*A. alliaceus*）、蜂蜜曲霉（*A. melleus*）、孔曲霉（*A. ostianus*）、佩特曲霉（*A. petrakii*）和产紫青霉（*P. purpurogenum*）、普通青霉（*P. communne*）、鲜绿青霉（*P. viridicatum*）、徘徊青霉（*P. palitans*）、圆弧青霉（*P. cyclopium*）、变幻青霉（*P. variable*），这些霉菌可以污染玉米、大麦、黑麦、燕麦、荞麦、高粱和豆类等作物，以及麸皮等副产品，甚至污染干草等，在适宜的温度和湿度条件下即可产生 OTA。

决定霉菌产毒和产毒量的因素包括基质的温度和水分。赭曲霉、圆弧青霉和鲜绿青霉产生 OTA 的最小水活力分别为 0.83～0.87、0.87～0.90 和 0.83～0.86。在 24℃ 时最适宜的水活力：赭曲霉 0.99，圆弧青霉和鲜绿青霉 0.95～0.99。在最适宜的水活力条件下，赭曲霉的产毒温度范围是 12～37℃，圆弧青霉和鲜绿青霉是 4～31℃。在寒冷的气候条件下，鲜绿青霉是主要产毒霉菌，大约 50% 的鲜绿青霉是产毒菌株。相反，在温暖的气候条件下，有 28%～50% 赭曲霉菌株产毒。

（二）理化性质

OTA 是 L-β-苯丙氨酸与异香豆素的结合物，分子式为 $C_{20}H_{18}ClNO_6$，分子量 403，化学结构式如图 3-3 所示。OTA 为无色晶体，溶于有机溶剂（氯仿和甲醇）和稀碳酸氢钠溶液，微溶于水，在紫外线照射下呈微绿色荧光。OTA 稳定，饲料加工或食品烹调不能破坏之。

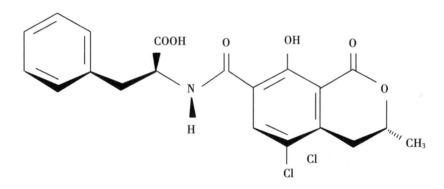

图 3-3　赭曲霉毒素 A 的化学结构

（三）毒性作用和中毒症状

OTA 主要毒害动物的肾脏和肝脏，肾脏是第一靶器官，只有剂量较大时才出现肝脏病变，肝功能障碍；生产实践中，以多尿和消化机能紊乱等为特征性中毒症状。

OTA 可引起各种动物发病，但不同动物对 OTA 的敏感性有差异，猪非常敏感，每千克体重 1～2mg 可引起中毒，5～6d 死亡；日粮含 1mg/kg 饲喂 3 个月可出现剧渴，生长速度和饲料转化率降低，肾功能损伤；饲料中含 0.2mg/kg 即可引起肾脏组织结构的损伤。家禽对 OTA 也较敏感，日粮含 1mg/kg 即可影响生长，并导致肾脏肿大；肉仔鸡饲喂含 OTA 4mg/kg 的日粮 2 个月，死亡率可达 42%，如果日粮中添加 0.8% 或 2.4% 的苯丙氨酸，死亡率可分别降低 12% 和 15%；蛋鸡日粮含 OTA 0.5mg/kg，连续饲喂 6 周，可降低蛋鸡的产蛋性能和饲料转化率。反刍动物的瘤胃微生物可降解赭曲霉毒素，因此牛有一定的耐受性，但犊牛瘤胃发育完全之前比较敏感，30 日龄的犊牛 OTA 按每天每千克体重0.1~0.5mg，30d 可表现多尿、中枢神经抑制、体重下降、脱水等；对犊牛的致死量大约为每千克体重 11~25mg。犬的一次中毒量为每千克体重 3mg；每千克体重 0.2~0.4mg 连续 10~14d 可出现中毒症状。OTA 对动物的 LD_{50} 见表 3-13。

表 3-13 OTA 对动物的口服 LD_{50}

动物	LD_{50} 每千克体重服用量	动物	LD_{50} 每千克体重服用量
鸡	2~4	猪	1
日本鹌鹑	16.5	小鼠	22~58
火鸡雏	6	大鼠	22~30

（四）防制中毒的措施

预防措施主要是防止饲料霉变，但对于已经霉变的饲料要进行减毒或去毒处理。OTA在羧基肽酶 A 和糜蛋白酶的催化下，可水解成苯丙氨酸和毒性较小的异香豆素，瘤胃微生物有很强的类似反应活性。Deberghes 等（1995）在赭曲霉菌培养液中加入 5 单位的羧基肽酶，培养 18d，与对照组相比，OTA 产量由 73.6ng/ml 下降到 0，这将是一种很有开发前途的 OTA 脱毒方法。此外，添加 0.5% 胆胺、γ-射线和紫外线照射也可以起到一定的脱毒效果。OTA 对热极其稳定，通过加热脱毒的效果较差。

发现动物中毒后，首先要停止饲喂霉变饲料，并更换易消化且富含维生素的饲料，供给充足的饮水。对病情严重的动物要对症治疗，防止脱水和保护肝脏。注射苯丙氨酸对OTA 急性中毒症有一定疗效。

目前，瑞士规定了在猪和家禽配合饲料中 OTA 的允许量标准，分别不得超过 200μg/kg 和 1 000μg/kg。

三、玉米赤霉烯酮

（一）来源和分布

玉米赤霉烯酮（zearalenone，ZEN），又称 F-2 毒素，F-2 雌性发情毒素或雌激素因子。它是由镰刀菌属的若干菌种产生的有毒代谢产物，产毒菌主要有禾谷镰刀菌（*Fusarium graminearum*），此外，砖红镰刀菌（*F. lateritium*）、燕麦镰刀菌（*F. avenaceum*）、三线镰刀菌（*F. tricinctum*）、黄色镰刀菌（*F. culmorum*）、囊球镰刀菌（*F. gibbosum*）、半裸镰刀菌（*F. semitectum*）、木贼镰刀菌（*F. equiseti*）、尖孢镰刀菌（*F. oxysporum*）、粉红色镰刀菌（*F. roseum*）、拟分枝孢镰刀菌（*F. sporotrichiella*）等也能产生该毒素。

在自然状态下，玉米受 ZEN 污染的几率较大，含量一般为 0.4~0.8mg/kg，最高可达 50~100mg/kg，其次是大麦、小麦、燕麦、高粱和干草，在啤酒、大豆及其制品、花生和木薯中也可检出。镰刀菌在玉米上繁殖一般需要 22%~25% 的湿度。在湿度 45%、24~27℃，培养 7d；或 12~14℃，培养 4~6 周，ZEN 的产量最高。Mcnutt 等早在 1928

年首次报道了美国爱阿华州小猪 ZEN 中毒事件，病猪主要表现为阴道炎。王若军等（2003）调查了我国 13 个省的玉米、全价饲料，ZEN 的检出率高达 100%。ZEN 是饲料污染最严重的霉菌毒素之一。据 Price 等（1993）报道，在美国由 ZEN 中毒造成的经济损失仅次于黄曲霉毒素。

（二）理化性质

ZEN 是一种二羟基苯甲酸内酯类植物雌激素化合物，为白色晶体，分子式 $C_{18}H_{22}O_5$，分子量 318，化学结构式如图 3 - 4 所示。ZEN 可溶于碱性溶液、乙醚、苯、氯仿、二氯甲烷、乙酸乙酯、乙腈及甲醇、乙醇等，其甲醇溶液在紫外光下呈明亮的绿蓝色荧光，但不溶于水。ZEN 受热可失去活性，在 125℃ pH 值 7.0 时 60min 有 23% 分解失活，在 150℃ 时有 34% ~ 68% 失活，在 175℃ 时有 92% 分解失活，当温度达到 225℃ 时，不到 30minZEN 全部失活。

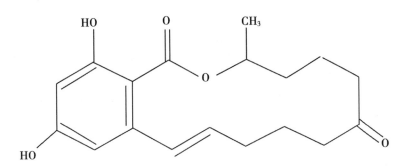

图 3 - 4 玉米赤霉烯酮的化学结构示意图

（三）毒性作用和中毒症状

ZEN 具有类似雌激素的作用，可与子宫内雌激素受体不可逆结合，影响动物的生殖生理。

各种动物对 ZEN 的敏感程度不同，猪最敏感，中毒后主要表现为生殖器官病变，如外阴部肿胀、潮红、阴道黏膜脱垂等，造成不孕、假孕、流产、死胎和仔猪窝重减轻等一系列不良影响。2 ~ 5 月龄猪，每千克体重一次饲喂 7.5 ~ 11.5mg，4 ~ 5h 可见精神沉郁，24h 小母猪出现会阴部潮红和水肿；饲料含 ZEN25mg/kg，可引起猪不孕症；32.0mg/kg 引起母猪流产。牛、羊也可发生 ZEN 中毒，牛饲喂含 ZEN5 ~ 75mg/kg 的饲料，15 ~ 30d 可引起阴户肿胀；绵羊每日摄入 25mgZEN，可导致排卵率和怀孕率下降。家禽对 ZEN 有一定的耐受性，但火鸡较敏感，饲料中 ZEN100mg/kg，可使火鸡产蛋下降，800mg/kg 导致火鸡行为异常和肉冠增大。ZEN 是一种低毒性的毒素，对小鼠的 LD_{50} 为每千克体重 2 ~ 10g。

（四）防制中毒的措施

谷物类饲料原料应晒干后妥善贮藏，严防受潮而使霉菌污染。若发现饲料霉变，应采取有效的减毒或去毒措施，然后再饲喂动物。对于污染较轻的谷物，可采用选粒法、稀释法和回避法降低谷物或饲料中 ZEN 的含量，避免中毒。

1. 选粒法

因 ZEN 在谷粒上的分布不均匀，故可通过剔除镰刀菌侵染的病粒，大幅度降低 ZEN 污染量。

2. 稀释法

将污染谷物与正常的原料按计算比例混合，使饲料中的 ZEN 含量降至相对安全的范围内。

3. 回避法

不同种类的动物对 ZEN 的敏感性和耐受力有差别。猪最敏感，所以污染 ZEN 的谷物不用作猪饲料，即回避之意。但是可酌情将污染谷物用于敏感性较低的动物作饲料。

若谷物受 ZEN 的污染严重，则需要进行去毒处理。ZEN 能溶于碱性溶液中，可用 2% 的氢氧化钙溶液浸泡，脱毒效果较好；甘露寡糖可以结合 80% 的 ZEN；饲料中添加 0.05% 酯化葡甘露聚糖可减轻 ZEN 对肉鸡的危害；添加高于 NRC 标准 30% ~40% 的蛋氨酸可降低 ZEN 的毒性效应。饲料中添加 0.2% ~0.5% 的硅铝酸钙（一种有很强吸附能力的矿石）可使 ZEN 中毒母猪的死胎和弱胎数明显减少；体外试验证明，该矿石对黄曲霉毒素 B_1、黄曲霉毒素 G_2、赭曲霉毒素和 ZEN 具有很强的吸附能力，但并不吸附维生素 A、维生素 D、维生素 E。浸泡与热处理均不能破坏饲料中的 ZEN。

目前尚无有效的药物治疗 ZEN 中毒。当发现中毒时，应立即停喂被污染的饲料。替换喂正常饲料 2 周后，中毒症状可逐渐消失。生产中应绝对避免用霉变饲料饲喂动物，尤其是妊娠和后备母畜。

四、T-2 毒素

（一）来源和分布

T-2 毒素是单端孢霉烯族毒素（Trichothecenes）中毒性最强的一种，1968 年由 Bamburg 首次从三线镰刀菌的代谢产物中分离出来。目前发现产生 T-2 毒素的镰刀菌有三线镰刀菌（*F. tricinctum*）、拟枝孢镰刀菌（*F. sporotrichioides*）、梨孢镰刀菌（*F. poae*）、黄色镰刀菌（*F. culmorum*）、粉红镰刀菌（*F. roseum*）、木贼镰刀菌（*F. equiseti*）、茄病镰刀菌（*F. solani*）、禾谷镰刀菌（*F. gra minearum*），砖红镰刀菌（*F. lateritium*）等 12 种，其中，以前 3 种为主要产毒菌。

T-2 毒素主要污染大麦、小麦、燕麦、玉米、大米和饲料等，谷物种类对镰刀菌株产生 T-2 毒素能力有明显影响。镰刀菌的产毒能力也与环境有关，温度、湿度和酸碱度（pH 值）对镰刀菌的产毒有较大影响，且三因素之间存在明显的交互作用，低温、高水分可促使其产毒，碱性环境、高温、低水分可以明显抑制 T-2 毒素生成。Burmeister（1971）研究三线镰刀菌 NRRL3299 在 15℃、20℃、25℃和 32℃ 4 种温度条件下，用白玉米碎粒培养物培养 3 周，产 T-2 毒素的能力分别为每 1.2kg 9.96g、5.40g、0.67g 和 0g，表明该菌在低温条件下，产生 T-2 毒素的能力最强；三线镰刀菌 NRRL3299 在白玉米渣、麦子和大米 3 种不同谷物固体培养物中 20℃培养 3 周，仅在白玉米渣中得到 T-2 毒素（每 1.2kg0.5g），而小麦和大米中未得到。匡开源（1986）研究三线镰刀菌 M-20，在一定的培养温度范围内（5~20℃），其产毒能力随温度上升而下降；三线镰刀菌 M-20 在白玉米碎粒、大米、黄玉米碎粒、麦片、麦粒和绿豆等多种谷物固体培养基上进行培养，产毒能力以白玉米碎粒和大米 2 组产生 T-2 毒素的能力较强。霉玉米可能是 T-2 毒素的主要来源，如果玉米成熟晚或含水量高，并贮存在易受温度影响的谷仓内，在冻、融的交替过程中，能促进霉菌的生长，并合成该毒素。

（二）理化性质

T-2 毒素是一种倍半萜烯化合物，白色针状结晶，化学名为 4β，15-二乙酰氧基-8α-(3-甲基丁酰氧基)-3α-羟基-12，13-环氧单端孢霉-9-烯-3α 醇，化学结构式见图 3-5。分子式为 $C_{24}H_{34}O_9$，分子量 466.51，熔点为 151～152℃，热稳定性强，可在饲料中无限期地持续存在。该毒素可溶于乙酸、甲醇、氯仿及脂肪，不溶于己烷，难溶于水。

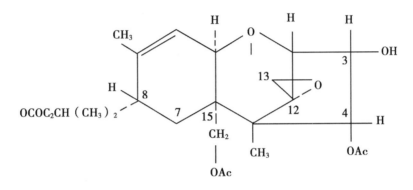

图 3-5　T-2 毒素的化学结构

（三）毒性作用和中毒症状

T-2 毒素对各种动物的毒性作用主要表现在以下几个方面。

1. 损伤皮肤和黏膜

T-2 毒素属于组织刺激因子和致炎物质，可直接损伤皮肤和消化道黏膜，引起口腔、食道、胃肠黏膜炎症、溃疡与坏死，导致动物食欲下降，呕吐、腹泻、腹痛等。T-2 毒素也被称为拒食、呕吐因子（Refusal emetic factor），有抑制食欲中枢和兴奋呕吐中枢作用。试验证明，给鸡饲喂含 T-2 毒素 1～16mg/kg 的饲料，不论小鸡或产蛋鸡都可引起口腔及口、鼻周围发炎，类似败血性咽峡炎。

2. 损害造血器官

研究表明，T-2 毒素对骨髓造血功能有较强的抑制作用，并导致骨髓造血组织坏死，引起全血细胞，特别是白细胞减少。T-2 毒素现已被确认为"食物中毒性白细胞缺乏症"的病源性毒素。

3. 引起凝血功能障碍

人和动物摄入受 T-2 毒素污染的食品或饲料，毒素迅速进入血液循环系统产生细胞毒性作用，损伤血管内皮细胞，破坏血管壁的完整性，使血管壁的通透性增强，导致全身组织血管出血。毒素还可使血小板再生、凝聚、释放功能发生障碍，其抑制程度与毒素浓度呈正相关，与作用时间无关。此外，T-2 毒素可降低凝血因子活性，使血液凝固时间延长。

4. 降低免疫功能

T-2 毒素具有较强的免疫毒性作用，是一种免疫抑制剂，能影响动物免疫系统，降低机体的免疫应答能力。研究表明，T-2 毒素可导致脾脏的体积减小，胸腺、脾和全身淋巴结的广泛坏死，淋巴细胞的数量减少抑制多形核细胞的吞噬性和趋化性；T-2 毒素干扰免疫应答反应，使机体对沙门氏菌的抵抗力下降，并存在明显的量效关系。牛每天给予 T-2 毒素每千克体重 0.6mg，第 7 天血液总蛋白、白蛋白、γ-球蛋白、β_1-蛋白和 β_2-蛋白含量显著低于对照组；T-2 毒素能抑制大鼠肺巨噬细胞的功能。

5. 具有一定的致畸和致癌性

对大鼠反复多次灌喂每千克饲料 1~14mg T-2 毒素，12~27 个月后，可导致大鼠发生垂体、大脑、胰腺的肿瘤。在小鼠饲料中加入 10mg/kg T-毒素，13 周后出现伴有炎症细胞浸润的乳头状瘤。T-2 毒素也有明显的致畸作用，在小鼠妊娠第 9~11 天给 T-2 毒素，可导致胎鼠尾部和四肢畸形、颅腔畸形和下颌发育迟缓等。T-2 毒素能在不同细胞中诱发染色体畸变，增加姊妹染色单体交换频率。

最近证明，T-2 毒素是引起人大骨节病的主要病因之一。

因 T-2 毒素明显影响食欲，故临床上多表现为慢性中毒。中毒病多发生于猪、家禽和牛，主要表现为食欲减退或废绝，呕吐，腹泻，皮肤坏死，口腔黏膜损伤，胃肠道出血和坏死，便血，免疫机能降低等。中毒症状因动物种类、年龄、摄入剂量和持续时间不同而有一定差异。7 周龄的猪饲料中 T-2 毒素 1.0mg/kg 即可引起采食量减少，体重下降，血糖含量降低，血清镁和磷含量升高；饲料含 T-2 毒素 2~3mg/kg，可使猪红细胞、白细胞、红细胞压积容量和血红蛋白含量降低；猪饲料 T-2 毒素含量 16mg/kg 可导致食欲废绝。犊牛每千克体重摄入 T-2 毒素 0.3mg（相当于每千克饲料 10mg），仅表现食欲下降；每千克体重 0.6mg 可导致食欲废绝，腹泻，体重下降，胸腺和肾上腺重量减少，血清 IgA、IgM 含量降低。雏鸡饲料中添加 T-2 毒素 2~6mg/kg，可引起采食量和体重下降。产蛋鸡饲喂含 T-2 毒素 3mg/kg 的饲料，可见饲料消耗减少，产蛋量下降，蛋壳变薄；含 T-2 毒素 2mg/kg 的饲料即可引起口腔损伤，产蛋量和饲料摄入量降低。鹅和鸭饲喂含 T-2 毒素 25mg/kg 的大麦，食欲废绝，活动减少，水消耗增加，严重的 2d 内死亡。各种动物的 LD_{50} 见表 3 – 14。

表 3 – 14　T-2 毒素对动物的毒性

动物	摄入途径	LD_{50} 每千克体重摄入量（mg）	动物	摄入途径	LD_{50} 每千克体重摄入量（mg）
猪	口服	4.0	兔	肌肉注射	1.1
猪	静脉注射	1.2	猴	肌肉注射	0.8
雏鸡	口服	5.0	小鼠	肌肉注射	14.5
产蛋鸡	口服	6.3	大鼠	肌肉注射	0.8~3.1

T-2 毒素中毒症与黄曲霉毒素等中毒症不易区别，因为中毒的早期症状具有非特异

性，且都发生出血及肝脏和胃部损伤，但是黏膜和皮肤脱落则是 T-2 毒素所特有。目前对 T-2 毒素中毒的判定，多采用动物皮肤毒素试验，即若饲料中含有 T-2 毒素，用其提取物涂抹试验动物皮肤时，可引起特征性反应。

（四）防制中毒的措施

防止饲料和饲料原料发霉是预防本病的关键。原料要晒干贮藏，并保持环境干燥。霉菌毒素污染的饲料应脱毒后再饲喂动物，饲料中添加 5% 的膨润土可消除 T-2 毒素引起的动物生长抑制和拒饲现象；沸石、漂白土（bleaching clay）吸附剂可以除去饲料中的 T-2 毒素；1% 水合硅铝酸钙钠可颉颃 T-2 毒素的影响，能显著地提高青年鸡的增重；15% 苜蓿的日粮可有效颉颃 3mg/kgT-2 毒素污染引起的毒性作用；饲料中添加 0.05% ~ 0.1% 酯化葡甘露聚糖（EGM），可减轻 T-2 毒素的毒害作用，效果优于沸石、膨润土等吸附剂。化学脱毒主要用 5% ~ 10% 的苛性钠、苛性钾，可破坏 85.5% ~ 90.7% 的 T-2 毒素，但碱浓度过高时，不能饲用；碳酸氢钠溶液处理效果也较好；碳酸铵能除去 1/2 T-2 毒素。由于 T-2 毒素结构稳定，一般经加热、蒸煮和烘烤等处理后（包括酿酒、制糖糟渣等）仍有毒性。

猪、家禽、犊牛和牛羊的配合饲料中 T-2 毒素的推荐允许量（每千克体重）分别为 0.8mg、2mg、2mg 和 10mg。

治疗 T-2 毒素中毒无特效药，一般采用解毒和对症治疗。发现动物中毒立即停止饲喂被霉菌污染的饲料，供给适口性好的优质饲料，提高饲料营养水平，尤其是蛋氨酸、维生素等。Atroshi 等（1995）报道，维生素 E、维生素 C 和硒等抗氧化剂也能减轻其毒性。保护胃肠黏膜可灌服淀粉，猪 10 ~ 50g、犬 0.5 ~ 3g；或用阿拉伯胶，猪 2 ~ 5g、犬 1 ~ 3g。抗菌消炎可内服吡哌酸，猪 40mg/（kg·d），连用 5 ~ 7d；氟哌酸，仔猪、家禽每次 10mg/kg，每日 2 次，连用 4 ~ 6d。必要时采取补液、补充能量和维生素等措施，提高机体的解毒能力。口腔溃疡，用 3% 硼酸溶液，或用 0.05% 的高锰酸钾溶液冲洗。皮肤溃疡，用 0.1% ~ 0.2% 的高锰酸钾溶液冲洗，然后涂敷抗生素软膏或氧化锌软膏。

五、脱氧雪腐镰刀菌烯醇

（一）来源和分布

脱氧雪腐镰刀菌烯醇（deoxynivalenol，DON）是单端孢霉毒素中毒性最小的毒素，但广泛存在于温热地区的饲料中，在谷物和饲料中含量为 0.05 ~ 40mg/kg。王若军等（2003）调查了中国地区 13 个省的全价饲料，DON 的检出率均达到 100%，并且与雪腐镰刀菌烯醇（nivalenol，NIV）、ZEN 存在联合污染。

DON 主要由禾冬镰刀菌、粉红镰刀菌、尖孢镰刀菌、串珠镰刀菌、拟枝孢镰刀菌、砖红镰刀菌、雪腐镰刀菌（F. nivale）等产生，根据它能引发动物呕吐的特征，又称呕吐毒素（vomitoxin）。DON 的产毒菌株适宜在阴凉、潮湿的气候条件下生长，当谷物的水分含量为 22% 时，较短时间内，谷物中即可产生大量的 DON，霉变玉米中往往同时存在 DON 和 ZEN。1980 年，因大量降雨，引起加拿大家畜霉变饲料中毒，其中尤以猪的食欲减退和呕吐症为甚。此后，北美地区对猪的呕吐毒素中毒问题开始重视。据 Tanka 等

（1986）和 Muller 等（1993）调查表明，在欧美等地的 20 多个国家和地区，DON 是小麦和玉米等谷物中存在的主要单端孢霉毒素。

呕吐毒素与 T-2 毒素都能引发动物呕吐，二者产生也都要求基质含水量大，需要 80%～100% 的相对湿度，但 T-2 毒素的形成需要低温条件，即 7℃ 为宜。Joffe 从越冬谷物中检出有毒镰刀菌 88 株，弱毒 33 株，而夏季谷物中则未分离到有毒菌株。因此 T-2 毒素中毒多发生在深秋和冬春季节。呕吐毒素则要求在 28℃ 左右的较高温度下才可形成，呕吐毒素中毒多发生于温暖季节。

（二）理化性质

DON 是一种无色针状结晶，化学名称为 3α，7α，15-三羟基-12，13-环氧单端孢霉-9烯-8 酮，分子式 $C_{15}H_{20}O_6$，分子量 296.3，化学结构式如图 3-6 所示。

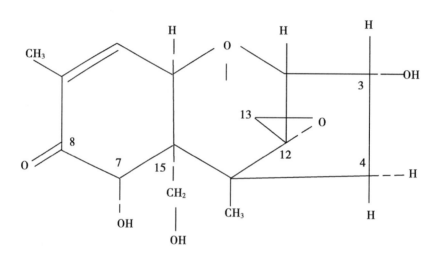

图 3-6　脱氧雪腐镰刀菌烯醇的化学结构

DON 易溶于水、乙醇等溶剂中，性质稳定，具有较强的热抵抗力，110℃ 以上才被破坏，121℃ 高压 25min 仅少量破坏。熔点为 151～153℃。

（三）毒性作用和中毒症状

DON 污染的饲料被动物采食后，进入消化道对黏膜有刺激作用，可引起以食欲废绝、呕吐、胃肠炎等中毒症状。各种动物均可发生，猪最敏感，牛羊次之，家禽则有较高的耐受性。猪饲料中含 DON 0.6～2mg/kg 可降低饲料消耗和增重；0.35mg/kg 即可降低采食量，3～6mg/kg 可引起食道上皮损伤，超过 12mg/kg 可致完全拒食，20mg/kg 导致呕吐。因此，WHO/FAO（2001）暂定猪的最大耐受摄入量为每千克体重 1μg。牛和羊对 DON 有较强的耐受性，牛饲料中 12mg/kg 未发现毒性作用；14.5mg/kg 可致奶牛腹泻；羔羊饲喂含 DON 15.6mg/kg 的小麦饲料 28d，血液学和血清相关化学指标、组织学检查均未出现异常；绵羊瘤胃投服 DON 5mg/kg 体重，采食量降低 44%，表观消化率降低 5%。此外，DON 在瘤胃微生物的作用下代谢成毒性更小的去环氧化代谢物。雏鸡饲料含 DON 16～20mg/kg 可引起拒食和增重降低；对 1～35 日龄的雏鸡，饲料中观察到有害作用的 DON

最小剂量为9mg/kg。DON对蛋鸡的影响也较小，产蛋鸡日粮中含DON 9.18mg/kg时，其肌肉和蛋中未检出DON残留，但含量大于16mg/kg即可影响生产性能。猪、禽和牛（每千克体重）分别食入2mg、4mg和6mg，不会引起中毒。

研究表明，DON在动物组织中未发现明显的蓄积性，饲料中含DON 66mg/kg饲喂牛5d或给予920mg/头，未发现乳汁DON残留。

（四）防制中毒的措施

防止饲料发霉是预防本病的关键。原料要晒干贮藏，并保持环境干燥。

霉菌毒素污染的饲料应脱毒后再饲喂动物，通过研磨去壳的方法可降低大麦DON含量的70%。机械加工去皮可以从小麦中去除23.6%～34.7%的DON。也可用化学减毒，对小麦粒的脱毒效果以0.1mol/L碳酸钠为最好，去毒率达到82.1%～85.0%；其次是1%亚硫酸钠，使DON降低率为69.9%；4%过氧化氢和5%石灰水使DON降低率分别为45.1%和21.8%。近年来生物减毒也是研究的热点，张海彬等（2002）将新型微生物去毒剂BH加入到含有DON的霉变小麦中，可显著减弱DON对仔猪和生长猪增重的影响。猪、家禽、犊牛和牛羊饲料中DON的推荐允许量分别为2mg/kg、10mg/kg、10mg/kg和30mg/kg。

对于DON中毒无特效解毒药物。治疗原则是促进毒物排泄，保护胃肠黏膜，对症治疗。具体参考T-2毒素中毒。

六、烟曲霉毒素

（一）来源和分布

烟曲霉毒素（fumonisins，FUM），是由串珠状镰刀菌（*F. moniliforme*）和多育镰刀菌（*F. proliferatum*）等产生的真菌毒素，1988年由Gelderblom等首次从串珠状镰刀菌培养液中分离得到。已鉴定出结构的烟曲霉毒素有15种，它们是一组结构相似的双酯类化合物，由丙烷基1，2，3-三羧酸和2-氨基-12，16-二甲基多羟二十烷构成，其中，烟曲霉毒素B_1（FB_1）和烟曲霉毒素B_2（FB_2）在玉米及其制品中广泛存在且毒性最强，FB_1和FB_2化学结构式如图3-7。

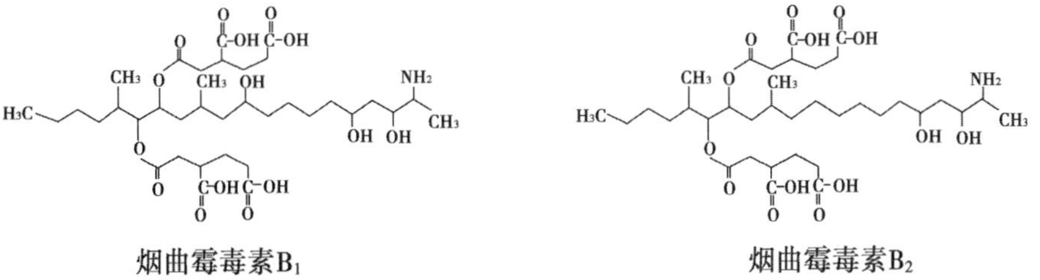

烟曲霉毒素B_1　　　　　　　　　　烟曲霉毒素B_2

图3-7　烟曲霉毒素B_1和烟曲霉毒素B_2的化学结构

烟曲霉毒素主要污染玉米及其制品，尤其在水分活度大于0.91、温度15～25℃时更易产生。WHO调查，全球59%的玉米和玉米制品受到FB_1的污染。我国北京和上海地区玉米中FB_1和FB_2的含量分别为6～8mg/kg和3.3mg/kg。玉米被污染水平受地理位置、农业操作方式及玉米基因型的影响，玉米的基因型决定了玉米在田间生长时是否对致病菌和昆虫敏感。此外，烟曲霉毒素污染常伴有黄曲霉毒素的存在，这更增加了对人和动物危害的严重性。

（二）毒性作用和中毒症状

烟曲霉毒素可引起人和多种动物中毒，因动物种类不同毒素作用的靶器官不同，症状也有较大差异。马属动物患脑白质软化症（leuco-encephalomalacia，LEM），猪表现为肺水肿（pulmonary edema），肉仔鸡为急性死亡综合征（acute mortality syndrome），兔出现肾衰竭（renal failure），并可诱发大鼠肝癌。

LEM 又称蹒跚病（blind staggers）、玉米茎秆病（corn stalk disease）、霉玉米中毒（mouldy corn poisoning）、脑炎（cerebritis）等，是马的一种致死性中毒症。马饲料中 FB_1 含量超过 10mg/kg 可产生毒性作用，37～122mg/kgFB_1 可致死。中毒症状为颜面麻痹，跛行，运动失调，不能饮食，病理特征性变化是大脑白质软化或液化坏死，有时肝脏和肾脏也受到不同程度的损害。幼龄动物发病较少，壮龄和老龄较多。本病的发生具有明显的季节性和地区性，我国多发生于东北、华北和西北等玉米主产区，在玉米收获后的 9～10 月份为发病高峰，其他月份只有零星发生。

Haschek 等（1992）报道，小剂量 FB_1 引起猪肺部水肿，大剂量则会因高度肺水肿或胸腔积液而引起猪突然死亡。Casteel（1993）报道，FB 可引起猪肝脏组织和食道黏膜层结节性增生。

Espada 等（1994）和 Charmley 等（1995）报道，日粮中含 10～25mg/kgFB_1 即可引起鸡的中毒，症状为头颈伸展，运动失调，肌肉麻痹，呼吸困难，生长迟缓。

Osweiler 等（1993）报道，牛对 FB 的抵抗力较马、猪和鸡强。日粮中含148mg/kg FB 可引起犊牛食欲降低，肝脏组织损伤，淋巴细胞分化能力降低，故认为其影响牛的免疫机能。

Gelderblom 等（1991）证实 FB 对人和大鼠有致癌作用。Rheeder 等（1992）和 Sydenham（1990）等也报道，南非特朗斯凯（Transkei）地区玉米中 FB 的污染程度与居民的食道癌发生率高度相关。甄应中等（1984）认为，中国河南省林县等地，食道癌发生率高，可能与食物中的烟曲霉毒素有关，但尚未发现直接证据。

（三）防制中毒的措施

产毒串珠镰刀菌分布广泛，据报道，世界上 60% 的玉米样品检出 FB_1，目前，已成为首要研究的几种真菌毒素之一。因此，本病预防的关键是玉米收获后要晒干贮藏，防止玉米发霉，严禁用发霉的玉米饲喂动物。加工后的饲料应密封包装，也可在饲料中添加防霉剂。轻度发霉的饲料应脱毒处理后再饲喂动物，严重霉变的饲料应废弃。

目前有关 FB 去毒方法的报道较少。Sydenham 等（1995）报道，在室温条件下用 0.1mol/L 氢氧化钙处理 24h，可使饲料中 FB 含量下降 74.1%。FB 对热的稳定性较强，经 100℃ 处理 175min，仅有 50% 被破坏。

对烟曲霉毒素中毒尚无特效疗法。发生畜禽中毒，应立即更换饲料，采用促进毒物排除和对症治疗等措施。

七、橘青霉毒素

（一）来源和分布

橘青霉毒素（citrinin）主要由橘青霉（*P. citrinum*）、鲜绿青霉（*P. viridicatum*）、徘徊青霉（*P. palitans*）、展青霉（*P. expansum*）、和雪白曲霉（*A. niveus*）、土曲霉（*A. terreus*）、亮白曲霉（*A. candidus*）等霉菌产生的一种次生代谢产物。据 Pitt 和 Leistner（1991）报道，橘青霉是最常见的产生菌。

橘青霉毒素可污染玉米、小麦、大麦、燕麦、稻谷及马铃薯等，且常与赭曲霉毒素 A（OTA）同时存在。当稻谷的水分大于 14% ~ 15% 时，可能会滋生橘青霉，其黄色的代谢产物渗入大米胚乳中，引起黄色病变，称为"泰国黄变米"。中国目前尚未见橘青霉污染饲料或粮食和橘青霉毒素中毒的报道，但黄变米现象在海关检验中时有发生。

（二）理化性质

橘青霉素为黄色结晶，易溶于酸性和碱性溶液中，也可溶于稀氢氧化钠、碳酸钠和醋酸钠溶液中，溶于乙醚、氯仿等大部分有机溶剂，但在己烷和乙醇中热分解较难，微溶于水，熔点 178 ~ 179℃，紫外光照射下可见黄色荧光。橘青霉素的分子式为 $C_{13}H_{14}O_5$，分子量 250，化学结构式如图 3 - 8 所示。

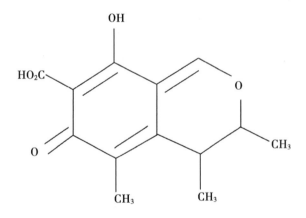

图 3 - 8　橘青霉毒素的化学结构

（三）毒性作用和中毒症状

橘青霉毒素为肾毒性，肾脏是其作用的靶器官。若动物采食被该毒素污染的饲料，可引起以肾脏损伤为特征的中毒性疾病，临床上主要表现为剧渴、多尿等症状。橘青霉毒素对动物的毒性见表 3 - 15。

表 3 - 15　橘青霉毒素对动物的毒性（以每千克体重计，mg）

动物种类	LD_{50}	接毒途径	资料来源
小鼠	58 ~ 87	腹腔注射	
	73	皮下注射	
	105 ~ 112	胃内灌服	
大鼠	67	皮下注射	Wannemacher 等，1991
豚鼠	37	皮下注射	
兔	19	静脉注射	
犬	40	腹腔注射	
小鼠	110	经口	Pitt 和 Leistner 1991
	35	腹腔注射	
雏火鸡	56		Mehdi 等，1981，1983，1984
北京鸭	57		
雏鸡	95		

通常情况下，橘青霉毒素和赭曲霉毒素、展青霉毒素等共同存在，引起动物中毒。

（四）防制中毒的措施

预防橘青霉毒素中毒的关键是做好饲料的防霉和去毒，禁止用发霉饲料饲喂动物。中毒后应立即停喂可疑饲料，供给全价饲料，并采取促进毒物排除和对症治疗等措施。本病尚无特效解毒药。

八、黑斑病甘薯毒素

（一）理化性质和毒性

甘薯黑斑病主要由甘薯长喙壳菌（*Ceratocystis fimbriata*）、茄病镰刀菌（*F. solani*）和爪哇镰刀菌（*F. javanicum*）侵害甘薯引起，这些霉菌常寄生在甘薯的虫害部位和表皮裂口处。受害甘薯的病变处通常干涸、硬化，并有凹陷，呈暗褐色或黑色硬斑，味苦，特别是在甘薯贮藏期间，病变更为明显，且多数呈凹陷状。在甘薯病变组织及其周围，通过一系列异常代谢会产生黑斑病甘薯毒素（mould sweet-potato toxins），它们是一组呋喃萜烯类物质，主要有甘薯酮（ipomeamarone）、甘薯醇（ipomeamaronol）和甘薯宁（ipomeanine），其化学结构式见图 3 - 9。

黑斑病甘薯毒素可耐高温，经煮、蒸、烤等热处理不能降低其毒性，故用黑斑病甘薯作原料酿酒、制粉后得到的酒糟、粉渣饲喂动物，仍可发生中毒。黑斑病甘薯毒素的理化性质与毒性见表 3 - 16。

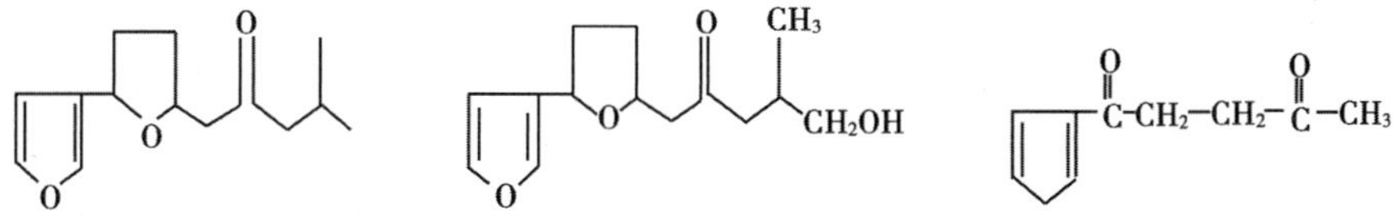

甘薯酮　　　　　　　　甘薯醇　　　　　　　　　甘薯宁

图 3 – 9　黑斑病甘薯毒素的化学结构

表 3 – 16　黑斑病甘薯毒素的理化性质与毒性

毒素名称	分子式	分子量	急性毒性［小鼠 LD_{50}，每千克体重摄入量（mg）］
甘薯酮	$C_{15}H_{22}O_3$	250.16	230（经腹腔）
甘薯醇	$C_{15}H_{22}O_4$	266.15	—
甘薯宁	$C_9H_{10}O_3$	166.06	26（经口），25（经腹腔），14（静脉注射）
4-甘薯醇	$C_9H_{12}O_3$	168.08	38（经口），36（经腹腔），21（静脉注射）
1-甘薯醇	$C_9H_{12}O_3$	168.08	79（经口），49（经腹腔），34（静脉注射）
1，4-甘薯二醇	$C_9H_{14}O_3$	104	104（经口），67（经腹腔），68（静脉注射）
4-羟甘薯酮	$C_{15}H_{22}O_4$	266.15	
脱氢甘薯酮	$C_{15}H_{20}O_3$	248.14	

甘薯酮为肝脏毒素，可引起肝脏坏死；甘薯醇和甘薯宁为甘薯酮的衍生物，甘薯醇为肺毒或肺水肿因子，甘薯宁属肺肝兼亲毒素。王盛良和邹康南（1988）从接种黑斑病菌的薯块培养物中将甘薯酮提出，与残留物分别进行小动物试验，证实甘薯酮主要引起肝脏病变，而残留物则明显作用于肺脏，引起严重肺水肿和肺气肿，说明黑斑病菌侵害的甘薯能够产生肝毒和肺毒 2 种因子。

甘薯毒素一般认为是霉菌侵袭甘薯后使甘薯组织在应激因子作用下产生的一种植物保护素（phytoalexins）。甘薯毒素究竟是否是霉菌产生的霉菌毒素，目前尚无定论，其毒素形成机理仍有待于深入研究。

（二）中毒症状

动物采食黑斑病甘薯或其加工后的残渣，均可发生中毒。临床上以牛发病较为多见，羊和猪次之。在自然发生的黑斑病甘薯毒素中毒病例中，特别是牛，主要病变不是甘薯酮等毒素所致的肝脏损害，而是出现肺水肿因子所致的肺脏损害，中毒后的特征性症状是心跳加快，气喘，呼吸困难、肺水肿、肺间质性气肿，尿中葡萄糖反应阳性，其含量与呼吸困难程度成正比。病程后期，在肩后两侧皮下出现气肿，最后多因窒息而死亡，有时可见肝脏肿大和内脏出血。故黑斑病甘薯毒素中毒又俗称牛"喘气病"或牛"喷气病"。黑斑病甘薯毒素中毒有明显的季节性，每年从 10 月到翌年 4 ~ 5 月间，春耕前后为本病发生的高峰期，似与降雨量、气候变化有一定关系。

（三）防制中毒的措施

重要的预防措施是防止甘薯霉烂。用 50% ~ 70% 甲基托布津的 1 000 倍稀释液浸泡种薯 10min，可有效防止感染发病。在收获甘薯的过程中，要力求薯块完整，勿伤薯皮。贮藏和保管时，要保持干燥和密封，温度应控制在 11 ~ 15℃。对已发生霉变的黑斑病甘薯，禁止乱仍乱放，应集中烧毁或深埋，以免病原菌传播。禁止用病薯及其加工后的副产品饲喂家畜。总之，在盛产甘薯的地区，应加强饲养管理，防止家畜采食霉烂甘薯是预防本病发生的关键。

对于黑斑病甘薯毒素中毒尚无特效解毒剂。治疗原则是促进体内毒物的排除，缓解呼吸困难和对症治疗。早期可催吐、洗胃或内服泻剂，洗胃可用温水、0.1% ~ 0.5% 的高锰酸钾溶液或 0.5% ~ 1% 双氧水，泻剂常用硫酸钠、硫酸镁或人工盐等。缓解呼吸困难可静脉注射 5% ~ 20% 硫代硫酸钠溶液，牛 5 ~ 10g，羊、猪 1 ~ 3g；亦可静脉注射维生素 C，牛 1 ~ 3g，羊、猪 0.2 ~ 0.5g，有助于细胞的内呼吸。对于肺水肿病畜，可用 20% 葡萄糖酸钙或 5% 氯化钙，缓慢静脉注射，亦可用 50% 葡萄糖溶液；同时给予利尿和脱水剂，以增强肾脏的排毒作用。缓解酸中毒用 5% 碳酸氢钠溶液，静脉注射。对症治疗包括强心、输氧等措施。3% 双氧水 50ml 加入 10% 葡萄糖溶液 500ml 中，缓慢静脉注射，2 次/d，有较好的补氧和治疗效果。

九、麦角毒素

（一）理化性质和毒性

麦角毒素（Ergotoxine）主要由麦角菌（Claviceps purpurea）产生，麦角菌主要寄生在麦类（黑麦、小麦、大麦、燕麦）和水稻、黑麦草、杂草及禾本科牧草花蕊的子房中，其中黑麦和多年生黑麦草最易感，小麦因是严格的自花授粉植物，子房受护颖及内外稃的保护，被感染的机率较小。麦角菌侵入禾本科植物后，在其子房中生长，形成比正常种子大而硬，外形细长，呈棕色、紫色或黑色的角状菌核，称为麦角（ergot）。在潮湿、多雨和气候温暖的季节里，麦角菌容易生长。麦角成分复杂，除含蛋白质、脂肪、糖、矿物质及色素外，主要含有一组具有药理学活性并能引起人畜中毒的生物碱，即麦角生物碱（ergot alkaloids），其中常见的有麦角胺（ergota mine）、麦角克碱（ergocristine）、麦角新碱（ergonovine）等（图 3 - 10）。前二者毒性较强，均不溶于水；麦角新碱的毒性较弱，易溶于水。水溶性麦角碱在 360nm 紫外线照射下发蓝色荧光。麦角碱对热稳定，如麦角胺、麦角克碱和麦角新碱遇热的分解温度分别为 212 ~ 214℃、212℃和 162 ~ 163℃，保存数年后，其毒性不受影响。麦角碱能与对二甲氨基甲醛发生特异性反应生成蓝色溶液，以此作为比色分析的指示反应。

（二）中毒症状

若动物误食含有麦角寄生的禾本科牧草，或采食被麦角菌污染的糠及谷物饲料后，可出现中毒。含 0.5% 麦角的饲料即可造成动物中毒，若在饲料中混入 7% 麦角可致死。各种动物均可发生，主要见于牛、羊、猪和家禽。

麦角毒素主要侵害动物中枢神经系统，对胃肠道黏膜也有强烈的刺激作用。慢性中毒

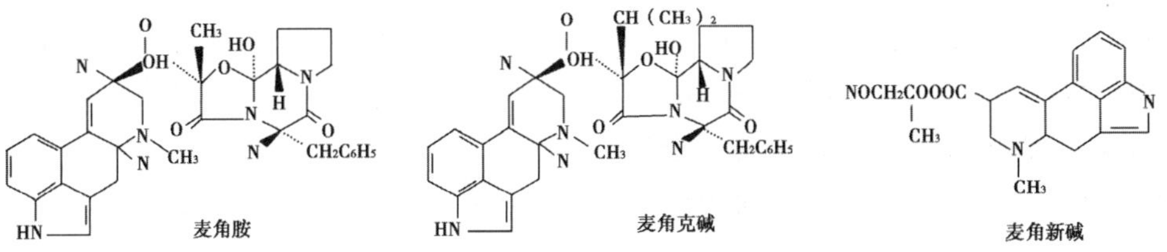

图3－10 麦角生物碱化学结构

主要引起神经末梢坏死，多发生于动物肢端及尾部，表现为动物怕冷、跛行、食欲减退或废绝，局部组织红肿、发绀或坏死，与正常组织脱离，失去痛觉；消化道炎症；母畜流产、产弱胎或产后无乳等症状。急性中毒表现为神经机能紊乱，食欲废绝，流涎，肢端冰凉；仔畜抽搐，步态蹒跚，惊厥等症状，多死于全身强直引起的呼吸系统麻痹。

（三）防制中毒的措施

预防中毒的措施是避免麦角菌对饲料污染或减少饲料中麦角毒素的含量。由于麦角毒素的成分众多，性质各异，因此，没有特异的脱毒方法。麦角一般比同种谷物籽实比重小，粮食和饲料加工厂清选原料时，可利用漂洗法除去麦角，效果较好。被污染饲料在阳光下暴晒，可使毒性减弱。对于放牧家畜，应避免在禾本科牧草开花期的雨中或晨露中放牧，以减少麦角菌的传播。

对麦角毒素中毒目前尚无特殊的治疗方法，发现中毒，应立即停喂有毒饲料，且有毒饲料或饲草必须从厩舍清除，或与动物隔离，对病畜进行对症治疗。鞣酸和蛋白质等可在肠道内沉淀麦角碱，有一定的解毒作用；口服硫酸镁（泻盐）可加速有毒成分从肠道内排出。对处于惊厥和震颤状态或行为失常患畜，可用氯丙嗪或安定治疗。对坏疽型麦角中毒动物的治疗，应尽早发现临床中毒症状，及时清除有毒饲料，注意病畜的保暖，避免寒冷引起末端血管收缩，可用抗菌药治疗坏死部位，损伤部位应避免蚊蝇及外寄生虫的侵袭。

第三节 饲料霉菌污染的控制

对于被霉菌及其毒素轻度污染的饲料，可以采取相应的方法脱毒后饲喂动物。但从安全经济的角度考虑，防止饲料霉变比脱毒更重要。防霉的主要措施包括控制饲料霉变的条件和添加化学防霉剂等，也可以培育抗霉能力强的作物品种、选择适当的种植和收获技术。此外，还要加强饲料霉变的测报工作，防止霉变的发生或发展。

一、控制饲料霉变条件

（一）严格控制饲料原料的含水量

一般要求玉米、高粱、稻谷等的含水量应不超过14%；大豆及其饼粕、麦类、次粉、糠麸类、甘薯干、木薯干等的含水量应不超过13%；棉籽饼粕、菜籽饼粕、向日葵仁饼粕、亚麻仁饼粕、花生仁饼粕、鱼粉及肉骨粉等的含水量应不超过12%。水分含量过高

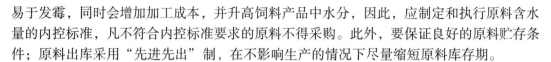

易于发霉，同时会增加加工成本，并升高饲料产品中水分，因此，应制定和执行原料含水量的内控标准，凡不符合内控标准要求的原料不得采购。此外，要保证良好的原料贮存条件；原料出库采用"先进先出"制，在不影响生产的情况下尽量缩短原料库存期。

（二）控制饲料加工过程中的水分和温度

饲料加工后如果散热不充分即装袋、贮存，会因温差导致水分凝结，易引起饲料霉变，特别是在生产颗粒饲料时，要注意保证蒸汽的质量，调整好冷却时间与所需空气量，使出机颗粒料的含水量和温度达到规定的要求（含水量在 12.5% 以下，温度一般可比室温高 3~5℃）。同时，要注意在冷却器中进入和流出的物料流量一致、均匀，使颗粒料含水量均匀，因为不均匀的冷却和干燥会使颗粒料中有潮湿点，易引起霉菌生长。

关于饲料产品中水分含量的允许值，我国规定，猪、鸡配合饲料的水分含量在北方不高于 14.0%，在南方不高于 12.5%，并规定，符合下列情况之一时可允许增加 0.5% 的含水量，即：

①平均气温在 10℃ 以下的季节。

②从出厂到饲喂期不超过 10d 者。

③配合饲料中添加有规定量的防霉剂者。猪、鸡浓缩料的水分含量，在北方应不高于 12%，在南方不高于 10%。

（三）改善贮藏环境

改善饲料贮藏环境，防止霉菌扩大污染是饲料防霉的重要环节，主要措施有以下几条。

1. 干燥防霉

干燥防霉的基本措施是保持饲料干燥，因为环境相对湿度和饲料含水量是霉菌生长繁殖的重要生态条件。当环境相对湿度和饲料含水量低于霉菌生长所要求的最低水分时，霉菌因无法吸取饲料中的营养物质而处于被抑制状态，或因形成"生理干燥"而死亡。多数霉菌的发芽需要大约 75% 的相对湿度，在 80%~100% 的相对湿度时生长迅速。一般情况下饲料发霉都是由空气中湿度引起，因此，应加强管理，防湿防潮，保持饲料仓库内的干燥，使饲料仓库内相对湿度保持在不高于 65%~70%。另外也应控制饲料含水量，实践证明控制原料及饲料内含水量是防霉的最经济的措施。

2. 低温防霉

低温防霉，就是把饲料的贮藏温度控制在霉菌生长适宜的温度以下，从而达到防霉的目的。低温防霉的具体方法有：自然低温，即在适当时机，合理通风，进行冷风降温；或饲料冷冻，而后隔热密闭，低温保管；或者机械制冷，进行低温和冷冻贮藏。另外，在控制温度进行饲料防霉时还必须注意温度和粮食水分等对霉菌的联合作用。同一霉菌在不同温度下对水分的适应性不同，在同一水分条件下，能够活动的霉菌也不相同。因此，在饲料低温贮藏中必须考虑到在高水分的条件下，一些霉菌活动的可能性。饲料水分越大，防止霉菌生长的温度就应越低，在低温贮存的同时还应保持干燥才能保证饲料长期不发生霉变。

3. 气调防霉

霉菌生长需要氧气，只要空气中含氧量在 2% 以上霉菌就能很好地生长，尤其在饲料仓库空气流通，霉菌更易生长，谷粒间隙越大越有利霉菌生长。气调防霉就是通过控制气体成分进行防霉，通常采用缺氧或充入二氧化碳、氮等气体，运用密封技术，控制和调节储藏环境中的气体成分，使环境缺氧，霉菌生长受到抑制，孢子不能萌发。试验表明，氧气浓度控制在 2% 以下，或二氧化碳浓度增高到 40% 以上，能有效地抑制霉菌的生长繁殖。

（四）缩短饲料原料和产品的贮存期

从原料采购到生产产品，从产品生产到用户饲喂，其停留时间愈短，霉变的可能性就愈小。库存原料要适量，不宜大量购存，一般以半月用量较宜。产品生产要严格执行以销定产制度，生产后在 7~10d 内出库，按季节、品种严格执行产品保质期制度。

（五）注意饲料产品的包装与运输

饲料产品包装袋要求密封性能好，如有破损应停止使用。近年来日本研发了一种饲料防霉包装袋，这种包装袋由聚烯烃树脂构成，其中含有 0.01%~0.05% 香草醛或乙基香草醛，它缓慢地释放入饲料中，既可防霉，又具芳香味而增进适口性。

运输饲料产品应防止途中受到雨淋和日晒，并向中间营销商或用户强调注意饲料的贮存保管。

此外，由于霉菌对射线辐射反应敏感，因此可以用辐射处理饲料，保证饲料在贮存过程中不霉变。美国研究人员将雏鸡饲料用 γ 射线进行辐射处理后，置于温度为 30℃，相对湿度为 80% 的条件下贮存 1 个月，未见霉菌繁殖，未发生霉变，而未经辐射处理的雏鸡饲料，在同样条件下存放 1 个月，霉菌大量繁殖，增殖了 100 倍，已开始霉变。

二、选用抗霉能力强的作物品种

农作物如玉米、小麦、高粱、大豆等都是较常用的饲料原料，其质量好坏直接影响产品饲料质量。因生态条件不同，农作物生长的土壤中存在较多霉菌孢子并与农作物呈复杂的寄附关系而生存，因此，在田间生长的农作物大多已污染了霉菌。但不同作物、品种感染田间真菌的种类和数量不同，某些农作物能够抵抗霉菌的感染。培育和选用抗霉的农作物品种，是饲料防霉的研究方向和经济、实用的防霉措施。研究表明，"奥油 551"、"美国 26"与"阿色里亚·韦唐德"花生品种，"思爱伊 – 71"大豆品种，"奥帕克 – 2"以及广西的玉米桂单 12 号和金皇后等品种不易霉变。

三、应用饲料防霉剂

添加防霉剂是防止饲料发霉、保证饲料质量和延长贮存期简便有效的方法。霉菌无处不在，饲料在正常的处理和贮藏过程中，均可能会受到霉菌污染，一旦环境条件适宜，霉菌便会快速繁殖并产毒。因此，当饲料水分含量超过 12.5%~13.0%，且贮存 2 周以上，都应考虑添加防霉剂。但防霉剂需在饲料未发霉之前使用，因为发霉的饲料不仅营养成分被破坏，且霉菌代谢过程中产生的霉菌毒素会极大地危害动物健康，这些毒素任何防霉剂都无法消除。

（一）常见饲料防霉剂及其特性

饲料防霉剂种类繁多，其作用及用法各有特点，应根据饲料、环境条件和饲料水分以及贮存时间具体选用。

1. 丙酸及其盐类

包括丙酸、丙酸钠、丙酸钙、丙酸铵等，均属于酸性防腐剂，也能抗真菌，毒性低，有较广的抑菌性，能抑制微生物繁殖，对酵母菌、细菌和霉菌均有效，尤其对腐败变质微生物抑制作用更好。

（1）丙酸　是一种有弥漫特异气味的腐蚀性有机酸液体，无色、透明。易溶于水、乙醇、乙醚、三氯甲烷或酸性溶液。毒性低，是动物正常代谢的中间产物，各种动物使用效果均较好，故而得到广泛应用。丙酸可抑制饲料中霉菌的生长，降低饲料中霉菌数量，防止微生物产生毒素，从而延长饲料贮存期。作为饲料添加剂的丙酸常用赋形剂吸附制成 50% 或 60% 的粉状产品。饲料中一般添加丙酸 500 ~ 1 500 mg/kg，最多不超过 3 000mg/kg，在 pH 值 <5 时，效果更理想。

因丙酸具有腐蚀性且有刺激性气味，加工时易损伤加工机械，烧伤操作人员的手，因此，有些防霉剂在加丙酸的同时，复配加入柠檬酸，可适当降低丙酸的腐蚀性。

（2）丙酸钠　为白色晶体或颗粒状粉末，无味或略带丙酸味。易溶于水，微溶于乙醇，具有吸湿性。丙酸钠对霉菌、好气性芽胞杆菌及革兰氏阴性菌等均有抑制作用，防霉效果在丙酸与丙酸钙之间。丙酸钠的添加量同丙酸钙。

（3）丙酸钙　又名初油酸钙，为白色晶体颗粒或粉末，无味或稍具丙酸气味。易溶于水，不溶于乙醇及乙醚。丙酸钙防霉能力为丙酸的 40%，它由丙酸与碳酸钙反应制得。饲料中添加 0.2% ~0.3% 。

（4）丙酸铵　无色透明液体，具有氨的气味，易溶于水，腐蚀性低于丙酸。其优点是克服了丙酸对人皮肤的刺激性和对容器的腐蚀性。用于反刍动物还可提供少量氮。本品适用于反刍动物饲料，添加量为 0.6 ~3kg/t。

2. 富马酸及其酯类

包括富马酸（延胡索酸）、富马酸二甲酯、富马酸二乙酯、富马酸二丁酯和富马酸一甲酯，属于酸性防霉剂，具有降低 pH 值，抗菌谱广的特点。富马酸及其酯类的防霉效果好于山梨酸和丙酸类。

（1）富马酸　化学名称为反丁烯二酸，为白色晶体或粉末，有水果香味，可燃，在空气中稳定，无亲水性和腐蚀性。饲料工业中使用的富马酸产品是一种加有湿润剂的易溶的混合物，对畜禽没有生理上的损害，不残留，无毒害，添加在饲料中可改善味道，提高饲料利用率；可被动物完全代谢利用，适用于各种畜禽饲料。饲料中的添加剂量为 500 ~ 800mg/kg。

（2）富马酸二甲酯　化学名称为反丁烯二酸烷酯，白色结晶或粉末状，略溶于水，溶于乙酸乙酯、三氯甲烷、异丙醇等。比富马酸抑菌谱广、毒性小、适用范围广。pH 值在 3 ~ 8 范围内对抑制黄曲霉菌有明显作用。饲料含水量在 14% 以下时的添加量为 250 ~ 500mg/kg，15% 以上时的添加量 500 ~800mg/kg。

（3）富马酸单甲酯　白色粉末结晶，熔点 144 ~ 148℃，微溶于水，易溶于乙醇。不仅具有富马酸二甲酯的优点，且抑菌能力在目前已知防霉中最强，刺激性比富马酸二甲酯小得多，有希望成为食品和饲料的最佳防霉剂。富马酸单甲酯的抑菌最低浓度为 100 ~ 800mg/kg。对黄曲霉菌有强烈的抑制作用。

3. 苯甲酸和苯甲酸钠

（1）苯甲酸　又名安息香酸，为白色叶状或针状晶体，无臭味或稍带安息香或苯甲醛的气味。酸性条件下易随水蒸气挥发，是一种稳定的化合物。但有吸湿性，微溶于水，易溶于乙醇。苯甲酸对多数微生物有抑制效果，但对产酸菌作用较差。

（2）苯甲酸钠　白色颗粒或无定形结晶性粉末，无臭味或微带安息香味，有收敛性。易溶于水和乙醇。在空气中稳定。对多数霉菌如黑曲霉、娄地青霉及啤酒酵母等具有抑制作用。

饲料添加剂中主要使用苯甲酸钠，适用于猪、鸡、牛、羊和鱼类饲料中，但对肝功能衰弱的家畜不宜使用。在酸性环境中苯甲酸钠对多种微生物有抑制作用，但在 pH 值 > 5.5 时对霉菌的抑制作用较差，其抑菌作用的最适 pH 值为 2.5 ~ 4.0，此时完全抑制一般霉菌的最低浓度为 0.05% ~ 0.1%。

4. 山梨酸及其盐类

包括山梨酸、山梨酸钠、山梨酸钾、山梨酸钙，可作为饲料、食品防霉剂，对动物和人完全无害。不改变饲料气味和味道，因价格原因，山梨酸及其盐类常用作代乳品防霉剂、食品或宠物饲料添加剂。

（1）山梨酸　又叫清凉茶酸，无色或白色针状结晶或结晶粉末，无臭或略具刺激性臭味，无腐蚀性，有较强的吸水性，微溶于水，易溶于有机溶剂。对光、热稳定，在空气中长期存放易氧化变色。山梨酸在配合饲料中的添加量为 0.05% ~ 0.15%，通常的用法是将其溶解于低碳酸（如乙酸、丙酸、富马酸等）中，以喷洒或预混合形式处理饲料。在 pH 值为 5 ~ 6 范围内使用，可有效地抑制酵母及霉菌生长。

（2）山梨酸钾　为无色或白色鳞片状结晶或结晶性粉末，无臭味或稍有臭味。有吸湿性，极易溶于水，在空气中不稳定，易被氧化。熔点为 270℃（分解）。山梨酸钾的添加剂量一般为 0.05% ~ 0.3%。

5. 柠檬酸和柠檬酸钠

（1）柠檬酸　又名枸橼酸，为半透明结晶或白色结晶粉末，无臭，味酸，在潮湿空气中会潮解。极易溶于水，易溶于甲醇、乙醇、微溶于乙醚。可防腐，又是抗氧化剂的增效剂。可使肠道内容物变酸，稳定肠道微生物区系，提高生产性能及饲料利用率。一般按配合饲料的 0.5% 添加。

（2）柠檬酸钠　又称枸橼酸钠，无色结晶或白色结晶粉末，添加量同柠檬酸。

6. 乳酸、乳酸钙和乳酸亚铁

（1）乳酸　又名丙醇酸，为无色透明或带黄色的糖浆状液体，无臭，味微酸，有吸湿性，或与水、乙醇、丙酮或乙醚以任意比混合。乳酸液剂，浓度85% ~ 92%，经稀释后使用，可用于各类畜禽饲料。在饲料中的添加量一般为 0.1% ~ 0.15%。

（2）乳酸钙　白色至乳酪色结晶颗粒或粉末，无臭，在水中缓慢溶解，透明或微浑浊的溶液。易溶于热水，几乎不溶于乙醚、乙醇和三氯甲烷。

（3）乳酸亚铁　黄绿色结晶性粉末或结晶块，稍带特异臭，带有微甜的铁味。水溶液为带绿色的透明溶液，几乎不溶于乙醇，在空气中被氧化后颜色逐渐变暗。乳酸亚铁制剂，纯度在95%以上，可用于猪、鸡、鸭、牛及鱼配合饲料，添加量一般为3~4kg/t。

7. 双乙酸钠

双乙酸钠是一种新开发的食品饲料防腐剂，是乙酸钠和乙酸的分子复合物。为白色结晶粉末，含乙酸39.0%，有较强的乙酸味，易溶于水，具有高效、无毒、不致癌、无残留、适口性好等优点。

双乙酸钠为联合国 FAO/WHO 组织推荐，用于食品和饲料的防霉保鲜剂，美国食品药物管理局已将其定为一般公认安全品，其防霉效果与广泛使用的丙酸盐和进口的"霉敌"相当，但价格比丙酸盐高。双乙酸钠在饲料中的用量取决于饲料本身的含水量及其受霉菌污染的程度。当饲料水分高或被霉菌污染严重时，双乙酸钠的用量也要相应增加，否则就不能控制霉菌繁殖，其本身反而作为霉菌生长的食物来源。双乙酸钠在饲料中的添加剂量见表 3-17。

表 3-17　双乙酸钠添加剂量

谷物或饲料重量（kg）	饲料水分（%）	双乙酸钠用量（kg）
100	10~15	0.3
100	15~18	0.4
100	18~22	0.5
100	22~30	0.75

8. 脱氢乙酸和脱氢乙酸钠

（1）脱氢乙酸　白色或淡黄色结晶状粉末，无臭、无味，难溶于水，在碱性水溶液中溶解度较大，易溶于苯、乙醚、丙酮及热酒精中，对光、热稳定。

（2）脱氢乙酸钠　白色结晶性粉末，无臭或微臭，其溶液为无色。是一种低毒、高效、广谱抗菌药，对动物一般无不良影响，抑菌效果比苯甲酸钠好。

9. 对羟基苯甲酸酯类

包括对羟基苯甲酸乙酯、对羟基苯甲酸丙酯、对羟基苯甲酸丁酯等，其抗菌作用高于苯甲酸和山梨酸，毒性比苯甲酸低。

（1）对羟基苯甲酸乙酯　又称尼泊金乙酯，无色小晶体或白色晶体性粉末，无臭味，易溶于水、乙醇及乙醚中。

（2）对羟基苯甲酸丙酯　又称尼泊金丙酯，无色或白色晶体粉末，无臭味。

（3）对羟基苯甲酸丁酯　又称尼泊金丁酯，无色或白色晶体粉末，无臭味，易溶于乙醇、乙醚、乙酸等，几乎不溶于水。

10. 复合防霉剂

由一种或多种防霉剂与某种载体结合而成的复合防霉剂，可保持甚至增加单一防霉剂原有的抑真菌功效，但免除或降低了单一防霉剂的腐蚀性与刺激性。

（1）"露保细盐"　是德国巴斯夫公司生产的防霉剂，即将丙酸吸附在各种载体上制得的预混剂，我国已批准进口使用。其主要成分是丙酸盐类，腐蚀性低，防霉效果好。配合饲料中添加 0.25% ~ 0.4%。在动物性饲料中为防止沙门氏杆菌可加入 1.5%，均匀混合在饲料中饲喂。

（2）"除霉净"　是一种高效、低毒、广谱的以丙酸为主的复合有机酸类气化型防霉剂，它利用特殊载体（蛭石）的吸附和催化作用，使丙酸防霉剂变为固体，更容易使用。在使用过程中，以气体形态缓慢释放适量单体丙酸及复方有机酸，并均匀扩散渗透到各个角落，因此发挥作用快，抑菌效果好，抑菌谱广，时效长，在抑制黄曲霉菌繁殖及产毒方面效果尤为显著，且能保护饲料营养成分，提高适口性。一般剂量为 0.1% ~ 0.2%。

（3）"克霉灵"　由苯甲酸、对羟基苯甲酸乙酯及填充料等科学调配、精制而成。对各种配合饲料具有增酸防霉作用，不影响饲料营养成分和适口性，对畜禽无副作用，体内无残留，且价格低廉。饲料含水量 12.5% 以下，空气相对湿度 80% 以下时，用量 300g/t；当含水量 12.5% 以下，湿度 80% 以上时，用量 500g/t；含水量 12.5% ~ 14%，相对湿度 80% 以上时，用量 700g/t，可使饲料 60d 不发霉。

此外，复合防霉剂还有"Monoprop"、"Mold-X"、"Aprosil"、"Adofeed"、"霉敌 101"、"万香保"、"克霉霸"、"防霉灵"、"降霉王"等。复合防霉剂是一个重要的研究发展方向，但复合防霉剂必须经过科学的验证和严格的筛选，以提高产品的协同效果，更好地起到防霉作用。

（二）使用防霉剂应注意的问题

防霉剂能否起到防霉作用往往受诸多因素的影响。用法得当可较长时间保持饲料品质，否则不但起不到防霉作用，还会破坏饲料品质，甚至对畜禽造成伤害。

1. 防霉剂的选择原则

（1）安全　不危害动物或间接影响人类健康，无致癌、致畸、致突变作用。

（2）有效　在不良环境条件下，防霉效果好，杀菌谱系广泛，作用时间快，时效长。

（3）适口　防霉剂不能破坏饲料原有的风味，不能破坏饲料中任何营养成分，并能增加畜禽对饲料的适口性。

（4）方便　易使用，价格便宜，用量小，分散性好，能有效地杀灭各个角落的霉菌。

（5）可检　加入饲料后，应能方便地检测其存在或能检测出其含量。

2. 使用注意事项

①多数防霉剂只能抑制霉菌生长而不能破坏霉菌毒素，因此防霉剂最好在饲料没有污染前添加。

②注意安全性，严格按推荐量使用，本着成本低、毒性小、防霉效果好的原则选用防霉剂。

③每种防霉剂都有各自的防霉范围，按照适当比例将几种单一防霉剂混合使用，可起到协同作用。

④长期使用单一防霉剂，某些菌体易获得抗药性，因此，防霉剂的使用应采用轮换式或互作性。

⑤防霉剂多属于酸型，饲料 pH 值降低，其防霉作用增强，不能与碱性物质混合。

⑥加强饲料管理，对饲料尽可能减少染菌机会，消除霉菌滋生的条件。

⑦在使用时，应与饲料充分混合。

⑧酸性防霉剂对饲料中的某些成分（如维生素 E）有破坏作用。

⑨某些防霉剂具有异味，添加量过大时，对动物采食可能产生轻度的不适。

四、定期作好霉变的测报工作

在原料霉变之前或变质之初，通过有关指标的测定和分析评价其安全程度，及时作出早期预报，采取相应措施，防止霉变的发生或发展。对霉菌毒素的检测可采用生物学方法（如荧光反应）、化学方法（如薄层层析法、气相－液相色谱法）和免疫学方法（如酶联免疫吸附试验）等。

第四章　有毒金属元素对饲料的污染及控制

第一节　概　　述

有毒金属元素多为重金属元素，主要指相对密度在 4.0 以上的约 60 种金属元素或相对密度在 5.0 以上的 45 种金属元素，因砷和硒的毒性及某些性质与重金属相似，故在毒理学和卫生学中将砷和硒列入了重金属范围，它们在少量甚至微量的接触条件下可引起动物明显的毒性作用，且较难被动物排出体外蓄积在动物体内，最终对人类造成危害。目前已发现并确定危害较大的重金属元素有汞、铅、镉、砷、铬、硒和钼等。过去一般认为有毒的铬、硒和钼，现在研究表明是动物所需的元素；而在动物营养上所必需的金属元素铁、铜、钴、锌、锰等摄入量过多，也会对动物产生毒性作用。另外，有些金属元素目前还不清楚对机体是有益还是有害，即使现在认为是有益的金属元素，将来也可能发现其有害的一面。因此，金属元素在不同的条件下对动物的作用具有两重性，毒性作用是相对的。

一、有毒金属元素污染饲料的途径

有毒金属元素污染的主要原因是人类的生产活动，大规模的采矿、冶炼和工农业生产，使得汞、镉、铅和砷等对机体有害的重金属元素从地层深处被采掘出来，而后又散落在地表各处，改变了元素本来的环境分布状态及其化学形式，以致引起动物和人类的疾病。有毒金属元素在环境中极为稳定，不分解，难以消除，一旦这些金属从其矿物中进入生态环境，将一直循环，不会消失。有毒金属元素污染饲料的途径主要有以下几条。

①工业"三废"的排放和农业化学物质的使用，使有毒金属元素及其化合物进入环境，并通过相应的途径转移到饲料中。和其他化合物污染不同，有毒金属元素的污染即使浓度较低，也不能在环境中分解净化，而会不断蓄积，并通过食物链逐级富集。有些重金属多共生于一个矿藏，可对环境造成联合污染（如砷、铅联合污染），并具有协同作用。

②某些地区自然地质条件特殊，土壤或岩石中某种金属元素含量较高，其可溶性盐类广泛迁移于天然水体中，通过作物根系吸收进入饲用植物。

③饲料生产加工过程中使用的机械、管道、容器等可能含有某些有毒金属元素，在一定的条件下，以各种形式进入饲料，如酸性饲料可从陶器或瓷器中溶出铅和镉，机械摩擦可使金属尘粒混入饲料。此外，饲料添加剂的来源及加工方式不同，其质量差异较大，也可能造成其中的有毒金属元素杂质含量过高，造成饲料污染，如饲料级硫酸锌常出现镉超标问题。

④生活废弃物如废电池、旧电器及电子产品中都含有多种有毒金属元素及其化合物，若不严格归类回收处理，也会造成环境污染，并危及饲料。

二、饲料中有毒金属元素的毒性特点及其影响因素

（一）饲料中有毒金属元素的毒性特点

有毒金属元素本身不会分解，有的还可在生物体内富集。体内的生物转化不能减弱这些元素的毒性，有的反而被代谢为毒性更大的化合物。

饲料中的有毒金属元素及其化合物经消化道吸收后，随血液循环分布到全身各组织器官。多数有毒金属元素可在体内蓄积，其生物半衰期一般较长。金属元素及其代谢产物主要经肾脏随尿液或经肠道随粪便排泄，少数可经毛发、汗液和乳汁排出。

汞、镉、铅、砷都能在肾脏或肝细胞内与含巯基氨基酸的蛋白质结合，所形成的复合物成为金属硫蛋白（metallothionin）（也称为金属硫蛋白）是一种富含半胱氨酸的细胞质结合蛋白，相对分子质量约 10 000～11 000，一般 1mol 金属硫蛋白可结合 6mol 的金属，对体内的汞、镉、铅、砷等具有调节或解毒作用。汞、镉、铅硫蛋白主要存在于肾近曲小管细胞内。当金属硫蛋白储备量足够时，可通过与汞、铅、镉等结合而保护机体少受或免受损害。

有毒金属元素的中毒作用机理具有相似性。随饲料进入机体的有毒金属元素达到一定量后，都可呈现毒性反应。但毒性的强弱及其作用的部位有所不相同，几乎每种金属元素都有不同的表现，有些金属元素还具有致癌、致突变和致畸等作用。

有毒金属元素最常见的毒性作用是抑制酶活。酶蛋白有多个功能基团（如巯基、羧基、羟基、氨基等）形成的活性中心，当这些活性中心受到破坏或与毒物结合后，酶的活性降低。许多有毒金属元素与体内酶系统的巯基具有较强的亲和力。但是不同的有毒金属元素可抑制不同的巯基酶，或虽作用于同一酶但也可产生不同程度的毒作用。值得注意的是，有毒金属元素对免疫机能的影响一般发生在其他毒性作用之前，如铅、镉可降低动物对革兰氏阴性细菌感染的抵抗力，使抗体形成减少；铅还可降低动物对病毒的抗感染能力。因此，有毒金属元素的免疫毒性是重要的早期毒性作用指标，对其毒性作用的监测和控制有重要意义。

（二）影响有毒金属元素对机体毒性的因素

1. 金属元素的存在形式及化学性质

有毒金属元素的存在形式不同，在动物消化道内的吸收率不同，呈现的毒性反应也不同。例如，无机氯化汞在消化道中的吸收率仅为 2%，而有机性醋酸汞、苯基汞和甲基汞的吸收率分别为 50%、50%～80% 和 90%～100%，可见甲基汞的毒性最大；又如易溶于水的氯化镉、硝酸镉易被机体吸收，对机体的毒性大，而难溶于水的硫化镉、碳酸镉及氢氧化镉的毒性就小。金属毒物的毒性还与其化学结构有关，如六价铬（Cr^{6+}）的毒性比三价铬（Cr^{3+}）大，而三价砷（As^{3+}）的毒性比五价砷（As^{5+}）大。

2. 日粮中的营养成分

有些营养成分可降低某些金属毒物的毒性。如日粮中的蛋氨酸，因其结构中的硫可与

硒发生互换，因此日粮蛋氨酸对硒有防护作用；维生素C可使六价铬还原为三价铬，从而使铬的毒性大为降低。

3. 有毒金属元素之间的相互作用

金属元素之间存在错综复杂的相互关系，有的表现为协同作用，有的表现为颉颃作用。例如，镉的毒性与锌镉比例有密切关系，因镉是锌的代谢颉颃物，共同争夺金属硫蛋白上的巯基，当日粮中锌与镉的比值大时，镉呈现的毒性小，反之则大。砷可降低硒的毒性，但与铅有协同作用。硒与汞可形成络合物，可减弱汞的毒性作用。硒对镉也有一定的颉颃作用，故对镉中毒有保护作用。饲料中的铁与铬缺乏时，可使铅的毒性增强。铜可降低钼、镉的毒性，增强汞的毒性。钼可显著降低铜的吸收，引起铜缺乏。

第二节 有毒金属元素对饲料的污染及危害

一、汞

汞（Hg）俗称水银，是室温下唯一的液态金属，呈银白色而有金属光泽。汞在常温中即能蒸发而污染空气，且随温度升高蒸发量增加，但不易被空气氧化。汞几乎不溶于水，但溶于硝酸、硫酸等，一般不与碱液发生反应。汞在自然界中以金属汞、无机汞和有机汞的形式存在，有机汞的毒性较金属汞和无机汞大。

（一）汞对饲料的污染概况

汞是构成地壳的元素之一，是发现并利用最早的元素。汞及其化合物广泛应用于80多种工业中，主要应用于制碱、电器、油漆、造纸、农药等工业以及医药、牙科用品等领域。随着工业的发展，汞矿的开采冶炼，以及在工业生产中的应用日益广泛，对环境的污染也日趋严重。据估算，目前全世界每年向环境中排放的汞可达5 000t，近百年来，鸟类羽毛中的汞浓度提高了10~60倍，这种情况可明显反应汞污染的严重性。

元素态汞，除非被吸入，一般认为没有特殊毒性，但一旦汞以元素态或无机化合物形式污染水体后，水体中的无机汞在微生物作用下，可逐步转化形成毒性更强的甲基汞或二甲基汞等有机汞化合物。

生长在普通土壤中的植物一般不富集汞，甲基汞也较少，但如用含汞废水灌溉农田或作物施用含汞农药，可增高农作物中的汞含量。尤其是用含汞农药做种子消毒或作物生长期杀菌时，粮食中的汞的污染可达到较为严重的程度。汞工业区或汞矿区的饲料植物和农作物，其植株和米糠中的汞含量明显高于其他地区。例如，日本大米中汞含量在1965年高达0.1mg/kg，我国曾出现因施用有机汞农药导致大田作物中的汞含量升高，并引起中毒的事例。因此，在选择饲料原料时，应考虑其来源的区域性。值得注意的是，饲料一旦被汞污染，无论以何种加工方法进行脱毒处理，都较难将汞除去。

水体的汞含量通常较低，但水生植物具有较强的富集能力。汞可在鱼、虾及贝类的体内蓄积。化工生产中汞的排放是水体中汞的主要污染源，进入水体的汞大多被悬浮的固体颗粒吸附而沉降于水底，故底泥中含汞量一般较水中高。1953年发生在日本鹿儿岛水俣地区的"水俣病"就是一则严重的汞污染中毒事件，未受污染的海底底泥中的汞含量为

0.02～0.4mg/kg，而日本水俣湾底泥中汞含量却高达30～40mg/kg，水俣湾的鱼汞含量高达20～40mg/kg。我国一些污染严重的水域中，鱼、贝类等的含汞量较高，如我国渤海某海域所产鱼类的汞含量达1.5mg/kg，蟹2.15mg/kg，大大超过我国水产品卫生标准的规定。当富集汞的鱼贝类加工成鱼粉或贝粉用作饲料后，则会引起畜禽中毒，曾有人测得鱼粉中平均汞含量为0.18mg/kg。因此，在利用鱼、虾等水产品作为动物性饲料原料时，要注意含汞的工业废水污染水体后通过汞的生物迁移过程危害畜禽。

（二）汞的毒性及中毒机理

无机汞在消化道中的吸收率较低，约15%，脂溶性的有机汞吸收率较高，几乎可完全吸收；水溶性或与蛋白质结合的甲基汞在小肠内的吸收率约为90%。饲料中的汞进入畜禽机体后，多数与血浆蛋白结合，少部分与红细胞内血红蛋白结合，随血液循环分布于全身各组织器官中，在肾脏和肝脏中蓄积，并通过血脑屏障进入脑组织，汞在体内的分布依次为肾＞肝＞血液＞脑＞末梢神经。体内汞的排泄速度较慢，主要经尿、粪和汗液排出，此外，也可从乳汁、蛋、毛发和蹄甲排出。

饲料无机汞污染引起的急性中毒较为罕见，无机汞的慢性中毒常因长期低剂量摄入而引起。环境和饲料汞污染中值得重视的是有机汞，特别是甲基汞引起的慢性中毒。汞对动物的毒性较大，家畜家禽都对汞敏感。汞的毒性因化合物和畜禽种类不同而有差异，无机汞化合物中氯化汞（$HgCl_2$）毒性最大，其致死量为牛4～8g，羊4g，马8～10g，犬0.25～0.5g；甘汞（Hg_2Cl_2）的中毒剂量为牛8～10g，马12～20g，羊5g，猪10g，犬2g；甲基汞牛每千克体重给予0.2mg～0.4mg，75d可发生中毒，羊每千克体重给予0.22mg，40～60d发生中毒，猪每千克体重给予4.56mg，可产生体重下降和结肠坏死，用含二氰氨甲基汞33mg/kg的饲料饲喂家禽，雏鸡死亡率达90%，鸭死亡率达85%，鸡死亡率达7.5%。

汞离子进入机体后易与蛋白质或其他活性物质中的巯基结合，形成稳定的硫汞键，破坏蛋白质的结构，特别是对酶的结构破坏严重，从而使具有重要功能的含巯基活性中心的酶失去活性，导致机体代谢障碍。例如，汞干扰大脑组织内丙酮酸代谢，其表现与维生素B_1缺乏相似，汞与谷胱甘肽的巯基作用后，可使其氧化还原功能丧失。汞作用于细胞膜上的巯基、磷酰基，改变其结构和正常功能，进而影响整个细胞。汞作用于血管和内脏感受器，不断使大脑皮层兴奋转为抑制，从而出现神经症状，因运动中枢功能障碍，反射活动的协调紊乱，从而出现"汞毒性震颤"的肌肉纤维震颤。

畜禽急性汞中毒会引起消化道黏膜炎症和肾脏损伤，临床上多表现出剧烈的胃肠炎、呕吐、腹泻、血尿，因休克或脱水可在数小时内死亡。慢性中毒主要表现为精神抑郁、厌食、消瘦、肛门和会阴部脱毛并有皮屑形成，牙龈软化、牙齿松动，伴有腹泻，多数畜禽都表现出明显的神经症状，共济失调，震颤，惊厥，流涎，无力饮水和采食，尿频量小，麻痹，最终衰竭死亡。

（三）汞的饲料卫生标准及预防措施

1. 汞的饲料卫生标准

我国《饲料卫生标准》规定了汞的最大允许量，猪、鸡配合饲料中≤0.1mg/kg，石粉≤0.1mg/kg，鱼粉≤0.5mg/kg。

2. 预防与控制措施

为了控制汞污染，首先加强对含汞的工业废气、废水、废渣的管理和治理，严格执行排放标准，控制排放量。其次要严禁使用含汞农药，反刍动物和貂应尽量避免使用含汞消毒剂和含汞药物。对用污水灌溉和施用污泥、废渣的农田加强汞的监测，制定并严格执行防污管理制度。对已污染的农田，适当多施用有机肥，以降低汞的活性。使用氮肥时，最好使用硫酸铵肥料，以利于生成HgS而固定于土壤中，减少作物中汞的含量。

配制动物饲料时，原料的选择要严格执行国家卫生标准，超过允许量的饲料不能饲喂动物。另外，在饲料中添加适量的硒可减少汞与细胞和组织的结合，防止甲基汞引起的神经中毒。汞中毒的解毒剂二巯基丙磺酸钠、二巯基丁二酸钠、依地酸钙和青霉素，它们结构中均具有巯基，可与体内的汞结合形成络合物，降低汞的毒害作用，甚至可夺取与体内巯基酶结合的汞，由此可恢复受汞影响而失活的酶的活性。

二、铅

铅（Pb）质地柔软，呈灰白色，不溶于水，但溶于稀盐酸、碳酸和有机酸。加热到400℃即有大量铅蒸汽逸出，迅速氧化为各种铅氧化物。铅在空气中易形成一层氢氧化铅薄膜，在水中可在表面形成一层铅盐防止溶解。自然界中的铅常以+2价离子形式存在。

（一）铅对饲料的污染概况

全世界每年铅的消耗量约400万t，广泛应用于工农业生产，如蓄电池、铸造合金、油漆、颜料、农药、陶瓷、塑料、医药及汽油添加剂（四乙基铅作为防爆剂）等。铅对环境的污染也日益严重，尤其是铅矿冶炼、含铅农药和汽车尾气是铅的主要污染源。铅污染环境后随各种途径进入饲料中，动物体内的铅90%来自于饲料或食物。铅污染已引起了广泛的重视，英国调查了3 000份样品，发现鱼类的铅含量为0.24mg/kg，粮食0.17mg/kg；我国的调查也表明，部分粮食、动物性产品存在铅超标的问题。

植物中的自然含铅量变化较大，大多数植物含铅量0.2~3.0mg/kg，某些水生植物含铅量每千克可达几十毫克。在天然富铅土壤中生长的植物，其含铅量更高。植物利用根系吸收土壤中的铅的数量随土壤中的铅含量增高而增加，所吸收的铅主要蓄积在根部，只有少数转移到地上部分。酸性土壤可提高铅的溶解度，因而使在这种土壤上生长的植物含铅量增高。

因铅矿及其冶炼厂排出的工业三废污染周围区域的农作物和饲料植物，致使某些地区饲料铅含量高达500mg/kg以上，常常引起畜禽铅中毒事故的发生。

有些地区在农业生产上，使用含铅农药，如砷酸铅等，可使牧草及附近生长的农作物被铅污染。

汽油中含有防爆剂四乙基铅，在燃烧过程中绝大部分分解为无机铅盐及铅的氧化物，从汽车尾汽中排出，成为最严重的铅污染源。据检测，公路主干道两侧的植物中铅含量可高达255~500mg/kg，畜禽采食这些植物可引起铅中毒。

饲料植物对铅的吸收率随生长期而不同，幼嫩植物吸收率低，成熟植物吸收率较高，晚秋和冬季收获的植物含铅最高。铅在植物体内的分布以根部较高，茎叶中含量较低。

因酸性饲料的侵蚀，可使器械、容器中的铅溶出并污染饲料。特别是在使用涂有彩釉的陶器时，由于陶釉中的铅在烧制过程中不能完全和硅酸结合成不溶性硅酸盐，因而在用这些容器盛放酸性饲料时会有大量铅溶入饲料。某些矿物质饲料原料由于常含有铅杂质，也可造成饲料污染。

（二）铅的毒性及中毒机理

进入动物体内的铅因受饲料中蛋白质、钙、植酸、锌、镉、硒等的影响，其吸收率较低，约5%～15%，主要在十二指肠被吸收。吸收进入机体的铅首先在肝、肾、脾、肺、脑分布，数周后转到骨骼中，以不溶性磷酸铅的形式存在，动物体内的铅有90%～95%蓄积在骨骼中。血液中的铅仅占体内总量1%～2%。一般认为软组织中的铅能直接产生毒性作用，硬组织的铅具有潜在毒作用。正常情况下，骨骼中的铅比较稳定，可长期存留而不产生毒性作用，但在血液酸碱平衡紊乱、感染、外伤、过度劳役、怀孕等条件下，蓄积在骨骼中的铅可转变为可溶性磷酸氢铅重新释放到血液中，使血液中铅含量增加，当达到一定含量时，即可表现出毒性作用而引起铅中毒。另外，当饲料中钙缺乏或血钙含量下降时，骨铅也会随着骨钙进入血液。铅还可通过胎盘屏障，使胎儿肝脏蓄积铅达到中毒水平。铅可通过肾、肝、乳汁、汗液、唾液、毛发等排泄，测定毛发重的铅含量，可以估计动物体内铅的负荷水平。

铅的毒性与其存在形式和溶解度有关，硝酸铅、醋酸铅易溶于水，易被吸收，毒性强；氧化铅、硫酸铅、碱式硫酸铅在酸性溶液中易溶解，颗粒小而成粉状，毒性也较大；硫化铅、铬酸铅不易溶，毒性小。总之，铅化合物的粒度越小，越易溶解和吸收，毒性也越大。

铅的毒性受日粮中钙、磷、铁、钴、锰、锌等含量的影响，钙、磷缺乏时，组织铅保留增加，毒性增强；铁缺乏可加速铅中毒的发生，钴和锰缺乏有与缺铁类似的作用；锌与铅具有协同作用，提高日粮锌浓度，骨骼和软组织中铅的含量增加，毒性增强。

畜禽对铅的敏感性依次为：马、牛、绵羊、山羊、鸡、猪。不同畜禽铅中毒的临床症状不同，牛铅中毒主要表现为迟钝，失明，瘫痪，昏迷，厌食，腹痛，便秘或腹泻，一般病程较短，多数以死亡告终。马铅中毒时最明显的症状是返回神经麻痹而引起呼吸障碍和喘鸣音，吞咽时饲料和水从鼻腔返流或误入呼吸器官引起吸入性肺炎。羊铅中毒时表现为肾水肿，骨质疏松，跛行甚至瘫痪。猪铅中毒时，表现为哼叫，腹痛，腹泻，流涎，厌食，体重下降，肌肉震颤，失明，惊厥等。另外，畜禽对饲料中的铅的吸收率因年龄不同也有差异。试验证明，哺乳期大鼠对铅的吸收率可高达83%～89%，断乳前后为15%～16%，成年大鼠仅为1%，可见，幼龄畜禽对铅的吸收率较高，更易中毒。铅对动物机体的许多组织器官均有毒性作用，主要是损害神经系统、造血器官和肾脏。具体表现在以下几方面。

1. 神经系统

畜禽铅中毒表现出明显的神经症状，主要病理变化是脑水肿、颅内压增高、脑血管扩张、神经节变性、灶性坏死。这是因为铅能使大脑皮层的兴奋和抑制过程发生紊乱，从而出现皮层—内脏调节障碍。试验证明，铅能损害脑毛细血管内皮而引起水肿与出血，能抑制肌肉内的肌磷酸激酶活性，使肌肉的磷酸激酶合成受阻，不能参加肌肉收缩的能量代谢，致使肌肉失去收缩动力，表现为铅毒性瘫痪。

2. 造血系统

铅中毒会影响凝血酶的活力，延长凝血过程，同时还会干扰体内卟啉代谢，而卟啉是血红蛋白合成过程中的中间物，从而会导致体内血红蛋白合成障碍，影响铁的利用，出现与缺铁性贫血类似的症状。此外，铅能直接作用于红细胞膜使红细胞的脆性增加，寿命缩短。

3. 肾脏

肾脏是排泄铅的主要器官，接触铅的量较多，因而铅对肾脏有一定的损伤。畜禽铅中毒可使肾小管上皮细胞肿胀，近曲小管上皮细胞内出现包涵体，肾小球不发生明显的变化，出现糖尿、氨基酸尿和过磷酸尿。

4. 其他

铅会损伤机体免疫系统的功能，明显减少抗体；大量铅进入消化道会导致胃肠黏膜坏死，引起动物食欲减退、便秘、腹泻等；铅通过抑制促生长激素释放因子、生长激素及胰岛素样生长因子的合成和分泌，而影响动物生产性能；高剂量的铅会降低谷胱甘肽过氧化物酶和超氧化物岐化酶的活性，引起脂质过氧化，导致机体抗氧化代谢紊乱；铅对动物还具有生殖毒性，可影响动物的繁殖机能。

（三）铅的饲料卫生标准及预防措施

1. 铅的饲料卫生标准

我国《饲料卫生标准》规定，饲料中铅的最大允许含量为：鸡、猪配合饲料≤5mg/kg，鱼粉、石粉≤10mg/kg，磷酸盐≤30mg/kg。

2. 预防与控制措施

为了预防铅污染，首先，应减少工业生产和汽车废气中铅的污染，特别是要进行汽车燃料的改革，以无铅汽油代替加铅汽油。例如我国石油加工过程逐渐采用催化裂解法，该法所得到的汽油具有较高的辛烷值，不需要再加入四乙基铅作为抗爆剂。其次，在铅污染的土壤中，可施用石灰、磷肥等改良剂，降低土壤中铅的活性，减少作物对铅的吸收，采用对铅具有极强吸收能力的超累积植物修复铅污染土壤已取得进展。最后，对直接接触饲料的容器、器械、导管等镀锡和焊锡中的铅含量应加以控制。另外，饲料中含有适量的钙、铁、锌、铬和硒可在较大程度上减少铅在动物体内的吸收和存留，壳聚糖也可明显降低体内的铅含量。

三、镉

镉（Cd）是一种可弯曲、有延伸性、有光泽、呈灰色的一种有色金属，在自然界主要以硫化镉和碳酸镉的形式存在于锌矿中，镉与锌的比例为1：（1 000～1 200）。因此，锌矿的开采及冶炼是造成环境镉污染的主要原因。镉在自然界中主要以 +2 价离子形式存在，其化合物形式主要有硝酸镉［Cd（NO$_3$）$_2$］、硫化镉（CdS）、氯化镉（CdCl$_2$）、氧化镉（CdO）、硫酸镉（CdSO$_4$）等，其中以氧化镉的毒性最大。

（一）镉对饲料的污染概况

镉在工业中应用广泛，蓄电池、电镀、油漆、颜料、陶瓷等工业及交通运输业均向环境排放含镉废水等工业"三废",加重环境镉污染。含镉废水污染水体,进而污染土壤,含镉废渣可直接污染土壤,含镉废气先污染土壤及水体,后者再次污染土壤。土壤对镉有较强的吸附力,特别是黏土和有机质多的土壤吸附镉的能力较强,容易造成镉的累积,饲料作物从受污染的土壤中吸收镉,并把它富集于机体内;生长于镉污染水体中的水生饲用植物机体各组织可富集镉。

生活在含镉废水中的鱼贝类及其他水生生物,对镉具有富集作用,使其体内镉含量可增大 4 500 倍,个别鱼贝类则可高达 $10^5 \sim 2 \times 10^6$ 倍。在非污染区贝类及鱼粉中的镉含量分别为 0.05mg/kg 和 1.2mg/kg,而污染区贝类及鱼粉中的镉含量则高达 420mg/kg 和 25mg/kg。

矿物质饲料原料中常含镉。因镉与锌矿伴生,加工不合理的含锌矿物质饲料原料可能含有高浓度的镉,由此导致饲料添加剂中的镉含量增多。

在配合饲料生产过程中,使用表面镀镉处理的饲料加工设备、器械时,因酸性饲料将镉溶出,也可造成饲料的镉污染。

含镉药物污染。如部分猪用驱虫剂、含镉杀菌剂的使用等。

(二)镉的毒性及中毒机理

饲料镉进入消化道后主要在十二指肠、空肠和回肠部位吸收,吸收率较低,一般为 3%~5%,其余大部分(约95%)经由粪便排出体外。镉在机体组织中具有蓄积作用,且半衰期较长,可长期贮存,较难通过体内转换排出体外,当机体镉蓄积量超过耐受量时,则发生中毒。

元素镉本身无毒性,但其化合物尤其是氧化物,毒性较大,用氧化镉含量为48mg/kg 的饲料喂鸡,可使鸡群严重失重,失重率接近60%,并造成部分死亡。不同镉盐毒性有别,常见的镉盐有硝酸镉、硫化镉、氯化镉、乙酸镉、硫酸镉、碳酸镉及镉氨基酸络合物等,其中以氯化镉毒性最强,可导致畜禽生长抑制,死亡率明显增加;其次是硝酸镉和碳酸镉;乙酸镉和半胱氨酸镉毒性较小,但对畜禽的生长和生产性能同样具有负作用;硫酸镉对畜禽的生产性能影响较小;应当注意的是,镉的可溶性化合物如硝酸镉、氯化镉及硫化镉等,不仅毒性大,而且对畜禽有致癌作用。此外,镉的毒性受饲料中铜、铁、锌、硒等含量的影响,镉与铜、铁、锌具有颉颃作用,使铜的毒性减低。饲料中的硒能满足畜禽的营养需要时,也可减轻由镉引起的损害。

进入动物体内镉将对肾、肺、肝、脑、骨等产生损伤。一般情况下,游离镉不起毒害作用,只有当其与硫蛋白结合后才表现毒害作用。镉主要损害肾小管、引起肾功能不良。镉集中在肾小管,使金属硫蛋白耗竭,近曲小管上皮细胞组织的线粒体发生膨胀和变性等病变。肾小管上皮细胞通透性功能损害,引起肾功能障碍,患畜出现蛋白尿、糖尿、氨基酸尿,尿钙和尿磷增加。

进入血液细胞的镉作用于线粒体,可与抗血红素结合,导致肌红蛋白生成受阻、红细胞变性、渗透脆性增大,从而抑制骨髓的造血功能而引起贫血和肌肉苍白。镉可破坏血管内皮细胞,促使内皮细胞死亡,抑制内皮细胞的增殖和迁移,且有剂量效应关系,引起血管平滑肌水泡变性,严重时甚至坏死。

镉与铜、铁、锌等微量元素相颉颃,可干扰这几种微量元素在动物体内的吸收与代谢而产生毒害作用，引起动物产生铜、铁、锌的缺乏症。另外，镉也会影响钙、磷代谢，出现骨质疏松症。

此外，镉对免疫系统具有破坏和抑制作用；会对动物产生"三致"作用；对生殖系统有较强的毒副作用；镉还能引起畜禽高血压症；引起猪脾脏肿大，胃黏膜溃疡及坏死性肠炎，心脏明显肥大，心肌纤维及肝脏细胞浊肿，肺泡气肿、充血、出血，肾呈土黄色。

（三）镉的饲料卫生标准及预防措施

1. 镉的饲料卫生标准

我国《饲料卫生标准》规定了镉的最大允许量，鸡、猪配合饲料 0.5mg/kg，米糠 1mg/kg，鱼粉为 2mg/kg，石粉 0.75mg/kg。

2. 预防与控制措施

严格控制镉的排放量，切实治理"三废"，是减少镉中毒的根本措施；采用石灰调节土壤的 pH 值升高至 7.0 以上，可减少植物对镉的吸收；利用铁、锌与镉的颉颃作用，提高饲料中铁、锌含量，可减少镉中毒，另外，提高日粮中维生素 D_3、钙、磷的含量，可缓解镉的危害；补充维生素 C 可降低镉的毒性，这是因为维生素 C 改善了日粮中铁、锌利用率；补充硒可促进已沉着在体内的镉的排泄。

四、砷

砷（As）为类金属，具有金属和非金属的性质。室温下较为稳定，但当加热灼烧时，则燃烧生成白色的三氧化二砷（As_2O_3）和五氧化二砷（As_2O_5），为剧毒物质。砷在自然界广泛分布，多以砷化物的形式混存于金属矿中。储量多、分布广的含砷矿石是砷黄铁矿（FeAsS），还有雄黄（As_2S_2）、雌黄（As_2S_3），但多伴生于铜、铅、锌等的硫化矿中。

（一）砷对饲料的污染概况

砷的污染是由岩石风化、水循环运输等自然释放和燃煤、矿石开采冶炼、含砷农药使用、地热发电等人类活动造成，人为活动的污染重于天然释放。砷在底泥中经生物转化可被水生生物富集，水生生物特别是海洋甲壳类动物对砷有较强的富集作用，可浓缩高达 3 300 倍，海洋生物含砷量较高，如海藻为 17.5mg/kg，海带为 56.7mg/kg。因此用含砷量高的海产品作动物饲料时，应注意其中砷的含量。

植物根系可从土壤中吸收砷，迁移到植株内各个部位。喷施到叶片上的砷化合物也可被叶吸收，从叶鞘向根、茎和其他叶片转移。例如，水稻各部位含砷量是根＞茎＞叶＞稻谷。

含砷农药直接污染饲料植物，杀虫剂如砷酸铅、砷酸钙、亚砷酸钙和巴黎绿（硫酸铜和偏砷酸的复盐）等，杀菌剂如稻谷青（甲基砷酸锌）、甲基硫砷、田安（甲基砷酸铁铵）、稻宁（甲基砷酸钙）等都可污染植物。

含砷矿石冶炼后废渣污染土壤或水体，间接污染饲料植物和农作物。

研究证实，砷为动物营养所必需，小剂量的砷可促进畜禽生长，改善生产性能，因此，含砷饲料添加剂随之问世，并广泛应用于畜禽生产，常用的含砷饲料添加剂有对氨基苯砷酸（又称阿散酸、康乐1、普乐健、AA 制剂）、对氨基苯砷酸钠（又称康乐2）、3-

硝基-4-羟基苯砷酸（又称罗沙砷、洛克沙生、康乐3），这些添加剂具有促进动物生长、促进红细胞及血色素增加和改善畜产品色泽的作用，含砷饲料添加剂使用过量或方法不当，易引起畜禽中毒。另外，饲料加工中使用的一些载体物质如沸石，若其来源的矿物中含较高的砷化物，则饲料中的砷含量也会增加。

砷在各种饲料中的存在形式有所不同，有的是毒性作用大的无机砷，有的是毒性低而高度稳定的有机砷化合物，因此，在评价饲料中砷对机体的影响时，不能仅依据砷的总量，还应区分其存在的形式。

（二）砷的毒性及中毒机理

砷的毒性与其价态有关，元素砷不溶于水，毒性低，而砷的氧化物绝大部分毒性较强，无机砷的毒性较有机砷大。无机砷中，三价砷的毒性大于五价砷。砷主要在消化道吸收，无机砷化合物以可溶性砷化物的形式在胃肠道中被迅速吸收，其吸收程度取决于其溶解度和物理性状，溶解度大、粒度小的砷化合物易吸收；有机砷化合物主要通过肠壁的扩散进行吸收。吸收后的砷可在血液中聚集，95%～99%的砷与血红蛋白中的珠蛋白结合，随后迅速随血液分布到全身，但主要蓄积在肝脏、肾脏、脾脏、肺、骨骼、皮肤、毛发、蹄甲等组织器官，特别是表皮组织的角蛋白中含有丰富的巯基，易与砷牢固结合使其长期蓄积。进入体内的砷经代谢后主要经肾随尿液排出，少量可从汗液、乳汁和呼吸的气体排出。某些有机砷化合物在动物体内几乎不经过任何变化就可通过肾脏直接排出体外。砷与硒在体内有颉颃作用，同时摄入硒与砷，可阻碍砷在体内的蓄积，促进其排泄。

砷最急性中毒，病畜突然腹痛，站立不稳，虚脱，瘫痪，甚至不出现症状就迅速死亡；急性中毒，病畜食欲废绝，口腔黏膜潮红，流涎，多出现胃肠炎症状，呕吐，腹痛，腹泻，病程1～3d，衰竭死亡；慢性中毒，消化机能及神经功能紊乱，皮肤发红，食欲下降或废绝，腹泻或便秘，持续性消瘦，衰竭，病程较长，可达数月甚至1年以上。

砷及其化合物的毒性作用机理主要是影响机体内酶的功能。三价砷可与体内酶蛋白分子上的巯基结合，特别是与含双巯基结构的酶如丙酮酸氧化酶结合，形成稳定的复合体，使酶失去活性，阻碍细胞的正常呼吸和代谢，导致细胞死亡。五价砷也可与酶结合，但与巯基的亲和力较差，与酶形成的复合物不稳定，能自然水解，使酶的活性恢复，故对组织生物氧化作用较差，毒性较小。但五价砷若在体内还原成三价砷则毒性变大。

砷引起的细胞代谢障碍首先危及最敏感的神经细胞，引起中枢神经及外周神经的功能紊乱，出现神经衰弱症候群及多发性神经炎等神经症状。因砷中毒时消耗大量的维生素B_1，或破坏维生素B_1参与三羧酸循环而导致其缺乏，而维生素B_1的不足又加重砷对神经系统的损害。

砷吸收入血液后，可直接损害毛细血管，也可作用于血管运动中枢，改变血管壁通透性，导致脏器严重充血，阻碍组织营养过程，引起器官实质的损伤，胃肠道和其他脏器受损均与此有关。

砷作为致畸物，在细胞DNA复制过程中可从DNA链上取代磷酸盐而致染色体畸变，并可抑制DNA的正常修复过程，增高染色体畸变率。

慢性砷中毒还伴随着致癌作用，可引发皮肤癌。如使用砷制剂治疗牛皮癣可引发皮肤癌；制造含砷农药和职业接触砷的工人易患皮肤癌和肺癌；长期饮用高砷水的人群易患皮肤癌。有关专家对我国台湾省西海岸某地区 40 421 人的调查表明，其中有 428 人由于饮水中含砷量过高而患皮肤癌。

通过饲料长期少量摄入砷主要引起慢性中毒。慢性砷中毒开始不易察觉，主要表现为神经系统和消化机能衰弱和紊乱，出现精神沉郁，皮肤痛觉和触觉减退，四肢肌肉软弱无力和麻痹、消瘦，被毛粗乱无光泽，脱毛或脱蹄，食欲不振，消化不良，腹痛、持续性下痢。母猪不孕或流产。猪每日摄入 2～3mg 不致引起死亡，但其被毛中含砷量增加，并影响其生长发育。

（三）砷的饲料卫生标准及预防措施

1. 砷的饲料卫生标准

我国《饲料卫生标准》规定了砷的最大允许量，鸡、猪配合饲料中 ≤2.0mg/kg，石粉 ≤2.0mg/kg，磷酸盐 ≤20.0mg/kg。

2. 预防与控制措施

对工矿企业的"三废"排放进行积极有效的监控可以减少砷对环境及对饲料的污染；在土壤中施用各种铁、铝、钙、镁的化合物可使砷生成不溶性物质而加以固定，从而减少植物从土壤中吸收砷；合理使用含砷农药，尤其注意含砷农药的使用量和收获前的安全间隔期，以减少含砷农药在作物中的残留；少用或限用砷制剂。

五、铬

铬（Cr）广泛存在于自然环境中，有铬铁矿、铬铅矿和硫酸铬矿，以多价态的形式存在，有二价、三价和六价 3 种化合物，二价铬不稳定，易氧化生成三价铬；三价铬最稳定，如三氧化二铬（Cr_2O_3）；六价铬和三价铬在一定条件下可以相互转化。在天然水体中，在有机物和还原剂的作用下，六价铬可以还原成三价铬。三价铬具有生物活性作用，是体内葡萄糖耐受因子的活性部分；六价铬化合物是强氧化剂，对动物有毒害作用。

（一）铬对饲料的污染

铬及其化合物广泛应用于冶金、化工、制药、制革、机电以及航空工业中，这些工业生产均可以产生含铬"三废"，处理不当就会造成环境污染。河水含铬量可因水体污染相差甚大，如上海的苏州河因长期收纳含铬废水，水中检出六价铬最高达 1.3mg/L，严重超标。

铬对饲料的污染主要是由于用含铬废水灌溉农田，使灌区土壤富集大量铬，从而使作物中铬含量显著增加。分别用含铬工业废水和河水灌溉农田，结果发现，用含铬工业废水灌溉的农田生长的胡萝卜和甘蓝中的铬含量分别比用河水灌溉高 10 倍和 3 倍。

用制革工业的革渣生产蛋白质饲料时，因其中含有大量的铬化物，可能造成饲料铬污染。

若酸性饲料接触含铬的器械、管道或容器时，也可使饲料中的铬含量增高。

（二）铬的毒性及中毒机理

铬在消化道的吸收率因其来源和化合物种类不同而异。胃肠道吸收三价铬的能力较低，小于 3%；六价铬比三价铬易吸收，在胃中六价铬与胃酸作用被还原成三价铬，明显降低其吸收率。铬吸收入血液后，逐渐与血浆内转铁蛋白、白蛋白等结合，铬以与转铁蛋白结合的形式主要分布于肝脏、肾脏、脾脏和骨骼中。铬在体内经短时间贮存后，80%经肾脏排出，少量经肠道随粪便排出，也可由乳汁排出。

铬是人体和动物的必须微量元素，是动物机体分泌腺的成分之一，铬缺乏将导致糖和脂肪代谢紊乱，出现动脉粥样硬化和心脏病。铬同时也是有毒金属元素，各种形态铬的毒性不同，金属铬不活泼，无毒；二价铬也无毒；三价铬化合物由于在消化道吸收少，毒性较小；六价铬毒性较大，比三价铬大100倍。

铬吸收后影响体内氧化、还原和水解过程，并可使蛋白质变性，使核酸、核蛋白沉淀，干扰酶系统。在六价铬进入红细胞被还原成三价铬的过程中，谷胱甘肽还原酶活性受抑制，可使血红蛋白转变为高铁蛋白，引起缺氧现象。某些铬化合物还具有致癌性。

当饲料中混入过量的铬化合物时，有可能引起急性中毒，主要表现为胃肠道刺激症状，如呕吐、流涎，呼吸和心跳加快等，并可引起肝、肾损伤。由于饲料中天然含铬量一般不高，故动物铬中毒的病例较少见。

（三）铬的饲料卫生标准及预防措施

1. 铬的卫生标准

我国《饲料卫生标准》规定了铬的最大允许量，鸡、猪配合饲料中≤10mg/kg，皮革蛋白粉≤200mg/kg。

2. 预防与控制措施

预防铬污染首先要控制含铬"三废"的排放，并对农田浇灌用水中的六价铬进行必要的监测，以防止超过相关标准。长期使用含铬废水污灌的土壤，可施用石灰、石灰石、硅酸钙、磷肥等土壤改良剂，调节土壤至呈微碱性，减少铬的活性，使铬形成 $Cr(OH)_3$ 而固定于土壤中，减少作物对铬的吸收。采用皮革渣做饲料原料时，应对皮革渣及皮革蛋白粉进行严格有效的检验和监督管理。

第五章　农药对饲料的污染及控制

第一节　概　　述

农药是指用于防治、消灭或者控制危害农业、林业的病、虫、草等有害生物及有目的地调节植物、昆虫生长的化学合成的制剂，或者来源于生物、其他天然物质的一种或者几种物质的混合物及其制剂。众所周知，农药在保证农业丰收，促进高产、优质、高效农业现代化发展，满足人们对农副产品的需求等方面发挥着突出作用。

但是，农药的使用也有其不良作用的一面。特别是在长期大量不合理滥用农药的情况下，致使一些性质较为稳定，对人、畜具有积累性、慢性毒害的化学成分，在动、植物体内，甚至在人体内不断积累。

迄今为止，在世界各国注册的农药品种近 2 000 种，其中常用的有 500 余种。为了研究和使用上的方便，可按不同角度把农药进行分类。

（1）按来源　可分为生物源、矿物源、化学合成 3 大类。

（2）按防治对象和用途　可分为杀虫剂、杀菌剂、杀螨剂、杀线虫剂、杀鼠剂和植物生长调节剂等。

（3）按化学物结构　可分为无机、有机、抗生素和生物农药等，其中有机性农药按化学结构再分为有机氯、有机磷、有机氮、氨基甲酸酯类、拟除虫菊酯类和有机金属农药等。

（4）按作用方式　可分为杀生性和非杀生性农药，前者包括胃毒、触杀、内吸、熏蒸剂等类，后者包括非特异性杀虫剂（如引诱、驱避、拒食、昆虫生长调节剂等）和植物生长调节剂等。

第二节　农药污染饲料的途径

一、农药在作物中的残留

为了防止病虫草鼠害，人们把农药撒入农田、森林、草原和水体，这些农药直接作用于防治对象上的数量比例较小。以杀虫剂为例，直接落到害虫上的农药不到用量的 1%，10%~20% 会落到作物上，对于中、后期生长的谷类作物和叶面积系数较高的蔬菜，此比例可高达 60%，其余则散布于大气、土壤和水中。所以说，作物与饲料中的残留农药，一方面来自施药对饲用作物的直接污染，另一方面来自作物从污染的的环境（土壤、水、空气）中对农药的吸收。

（一）农田施用农药对饲用作物的污染

农药施于作物后，部分能残留在作物上。它可能黏附在作物体表，也可能渗透到作物表皮蜡质层或组织内部，也可能被作物吸收、输导分布到植株各部分及汁液中。这些农药虽然可受到外界环境条件的影响或作物体内酶系的作用被逐渐降解消失，但降解速度差别较大。性质稳定的农药，降解消失速度缓慢。例如，0.04%浓度的对硫磷在水稻叶上的半衰期为46.2h；同样浓度的甲基对硫磷为27h；滴滴涕为76.6h，林丹（高丙体六六六）为24.5h。所以作物在收获时往往还会带有一定量的残留农药。

农药对作物的残留程度取决于农药的性质、剂型、施药及作物的种类等。

内吸性农药能被植物的根、茎、叶吸收，并随作物体内水分、养分的运输而传播，所以，它们在植物体内的残留问题较为突出，尤其是消失缓慢的内转毒性内吸剂如乙拌磷、内吸磷，或性质稳定的内吸剂（如氟乙酰胺等），造成的残留问题更为严重。穿透性强的农药如对硫磷、甲基对硫磷等也可对作物造成持久污染。含重金属汞的有机农药（如西力生、赛力散）和有机氯农药（如六六六等）在作物中残留长期不消失，故此类农药已被其他农药所替代。

农药剂型对其在作物中的残留量有较大影响，如农药加工成乳油后配成乳液使用，对作物表皮组织的穿透力比湿性粉剂配成的悬浊液或粉剂大。因穿透到植物组织内部的药剂的消失比残留在植物表面上的逸失缓慢，即残留时间也较长。

施药方式也影响农药污染程度，如用农药拌种比直接施于植株在作物中的残留量要少；浇泼可造成农药在作物局部有较高量的残留；苗前施用除草剂一般对作物的污染较小。

作物种类不同，对农药的吸收情况差别较大，污染程度也不同。果树的果实中农药降解速度较慢，生长速度快的蔬菜降解速度较快。作物的不同部位对农药的吸收程度也表现有差异。

另外，农药的降解速度具有明显的地域和季节性差异，是由降解的环境条件差异引起，以温度、降雨和光照最为重要。强烈的光照可使植物表面的农药发生分解反应；如施药后遇到降雨，则大部分农药会受雨水淋失；气温也影响植物中农药的挥发速度和降解速度。

（二）饲用作物从污染的环境中吸收农药

在农业生产中，经常喷洒化学农药以防治作物病虫害的发生，这些农药除直接散落在植物上外，其余大部分则散落在土壤中，还有小部分飘浮在空气中。因有些农药及其代谢物的理化性质稳定，如六六六、DDT等有机氯杀虫剂，在土壤中可以残留数年至10余年，即使停止施药，在这种土地上再种植作物时，残留的农药仍有可能被作物吸收，因此，植物可以通过根系从被污染的土壤中吸收农药，对于甜菜、薯类和根菜类作物直接进入食用部位，其他作物则通过输导进入其他食用部位；空气中的农药通过植物呼吸的气体交换进入植物组织中；植物也可从含有农药的灌溉水中吸收农药。总之，残留在环境中的农药，会通过土壤、空气和水残留在农作物中，从而污染饲料，最终通过畜产品危害人类健康。

一般来说，陆生植物吸收土壤内残留农药的量显著低于土壤中农药含量，例如，在种植大豆的土壤中含有 1mg/kg 七氯，而在成熟的大豆种子中含量为 0.1mg/kg，为土壤中农药含量的 1/10。而水生植物从污染水源中吸收农药的能力比陆生植物从土壤中吸收农药的能力要强，且能富集其中的农药，所以，水生植物体内农药的残留量往往比生长环境（水源）中的农药含量要高出数千倍。例如，当湖水中 DDT 含量为 0.02mg/kg 时，湖内生长的绿藻体内 DDT 含量高达 5.3mg/kg，为湖水中含量的 260 倍。

进入动物体内的农药，在量较少的情况下可在肝脏等内脏器官内被分解排泄，但是，较难分解的农药，如果继续被动物摄取，则不能分解排泄，从而在体内积累下来，特别是 DDT 和狄氏剂等脂溶性农药，因溶入体内脂肪而能长期残留于体内，使动物体内受到污染危害。积累于动物体内的农药还会转移至蛋和奶中，由此造成各种畜禽产品的污染。人类以动物、植物的一定部位为食，动物、植物体受污染，必然引起食物的污染。可见，由于残留农药的转移及生物浓缩的作用，才使得农药污染问题变得更为严重。

二、其他来源的污染

饲料的农药污染，除来自作物中的农药残留外，还有其他多种来源的污染，包括以下几方面。

1. 库存不慎

粮库或饲料库内用农药防虫，使粮食或饲料残留农药。

2. 运输和储存过程中受污染

因运输工具装运过农药未予清洗以及饲料与农药混运，可引起农药污染。另外，饲料在储存中与农药混放，尤其是粮仓中使用的熏蒸剂没有按规定存放，也可导致污染。

3. "三废"污染

含农药的废水、废气、废渣未经处理随便排放，污染农作物和饲料。

4. 事故性污染

事故性污染包括诸多方面，如在饲料或粮食仓库内配制农药或拌种；拌过农药的种子误当饲料饲喂畜禽或保管不当被畜禽偷食；在农田中错用农药品种或剂量而造成农药在饲用作物中高浓度残留。

5. 食物链富集

食物链富集是造成某些动物性饲料残留较多农药的重要原因。农药对水体造成污染后，使水生生物长期生活在低浓度的农药中。水生生物通过多种途径吸收农药，通过食物链可逐级浓缩，尤其是一些有机氯和有机汞农药等。这种食物链的生物浓缩作用，可因水体中微小的污染而致食物的严重污染。

众所周知，家畜体内的农药残余来自环境，即饲料、饮水、空气及灰尘等，这些因素中，饲料最主要，约占总来源的 50%。因此，控制了饲料中的农药残留，就基本解决了家畜的农药污染问题。

第三节　常用农药在饲料中的残留

目前，我国的农药以杀虫剂为主，农药对环境、饲料、食品的污染也主要由杀虫剂引起。我国的农业杀虫剂，按生产和使用历史来看，一般认为第一代农药为有机氯农药，第二代为有机磷农药，第三代为氨基甲酸酯类农药，第四代为拟除虫菊酯类农药。

一、有机氯杀虫剂

有机氯农药曾广泛用于杀灭农业、林业、牧业和卫生害虫。常用的包括滴滴涕（DDT）、六六六（BHC）、林丹、艾氏剂、狄氏剂、氯丹、七氯和毒杀酚等。因长期和大量使用这种农药，已造成环境、食品与饲料的污染，使之在动物和人体内有较多的蓄积，已被多国禁止使用，但目前仍对饲料、食物造成污染，是食品中最重要的农药残留物。

我国曾长期大量生产和广泛使用六六六和DDT，有30多年的历史，于1983年被禁用。该农药具有高度的选择性，多贮存在动植物体脂肪组织或含脂肪多的部位，在各类食品中普遍存在，但含量在逐步减少，目前基本上处在纳克级水平。

（一）残留

有机氯农药化学性质稳定，脂溶性强，不易分解，在土壤中的半衰期较长，六六六为2年，DDT为3~10年，导致其在环境中具有较高的残留量。以有机氯杀虫剂湿性粉剂的水悬液喷洒农作物，4~12周后才可消失。饲料中有机氯农药残留：动物性饲料中的残留量高于植物性饲料，谷物种子中的残留量少于粗饲料。

（二）毒性及中毒症状

有机氯杀虫剂随饲料进入畜禽体内后，可在消化道内被吸收，除部分经粪、尿和乳汁排出外，主要蓄积于脂肪组织，其次为肝、肾、脾及脑组织中，血液和乳汁中也有少量分布。蓄积在脂肪组织中的有机氯杀虫剂不影响脂肪代谢，但仍保持其毒性。在饥饿、疾病造成动物体重下降时，脂肪中的农药可被重新释放，产生毒性作用。有机氯杀虫剂属神经毒和细胞毒，可通过血脑屏障侵入大脑和通过胎盘传递给胚胎，主要损害中枢神经系统的运动中枢、小脑、脑干和肝、肾、生殖系统。具体表现为以下几个方面。

1. 对神经系统

有机氯农药对神经系统具有刺激作用，显著提高中枢神经系统的应激能力，因而中毒时表现为中枢神经兴奋，骨骼肌震颤等。

2. 对实质器官

有机氯杀虫剂蓄积在实质器官的脂肪组织中，能影响这些器官组织的氧化磷酸化过程，尤其是对肝脏有较大的损害，可引起肝脏营养性失调，发生变性以至坏死。

3. 对生殖系

有机氯农药作用于生殖系统，一方面可引起畜禽性周期障碍，出现异常发情，另一方面可使胚胎生长发育受阻，造成妊娠母畜流产或胎产仔数降低，再者，有机氯农药还可通过胎盘进入胎儿体内，影响子代生长发育，也可通过母乳危害子代，降低幼龄畜禽成活率。

4. 致癌、致畸与致突变作用

关于此方面的毒性作用正在研究之中，目前看法不一。国际肿瘤研究中心发现用DDT饲喂的小鼠肿瘤发生率增高。大剂量六六六（大于 200mg/kg）可诱发小鼠肝瘤。但除小鼠外，其他试验动物较少发生肿瘤。

有机氯杀虫剂急性中毒症状明显，易于观察，具有明显的中枢神经症状，中毒动物初期表现为强烈兴奋，肌肉震颤，继之出现阵发性及强直性痉挛，最后常因呼吸衰竭而死亡。中毒死亡的动物主要表现为肝损害，出现肝肿大，肝细胞脂肪变性和坏死，并常有不同程度的贫血和中枢神经系统病变。慢性中毒病例症状往往不明显，起初生产性能下降，食欲差，持续性消瘦，随后发生运动失调、肌肉震颤、体温升高、呼吸急促等症状，生产中应注意观察，及时诊治。因有机氯杀虫剂能在人体及动物体内长期蓄积，故其蓄积毒性及长期毒性作用逐渐引起了人们的注意。

（三）饲料中的允许残留量

我国《饲料卫生标准》对饲料中六六六（BHC）、滴滴涕（DDT）允许残留量作了明确规定，具体见表 5 - 1。

表 5 - 1　我国饲料产品中六六六、DDT 残留量标准

使用范围	六六六（mg/kg）	DDT（mg/kg）
米糠	≤0.05	≤0.02
小麦麸	≤0.05	≤0.02
大豆饼粕	≤0.05	≤0.02
鱼粉	≤0.05	≤0.02
肉用仔鸡、生长鸡配合饲料	≤0.03	≤0.02
产蛋鸡配合饲料	≤0.03	≤0.02
生长肥育猪配合饲料	≤0.04	≤0.02

二、有机磷杀虫剂

有机磷农药是指分子结构中都含有 P 元素的一类高效广谱杀虫剂，是目前我国使用的主要农药之一。此类农药包括毒性剧烈的对硫磷、对吸磷、甲拌磷和高效、低毒、低残留的乐果、敌百虫、敌敌畏、倍硫磷及毒性极低的马拉硫磷等，其中，高毒性、高残留的有机磷农药已逐渐被禁止使用。农业部 2003 年发文停止了对新增甲胺磷、甲基对硫磷、对硫磷、久效磷、磷胺 5 种高毒有机磷（包括混剂）的批准登记；2007 年 1 月 1 日，甲胺磷等 5 种高毒有机磷农药在我国全面禁用。目前农业生产中应用的主要是高效、低毒、低残留品种，因其化学性质不稳定，在自然界极易分解，在动植物体内能迅速分解，残留时间短，对人畜危害程度低。

（一）残留

与有机氯杀虫剂相比，有机磷杀虫剂在农作物中的残留甚微，残留时间也较短。因品种不同，有机磷杀虫剂在农作物上的残留时间差异甚大，有的施药后数小时至 2~3d 可完全分解失效，如辛硫磷等；因内吸性农药对作物的穿透性强，易产生残留，可维持较长时间的药效，有的甚至能达 1~2 个月，如甲拌磷。在土壤和果树上的对硫磷经紫外线照射，能转化为毒性较大的对氧磷，且能存留 1 个月之久。

有机磷杀虫剂在作物不同部位的残留情况有所差异，如在根类或块茎类作物比在叶菜类或豆类的残留时间长。与有机氯杀虫剂相似，有机磷杀虫剂主要残留在谷粒和叶菜类的外皮部分。一般说来，除内吸性较强的有机磷杀虫剂外，饲料经过洗涤、加工等处理，其中残留的农药都不同程度上有所减少。叶菜类经过洗涤，块根块茎类经过削皮，都能减少残留的有机磷农药。

（二）毒性及中毒症状

有机磷杀虫剂被机体吸收后，经血液循环运输到全身各组织器官，有的能透过血脑屏障对中枢神经系统产生毒性作用，如杀虫畏等；有的能通过胎盘屏障影响胚胎和胎儿的生长发育，如对硫磷和甲基对硫磷等。其分布以肝脏最多，其次为肾、肺、骨等。它们在体内排泄缓慢，主要经肾脏随尿排出，少量随粪便排出体外。有机磷农药对畜禽的毒性作用有以下几个方面。

1. 对酶系统

有机磷农药对多种酶（如胆碱酯酶、三磷酸腺苷酶、胰蛋白酶等）有抑制作用。有机磷农药极易与体内的胆碱酯酶结合，形成不易水解的磷酰化胆碱酯酶，抑制胆碱酯酶活性。

2. 对神经系统

胆碱酯酶的生化功能是在乙酰胆碱完成神经传导功能后，将其水解为胆碱和乙酸，因有机磷农药可降低胆碱酯酶活性，降低了水解乙酰胆碱的能力，使乙酰胆碱在体内迅速大量蓄积，从而出现与胆碱能神经机能亢进相似的中毒症状，故通常将有机磷杀虫剂归属于神经毒素。临床表现为以下 3 类。

①毒蕈碱样症状，即瞳孔缩小、流涎、出汗、呼吸困难、肺水肿、呕吐、腹痛、腹泻、尿失禁等。

②烟碱样症状，即肌肉纤维颤动，痉挛，四肢僵硬等。

③乙酰胆碱在脑内积累而表现的中枢神经系统症状，即乏力、不安、先兴奋后抑制，重者发生昏迷。

3. 迟发性神经毒性作用

有些有机磷农药具有迟发性毒性作用，即急性中毒过程结束后 8~15d，又可出现神经中毒症状，表现为后肢软弱无力和共济失调，进一步发展为后肢麻痹，3 周左右最为严重。已知有迟发性神经毒性的有机磷农药有甲基对硫磷、甲拌磷、马拉硫磷、乙硫磷、双硫磷和三硫磷等。

4. 其他作用

有些有机磷杀虫剂如敌敌畏和马拉硫磷，对大鼠精子的发生有损害作用；敌百虫和甲基对硫磷可降低大鼠的受孕率，内吸磷和二嗪农等对试验动物有轻度致畸作用；研究表明，某些有机磷农药在哺乳动物体内使核酸烷基化，损伤 DNA，从而具有诱变作用。

（三）解毒和预防措施

1. 解毒

如解磷定（又称碘磷定）、氯磷定、双复磷、双解磷等胆碱酯酶复活剂能从磷酰化胆碱酯酶的活性中心夺取磷酰基团，从而解除有机磷对胆碱酯酶的抑制作用，恢复其活性。有机磷杀虫剂中毒时，除应用上述特效解毒剂外，还可应用生理解毒剂或生理颉颃剂，如阿托品，它是 M 型胆碱受体（毒蕈碱样受体）阻断剂，与乙酰胆碱竞争受体，从而阻断乙酰胆碱的作用，还有兴奋呼吸中枢的作用，可解除中毒症状。

2. 预防措施

包括以下几个方面。

①加强有机磷农药的保管和使用，控制污染源。

②加强对有机磷农药生产厂家的"三废"处理，减少对环境的污染。

③对已污染的饲料或农作物，严防畜禽采食，加强监测工作，待其降解后再行利用。

④研制对人畜无害的新型农药，限制生产和使用高效、高毒和高残留的有机磷农药。

三、氨基甲酸酯类杀虫剂

氨基甲酸酯类杀虫剂是人类针对有机氯和有机磷农药的缺点而开发出的新一类杀虫剂。使用量较大的有速灭威、西维因、涕灭威、克百威、叶蝉散和抗蚜威等。该类农药具有选择性强、高效、广谱、低毒、易分解和残毒少等特点，在农业、林业和牧业等方面得到广泛应用。

（一）残留

氨基甲酸酯类农药难溶于水，易溶于有机溶剂，在酸性条件下较稳定，遇碱易分解，暴露在空气和阳光下易分解，在土壤中的半衰期为数天至数周，可在土壤中存留 1 个月左右，在地下水、农作物及果品中也有残留，但属于存留期较短的一类农药。

（二）毒性

氨基甲酸酯类杀虫剂在体内易分解，排泄快。部分经水解、氧化或与葡萄糖醛酸结合而解毒，部分以还原或代谢物形式迅速经肾排出。代谢产物的毒性一般较母体化合物小。不同品种的氨基甲酸酯类杀虫剂的急性毒性差异较大，毒性低于有机磷农药，多属中等毒或低毒类。

氨基甲酸酯类杀虫剂的毒性作用与有机磷杀虫剂相似，但它与胆碱酯酶的结合物具有可逆性。氨基甲酸酯类化合物在立体构型上与乙酰胆碱相似，可与胆碱酯酶活性中心的负矩部位和酯解部位结合，形成复合物，进一步成为氨基甲酰化酶，使其失去水解乙酰胆碱的活性，造成乙酰胆碱在体内蓄积，出现类似胆碱能神经机能亢进的症状。但多数氨基甲酰化酶较磷酰化胆碱酯酶易水解，胆碱酯酶能较快（一般经数小时左右）恢复原有活性，因此这类农药属可逆性胆碱酯酶抑制剂。因其对胆碱酯酶的抑制速度及复能速度几乎接近，而复能速度较磷酰化胆碱酯酶快，故与有机磷杀虫剂中毒相比，其临床症状较轻，消失亦较快。

过去认为，氨基甲酸酯类杀虫剂的残留毒性问题较小，但近年来又有了新认识，着重在其"三致"作用。据报道，氨基甲酸酯类因含氨基，随饲料进入哺乳动物胃内，在酸性条件下易与饲料中亚硝酸盐类反应生成 N-亚硝基化合物，后者酷似亚硝胺，而后者致癌，也确实有报道西维因能引起大鼠及小鼠的恶性肿瘤。另据报道，氨基甲酸酯类的羟化代谢产物，可使染色体断裂，因而有诱变和致癌作用。但关于此类药物的"三致"作用仍需进一步研究。

（三）解毒

动物氨基甲酸酯类杀虫剂中毒时，可用硫酸阿托品解毒，但胆碱酯酶复活剂的解毒效果不佳。

四、拟除虫菊酯类杀虫剂

拟除虫菊酯类杀虫剂是根据天然除虫菊花中提取的杀虫组分经结构改造而发展起来的一类具有高杀虫活性化合物。天然除虫菊用作杀虫剂已有 150 多年的历史，这种菊科植物的花中含有的杀虫有效成分称为除虫菊素。天然除虫菊具有高效、低毒、不污染环境等特点，但在光照下较快氧化，不适在田间使用，仅限于防治室内害虫。为克服该缺点，人工合成了一系列类似除虫菊化学结构的合成除虫菊酯，称之为拟除虫菊酯类杀虫剂。拟除虫菊类杀虫剂除保持天然除虫菊素的优点外，在杀虫毒力和对日光的稳定性等方面均优于天然除虫菊，主要品种有氯氰菊酯、氰戊菊酯、溴氰菊酯和甲氰菊酯等，其中氯氰菊酯系列应用广泛。

（一）残留

拟除虫菊酯杀虫剂具有高效低毒、用量少等优点，虽然其残留期比天然品长，但仍属于低残留农药，在光和土壤微生物作用下易转化为极性化合物，不易造成污染。例如，天然除虫菊酯在土壤中的残留期不足 1 天，拟除虫菊酯在农业作物中的残留期为 7~30d。

（二）毒性

拟除虫菊酯类主要为中枢神经毒素，其毒性作用是通过对钠泵的干扰使神经膜动作电位的去极化期延长，周围神经出现重复动作电位，造成肌肉的持续收缩，增强脊髓中间神经元和周围神经的兴奋性，从而使动物表现过度兴奋、恶心、呕吐、腹痛、腹泻、四肢震颤，严重者全身抽搐、运动失调、外周血管破裂、血尿、血便，最后呼吸麻痹而死亡。

（三）解毒

因拟除虫菊酯类杀虫剂施药量小，故在饲用作物上产生的残留量低，一般不会对动物造成危害。

发生急性中毒，可用 2% 碳酸氢钠洗胃；对神经高度兴奋患畜，可静脉或肌肉注射苯巴比妥钠等镇静药，也可应用抗惊厥药。

第四节 农药污染的监测和控制

一、农药残留与农药残毒的概念

(一) 农药残留

农药残留是指农药使用后,其母体、衍生物、代谢物、降解物等在农作物、土壤、水体中的残留,其中卫生学意义最大的是农药在食品与饲料中的残留。农药在农作物、土壤、水体中残留的种类和数量与农药的化学性质有关。性质稳定的农药,如有机氯杀虫剂,含砷、汞的农药,在环境与农作物中难以降解,降解产物也比较稳定,称之为高残留性农药。性质较不稳定的农药,如有机磷和氨基甲酸酯类农药,大多在环境与农作物中易于降解,是低残留性或无残留性农药。例如,含砷、汞、铅、铜等农药在土壤中的半衰期为10~30年,有机氯农药2~4年,而有机磷农药只有数周至数月,氨基甲酸酯类农药仅1~4周。农药残留性越大,在食品、饲料中残留的量也越大,对人、畜的危害性也越大。

(二) 农药残毒

农药残毒是指在环境和食品、饲料中残留的农药对人和动物所引起的毒效应。包括农药本身以及它的衍生物、代谢产物、降解产物以及它在环境、食品、饲料中的其他反应产物的毒性。农药残毒,可表现为急性毒性、慢性毒性、诱变、致畸、致癌作用和对繁殖的影响等。环境中,特别是食品、饲料中如果存在农药残留,可长期随食品、饲料进入人、畜机体,危害人体健康和降低家畜生产性能。

二、控制饲料中农药残留的措施

为了控制饲料中农药残留和防止其危害,应采取以下措施。

(一) 加强对农药生产和经营的管理

按照《农药管理条例》《农药登记毒理学试验方法》《食品安全性毒理学评价程序》等规定,加强对农药生产和经营的管理。申请农药登记需提供农药样品的化学、毒理学、药效、残留、环境影响、标签等方面的资料。凡国内农药新产品,未取得农药登记和农药生产许可证的农药不得生产、销售和使用。外国厂商向我国销售农药必须进行登记,未经批准登记的产品不准进口。

(二) 科学合理使用农药

对症用药,根据病虫草害的发生特点,选择最有效的农药产品,且要掌握用药的关键期与有效的施药方法。

注意用药的浓度与用量,掌握正确的施药量。按照农药标签所规定的用量喷药,要求把药剂均匀的喷施于作物上,避免重喷和漏喷。

改进农药性能,如加入表面活性剂以改善药液的黏着性能。

合理混用农药。在使用农药时,必须合理的轮换交替用药,正确混配、混用,防止单一长期使用一种农药。

严格遵守农药使用安全间隔期的有关规定。施药时间距农作物收获期越近，残留量就越高，因此要提前在农作物生长前期用药，减少收获后农产品中农药的残留量。

（三）禁用高毒农药，推广使用高效、低毒、低残留的环保型农药

研究这类农药的方向是对害虫、微生物、杂草等防治对象有杀灭作用而不危害人畜健康，同时易于被降解，即使大量使用也不会严重污染环境和饲料。

（四）断绝农药污染饲料的途径

根据作物栽培、收获和贮藏过程，针对各种农药的特殊理化性质，研究预防污染的对策。如，在农药污染较严重的地区，一定时期内不得栽种易吸收农药的作物，可栽培抗病、抗虫作物新品种，减少农药的施用。

（五）制定饲料中农药含量标准并按标准进行检测

我国饲料卫生标准（GB 13078—2001）对制定部分饲料原料和成品饲料中六六六（BHC）、滴滴涕（DDT）允许残留量作了明确规定（见附录1）。在今后饲料卫生标准的不断完善和修订过程中，可能会对更多种类的农药残留作出限量规定。另外，要加大研发和推广农药残留快速检测技术的力度，达到检测结果准确、省时省力、廉价、微污染或无污染的目的。

（六）进行去污处理

对残留在作物、果蔬表面的农药可作去污处理，如通过暴晒、清洗等方法，可减少或去除农药残留污染。

（七）加强宣传教育力度

通过宣传教育、培训和发放有关资料，指导科学用药，营造全社会重视农产品质量安全的氛围，防止滥用、乱用农药，从而达到控制农产品农药残留的目的。

第六章　饲料添加剂的残留和控制

饲料添加剂是为了某种目的而以微小剂量添加到饲料中的物质的总称。饲料添加剂的使用在生产中具有多方面的作用，主要包括：①改善饲料营养价值，提高饲料利用率，促进动物生产；②防止饲料品质降低，改善饲料适口性；③防止畜禽疾病，增进动物健康；④满足饲料加工过程中某些工艺的特殊需要。因饲料添加剂使用剂量较小而作用效果显著，因此，近年来，逐渐成为配合饲料的核心，取得了长足的发展，对促进我国畜牧业的发展起到了巨大的推进作用。但是，因部分饲料添加剂具有毒副作用，假冒劣质产品较多，产品质量良莠不齐，再加上一些饲料企业和养殖企业为了效益，常超量使用营养性添加剂和盲目滥用非营养性添加剂，这样不仅难以起到饲料添加剂应有的作用，而且还会造成各种动物中毒事件及其在畜产品中的残留，从而对人、畜健康造成危害。因此，应充分了解各种饲料添加剂的性能和作用，以便科学地使用饲料添加剂。

第一节　饲料添加剂的残留及危害

一、维生素添加剂

维生素添加剂根据其溶解性分为水溶性和脂溶性维生素，前者一般对畜禽无害，后者尤其是维生素 A 和维生素 D 若过量使用，可使畜禽中毒。另外，有些维生素制剂品质不良，其中可能含有铅、砷等杂质，会造成机体铅、砷等金属元素中毒。

（一）维生素 A

1. 中毒机理

维生素 A 在肠壁与脂肪酸结合成酯，通过门静脉进入肝脏，因其排泄速率较慢，大剂量摄入维生素 A 后主要蓄积在肝脏，少量储存在体脂中，当体内的储存量超过限度时，就会对肝脏造成损害，引起畜禽中毒。维生素 A 中毒时，可使肝细胞坏死、肝纤维化和肝硬化，对肝脏造成不可恢复的损伤，并发生肝功能紊乱；可延长凝血时间，使机体易于出血；可使破骨细胞活性增强，导致骨质脱钙，骨脆性增加，长骨变粗及关节疼痛；还会影响皮肤和角蛋白的发育。

2. 临床症状

猪维生素 A 中毒表现为被毛粗乱，皮肤触觉敏感，腹部和腿部有出血瘀斑，粪尿带血，四肢运动障碍，周期性肌肉震颤，严重者可造成死亡。雏鸡维生素 A 中毒表现为食欲较差，采食量下降或废绝，体重减轻，持续性消瘦，精神沉郁，骨骼变形。家畜在妊娠期如果过量服用维生素 A，妊娠早期可引起胚胎死亡，妊娠后期可致胎儿发育异常。

3. 中毒剂量

维生素 A 在体内存留时间较长，不易从机体排泄，容易造成蓄积性中毒。对于非反刍动物（包括禽和鱼），若连续摄入大于代谢需要剂量的 4～10 倍以上，反刍动物为需要剂量的 30 倍以上时，会发生机体中毒。如果一次给予超过代谢需要的 50～500 倍剂量时，则会发生严重的中毒反应。

（二）维生素 D

1. 中毒机理

维生素 D 在畜禽肝脏中可转化为 25-羟胆钙化醇（25-OH-D$_3$），进入血液循环，在肾脏中转化为 1,25-二羟胆钙化醇 [1,25-(OH)$_2$-D$_3$]，是促进骨钙化和增加肠道钙吸收的活性物质。但过多的 1,25-二羟胆钙化醇可使机体钙代谢紊乱，引起严重的高钙血症和软组织的广泛性钙化。

2. 临床症状

长期超大剂量使用维生素 D，可促进骨盐溶解，使大量钙从骨组织转移出来，造成骨骼缺钙的同时引起高血钙，随着血液循环，大量钙盐沉积于一些软组织内，如大动脉管壁、心肌、肾小管、肺以及其他软组织，造成软组织广泛钙化，其中，肾损害尤为严重，可引起肾钙化及肾功能减退，并常形成肾结石。同时，由于大量钙从骨中转移出来，使骨骼因脱钙变脆，易于变形或骨折。另外，中毒动物还常出现食欲不振、便秘或腹泻、虚弱、采食量下降、饮水量增加、尿频、量大及呼吸困难等症状。

3. 中毒剂量

维生素 D 被机体吸收后排泄速度较慢，过量使用时可在体内蓄积而引起中毒。对于多数动物，连续饲喂超过机体需要量的 4～10 倍以上，达 60d 后可引起中毒；动物在短期饲喂情况下，当超过机体需要量的 100 倍剂量时可发生中毒。

二、微量元素添加剂

微量元素占动物体干物质的含量不及 0.01%，但却是一类重要的营养性添加剂。目前，我国畜禽生产中常用的微量元素添加剂有铁、铜、锌、锰、碘、钴和硒等，主要以硫酸盐或碳酸盐的形式添加于饲料中，尽管用量少，但其作用重要，可防止畜禽缺乏症，但若用量过大或混合不匀，则会引起畜禽中毒，轻则影响畜禽的生长发育和生产性能，重则造成动物死亡。

（一）铁

1. 中毒机理

急性铁中毒主要是高剂量的铁盐进入消化道后，强烈刺激胃肠道黏膜，表现为出血性胃肠炎，胃肠道上皮发生广泛性坏死。被肠道吸收的二价铁离子（Fe^{2+}）在血液中被氧化为三价铁离子（Fe^{3+}）后进行运输，当血液中三价铁离子的浓度超过与运输铁蛋白的结合能力时，多余的三价铁离子沉淀为氢氧化铁 [Fe(OH)$_3$]。由于氢氧化铁的大量沉积，释放出大量 H$^+$，使血液 pH 值降低，产生代谢性酸中毒。

慢性铁中毒时，进入消化道的高剂量铁盐与消化酶作用，使酶蛋白变性、沉淀，影响营养物质的消化。过多的铁离子及铁复合物（如铁蛋白），可沉淀在各种细胞器内或胞浆中，引起细胞内生化过程紊乱。慢性铁中毒还可导致线粒体膜的损伤及电子传导障碍。

2. 临床症状

急性铁中毒的临床症状主要是出血性胃肠炎、呕吐、腹痛和腹泻，胃肠道上皮细胞广泛性坏死，24 ~ 48h 内发生休克，血压下降，并伴有惊厥，可能在 30d 左右发生急性肝坏死或因肝昏迷而死亡。仔猪可发生瘫痪及剧烈腹泻；家禽表现为冠苍白，头藏翅下，口流清水，呈昏睡状，水泻，产蛋减少或停止。反刍动物对铁过量较为敏感，表现为剧烈腹泻，运动失调，严重者造成死亡。

慢性铁中毒主要临床症状为血清铁及铁蛋白含量增加，通常表现为食欲不振，心力衰竭。

3. 畜禽对铁的耐受量

多数畜禽对过量铁具有较高的耐受性，只有当添加量为畜禽饲养标准的 50 ~ 100 倍时才发生慢性或急性铁中毒。另外，在确定日粮中铁的最大安全量时，须注意铁的化学形式及其生理有效性，一般而言，有机铁的吸收率高于无机铁，此外，还应考虑日粮中与铁营养有关的其他因素的存在及影响程度。在无干扰情况下，畜禽对饲料中铁的最大耐受量分别为：牛 1 000mg/kg，猪 300mg/kg，鸡 1 000mg/kg，羊 500mg/kg，兔 500mg/kg。

（二）铜

1. 中毒机理

铜中毒分为急性和慢性中毒两种。急性铜中毒多因动物短期内摄入大剂量可溶性铜所致，如羔羊在含铜药物喷洒过的草地放牧，或饮水中含铜浓度较高等。因铜盐的凝固蛋白质和腐蚀作用，导致胃肠黏膜出现凝固性坏死，严重者表现为出血性坏死性胃肠炎。慢性铜中毒常由环境污染，或土壤中铜含量较高，或长期用含铜较高的猪粪、鸡粪施肥，使牧草和饲料中铜含量过高所致铜中毒表现为慢性的蓄积性中毒，当肝脏中的铜蓄积到临界水平时，大量铜转入血液，使红细胞溶解，发生血红蛋白尿和黄疸，并使组织坏死，甚至导致死亡。

2. 临床症状

急性铜中毒主要表现为严重的胃肠炎，表现为呕吐、腹泻、剧烈腹痛，食欲下降或废绝，脱水或休克，粪便稀并伴有黏液，呈深绿色。如果动物未死于胃肠炎，3d 后则可发生溶血和血红蛋白尿。

慢性铜中毒初期畜禽不表现明显的中毒症状；中期因血铜升高，肝脏受损，表现出食欲和采食量下降，精神不振，轻度腹泻；后期因血铜升高，出现溶血，畜禽表现乏力，震颤，厌食，消瘦，贫血，粪便发黑，呼吸困难，甚至死亡。

猪铜中毒时，食欲下降，消瘦，粪稀，有时呕吐，贫血。成年鸡铜中毒表现为生长缓慢和贫血。鹅急性铜中毒剖检可见腺胃、肌胃坏死，肺呈淡绿色。

3. 畜禽对铜的耐受量

铜的耐受量因动物和日粮种类不同而异，绵羊和犊牛对铜敏感，当摄入含铜 20 ~ 110mg/kg 的饲料时，可发生急性中毒死亡。但随着年龄的增大，动物对铜的耐受量提高。而猪、鸡对铜的耐受性较强。

生长动物对铜的最大耐受量分别为：绵羊 25mg/kg，牛 100mg/kg，猪 250mg/kg，鸡 300mg/kg，家兔 200mg/kg。

（三）锌

1. 中毒机理

高浓度锌可刺激和腐蚀胃肠黏膜，造成胃肠黏膜发炎和坏死。大量锌可抑制碱性磷酸酶等酶的活性；高锌可影响铁、铜和钴等元素的吸收，使血铁及体内储备铁减少，造成血红蛋白含量降低，出现贫血。高锌还会干扰钙和磷的吸收。

2. 临床症状

畜禽急性锌中毒时，表现为厌食、呕吐（单胃动物）、腹痛、腹泻和虚脱。高锌抑制反刍动物瘤胃微生物的繁殖，引起瘤胃消化功能紊乱，产奶量下降。慢性锌中毒多表现为食欲不振，顽固性贫血，胃肠炎症，关节肿胀，跛行，骨骼发育不良等症状。

猪锌中毒时，增重减缓，窝产仔数减少，仔猪断奶重降低，病猪患关节炎、跛行，并伴有不同程度的腋窝部出血；易发胃炎、肠炎，母猪还会发生软骨病。鸡锌中毒时，颈部和翅下羽毛脱落明显，严重的呈现秃脖子样；产蛋率下降。

3. 畜禽对锌的耐受量

高锌日粮适口性差，且消化道中吸收率降低，因而限制了锌的过量摄入，故锌对畜禽无毒或毒性较低，正常情况下，猪禽可耐受锌需要量的 20～30 倍，不易出现锌中毒；反刍动物可耐受 10 倍，更易中毒。另外，锌的毒性与日粮中锌铜的比例有较大关系，日粮锌铜比例适宜，锌的毒性较小。研究表明，当日粮中钙、铜、铁、镉等均能满足畜禽需要量的前提下，各种畜禽对锌的最大耐受量分别为：牛 500mg/kg，绵羊 300mg/kg，猪 1 000mg/kg，鸡 1 000mg/kg，马 500mg/kg，兔 500mg/kg。

（四）锰

1. 中毒机理

锰化合物具有局部刺激作用，可引起接触部位的炎症，如消化道、呼吸道炎症等。锰对大脑皮质有明显的选择性，主要侵犯脑基底节和小脑，幼龄畜禽较为敏感。锰对线粒体有特殊的亲和力，通过抑制酶活性而影响神经突触的传导性。锰对铁有干扰作用，过量的锰抑制体内铁代谢，降低血红蛋白的合成，红细胞的体积减少，产生缺铁性贫血。

2. 临床症状

畜禽锰中毒表现为食欲不振，对纤维的消化能力降低，生长减缓，抑制体内铁的代谢。重症病例可出现震颤、步态不稳、轻瘫等神经症状。日粮干物质中锰水平达到 0.05% 时，生长猪就会出现食欲降低，生长受阻。家禽锰过量主要表现为肉仔鸡的日增重下降，腿病发生率升高，雏禽生长缓慢，机体血红蛋白水平降低。

3. 畜禽对锰的耐受量

各种动物对锰的耐受力均较高，但若采食过量的锰，仍可引起中毒，其中，马对锰比较敏感，耐受力较弱。各种畜禽对日粮中锰的耐受量分别为：猪 400mg/kg，牛、羊、家禽均为 1 000mg/kg，马 5mg/kg。

（五）硒

1. 中毒机理

硒及其化合物对动物的毒性主要是硒可取代含硫氨基酸中的硫，从而抑制许多含硫氨基酸酶的活性，使机体氧化失调，干扰了细胞中间代谢；硒还可与体内游离氨基酸及含巯基蛋白质结合，使血液中硫化物减少，进而影响蛋白质合成；硒也可影响维生素 C、维生素 K 的代谢，造成血管系统损害。硒中毒可影响胚胎发育，造成先天性畸形。

2. 临床症状

畜禽硒中毒可分为急性和慢性中毒，急性硒中毒多是由突然摄入大剂量的硒而引起，如肌肉注射补硒、饮水补硒、饲料硒搅拌不匀等，临床上以神经症状为主，出现"蹒跚盲"综合征，其特征是失明、腹痛、流涎，最后因肌肉麻痹而死于呼吸困难。慢性硒中毒是因长期采食含硒量大于 5mg/kg 的日粮所致，表现出食欲不振、被毛粗糙、脱毛、跛行、心脏萎缩、肝硬化和贫血等症状。不同动物之间，硒中毒各有特征性表现，如猪常发生脚的炎症或脱毛、脱蹄，仔猪类似"蹒跚盲"地不停地兜圈；蛋鸡主要表现为繁殖机能变化，孵化率下降，甚至为零，胚胎水肿、畸形和死亡率高。

3. 畜禽对硒的耐受量

畜禽对硒的耐受量与硒源化学形式及饲料中其他矿物成分含量有关，一般情况下，各种畜禽对硒的耐受量为：牛 2mg/kg，绵羊 2mg/kg，猪 2mg/kg，鸡 2mg/kg，兔 2mg/kg，马 2mg/kg。

（六）钴

1. 中毒机理

过量钴盐对消化道黏膜具有刺激和腐蚀作用，导致消化道炎症；妨碍铁的吸收并造成贫血；过量钴能引起心力衰竭，使血管扩张，血压下降，同时使中枢神经系统由兴奋转化为抑制；钴可使机体内有钙、镁离子参加的催化反应发生竞争性抑制，导致肌肉收缩障碍，影响能量代谢；还可抑制与细胞呼吸有关的酶系，引起单胃畜禽产生红细胞增多症。

2. 临床症状

钴中毒较轻时，畜禽表现为食欲不振，体重下降，身体虚弱。钴中毒严重时，犊牛表现为食欲减退，饮水减少，流涎，呕吐，腹痛和腹泻；呼吸困难，共济失调，后肢麻痹，被毛粗乱；少尿、无尿或蛋白尿，体温降低，心力衰竭，贫血，红细胞增多等症状。

3. 畜禽对钴的耐受量

在生产实践中，因动物机体能限制钴的吸收，因此，动物较少发生钴中毒。畜禽对日粮钴的耐受量分别为：牛 30mg/kg，羊 30mg/kg，猪 200mg/kg，兔 10mg/kg。

（七）碘

1. 中毒机理

碘主要通过甲状腺激素对机体产生毒性作用，可抑制腺体内碘的有机化过程，导致甲状腺素合成受阻；也可抑制腺体分泌激素，导致血液中甲状腺激素水平降低，促甲状腺激素水平升高，引起甲状腺肿大。

2. 临床症状

多数畜禽碘中毒时表现出呼吸道分泌物增多，并伴有周期性干咳，随着接触剂量的增加和时间的延长，眼、皮肤、关节、造血系统和生殖系统亦受影响，出现流泪，结膜炎，生产性能下降，跛行，精神沉郁，严重者可造成死亡。不同动物表现略有不同，家禽表现为皮疹、咳嗽、鼻炎、结膜发红、产蛋量下降等；猪表现为生长、采食量、血红素浓度和肝含铁量都降低。

3. 畜禽对碘的耐受量

各种畜禽对饲料中碘的耐受量差异很大：牛 50mg/kg，绵羊 50mg/kg，猪 400mg/kg，鸡 300mg/kg，马 5mg/kg。

三、药物饲料添加剂

药物饲料添加剂是指为预防、治疗动物疾病而掺入的兽药预混物，包括抑菌促生长类、抗球虫药和驱虫剂类等。饲料中需要使用兽药时，只能添加饲料药物添加剂，不能添加原料药或其他剂型的兽药。

目前，使用药物添加剂存在的主要问题是：对动物的毒性作用、细菌的耐药性、在动物产品中的残留以及对环境的污染等。

（一）抗生素

抗生素是微生物（细菌、真菌、放线菌等）的发酵产物，对特异性微生物具有抑制或杀灭作用。饲用抗生素包括促生长类抗生素和用于加药饲料的抗生素，前者是指那些以亚治疗剂量应用于健康动物饲料中，以改善动物营养状况，促进动物生长，提高饲料效率的抗生素。后者主要用于治疗，即动物在疾病状态下使用的饲料，可以在有兽医处方的情况下加入某些抗生素。目前，世界上生产的抗生素已达 200 多种，作为饲料添加剂的有 60 多种。依其化学结构可分为四环素类、氨基糖苷类、大环内酯类、多肽类、含磷多糖类、聚醚类等。

1. 四环素类

四环素类抗生素是四环素、土霉素和金霉素等的总称，均由链霉菌发酵产生。为广谱抗菌素，对细菌、放射菌、衣原体、支原体、立克次氏体、螺旋体和某些原虫均有抑制作用，对畜禽呼吸系统疾病和家畜的细菌性腹泻有效，连续低浓度投药有好的促生长效果，且还能促进产蛋和增加泌乳量。因此，被广泛用做畜禽药物添加剂。

（1）中毒机理　四环素类抗生素中毒，主要损害胃肠道，即刺激胃肠道，破坏肠道原有的菌群平衡，引起消化功能紊乱；吸收后由血液运输至肝脏，可造成肝功能异常；另外，四环素类抗生素对某些动物可破坏机体凝血因子，发生血凝障碍；有时也可导致过敏反应，表现为药物热和皮疹，偶尔出现过敏性休克。

（2）中毒症状　四环素类抗生素对动物的毒性作用较小，若饲料中用量过大或长时间大剂量使用，常会引起马、牛、羊、家禽等出现蓄积性中毒。其中，牛、羊对土霉素敏感，猪、马对四环素较敏感。畜禽四环素类抗生素中毒时，临床上表现为食欲减退、膨胀、下痢以及 VE 缺乏症等症状，严重时发生死亡。牛、羊中毒时，多表现为精神沉郁、食欲减退或废绝、鼻镜干燥、反刍停止、腹泻或便秘，母羊产后可发生截瘫；猪中毒时，主要表现呕吐、腹泻、结膜黄染，急性中毒时，心跳加快，出现气喘、过敏性休克，有的出现狂躁不安、肌肉震颤、全身痉挛、卧地不起、昏迷等。

2. 氨基糖苷类

氨基糖苷类抗生素是放线菌的某些菌株产生的一类碱性物质，其化学结构中都含有氨基糖分子和非糖的糖苷配基 2 部分。此类抗生素非常稳定，在消化道内不易被吸收，作为饲料添加剂不残留。用做饲料添加剂的氨基糖苷类抗生素主要有：链霉素、新霉素、卡那霉素、潮霉素 A 和潮霉素 B 等。

（1）中毒机理　氨基糖苷类抗生素，在机体内可与钙络合降低体液中钙浓度，减少神经末梢释放乙酰胆碱的量，同时竞争性阻碍神经末梢突触后膜上的烟碱性胆碱受体，降低受体对乙酰胆碱的敏感性。还可与机体内血清蛋白结合，使机体产生过敏反应而出现发热、皮疹及嗜酸性白细胞增多症等。

（2）中毒症状　氨基糖苷类抗生素一般不引起动物中毒，但若用药不当，特别是质量不纯或动物患肾脏疾病时，易发生中毒。家禽对链霉素较为敏感，剂量超出常用量的 3～5 倍即可中毒。猫用卡那霉素 25 万单位肌肉注射后，3min 内即可出现过敏反应。

氨基糖苷类抗生素急性毒性反应可使动物呈现瘫痪、全身无力和衰竭、呕吐或作呕、呼吸困难、运动失调、痉挛，最后呼吸抑制等症状。慢性中毒反应主要是因药物对前庭、耳蜗和第八对脑神经的毒害，引起这些部位组织细胞的病变和功能障碍，出现眩晕、异常姿势、步态蹒跚、听觉丧失等症状。部分动物对链霉素产生过敏反应时，表现为皮疹、皮肤瘙痒、呼吸困难、狂躁不安、肌肉震颤和过敏性休克。

3. 大环内酯类

大环内酯类抗生素是利用放线菌或小单胞菌产生的具有大内酯环的弱碱性抗生素，此类抗生素（泰乐菌素、北里霉素、红霉素和螺旋霉素等）主要从肠道吸收，能产生交叉耐药性。

大环内酯类抗生素毒性较低，较少引起畜禽中毒，因添加剂量过大引起中毒时，主要对消化系统和肝脏造成损害，使胃肠机能障碍，肝胆功能下降。畜禽表现为食欲不振，采食量下降，恶心，呕吐，腹泻，下痢，腹痛等症状。

4. 多肽类

此类抗生素吸收差、排泄快、无残留、毒性小，不产生抗药性，不与人用抗生素发生交叉耐药性。主要包括：杆菌肽锌、黏杆菌素、维吉尼亚霉素、硫肽霉素、持久霉素、恩拉霉素和阿伏霉素等。

此类抗生素一般不引起畜禽中毒症，经试验验证，杆菌肽锌对大鼠口服，中毒的 LD_{50} 为 10 000mg/kg；超大剂量使用可损害畜禽消化机能，表现出恶心、作呕、拉稀等症状。

5. 含磷多糖类

含磷多糖类抗生素对革兰氏阳性菌的耐药菌株特别有效，细菌对其不易产生耐药性。此类抗生素分子量大，口服不被消化道吸收，排泄快，体内无残留。常用的有黄霉素和大碳霉素。

此类抗生素毒性甚微，大碳霉素对小白鼠急性中毒的 LD_{50} 3 000mg/kg，斑伯霉素对小

白鼠急性中毒 LD_{50} 大于 10 000mg/kg，从抗生素发展的趋势来看，此类添加剂将会愈来愈受到重视。

6. 聚醚类

聚醚类抗生素含有众多的环状醚键，对革兰氏阳性菌有较高的抗菌活性，对某些真菌也有抗菌作用，抗菌谱广，既是很好的促生长剂，又是有效的抗球虫剂。此类抗生素在动物消化道内几乎不被吸收，无残留。常用的有莫能菌素、盐霉素、拉沙里霉素和马杜霉素等。

此类添加剂毒性低，一般不引起畜禽中毒，但若搅拌不匀或超大剂量使用时，也可引起中毒。莫能菌素的毒性作用存在着种间差异，马属动物敏感。畜禽中毒时表现为心力衰竭，胸部水肿，颈静脉怒张，腹水，拉稀，呼吸困难，心动过速。

（二）化学合成抗菌剂

化学合成抗菌剂包括磺胺类、硝基呋喃类和咪唑类等。过去使用较多，但随着研究的深入，发现此类药副作用较大，长期添加于饲料中，对畜禽机体损伤较大，故化学合成抗菌剂作为饲料添加剂已逐渐被淘汰。

1. 磺胺类药物

磺胺类药物，广谱抗菌，其共同具有的基团是氨苯磺胺，其种类已超过 10 000 种。常用的有氨苯磺胺、磺胺噻唑、磺胺甲基嘧啶、磺胺二甲嘧啶、磺胺嘧啶、磺胺甲氧嗪等。这类药物能抑制多数革兰氏阳性菌和一些阴性菌，对沙门氏杆菌、肠杆菌、链球菌、肺炎球菌、化脓棒状杆菌等敏感；可抑制葡萄球菌、产气荚膜杆菌、绿脓杆菌、炭疽杆菌、肺炎球菌及少数真菌等，有一定的促生长作用，因有一定的副作用（对肾脏有损伤）和普遍的耐药性，目前主要用于短期预防和治疗某些细菌性疾病和驱虫，在临床上可预防和治疗多种细菌感染性疾病、禽类和兔的球虫病等。

（1）中毒机理　进入消化道的磺胺类药物抑制消化道正常菌群的繁殖，减少肠液分泌，影响动物的消化功能，还可抑制瘤胃内纤维素的分解。另外，此类药物的代谢产物可损伤肾脏、使肾小管上皮细胞直接受损或在肾小管、肾盂、输尿管等处形成磺胺结晶性沉淀及结石，引起泌尿道阻塞，进而导致肾小管上皮细胞变性、坏死。应用治疗剂量或亚治疗剂量的磺胺类药物可干扰碘代谢，引起动物甲状腺肿大、甲状腺功能减退和动物生长受阻。

（2）中毒症状　饲料中超大剂量添加磺胺类药物可引起畜禽急性中毒，表现为神经症状、共济失调、乏力、痉挛性麻痹、惊厥，严重者迅速死亡。另外，不同畜禽对磺胺类药物敏感性及中毒症状不同，以家禽最为敏感，4 周龄内的雏鸡尤为敏感，即使选用毒性较低的磺胺类药物，也可发生中毒，表现为厌食、腹泻、惊厥、头向后仰、快速死亡；成年鸡表现为精神萎顿、全身衰弱、食欲减退或拒食，羽毛蓬松，呼吸急促，冠髯青紫，贫血，翅下有皮疹，粪便呈酱油色；猪内服过量可出现食欲不振、呕吐、腹泻、结膜黄染、呼吸频数增多或气喘等症状，有时狂躁不安，肌肉震颤，全身痉挛，卧地不起，昏迷而死。牛羊表现为食欲减退或废绝、瘤胃停止蠕动、臌气、鼻镜干燥、腹泻或便秘、精神沉郁等症状。

2. 喹诺酮类药物

喹诺酮类药物的基本机构为6-氟-7-呱嗪-4-喹诺酮，该类药物主要有诺氟沙星（氟哌酸）、环丙沙星、培氟沙星、恩诺沙星、单诺沙星和沙拉沙星等，其中，后三者为畜禽专用抗菌药物，用于防治畜禽革兰氏阳性、阴性菌的感染及某些支原体、衣原体、立克次氏体等感染。

喹诺酮类抗菌药物可杀灭消化道中革兰氏阳性菌，导致微生态菌群发生改变，引起动物恶心、呕吐、腹泻和腹痛等消化道炎症；能在酸性尿液中易发生结晶，从而损伤肾脏，大剂量使用还会损伤肝脏；该类药物还具有生殖毒性，每千克体重50mg的培氟沙星可增高犬和鼠精子畸变率，降低繁殖率；对于幼年和快速生长期的犬和马，该药物作用于动物软骨组织，可导致关节炎、疼痛、跛行等症状。每千克体重的恩诺沙星可使犬出现癫痫症状，每千克体重的恩氟沙星可使猫出现中枢神经系统机能障碍。此外，动物还可能出现过敏和皮肤光敏反应。

3. 喹噁啉类药物

喹噁啉类药物是人工合成的具有喹噁啉-1，4-二氮氧结构的动物专用药。对多数革兰氏阳性菌和阴性菌均具有较强的抑制作用。多数均产生于20世纪60～70年代，在80～90年代先后有多个品种被广泛用于猪、鸡饲料，用以改善动物的生长和提高饲料利用率。我国允许使用的该类药物主要有喹乙醇、喹烯酮和痢菌净等。随着该类药物用量的增加，畜禽中毒事故时有发生。

有关家禽喹乙醇中毒死亡的报道较多，一般认为，造成家禽中毒的原因主要有3方面：其一是饲养厂家认为剂量越大促生长效果越好，因而过量使用引起中毒；其二是按正常每千克饲料剂量添加，但由于搅拌不匀，部分家禽采食喹乙醇过多引起中毒；其三是饲料厂家已按正常剂量添加，但用户不知，重复添加，剂量过大引起中毒。喹乙醇对家禽的正常用量为每千克饲料20～30mg，连用3d后，需停药1周后再按剂量使用。对于家禽，如果一次服用超过正常用量的2～3倍以上，或者每日服用50mg/kg，连用6d，都可引起中毒。因家禽和水产动物对喹乙醇尤为敏感，我国已禁止在家禽和水产动物中使用喹乙醇。

喹噁啉类药物主要毒性作用是光敏性皮炎，肾上腺和醛固醇系统损伤，部分种类有致突变作用和致癌嫌疑。喹乙醇在动物体内具有较强的蓄积性，可使肾脏损伤，肾上腺皮质功能减退，肾功能紊乱和电解质代谢失衡，从而导致血中醛固醇含量下降，出现高血钠和低血钾现象，最终使动物生长受阻。雏禽中毒表现为食欲下降或废绝，精神沉郁，羽毛松乱，卧地不起，闭目打盹，行走困难，拉稀，冠呈黑色，成鸡生长性能下降或停产，最终痉挛死亡。

（三）抗寄生虫药物添加剂

在集约化饲养中，畜禽的寄生虫病危害较大，一旦发病，可造成动物生长发育缓慢或停滞，严重者甚至导致动物大量死亡，对幼畜、禽健康影响极大，严重影响畜牧业生产，故需预防寄生虫病。在大群体、高密度的饲养管理条件下，将抗寄生虫药加入饲料中是预防和控制寄生虫病方便而有效的方法。添加于饲料中的抗寄生虫药物主要有2类：抗球虫药和驱螨虫药。

1. 抗球虫类药物添加剂

畜禽球虫病是由孢子虫纲、球虫目、艾美耳科中多种球虫引起的一种原虫病。各种畜禽均可感染，雏鸡对球虫最易感染，其次是幼兔。生产上，球虫对雏鸡、幼兔的危害最重，可引起营养不良、贫血、血痢、消瘦，爆发时可造成大批死亡。慢性球虫病动物生长发育受阻，生产性能降低。因此畜禽感染球虫病可造成重要的经济损失。控制鸡球虫病可采用药物和免疫2种方法，以饲料中添加药物控制鸡球虫病在生产中应用广泛，且效果良好。

（1）氯苯胍　又名罗苯嘧啶，为广谱高效抗球虫药，对急性或慢性鸡球虫病均有良好效果。本品毒性较小，对鸡的 LD_{50} 为每千克体重450mg。饲料中添加600 mg/kg可使部分鸡出现轻微的中毒症状，出现白细胞和 β-球蛋白增加、生长迟缓等症。其缺陷是影响肉蛋质量，饲料中添加66mg/kg，屠宰的新鲜肉质中含有异味，即使添加剂量降至33mg/kg饲喂蛋鸡，蛋黄中也有异味。

（2）氯羟吡啶　又名氯吡醇、氯甲羟吡啶、氯吡多、克球多等。该药具有广谱抗球虫作用，对柔嫩艾美耳球虫病作用最强，对兔、羊球虫亦有较好的防治效果。本品毒性较小，安全范围广，雏鸡口服的 LD_{50} 为720mg/kg，但用量过大可引起中毒。临床表现为采食量下降，饮水增加，精神萎顿，两翅下垂，严重中毒者流涎，痉挛，运动失调，甚至死亡。剖检可见肝脏肿大，质地变脆，有出血斑和坏死病灶，肾脏有出血点，淋巴结肿大。本品具致突变作用，有些国家已禁止使用。动物上市前5d必须停药，产蛋鸡及肉用火鸡禁止使用。

（3）氨丙啉　在鸡、兔、犊牛、羔羊饲料中均有应用，但抗鸡球虫范围不广，仅对柔嫩和堆型艾美尔球虫作用效果好。该产品毒性小，安全范围大，残留少、无须停药期，雏鸡口服的 LD_{50} 为5 700mg/kg，饲料添加250mg/kg连用23周未出现中毒症状。因其与 VB_1 结构类似，长期大剂量使用，可出现维生素 B_1 缺乏症，表现为神经炎和脑皮质坏死。

（4）二硝甲苯酰胺　二硝甲苯酰胺又名球痢灵，对鸡毒害、柔嫩、波氏和巨型艾美耳球虫均有良好的防治效果，特别是对毒害艾美耳球虫效果最好。本品毒性较小，一般较安全，雏鸡内服的 LD_{50} 为每千克体重275mg，但若超剂量使用，可引起雏鸡中毒。据报道，雏鸡饲料中添加超过300mg/kg有中毒反应，出现神经症状，剖检可见中枢神经系统受损，大脑背侧面的蛛网膜、脑软膜上有水泡样水肿，心包液增多。

2. 驱蠕虫类药物添加剂

蠕虫是多细胞寄生虫，主要可分为线虫、吸虫、绦虫等。蠕虫病是畜禽普遍感染且危害极大的一类寄生虫病。驱蠕虫一般需多次投药，第一次只能杀灭成虫或驱成虫，其后才能杀灭或驱卵中孵出的幼虫。以饲料添加剂的形式用药，为连续用药，有较好的驱虫效果。根据主要作用的蠕虫种类，驱蠕虫药可分为驱线虫药、抗吸虫药和驱绦虫药，目前，饲料中常用的主要是驱消化道线虫的药物。

（1）盐酸左旋咪唑　疗效高，毒性低，驱虫范围与四咪唑相似，而疗效高1倍，安全范围大1倍。对反刍动物的主要寄生虫驱虫效果较佳，如皱胃内的血矛线虫、奥斯特线虫，小肠内的古柏线虫、毛圆线虫、仰口线虫，大肠内的食道口线虫和鞭虫等均有较好的防治效果。对猪蛔虫、肠内多种线虫驱虫率达90%～100%。对鸡蛔虫、异刺线虫、毛细线虫驱虫率达95%以上。

盐酸左咪唑安全范围大，常常超剂量使用，引起畜禽中毒。反刍家畜牛、羊中毒时表现为，口吐白沫，排粪次数增加，拉稀，采食量下降或拒食，兴奋或抑制，肌肉震颤，四肢抽搐，流泪，出汗，有时发出鸣叫声，排尿次数增多，有时尿失禁。猪中毒时表现为，采食量下降或拒食，流涎，吐白沫，呕吐，便秘或拉稀，轻度中毒兴奋不安，肌肉震颤，严重中毒卧地不起，全身肌肉抽搐，呼吸困难，甚至死亡。鸡中毒时，拉稀，生产性能下降，严重中毒时拒食，震颤，呆滞，站立不稳，少数鸡只后蹲或侧卧，颈部弯曲，爪卷缩，泄殖腔流出大量黏液。

（2）吩噻嗪　吩噻嗪化学名称为硫化二苯胺，其作用是通过阻止虫体糖原的分解和破坏虫体组织细胞的酶活来实现，曾广泛用于驱肠道寄生虫，随着新型广谱驱虫药问世，目前主要用于牛、羊等反刍动物。马、猪、犬和猫等动物较敏感，易引起中毒，多因一次用量过大引起。除马外其他畜禽对该药有良好的耐受性，马一次用量30g可发生中毒，表现为精神沉郁，四肢无力，步态蹒跚，厌食，便秘，呼吸困难，黄疸，贫血，发生血红蛋白尿，严重者造成死亡。另外，该药还可引起牛、羊、禽等动物的光过敏反应，临床症状为光敏性角膜炎，皮肤发红，背部水肿，血液恶病质，内分泌器官变化和机能异常，因此临床上要与铜中毒及其他原因引起的光过敏反应相区别。

第二节　饲料添加剂的合理使用

饲料添加剂的用量小，作用广，目前，市场上销售的饲料添加剂种类繁多，正确选择和合理使用饲料添加剂，不仅可以促进动物的生长、提高饲料利用率和降低生产成本，而且还可以预防疾病和减少饲料在贮存过程中营养物质的损失，使养殖户获得最大的利益。但若饲料添加剂质量欠佳，或使用不当，不仅不能达到预期的饲养效果，反而会造成畜禽中毒，轻则生产性能下降，重则造成大批死亡。因此，一定要科学合理使用饲料添加剂。

一、饲料添加剂的使用误区

（一）饲料添加剂的价格越贵越好

一般讲，价格贵的饲料添加剂的质量和效果较好，但也有些个别产品价格较高，但其有效成分和质量并不一定高，因此，选购饲料添加剂关键在于其饲喂效果是否明显，而非价格。

（二）添加量越多越好

饲料添加剂添加不足会影响畜禽生长发育和生产性能，但并非添加量越多越好。添加量过多，过剩的添加剂会随粪、尿排泄出体外，造成不必要的浪费，还会在畜禽机体内沉积，轻则影响畜禽的生产性能（如胴体品质、产蛋率等），严重的还可造成畜禽中毒或死亡。即使有些添加剂过量使用如高铜或高锌对畜禽的生长有一定的促进作用，但过量使用也会造成该元素在畜禽肝脏中大量沉积；还会造成环境污染，进而影响人类健康。因此，饲料添加剂的用量一定要适当，不可任意增加。

（三）整个饲养期只使用一种饲料添加剂

生产厂家一般按照畜禽生长的不同时期、生理阶段的营养标准，生产不同类型的饲料添加剂，如蛋鸡用添加剂可分为育雏期、育成期和产蛋期等。因此，在使用添加剂时，须根据畜禽生长的时期、生理需要及生产目的选择相应的添加剂，不能单一使用某一种添加剂，否则不能达到预期的效果。

（四）盲目地将多种添加剂混合使用

盲目地将多种添加剂混合使用，例如，有的添加了多种复合维生素，却又加入单一的维生素 A 和维生素 D 等，这样不但使得一些营养素重复添加，造成严重超标和过量，且因一些营养素间的颉颃作用，如铁可迅速破坏维生素 D 和维生素 K。因此，在使用添加剂时要合理搭配，不可滥用。

二、科学利用饲料添加剂的措施

（一）合理选择、科学使用

饲料添加剂的种类繁多，选择时，应做到以下"六严"原则。

①严格使用种类，以饲料配方中各营养成分的比例、使用添加剂目的、饲养管理条件、畜禽健康状况为依据，确定添加剂的种类。

②严格使用剂量，添加少则达不到预期效果，多则不仅造成浪费，且易产生毒副作用。

③严格使用范围，禽添加剂都有其相应的使用范围和特定的使用对象，尤其是药物添加剂，要有针对性地选择使用，不可滥用。

④严格使用时间，许多药物添加剂在畜禽体内有残留，使用时要给出一定时间的休药期，减少残留，使产品符合卫生标准。

⑤严格其间的配伍，不能随意混合使用，当同时选择多种饲料添加剂时，应考虑其间的颉颃和协同关系，注意配伍禁忌，以保证使用效果。

⑥严格混合均匀，配合饲料中掺入添加剂时，因添加剂所占比例较小，一定要搅拌均匀，可先将添加剂混于少量饲料中，采取逐级扩大的方法，多次搅拌，使其充分混合均匀，避免因混合不匀误食过量而引起中毒。

（二）遵守饲料添加剂使用的有关法规

我国饲料添加剂主管部门已颁布一系列法规性文件，规范了饲料添加剂种类、产品质量标准和使用技术，旨在使添加剂在畜禽生产中发挥更大的作用，使用者均应自觉遵守有关规定，合理选择和使用饲料添加剂。

严禁使用违禁药物。在农业部第 176 号公告中，公布了《禁止在饲料和动物饮水中使用的药物品种目录》，第 193 号公告公布了《食品动物禁用兽药及其他化合物清单》，见附录 2、附录 3。

（三）有比较地选择饲料添加剂品种

当前饲料添加剂生产厂家较多，品牌繁杂，在选择饲料添加剂时，要认准注册商标、产品生产厂家、有效日期及使用方法，按照使用说明书进行精确计算后添加，过期失效商品不可使用；另外，在使用时不但要比价格，更要比效果。要选择有一定知名度的生产厂家，不要选择杂牌厂家，更不能贪图小便宜，选择质量差价格低的品种。

第七章　饲料脂肪酸败与控制

天然油脂往往由多种物质组成，但其中主要成分是由 1 分子甘油和 3 分子脂肪酸化合成的甘油三酯。在室温下，呈液态的脂肪叫做油（oil），呈固态的叫做脂（fat）。甘油三酯的性质主要是由脂肪酸决定。在天然油脂中，脂肪酸的种类达近百种。

脂类是含能最高的一大类营养物质，其总能和有效能高于一般的能量饲料。在畜禽饲粮中使用油脂主要具有以下作用。

①是动物体内最重要的能源物质。

②提供动物所需的必需脂肪酸。

③作为脂溶性营养素的溶剂，促进脂溶性营养素的吸收。

④改善饲料适口性和外观，提高动物的采食量，改善饲料转化率。

⑤在饲料加工过程中可减少粉尘和饲料浪费、减轻机械磨损、防止饲料组分分级、提高颗粒饲料质量。

20 世纪 50 年代，美国最先在饲料中使用油脂。随着动物营养研究的不断深入和饲料工业的发展，日粮中添加油脂日益受到推崇。但是，油脂长期贮存于不适宜的条件下，往往会发生化学变化，使其酸值、过氧化物值及熔点增高，并且油脂的感观性能发生不良影响，这种变化，即称为油脂酸败。油脂氧化和水解的产物达 200 余种，它们影响动物的免疫机能，显著降低饲料适口性，降低饲料营养价值和动物生产性能；动物的实质器官可能发生改变，影响畜产品质量，甚至危害人体健康。本章主要介绍饲料油脂酸败的原因、危害及控制措施。

第一节　饲料脂肪酸败的原因

引起饲料脂肪酸败的原因较多，如来源、加工工艺、贮存条件等 1 种或多种条件共同作用，均有可能导致饲料脂肪酸败，又称为饲料脂肪氧化发哈或饲料哈变。

一、温度

油脂经长时间高温加热后，发生热聚合和热缩反应，颜色加深，黏度增加，产生有害的聚合物。另外，热分解和热氧化反应也会产生醛和酮等有害物质。

温度对饲料脂肪酸败的影响具有双重性。

在贮藏条件下，随着温度的升高，脂质自动氧化速度加快。试验表明，21 ~ 63℃，每升高 16℃，纯油脂氧化速度提高 2 倍。在生产实践中，饲料的酸败主要发生在高温高湿季节。此外，温度可以影响饲料中的脂氧合酶和氧化酶的活性，导致油脂氧化酸败。一般脂氧合酶和氧化酶作用的最适温度为 25～30℃，贮藏条件下，温度的升高会提高酶的活性，促进脂质的氧化酸败。温度对水解酸败的影响，也是通过对脂肪水解酶活性以及霉菌生长繁殖作用产生。

加工条件下，高温短时处理（如膨化），能使脂肪水解酶、脂氧合酶和氧化酶失活，从而可减弱油脂的水解和氧化酸败。高温条件下，脂肪也可能发生部分非酶水解，比如饲料制粒前的调质过程，但程度非常微弱。

二、水分

配合饲料中水分含量高时，能促使油脂水解酸败。何健等（2001）通过研究证实，随着饲料水分含量增加以及贮藏温度升高和贮藏时间的延长，饲料脂质水解酸败呈线性增强。因此，当饲料存放时间过长或贮存不当时极易导致油脂酸败。

三、油脂含量及其脂肪酸的种类数量

饲料中油脂含量高或添加油脂量较大，饲料极易氧化变质。试验表明，饲料中添加 0.5％豆油，饲料产生哈味的时间（5d）与未添加者（12d）相比，差异极显著。

另外，油脂本身的脂肪酸组成也是影响氧化酸败的主要因素。油脂的氧化速率与脂肪酸的不饱和程度、双键位置、顺反结构有关。油脂中的不饱和脂肪酸越多，氧化速度越快。室温下，饱和脂肪酸的链较难引发反应，当不饱和脂肪酸已经开始酸败时，饱和脂肪酸仍可保持原状。饱和脂肪酸与不饱和脂肪酸发生氧化酸败的机制不同。饱和脂肪酸必须在酶的作用或霉菌的繁殖以及氢过氧化物存在的条件下才能发生酮型酸败（β-型氧化酸败）。不饱和脂肪酸主要进行自动氧化，氧化速度较快。不饱和脂肪酸的氧化速率，除与本身的不饱和程度有关外，还与碳链双键所在的位置有关。具有 1，4 二烯结构的不饱和脂肪酸的氧化率较大。花生四烯酸、亚麻酸、亚油酸以及油酸氧化的相对速率之比约为 40∶20∶10∶1。所以亚麻籽油、大豆油、红花籽油、菜籽油等相对容易被氧化，而棕榈油、椰子油、动物油脂相对稳定。在生产中，可以通过油脂的氢化调整来提高油脂的饱和度，从而达到预防油脂酸败的目的。

四、微量元素添加剂

金属元素是脂质氧化酸败反应的催化剂。试验表明，在油脂中有金属元素催化的自由基反应速度是无金属元素催化 4×10^{36} 倍。具有催化能力的主要是一些活泼的金属离子，如 Cu、Mn、Zn、Fe、Co 等，所以在饲料中使用高水平的微量元素添加剂会促进饲料油脂的氧化酸败。各种金属元素的催化能力大小次序为：$Cu^{2+} > Fe^{2+} > Zn^{2+}$。其作用机理是将氧活化成激发态，促进脂肪的自动氧化过程。例如饲料中铜的浓度达到 0.05mg/kg 时，就能使油脂的保质期缩短 1/2。

五、空气中的氧和过氧化物

氧是脂肪酸败的反应底物之一，有重要影响。空气中的氧气和过氧化物含量越大，酮型酸败和氧化酸败越快。饲料中的籽实被粉碎后，失去了种皮的保护，比完整的籽粒更易氧化。另外，氧化速度还与油脂的比表面积有关，比表面积越大，接触时间越长，油脂越容易发生氧化。油脂被添加到配合饲料中后，表面积增加，增大了与空气的接触面，也会加速氧化过程。

六、光照与射线

光（可见光、不可见光和射线）是强烈的油脂氧化促进剂，它可激发自由基反应，加速油脂的光氧化反应，其中，以紫外光的作用最强烈。且光会促进游离基的产生，加快氧化速度。生产中可以采用有色包装和避光装置来隔绝光照和射线的影响。

第二节　饲料脂肪酸败的机理

饲料在存放过程中经常受到光、热、空气中的氧、油脂中的水分和酶的作用，发生各种复杂的变化，产生了哈喇味，其实质是脂肪和脂肪酸及其他脂溶性物质的氧化酸败。饲料脂肪的酸败按照类型可以分为水解酸败和氧化酸败。

一、水解酸败

油脂在有水存在下，在加热、酸、碱及微生物和酶的作用下，可发生水解反应生成游离脂肪酸。脂肪水解反应式如下：

$$\begin{matrix} CH_2OCOR \\ | \\ CHOCOR \\ | \\ CH_2OCOR \end{matrix} + 3H_2O \rightleftharpoons \begin{matrix} CH_2OH \\ | \\ CHOH \\ | \\ CH_2OH \end{matrix} + 3RCOOH$$

饲料原料中一般都含有脂肪酶，脂肪酶会导致饲料中的油脂分子发生水解生成游离脂肪酸。储藏条件下，脂肪水解酶是造成饲料脂质水解酸败的主要原因。水解酸败一般危害较小，但若水解产生的游离脂肪酸过多，会加速其他脂肪的水解。饲料加工过程中的加热（膨化、制粒等）可使脂肪酶失去活性，从而减慢水解酸败的速度。

二、氧化酸败

油脂氧化是油脂及含油饲料酸败的主要原因，它是指油脂被空气中的氧所氧化，生成过氧化物后分解成低级的醛、酮、酸，从而使油脂品质劣变的过程。油脂的氧化酸败主要有3种途径：自动氧化、光氧化和酶促氧化。通过氧化先将油脂氧化成氢过氧化物，后者继续氧化生成二级氧化产物，可能聚合形成多聚物，可以脱水形成酮基酸酯，二级氧化产物也可分解生成一系列小分子化合物。

（一）自动氧化

油脂自动氧化（autoxidation）是活化的含烯底物（如不饱和油脂）与基态氧发生的

游离基反应，包括链引发、传递和终止 3 个阶段。在链引发阶段，不饱和脂肪酸及其甘油酯（RH）在金属催化或光、热作用下，易使与双键相邻的 α-亚甲基脱氢，引发烷基游离基（R·）（因为 α-亚甲基氢受到双键的活化易脱去）；在链传递阶段，R·与空气中的氧结合形成过氧游离基（ROO·），ROO·又夺取另一分子 RH 中的 α-亚甲基氢，生成氢过氧化物（ROOH），同时产生新的 R·，如此循环下去。链终止阶段，游离基之间反应形成非游离基化合物。

1. 链引发（诱导期）

$$RH \xrightarrow{\text{引发剂}} R\cdot + H\cdot$$

游离基的引发通常活化能较高，故这一步反应较慢。

2. 链传递

$$R\cdot + O_2 \longrightarrow ROO\cdot$$

$$ROO\cdot + RH \longrightarrow ROOH + R\cdot$$

链传递的活化能较低，故此步骤进行较快，且反应可循环进行，产生大量氢过氧化物。

3. 链终止

$$R\cdot + R\cdot \longrightarrow R-R$$

$$R\cdot + ROO\cdot \longrightarrow ROOR$$

$$ROO\cdot + ROO\cdot \longrightarrow ROOR + O_2$$

链传递反应中的氧是能量较低的基态氧，即所谓的三线态氧（$^3O_2$），油脂直接较难与 $^3O_2$ 反应生成 ROOH，因为该反应需要较高的活化能。故自动氧化反应中最初游离基的产生，需引发剂的帮助。$^3O_2$ 受到激发（如光照）时可形成单线态氧（$^1O_2$）。单线态氧反应活性高，可参与光敏氧化，生成氢过氧化物并引发自动氧化链反应中的游离基。此外，过渡金属离子、某些酶、加热等也可引发自动氧化链反应中的游离基。

油脂的自动氧化是饲料油脂最主要、最普遍的酸败类型。油脂的变质，多是由脂类的自动氧化造成。

（二）光氧化

光氧化作用也是油脂氧化作用的组成部分。植物中存在的某些天然色素如叶绿素、血红蛋白等光敏化剂，受到光照后可将基态的三线态氧分子（$^3O_2$）转变为单线态氧分子（$^1O_2$），单线激发态氧可将脂类化合物氧化成氢过氧化物，后者再裂解，发生自动氧化反应的游离基反应，加速油脂的氧化。

（三）酶促氧化

脂肪在酶参与下所发生的氧化反应称为酶促氧化。在该反应中起作用的酶是脂肪氧合酶，脂肪氧合酶可以使氧气与油脂发生反应而生成氢过氧化物。很多植物中都含有脂氧酶，可以催化脂肪发生氧化。

此外，我们通常所称的酮型酸败也属于酶促氧化，是由某些微生物繁殖时所产生的酶（如脱氢酶、脱羧酶、水合酶）引起。该氧化反应多发生在饱和脂肪酸的 α-和 β-碳位之间，因而也成为 β-氧化作用，且由氧化产生的最终产物（酮酸和甲基酮）具有令人不愉快的气味，故又称为酮型酸败。

（四）氢过氧化物的分解及聚合

各种途径生成的氢过氧化物均不稳定，可以裂解产生分解产物。首先是氢过氧化物在氧－氧键处均裂，生成烷氧游离基和羟基游离基：

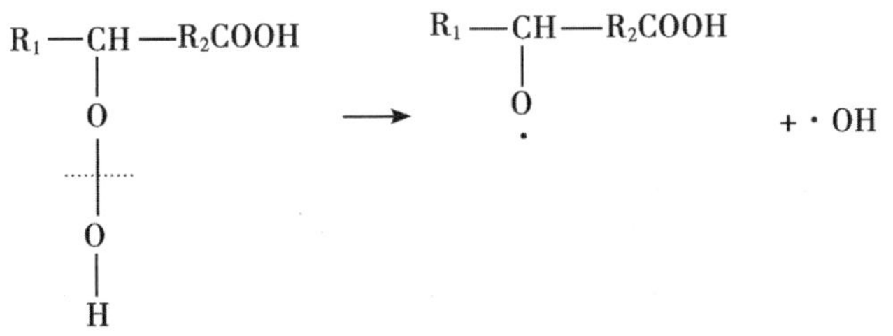

$$R_1-CH-R_2COOH \quad \longrightarrow \quad R_1-CH-R_2COOH \quad + \cdot OH$$

其次，烷氧游离基在与氧相连的碳原子两侧发生碳－碳断裂，生成醛、酮、羟等化合物。

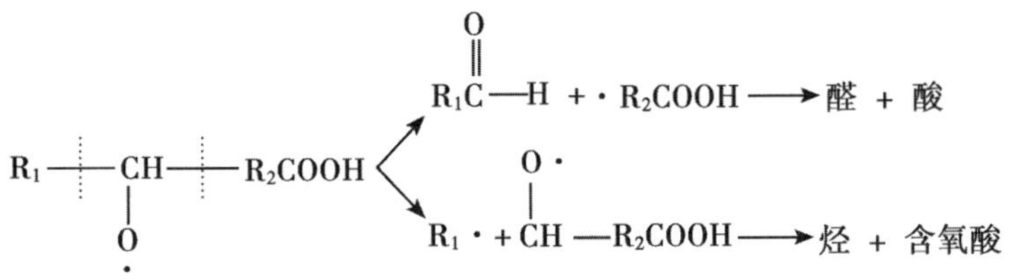

$$R_1-CH-R_2COOH \Big\langle \begin{array}{l} R_1C-H + \cdot R_2COOH \longrightarrow 醛 + 酸 \\ R_1 \cdot + CH-R_2COOH \longrightarrow 烃 + 含氧酸 \end{array}$$

此外，烷氧游离基还可通过以下途径生成酮、醇：

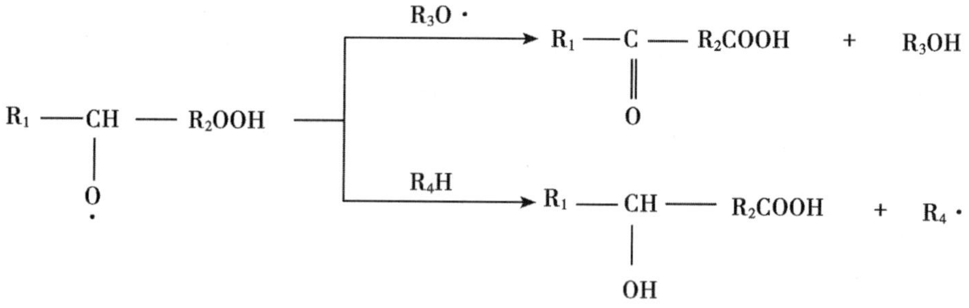

氢过氧化物分解产生的小分子醛、酮、醇、酸等具有令人不愉快的气味即哈喇味，导致油脂酸败。油脂氧化产生的小分子化合物可进一步发生聚合反应，如亚油酸的氧化产物己醛可聚合成具有强烈臭味的环状三戊基三噁烷：

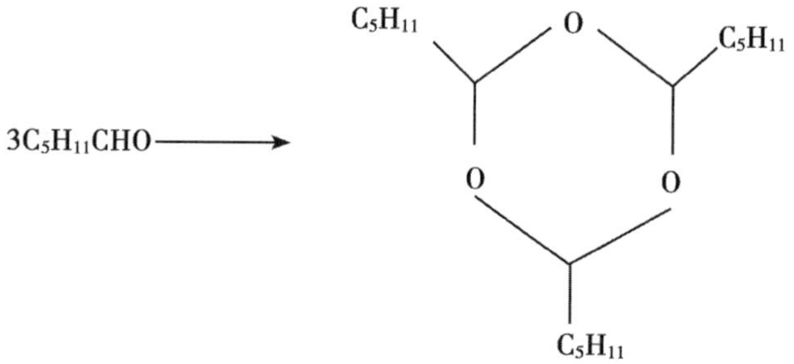

第三节　脂肪氧化酸败的检测

脂类氧化酸败反应十分复杂，产物众多，且有些中间产物极不稳定，易分解，因此，对油脂氧化程度的评价指标的选择十分重要。目前，仍没有一种简单的测试方法可立即测定所有的氧化产物，常常需要同时考虑几种指标，才能正确评价油脂的氧化酸败程度。

一、过氧化值

过氧化值（peroxidation value，POV）是指 1kg 油脂中所含氢过氧化物的毫克当量数。氢过氧化物是油脂氧化的主要初级产物，有些油脂可能尚无酸败现象，但已有较高的过氧化值，这表示油脂已开始酸败。故过氧化值的增加是油脂开始酸败的象征。在油脂氧化初期，POV 值随氧化程度加深而增高。而当油脂深度氧化时，氢过氧化物的分解速度超过了其生成速度，此时 POV 值降低，所以，POV 值宜用于衡量油脂氧化初期的氧化程度。POV 值常用碘量法测定：

$$ROOH + 2KI \longrightarrow ROH + I_2 + K_2O$$

生成的碘再用 $Na_2S_2O_3$ 溶液滴定，即可定量确定氢过氧化物的含量。

$$I_2 + 2Na_2S_2O_3 \longrightarrow 2NaI + Na_2S_4O_6$$

二、硫代巴比妥酸（TBA）试验

这是应用最为广泛的一种测试脂类氧化程度的方法。不饱和脂肪酸的氧化产物醛类可与 TBA 生成有色化合物，如丙二醛与 TBA 生成的有色物在 530nm 处有最大吸收，而其他的醛（烷醛、烯醛等）与 TBA 生成的有色物最大吸收在 450nm 处，故需要在这 2 个波长处测定有色物的吸光度值，以此来衡量油脂氧化程度。此法的不足是并非所有脂类氧化体系都有丙二醛存在，且有些非氧化产物也可与 TBA 显色，TBA 还可与饲料中共存的蛋白质反应，故此法不便于评价不同体系的氧化情况，但仍可用于比较单一物质在不同氧化阶段的氧化程度。

三、碘值

碘值（iodine value，IV）指 100g 油脂吸收碘的克数。该值的测定是利用不饱和双键的加成反应。因碘直接与双键加成反应较慢，故先将碘转变为溴化碘或氯化碘再进行。

$$I_2 + Br_2 \longrightarrow 2IBr$$

$$-CH=CH- + IBr \longrightarrow -\underset{I}{CH}-\underset{Br}{CH}-$$

过量的 IBr 在 KI 存在下，析出 I_2，再用 $Na_2S_2O_3$ 溶液滴定，即可求得碘值。

$$IBr + KI \longrightarrow I_2 + KBr$$
$$I_2 + 2Na_2S_2O_3 \longrightarrow 2NaI + Na_2S_4O_6$$

碘值越高，油脂中双键越多；碘值降低，说明油脂发生了氧化。

四、酸价

酸价（acid value，AV）是指中和 1g 油脂中游离脂肪酸所需的氢氧化钾毫克数。该指标可衡量油脂中游离脂肪酸的含量，也反映了油脂品质的好坏。新鲜油脂酸价低，我国食品卫生标准规定，食用植物油的酸价不得超过 5。

五、羰基值

油脂氧化时，会产生醛类和酮类，醛和酮的量以羰基值表示。羰基值的测定方法一般是以测量由醛或酮（氧化产物）与 2，4-二硝基苯肼作用所产生的腙为基础。

第四节　饲料脂肪酸败对动物的影响

一、影响动物生产性能

氧化酸败油脂会影响动物生产性能，其原因有以下几点。

1. 降低适口性

酸败油脂中含有脂肪酸的氧化产物如短链脂肪酸、脂肪酸聚合物、醛、酮、过氧化物和烃类，具有不愉快的气味及苦涩滋味，降低饲料的适口性，影响动物的采食量从而影响动物的生产性能。

2. 降低饲料营养价值

饲料脂肪酸败会造成饲料中多种营养成分的破坏。

①油脂中的不饱和脂肪酸（亚油酸和亚麻油酸等）作为畜禽的必需脂肪酸，遭到破坏。动物长期饲喂这种饲料，会因缺乏必需脂肪酸而出现中毒现象。

②脂肪氧化过程中能形成大量高活性的自由基，这些自由基能破坏维生素，特别是维生素 A、维生素 D、维生素 E 和维生素 K，并能破坏细胞膜的功能，造成维生素缺乏症，例如脑软化症、猪的脂肪炎以及总体生产性能下降。饲料油脂中的维生素遭到破坏后，其他饲料成分及添加的复合维生素也会发生连锁反应而被破坏，从而严重影响饲料中脂溶性维生素的吸收，可能造成母畜不孕或孕畜流产。

3. 影响饲料中色素的吸收、沉积

脂肪氧化酸败的过程中对叶黄素等色素产生类似的破坏作用，且氧化产物对叶黄素的吸收、沉积产生不良影响，会影响肉鸡皮肤、脚胫及蛋禽蛋黄的着色。

4. 影响消化功能

油脂氧化酸败所产生的游离脂肪酸会减少胆汁的产生或降低乳糜微粒形成的效率，从而干扰油脂在消化道内的吸收，影响动物机体的消化功能。

二、对生物膜的影响

氧化油脂对生物膜的影响主要表现在 2 个方面，即降低生物膜流动性，进而破坏膜结构的完整性。氧化油脂降低膜流动性主要通过以下 3 个环节实现。

①降低生物膜多不饱和脂肪酸比例，改变膜脂肪酸组成，降低流动性。

②胆固醇与膜结合限制膜流动。

③油脂氧化物直接与膜组成蛋白发生反应，使膜"僵化"。

生物膜特别是线粒体和微粒体膜富含多不饱和脂肪酸，又与含有催化剂的胞质接触，故易于发生氧化，常为氧化反应的启动点。动物在摄食含油脂的饲料后，大量氧化产物镶入膜，在金属离子和氧化物阴离子自由基作用下，产生自由基，加速氧化启动与扩展，使大量膜磷脂脂肪酸分子形成氢过氧化物。由于脂肪酸氢过氧化物的亲水特性，从膜内疏水环境进入膜外水相，形成膜孔。膜结构破坏后，一些组织酶如肌酸激酶、乳酸脱氢酶、谷草转氨酶、谷丙转氨酶等渗出到血液，使其在血浆中活性增强。膜结构破坏较轻时，上述酶在血浆中的变化不显著。膜结构破坏使膜正常功能失调，细胞正常代谢紊乱，出现多种病理症状。

三、影响机体酶活性

酸败油脂的氧化产物如酮、醛等，对机体的几种重要酶系统如琥珀酸氧化酶和细胞色素氧化酶等有损害作用，从而造成机体代谢紊乱，生长发育迟缓。

四、影响免疫功能

酸败油脂的代谢产物对机体内某些细胞（如免疫活性细胞等）有毒害作用。Dibner等（1993年）证明，酸败氧化过程的副产物能降低免疫球蛋白生成，肝和小肠上皮细胞损伤率提高，饲料利用率下降，使动物（尤其是幼雏）发生脑软化症，引起小肠、肝脏等器官的肥大。

五、对组织器官的影响

油脂氧化后所产生的过氧化产物可显著增加大鼠体内的过氧化损伤，加速动物组织损伤的进程。长期摄入酸败油脂，会引起内脏器官和肌肉系统病变、消化系统损害、心血管动脉粥样硬化、遗传物质突变等现象。试验表明，给肉雏鸡饲喂氧化酸败油脂后，同日龄肉雏鸡实质器官均表现出不同程度的损伤。

六、对肉产品的影响

氧化油脂导致 VE 和不饱和脂肪酸含量下降。VE 含量下降削弱肌肉产品氧化稳定性，而不饱和脂肪酸减少降低了膜流动性，使肉产品在贮藏期间发生肌肉渗出性损失、产生异味和颜色消褪及有害的过氧化物的形成，从而影响肉产品的质量。

第五节　控制饲料脂肪酸败的主要措施

一、饲料和油脂的保存

光线、高温、高湿、氧气都会加速油脂的氧化酸败，所以饲料及油脂最好低温、避光、密封保存。

二、合理选用油脂及含油高的原料

油脂中不饱和脂肪酸的含量越高，精炼度越低，则愈易氧化。炎热季节应谨慎使用鱼油、玉米油等含高度不饱和脂肪酸的油脂及全脂米糠、统糠等油脂含量高的原料。

三、抗氧化剂

凡是能够阻止或延迟饲料氧化，提高饲料稳定性和延长贮存期的物质都称为饲料抗氧化剂。添加抗氧化剂是防止油脂氧化酸败最好方式。饲料油脂氧化酸败是不可逆的化学反应，在储存加工过程中时刻都在进行，且难为人们所觉察。哈味产生之后，再采取措施为时已晚，因为抗氧化剂并不能逆转氧化过程，所以最好在油脂氧化酸败之前就加入抗氧化剂。

（一）抗氧化剂的作用机理

按抗氧化机理可分为自由基清除剂、活性氧分子淬灭剂、氢过氧化物分解剂、金属螯合剂、氧清除剂等。

1. 自由基清除剂

该类抗氧化剂是优良的氢供体，其所提供的氢能与脂肪酸自由基结合，使自由基转变为更稳定的产物，终止自由基的连锁反应，从而防止油脂自动氧化。作为自由基清除剂的物质必须具备以下 2 个条件。

①本身给出氧自由基的均裂能较低，即极容易给出氢自由基。

②自身转变成的自由基较油脂氧化链式反应生成的自由基更能稳定存在。

该类抗氧化剂的反应过程如下：（AH 代表自由基供体）

$$ROO \cdot AH \longleftrightarrow ROOH + A \cdot$$
$$R \cdot AH \longleftrightarrow RH + A \cdot$$
$$RO \cdot AH \longleftrightarrow ROH + A \cdot$$
$$HO \cdot AH \longleftrightarrow H_2O + A \cdot$$

该类抗氧化剂的代表为生育酚，生育酚按结构不同又分为 α-生育酚、β-生育酚、γ-生育酚、δ-生育酚，其中以 α-生育酚活性最强，δ-生育酚抗氧化活性最强。生育酚可释放羟基上活泼氢，使之与自由基结合，从而阻抑自由基对脂质的攻击。此外黄酮类物质及其异构体、甾醇类抗氧化剂也属于此类。

2. 活性氧分子淬灭剂

该类抗氧化剂代表物为类胡萝卜素。作为一类天然的植物色素，类胡萝卜素包括多种为人们所熟悉的产品，如 β-胡萝卜素，番茄红素等。类胡萝卜素最显著的结构特征是分子中含有不同数目的双键，是良好的 $^1O_2$ 淬灭剂。其作用机理是激发态的单线态氧将能量转移到类胡萝卜素上，使类胡萝卜素由基态（^{1} 类胡萝卜素）变为激发态（^{3} 类胡萝卜素），而后者可直接放出能量回复到基态。

$$^1O_2 + ^1类胡萝卜素 \longrightarrow {}^3O_2 + {}^3类胡萝卜素$$
$$^3类胡萝卜素 \longrightarrow {}^1类胡萝卜素$$

3. 氢过氧化物分解剂

氢过氧化物是油脂氧化的初产物，有些化合物如硫代二丙酸或其与月桂酸及硬脂酸形成的酯可将链反应生成的氢过氧化物转变为非活性物质，从而起到抑制油脂氧化的作用，这类物质被称为氢过氧化物分解剂。

4. 氧清除剂

此类抗氧化剂通过除去食品中的氧气而延缓氧化反应的发生。可作为氧清除剂的化合物主要有抗坏血酸、抗坏血酸棕榈酸酯、异抗坏血酸、异抗坏血酸钠等，这些物质对氧有强亲合力，本身被氧化成脱氢抗坏血酸。在氧的存在下，脱氢抗坏血酸不可逆地降解为二酮古罗糖酸，最终的分解产物是草酸和苏糖酸。

5. 金属离子螯合剂

这类抗氧化剂往往是一些含氧配位原子的络合剂，因它们与金属离子络合后可降低氧化还原电势，稳定金属离子的氧化态，有效抑制金属离子的促氧化效应。如柠檬酸、酒石酸、EDTA、多磷酸盐、植酸等。抗坏血酸也属于金属离子螯合剂。

（二）常用的抗氧化剂

抗氧化剂可分为天然和人工合成抗氧化剂，我国农业部（2008 版）批准的可作为饲料添加剂的抗氧化剂有：乙氧基喹啉、丁基羟基茴香醚（BHA）、二丁基羟基甲苯（BHT）、没食子酸丙酯 4 种。

1. 天然抗氧化剂

多种天然动植物材料中，存在具有抗氧化作用的成分。因人工合成抗氧化剂存在安全性问题，天然抗氧化剂愈来愈受到青睐。在天然抗氧化剂中，酚类仍是最重要的一类，如自然界中分布广泛的生育酚，茶叶中的茶多酚，芝麻中的芝麻酚，愈创木树脂（酚酸）等均是优良的抗氧化剂。此外，许多香辛料中也存在一些抗氧化成分，如鼠尾单酚酸、迷迭香酸、生姜中的姜酮、姜脑。黄酮类及有些氨基酸和肽类也属于天然抗氧化剂；有些天然的酶类如谷胱甘肽过氧化物酶，超氧化物歧化酶（SOD）也具有良好的抗氧化性能；此外还有前面提到的抗坏血酸、类胡萝卜素等。

（1）生育酚　生育酚有多种结构，其主要几种结构如图 7-1 所示。就抗氧化活性而言，几种生育酚的活性排序为 δ < γ < β < α。生育酚在动物油脂中的抗氧化效果优于用在植物油中，但其天然分布却是在植物油中含量高。本品为黄色至浅褐色黏稠液体，不溶于水，易溶于油，对氧敏感，极易被氧化，因此它可保护其他被氧化的物质（如维生素 A 和不饱和脂肪酸等）免遭氧化变质，是极有效的抗氧化剂。

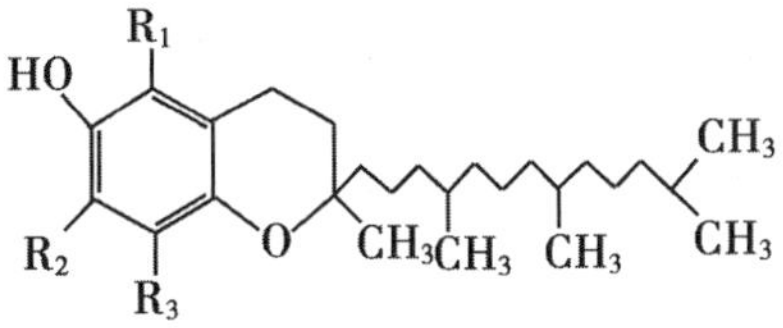

	R_1	R_2	R_3
α	CH_3	CH_3	CH_3
β	CH_3	H	CH_3
γ	H	CH_3	CH_3
δ	H	H	CH_3

图 7-1　几种生育酚异构体的结构

（2）L-抗坏血酸　L-抗坏血酸广泛存在于自然界中，也可人工合成，是水溶性抗氧化剂。L-抗坏血酸作为抗氧化剂的作用有多方面：清除氧；有螯合剂的作用，与酚类合用有增效剂的作用；还原某些氧化产物；保护巯基-SH 不被氧化。

2. 人工合成抗氧化剂

（1）抗氧喹（EMQ）　又称乙氧基喹啉，是由丙酮和对氧乙基苯胺缩合而成的抗氧化剂，为黄色至黄褐色黏稠性液体，有特殊臭味，几乎不溶于水，极易溶于丙酮、苯及三氯甲烷等有机溶剂及油脂。抗氧喹具有较强的抗氧化活性，能有效防止饲料中油脂和蛋白质的氧化，并能防止维生素 A、胡萝卜素、VE 的氧化变质。在空气中极易氧化，氧化后颜色变深、黏度增加。抗氧喹的价格较低，饲料中应用广泛。

目前，国内外使用的饲料抗氧化剂主要是抗氧喹和以其为主复配而成的抗氧化剂，而后者效果较好。生产中经常使用的此类产品的商品名称有：乙氧喹、山道喹、克氧、抗氧灵、珊多喹、抗氧宝、伊索金等。

（2）叔丁基对羟基茴香醚（butylated hydroxy anisol，BHA）　BHA 是油溶性人工合成抗氧化剂，其抗氧化活性主要是羟基（-OH）的作用。BHA 有 2-BHA 和 3-BHA 2 种，二者有一定的协同作用，所以通常使用两者的混合物。

BHA 为白色至浅黄色蜡状固体，易溶于油脂，具有酚味，遇铜、铁等金属易生成棕色物质。试验证明，BHA 的用量为 0.02%，比 0.01% 的抗氧化作用约提高 10%，但增高至 0.02% 以上时，其抗氧化作用反而降低。

BHA 的抗氧化效果优于 BHT，且没有 BHT 的特异臭味，但因其价格昂贵，饲料中较少单独使用 BHA。

（3）叔丁基羟基甲苯（butylated hydroxy toluene，BHT）　BHT 是合成的脂溶性抗氧化剂，为无色晶体或白色结晶性颗粒，无臭无味，不溶于水，易溶于油脂，耐热性和稳定性较好，与金属离子反应不着色，与饲料组分均匀混合后组成预混料或配合饲料，由于分子结构的空间阻碍大于 BHA，因而抗氧化能力较小。由于 BHT 的价格低廉，一直被我国食品业和饲料企业所选用。

（4）没食子酸丙酯（propyl gallate，PG）　为白色至淡黄褐色结晶粉末或针状结晶，无臭，稍有苦味，易溶于热水、油脂。遇金属尤其是铁易于着色。PG 的抗氧化作用比 BHT 和 BHA 强，但不如三者混合后的作用，在混合应用时添加增效剂柠檬酸效果更好。PG 在体内被水解成没食子酸，而大部分变成甲基没食子酸，聚合成葡萄糖醛酸，随尿排出。

（5）叔丁基对苯二酚（简称 TBHQ）　是一种较新的抗氧化剂，白色结晶粉末，能溶于多种有机溶剂和油脂。其最大的特点是在铁离子的存在下不着色，添加到任何油脂或含油脂高的食品或饲料中均不发生异味和异臭，其抗氧化能力好于 BHA、BHT 和 PG。添加约为油脂或含油脂食品中脂肪含量的 0.02%。

（6）饲料复合抗氧化剂　由于油脂及配合饲料氧化原因极为复杂，采用单一的抗氧化剂效果不甚理想，近年来已开发出多种复合抗氧化剂。复合抗氧化剂中抗氧化剂之间、抗氧化剂与增效剂以及抗氧化剂与螯合剂之间合理的配伍能明显增强抗氧化作用。各组分之间应当"合理配伍"，否则起不到应有作用。

复合产品由不同类型的抗氧化剂组成，抗氧喹系酮胺类化合物，基团中有 N-H 结构，酚类或其他抗氧化剂结构中具有酚羟基，不同的结构其氧化活性不同，即使是同样的酚羟基，由于在结构式中位置不同，抗氧化活性亦差异较大，2 种或 2 种以上的抗氧化剂联合作用，往往会起到协同增效作用。

复合抗氧化剂配制时加入的增效剂，可以明显增强抗氧化效果，其原因在于除了增加酚羟基的活性外，还可使某些抗氧化剂获得"再生"，即可以反复起到抗氧化作用。

（三）抗氧化剂的选择使用

饲料抗氧化剂种类繁多，其物理性状、作用机理、使用后对饲料理化性状的影响、价格及在体内的残留等，均影响其使用，因此，应正确选择使用抗氧化剂。

1. 选择抗氧化剂的注意事项

抗氧化剂本身或与饲料组分作用后的产物对畜禽健康无毒无害，安全可靠。添加后不使饲料产生异味和颜色，不影响畜产品的质量。添加量少，活性高，抗氧化性强。价格便宜，混合均匀，使用方便。在饲料中的存在量易于测定。

2. 抗氧化剂的使用

（1）抗氧喹　经过几十年的实践，对单一品种的饲料抗氧化剂使用效果和价格的综合比较，抗氧喹被公认为首选的饲料抗氧化剂。尤其是抗氧喹对维生素A的保护作用更佳，因此，国内几乎所有生产维生素A的公司均选用抗氧喹作为抗氧化剂。常见的制剂有2种，一种为乙氧喹含量为10%～70%的粉状物，其物理性质稳定，可与植物性和动物性饲料均匀混合。另一种为液态的添加剂，以甘油或水作分散介质，用前需用水稀释后使用专门的设备喷洒。

抗氧喹能较好地防止饲料中油脂和蛋白质的氧化，并能防止维生素A、胡萝卜素、维生素E的氧化变质。抗氧喹具有部分代替维生素E的功能，故在生长鸡饲料中添加抗氧喹可使鸡的生长率提高7%～9%，收到既节省饲料又节省饲喂时间的效果。在产蛋鸡日粮中添加该品则可增加蛋黄的颜色、提高产蛋率、蛋的受精率和孵化率。抗氧喹常作为维生素A的稳定剂，提高绵羊瘤胃胡萝卜素的含量。奶牛日粮中添加抗氧喹后，乳和乳脂的抗氧化能力会有所提高。

抗氧喹的缺点是产品色泽变化太大，无论是原油或者是配制成粉剂，刚生产出来的新鲜产品色浅，原油储存后即变成深棕色至褐色，粉剂变成深棕色至咖啡色，在预混料中大量使用时会造成饲料色泽明显变化。

（2）酚类抗氧化剂　通常在油脂中的抗氧化效果是：TBHQ > BHA > BHT，但从价格角度考虑，饲料中最常选用的酚类抗氧化剂还是BHT。因为BHA和TBHQ价格昂贵，饲料中基本上不单独使用。需要认清BHT的物理化学性质，合理使用。

（3）其他抗氧化剂　因油脂中溶解度小和价格昂贵，饲料中不可能单独使用PG；因抗氧化效果差和价格高，饲料中一般不用维生素E作抗氧化剂。从20世纪80年代起人们重视的苯多酚，效果优于合成酚类抗氧化剂，但在维生素中的效果还是不如抗氧喹，且在碱性环境中极不稳定，价格亦高，主要用于食品和保健品中。

复合抗氧化剂具有明显优越的抗氧化作用，但必须在不同组分的比例上开展深入细致的研究工作，做到"合理配伍"，在抗氧化的基础上，各组分之间不应出现颉颃作用，也不影响饲料产品和动物产品的质量。

第八章　饲料抗营养因子

第一节　抗营养因子的概念及在饲料中的分布

一、概念

远在史前时期人们就知道蒸煮豆类后食用，但对食品和饲料中引起抗营养作用物质的深入认识和研究，迄今只有数十年的历史。植物在生长代谢过程中产生许多对动物生长和健康有害的物质，这些物质包括饲料毒物和抗营养因子等。饲料毒物是指存在于饲料中的能引起机体中毒的物质，而抗营养因子（antinutritional factors，ANFs）是指能降低或破坏饲料中的营养物质，影响机体对营养物质的吸收和利用率，甚至能导致动物中毒性疾病的一类物质，它是饲料本身固有的成分。如存在于禾谷类籽实中的植酸，豆科籽实及其饼粕中的蛋白酶抑制因子等。饲料中的真菌毒素是在加工、处理和贮存过程中污染产生的有害成分，而非饲料本身固有，故不属于饲料抗营养因子。

饲料中抗营养因子的存在，严重影响营养物质的消化、吸收和利用，大豆饼粕蛋白质的利用率仅为 70%，棉籽饼粕为 50%，菜籽饼粕甚至小于 50%。如果在饲料原料生产工艺中，采用各种脱毒和抗营养因子钝化技术，解决其中毒素或抗营养因子问题，可以提高饼粕蛋白质利用率 20%~30%，也可节约饼粕类饲料。玉米作为最常用的能量饲料，其中植酸磷占总磷的 50%~75%，猪只能利用玉米中磷的 10%~12%，加入植酸酶后，植酸磷利用率提高 40%。大麦和小麦中含有抗营养因子 β-葡聚糖和阿拉伯木聚糖，影响能量的利用，加入相应的酶后，能量利用率可提高 10%~20%。

多数植物饲料中的抗营养因子对植物本身有利，可以帮助生长植物抵御自然灾害如昆虫、鸟类、细菌或霉菌的危害而保护自己，因此，ANFs 是生长植物的一种"生物农药"。Ryan 等（1983）系统研究了胰蛋白酶抑制剂在植物防御系统中的功能，发现当马铃薯等植物叶片受到昆虫损伤时，在叶片损伤部分胰蛋白酶抑制剂会迅速聚集，浓度迅速增高。Gatehouse 等（1979）报道，胰蛋白酶抑制剂可使昆虫的胃蛋白酶受到抑制，因而起到抵抗虫害的作用。Etzler（1986）报道，植物凝集素具有保护植物免受各种微生物的侵害和杀死某些昆虫幼虫的功能。Bond 和 Smith（1989）报道单宁对微生物和昆虫具有防御作用，还可保护高粱免遭鸟害。抗营养因子对微生物、昆虫、鸟类的有害作用和对畜禽的有害作用一样，通过干扰其体内消化过程实现。

二、分类

抗营养因子和毒物之间没有特别明确的界限。有些抗营养因子表现一些毒性作用而有些毒物也表现一些抗营养作用，其中，主要产生抗营养作用的物质，归属于抗营养因子，而主要产生毒性作用的物质，归为毒物。目前，已发现的抗营养因子有数百种之多，对其分类方法有许多，参照 Huisman 等（1992）抗营养因子对饲料营养价值的影响和动物的生物学反应可以分为如下几类。

（1）抑制蛋白质消化和利用的抗营养因子　如蛋白酶抑制因子（protease inhibitors，PI）、植物凝集素（phytohemagglutinin，PHA）、多酚类化合物等。

（2）降低能量利用率的抗营养因子　主要指非淀粉多糖（non-starch polysaccharides，NSP）。

（3）影响矿物元素利用的抗营养因子　如植酸、单宁等。

（4）维生素颉颃物或引起动物维生素需要量增加的抗营养因子　如双香豆素、硫胺素酶等。

（5）刺激免疫系统的抗营养因子　如抗原蛋白（致敏因子）。

（6）其他抗营养因子　如皂角苷、生物碱等。

各类抗营养因子中，因一般饲料的合成或生物活性不同，它们的抗营养重要性有别。一般，蛋白质酶抑制因子、植物凝集素、植酸等在饲料中的含量或生物活性较高，对动物营养起着较为重要的作用，而维生素颉颃物、皂角苷等在饲料中的含量或生物活性较低，则为次要的抗营养因子。

三、抗营养因子在饲料中的分布

抗营养因子广泛存在于植物界，每种植物性饲料通常含有一种至数十种的抗营养因子，动物性饲料原料所含的抗营养因子较少。在植物性饲料原料中，含抗营养因子最多的是植物的籽实，如豆科籽实及其饼粕、禾本科籽实及其糠麸（表 8 – 1），而这 4 类饲料原料都是最重要的畜禽配合饲料的原料，约占饲料产品的 80% ~ 90%，因此研究抗营养因子有重要的实用价值。

表 8 – 1　抗营养因子在饲料中的分布

抗营养因子	分　布
蛋白酶抑制因子	大豆、豌豆、菜豆、蚕豆等多数豆类及其饼粕
植物凝集素	某些谷实类和块根、块茎类饲料；花生及其饼粕
多酚类化合物	谷实类籽粒、豆类籽粒、棉菜籽及其饼粕和某些块根、块茎类饲料
非淀粉多糖	麦类和玉米等谷实类籽粒及其副产品糠麸；豆类作物外壳
植酸	禾谷类籽粒及其糠麸；豆类、棉菜籽、芝麻、蓖麻及其饼粕
抗维生素、皂角苷	豆类及某些牧草
抗原蛋白 （致敏因子）	大豆、豌豆、菜豆、蚕豆、羽扇豆等多数豆类及其饼粕中；大麦、小麦、黑麦和玉米等禾谷类籽粒；蓖麻籽壳、茎、叶及花生种子
胀气因子、生物碱、 产雌激素因子	大豆等豆类及其饼粕

动物性饲料原料中的抗营养因子主要是淡水鱼类及软体动物所含的硫胺素酶，生禽蛋中含有破坏生物素的抗生肌及影响 B 族维生素的卵白素等。因为动物性饲料在水貂等食肉日毛皮动物日粮中占较大比例，在养殖数量大的猪和家禽饲料中占比例较小，因此由之引起的问题不严重，这里不作详细叙述。

四、研究饲料抗营养因子的意义

近年来，饲料抗营养因子已经成为国际上动物营养与饲料学研究的新热点。抗营养因子的研究与传统的动物营养学科以及家畜中毒学、毒理学、生物化学、生理学和环境科学等均十分密切，是一个多学科相互交叉渗透的新领域。饲料抗营养因子的研究有以下几方面的意义。

①研究抗营养作用和抗营养机理，可以进一步了解营养物质的消化、吸收、代谢、转化利用对深化传统的营养研究。

②有助于提高饲料加工处理的效率和效果，促进饲料加工工艺的改进，提高饲料利用率。

③开辟新的饲料资源，为饲料生产的可持续发展提供科学资料。

④对开展营养调控理论与实践的研究有重要意义。

第二节　蛋白酶抑制因子

一、结构和理化特性

蛋白酶抑制因子（protease inhibitors，PI）是一种蛋白质，其研究工作始于 20 世纪 40 年代，最早是从大豆馏分中分离出结晶胰蛋白酶抑制因子。蛋白酶抑制因子能影响数十种蛋白酶的活性，常见的有胰蛋白酶、胰凝乳蛋白酶（糜蛋白酶）、胃蛋白酶、枯草杆菌蛋白酶和凝血酶等。在自然界中已发现数百种蛋白酶抑制因子，其中，胰蛋白酶抑制因子（trypsin inhibitors，TI）活性较高，对动物影响最大。在动物营养中，最具有意义的胰蛋白酶抑制因子是 KTI（Kunitz trypsin inhibitors）和 BBI（Bowman-Birk inhibitors）两类。大豆中 Kunitz 和 Bowman-Birk 胰蛋白酶抑制因子的平均含量分别为 1.4% 和 0.6%。

1. KTI 的化学结构

KTI 是 Kunitz（1945）首次由大豆中分离出来（图 8-1），是一单链多肽，分子量为 21 000，由 181 个氨基酸残基构成，分子中含有 2 个二硫键，活性中心在第 63 个（精氨酸）和第 64 个氨基酸（异亮氨酸）之间。KTI 的作用特点主要是抑制胰蛋白酶，对糜蛋白酶只有微弱的抑制作用。KTI 抑制剂与胰蛋白酶的结合是等量进行，即 1 分子抑制剂钝化 1 分子胰蛋白酶，反应几乎是瞬间完成。该抑制剂在活性中心和胰蛋白酶结合非常紧密，形成不可逆复合物。

2. BBI 的化学结构

BBI 是 Bowman（1944）和 Birk（1961）分别由大豆中分离和鉴定出来（图 8-2），是分子量较小的蛋白质，分子量 8 000，由 71 个氨基酸残基构成，含有 7 个二硫键，胱氨

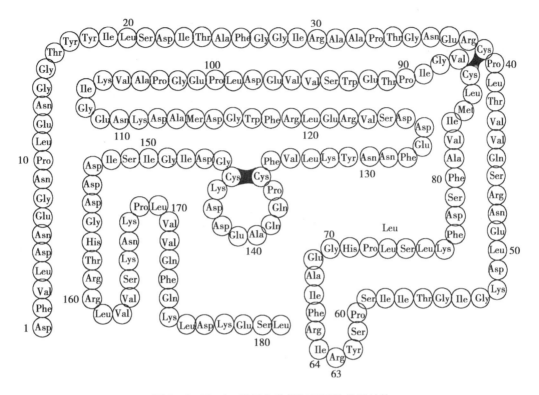

图 8-1 Kunitz 胰蛋白酶抑制因子的分子结构

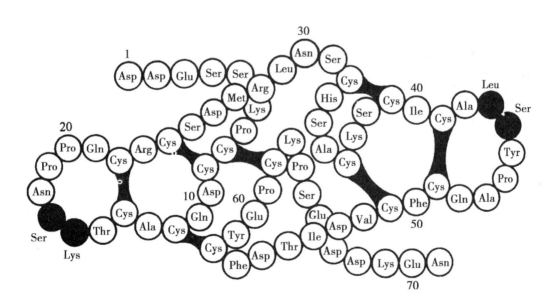

图 8-2 Bowman-Birk 胰蛋白酶抑制因子的分子结构

酸丰富，BBI 有 2 个活性中心，一个是在第 16 个（赖氨酸）和第 17 个氨基酸（丝氨酸）之间，另一个是在第 43 个（亮氨酸）和第 44 个氨基酸（丝氨酸）之间，前者可与胰蛋白酶结合，后一位点则可与胰凝乳蛋白酶结合。因此，BBI 抑制剂是 1 分子可以钝化 2 分子的蛋白酶。

3. 理化特性

Kunitz 和 Bowman-Birk 胰蛋白酶抑制因子的理化特性见表 8-2。

表 8-2　KTI 和 BBI 的理化特性比较

项目	KTI	BBI
分布	大豆	菜豆和豌豆
抑制物	主要抑制胰蛋白酶，对糜蛋白酶只有微弱的抑制作用	抑制胰蛋白酶和糜蛋白酶
与胰蛋白酶的结合倍数	等量结合，即 1 分子抑制剂钝化 1 分子胰蛋白酶	2 倍结合，即 1 分子抑制剂钝化 2 分子蛋白酶
稳定性	对热不稳定，胃液也可使之失活	对胃蛋白酶等各种蛋白水解酶以及酸碱均有显著的稳定性，一般认为对热不稳定

　　生大豆中的蛋白酶抑制因子含量约 30mg/g，对植物本身具有保护作用，可防止大豆籽粒自身发生分解代谢，使种子处于休眠状态，能调节大豆蛋白质的合成和分解，并具有抗虫害的功能。

　　除豆类籽粒及其饼粕以外，其他作物也含有蛋白酶抑制因子，例如，马铃薯、番薯、玉米、大麦、小麦和黑麦等。马铃薯中有 15% ~25% 的可溶性蛋白质是蛋白酶抑制因子。大麦中也含有较高的具有抑制剂活性的蛋白质，含量约为 0.45g/kg，或占大麦水溶性蛋白质总量的 5% ~10% 。

　　种子发芽可影响蛋白酶抑制因子的活性。如蚕豆发芽时，胰蛋白酶抑制因子的活性比未发芽的增高 2 倍，而豌豆在发芽时胰蛋白酶抑制因子的活性下降。因此，豌豆发芽可改善其饲用的营养价值。

二、抗营养作用

　　胰蛋白酶抑制因子的抗营养作用主要表现为降低蛋白质利用率、抑制生长和引起胰腺肥大，原因主要有以下两个方面。

1. 导致蛋白质消化率和利用率下降

　　胰蛋白酶抑制因子可和小肠液中胰蛋白酶和糜蛋白酶结合，生成无活性的复合物，降低胰蛋白酶和糜蛋白酶的活性，外源氮损失。

2. 引起动物体内蛋白质内源性消耗

　　胰蛋白酶抑制因子与胰蛋白酶结合形成的复合物随粪便排出体外，减少肠道胰蛋白酶数量，引起胰腺机能亢进，分泌更多的胰蛋白酶补充到肠道中去。胰蛋白酶中含有丰富的含硫氨基酸，胰蛋白酶的这种大量补偿性分泌和排泄，造成体内含硫氨基酸的内源性丢失，加剧豆类及其饼粕中含硫氨基酸（特别是蛋氨酸）短缺引起的体内氨基酸代谢不平衡，引起生长受阻或停滞。同位素标记技术证实，内源氮和内源氨基酸损失远大于外源氮和饲料氨基酸的损失。

胰蛋白酶抑制因子引起含硫氨基酸内源性丢失受小肠黏膜分泌的肠促胰酶肽（chole-cystokinin-pancreozy min，CCK-PZ）调控，CCK-PZ刺激胰腺腺体细胞分泌蛋白水解酶原（如胰蛋白酶原、糜蛋白酶原、弹性蛋白酶原和淀粉酶原等）。CCK-PZ的分泌和小肠食糜中胰蛋白酶含量呈负相关，即当食糜中胰蛋白酶与胰蛋白酶抑制因子结合而减少时，CCK-PZ分泌增加，刺激胰腺分泌更多的胰蛋白酶原至肠道中。Fushiki和Iwai（1989）将这种机制称之为胰腺分泌受肠道中胰蛋白酶数量调节的负反馈调节机制（图8－3）。

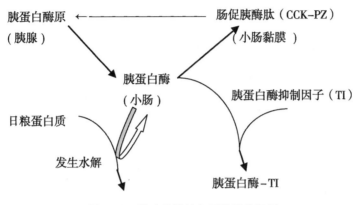

图8－3　胰腺分泌的负反馈调节机制

因胰蛋白酶大量分泌，为维持此功能胰腺代偿性增生肥大，试验动物更明显。蛋白酶抑制因子长期作用的后果可能会导致胰腺肿瘤恶性病变。

试验表明，禽类比哺乳类动物对蛋白酶抑制因子更敏感，它抑制鸡的生长，降低胰蛋白酶和胰凝乳蛋白酶的活性，降低饲料蛋白质消化率，增加外源氮损失，内源氮也由于胰腺机能亢进而增加，蛋鸡的产蛋量下降。

三、抗营养作用的消除

1. 热处理

胰蛋白酶抑制因子是蛋白质，对热不稳定，故可通过加热来钝化或消除其抗营养作用。热处理方法包括蒸煮、烘烤、高温高压、微波辐射、红外线辐射、挤压（膨化）等。热处理的效果与温度、湿度、处理时间、压力、颗粒大小等多种因素有关。烘烤大豆粉的蛋白酶抑制因子一般只有生大豆粕15%的活性。生大豆在温度100～105℃，湿度16%～17%，加热30min后，胰蛋白酶抑制因子由34.92U/mg下降至0.43U/mg。

目前认为，较好的大豆热处理方法是：120℃高压处理15min或者105℃蒸煮30min。研究认为大豆的蛋白酶抑制因子活性只要失活75%～85%就可以达到最佳营养价值。使用膨化技术生产的膨化大豆，蛋白酶抑制因子的破坏率在70%～84%，该方法用高温（180～200℃）和短时间（30～150s）的作用而使蛋白质结构改变，造成抗营养因子失活。生大豆中的抗维生素B_{12}、抗维生素D和抗维生素E经过加热处理均可使之破坏而灭活。

热处理是最成功降低豆类中胰蛋白酶抑制因子活性的方法，不仅效率高，且简单易行，无残留，成本也较低。但过度的热处理会影响饲料蛋白质的结构并产生米氏反应（Maillard reaction），影响饲料中的有效赖氨酸。例如，豌豆在加热到165℃、15min后，有效赖氨酸由14.6g/kg降至8.7g/kg，有效精氨酸由16.7g/kg降至14.5g/kg，有效胱氨酸由3.2g/kg降至2.6g/kg。

大豆饼粕的加工方法有压榨法和溶剂浸提法等。用压榨法生产的大豆饼，如果经过充分适当的加热，即可使胰蛋白酶抑制因子失活，抗营养作用减弱或消除。同时适度加热也可使蛋白质展开，氨基酸残基暴露，使之易于被动物体内蛋白酶水解吸收。一些土法、冷轧法或溶剂浸提法生产的大豆饼粕因加热不充分，其中，含有相当数量的胰蛋白酶抑制因子，降低其营养价值。

生产中常根据其颜色来判定大豆饼粕的生熟度。正常加热的饼粕呈黄褐色；加热不足或未加热的饼粕，颜色较浅，为黄白色；加热过度的饼粕呈暗褐色。

2. 化学处理

大豆中胰蛋白酶抑制因子的活性基团为二硫键，破坏此结构是化学钝化的基础，常用的化学钝化剂有戊二醛溶液、偏重亚硫酸钠（$Na_2S_2O_5$）和亚硫酸钠（Na_2SO_3）等。$Na_2S_2O_5$和Na_2SO_3的钝化机理是它们与空气及大豆中水分作用生成亚硫酸根离子（SO_3^{2-}），后者可使二硫键结构断裂生成游离的硫阴离子（$R\text{-}S^-$）和磺酸基衍生物，它们进一步相互作用形成新的二硫键复合物，此复合物为稳定型无活性基团。Mendd（1986）在生豆粉中加入0.03mol/L的亚硫酸钠（Na_2SO_3），75℃处理1h可完全钝化大豆蛋白中的胰蛋白酶抑制因子。据试验证实，用0.4%~0.6%的$Na_2S_2O_5$处理豆粕，肉鸡胰腺肿大得到明显缓解。

关于胰蛋白酶抑制因子的化学钝化试验研究较多，但在生产中的应用较少。化学钝化应用的最大障碍是化学物质残留、处理大豆制品费用增高和大批量处理困难。

张建云等（1997）研究报道，室温（15~25℃）用5%尿素+20%水处理生豆饼30d，可使胰蛋白酶抑制因子失活78.55%，且对氨基酸无不良影响，氨含量符合要求。

第三节　植物凝集素

一、结构和理化特性

植物凝集素的全称为植物性红细胞凝集素（phytohemagglutinin，PHA）或称为红细胞凝集素（hemagglutinin）。PHA一般为二聚体或四聚体结构，其分子由一个或多个亚基组成。每个亚基有一个与糖分子特异结合的专一位点，该位点可与红细胞、淋巴细胞或小肠上皮细胞的特定糖基结合。Edelman等（1972）用X射线衍射分析等方法，测定了刀豆凝集素（刀豆球蛋白A）的氨基酸顺序和三维空间结构。刀豆凝集素由4个亚基组成，每个亚基含有273个氨基酸，其一端含有2个结合金属离子的部位，1个结合Mn^{2+}，1个结合Ca^{2+}，另一端含有结合糖基的部位。

已经发现有800多种植物含有凝集素，其中600多种属于豆科植物。常见的植物凝集素有大豆凝集素、菜豆凝集素、豌豆凝集素、刀豆凝集素、花生凝集素、蓖麻凝集素、麦胚凝集素和稻胚凝集素等，主要是在种子形成过程中合成并积累。大豆粉中约含有3%的植物凝集素。

植物凝集素是一种能凝集动物红细胞的蛋白质，多以糖蛋白形式存在于豆科植物及其饼粕饲料中。植物凝集素的含糖量为4%～10%，多数凝集素的分子量为100 000～150 000。大豆凝集素的分子量为110 000，糖部分占5%，主要是D-甘露糖和N-乙酰葡萄糖胺。

不同豆科植物种子中的凝集素对红细胞的凝集活性不同（表8－3）。从表中可以看出，大豆凝集素的红细胞凝集活性最强，豌豆次之，蚕豆再次之，羽扇豆和豇豆几乎无活性。

表8－3　不同豆科籽实的红细胞凝集活性

豆类	凝集活性（单位※/mg）	豆类	凝集活性（单位※/mg）
脱脂大豆	1 600～3 200	黄羽扇豆	0.05
豌豆	100～400	狭叶羽扇豆	<0.05
蚕豆	<50	豇豆	<0.05
白羽扇豆	0.1		

※ 凝集活性单位：在供试条件下起凝集现象的最低样品量，使用兔红细胞

植物凝集素对于不同动物红细胞的凝集活性同样差异较大。以动物血清抗体作对照，比较3种豆类中的植物凝集素对人和动物血液的凝集活性（表8－4）。从表中可以看出，鸽子和兔是敏感动物。

表8－4　3种豆类的相对凝集活性

动物血液	菜豆	豌豆	香豌豆	动物血液	菜豆	豌豆	香豌豆
人	800	40	20	鸽	32 000	—	400
马	16 000	128	128	鲤鱼	800	400	10
兔	8 000	1 000	200	蛙	400	80	8
绵羊	1 600	4	—				

二、抗营养作用

植物凝集素的抗营养作用主要表现在以下几方面。

（1）作为抗原，引起机体对其产生变态反应　多数植物凝集素在肠道内不被蛋白酶水解，首先成为一种抗原，其L-亚单位能特异性地与淋巴细胞结合，引起机体中类IgG特定抗体的产生，造成黏蛋白、血浆蛋白的损失，并对肠道产生的IgA具有颉颃作用，导致体液免疫功能障碍。

（2）降低营养物质的消化利用率　未被水解的植物凝集素可和小肠壁上皮细胞表面

的特定受体（细胞外被多糖）结合，损坏小肠壁刷状缘黏膜结构，干扰刷状缘黏膜酶（肠激酶、碱性磷酸酶、麦芽糖酶、淀粉酶、蔗糖酶、谷氨酰基和肽基转移酶等）的分泌，抑制肠道营养物质的消化和吸收，使蛋白质利用率下降，动物生长受阻甚至停滞。用从菜豆和黑豆中分离出来的植物凝集素饲喂大鼠，当日粮中植物凝集素含量大于0.5%时，明显抑制生长（图8-4）。

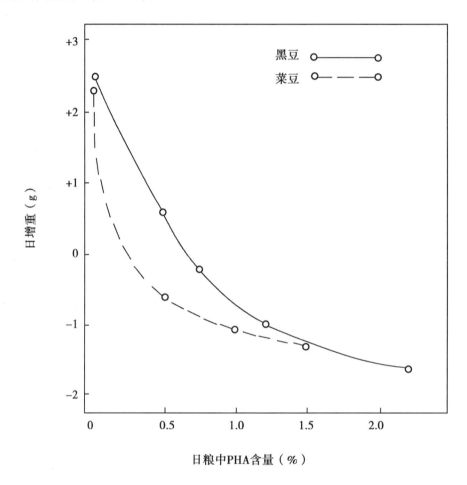

图8-4　日粮中不同水平植物凝集素含量对大鼠日增重的影响

（3）降低采食量　Turner等（1975）认为，大豆凝集素对大豆的营养价值并无直接的影响，其生长抑制作用主要是降低动物的食欲所引起。

（4）凝集动物红细胞　Demeskek等（1943）报道，将刀豆凝集素注射于动物体内，使红细胞凝集，随后发生溶血，最后导致死亡。豌豆凝集素的红细胞凝集活性较低。Manage等（1972）将豌豆凝集素以1%的比例拌入日粮饲喂大鼠，不显示任何毒性。

（5）抑制胸腺生长、引起肝脏、胰腺、小肠增生肥大　长期食入，会引起动物体质下降，甚至死亡。

三、抗营养作用的消除

植物凝集素对热敏感，蒸煮加热、高压加热和膨化都是有效办法，干热烘烤效率较低。Jeffe（1949）指出，菜豆在高压蒸煮之前必须预先浸泡，才能完全除去毒性。De-muekenarer（1964）指出，必须高压蒸煮30min才能除去某些菜豆的毒性，但植物凝集素对干热钝化处理具有明显的抗性，某些菜豆干热加热18h后，仍然检出具有红细胞凝集活性。

第四节 单 宁

一、结构和理化特性

单宁（tannins）又称鞣酸、单宁酸，是一类能与蛋白质结合成不溶性复合物的多酚类化合物。根据单宁的结构，分为可水解单宁和缩合单宁。可水解单宁为毒素，有一个碳水化合物的核，其羟基能和没食子酸、双没食子酸、联苯二酚酸酯化，这些单宁较易发生化学水解或遇酶水解，单宁分解产生的没食子酸有强烈的刺激性和苦涩味。缩合单宁是一种典型的植物单宁，是由黄烷-3 醇（儿茶酸）及有关的黄烷醇残基组成的寡聚物，属于没有碳水化合物的内核，但它可以形成一系列的聚合体，一般不能水解，具有较强的极性，可溶于水，与蛋白质结合生成不溶性的复合物，也可和金属离子等结合形成沉淀。单宁属于植物酚类物质，分子量500～30 000。高粱中的单宁为缩合单宁，其分子量为1 700～2 000，由5～7 个儿茶素缩合而成（图8-5）。

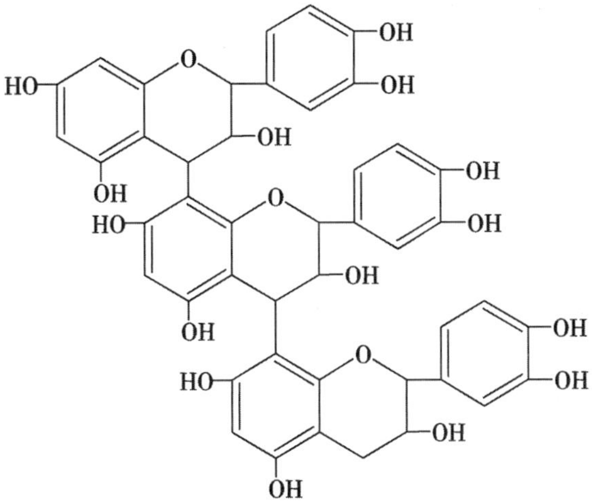

图8-5 高粱单宁的分子结构

单宁的主要特性是能和蛋白质结合，从而沉淀蛋白质，这也是通常所说的收敛作用。一般，单宁对脯氨酸丰富的蛋白质有较高的亲合力，绕得较紧的球状蛋白比空间构成松散的蛋白质对单宁的亲和力要低。

天然单宁多数属于缩合单宁，在植物界的分布比可水解单宁广泛，如高粱的籽粒、豆类籽实、油菜籽、马铃薯、茶叶等所含均为缩合单宁。高粱是含单宁丰富的作物，单宁含量在1%以上者称高单宁高粱，在0.4%以下者为低单宁高粱，高粱的单宁含量与颗粒颜色有关，颜色越深，单宁含量越高，高粱壳中单宁含量较其他部位丰富。

二、抗营养作用

（1）影响酶活，降低营养物质消化率　单宁可与单胃动物体内胰蛋白水解酶、β-葡萄糖苷酶、α-淀粉酶、β-淀粉酶和脂肪酶结合而使其失活，从而降低饲料的干物质、能量和蛋白质以及多数氨基酸的消化率。单宁对反刍动物消化的影响复杂，Scalbert（1991）报道，过量单宁与饲料中蛋白质和碳水化合物结合后，不会被瘤胃微生物降解，且可抑制瘤胃微生物蛋白酶、葡聚糖酶、果胶酶、纤维素酶和胶原酶活性，并使多种瘤胃微生物的细胞膜形态发生变化。总的表现为饲料蛋白质和结构性碳水化合物的降解率降低，过瘤胃蛋白中微生物蛋白的比例下降。

（2）降低蛋白质的消化率　单宁中的酚羟基或其氧化产物醌基能和饲料中蛋白质氨基酸残基的活性基团（如赖氨酸的ε-氨基、半胱氨酸的巯基）结合生成不溶性复合物，降低蛋白质的消化率。

（3）增加内源氮消耗　单宁与消化道黏膜蛋白结合，形成不溶性的复合物排出体外，增加内源氮的排泄量。

（4）产生苦涩味，影响动物食欲　单宁与口腔起润滑作用的糖蛋白结合，形成不溶物，产生苦涩味，降低动物的自由采食量。单胃动物较为敏感，其饲料中缩合单宁的含量一般不能高于1%，反刍动物对饲料中的单宁含量有较高的耐受力，虽然Mangan等（1976）曾报道，红豆草单宁与牛舌下腺黏蛋白在39℃下不会生成不溶物，但单宁含量过高，反刍动物的采食量也呈下降趋势。

（5）降低氨基酸利用率　水解或缩合单宁均可发生甲基化反应。甲基化增强了对甲基供体（蛋氨酸和胆碱）的需求，使蛋氨酸成为第一限制性氨基酸，降低其他氨基酸的利用效果。

此外，单宁可以促进肠壁血管收缩，导致肠液分泌减少，损伤小肠黏膜，腐蚀肠壁，干扰某些矿物元素（如铁离子）的吸收。

单宁的酚羟基很容易与蛋白质的羧基结合，这种结合的强弱与环境的pH值有关，酸性环境可以抑制这种结合。

试验表明，饲料中单宁含量达0.5%～0.6%时就明显抑制雏鸡生长。用含1%～3%单宁的日粮喂鸡，出现脂肪肝，严重者肝、肾坏死。雏鸡饲料中含有50%的高粱，而高粱的单宁含量为16g/kg时，生长受到了影响。

三、抗营养作用的消除及合理利用

除控制含单宁原料在日粮中的用量外，对于高粱，用脱壳的方法可以除去其中部分单宁，也可通过配制高蛋白日粮来消除或减弱单宁的不良影响。

缩合单宁溶于水，将高粱用水浸泡再煮沸可除去70%的单宁。

在含单宁高的日粮中，加入适量的蛋氨酸或胆碱作为甲基供体，可促使单宁甲基化，使其代谢排出体外，或加入聚乙烯吡咯酮、聚乙二醇等非离子型化合物，可与单宁形成络合物，使其丧失结合蛋白质和抑制纤维素消化的能力，消除其抗营养作用。

用石灰石和亚硫酸铁溶液浸泡处理，可使单宁与钙和铁等离子结合，降低单宁与蛋白质结合的能力。近年来已有人研究，以钙、铁盐和高锰酸钾等为主的单宁脱毒剂。

种植低单宁高粱可从根本上消除单宁的不良影响，但抗营养因子是植物用于自身防御的物质，低单宁高粱会存在严重的鸟害问题。解决的办法是在无鸟害或鸟害不严重的地区种植低单宁高粱品种（黄、白色高粱），而在鸟害严重地区则种植高单宁高粱品种（棕、褐色高粱）。

第五节　植　酸

一、结构和理化特性

植酸（phytic acid）又称肌醇六磷酸，化学名称为环己六醇六磷酸酯（图 8 - 6），其分子式为 $C_6H_{18}O_{24}P_6$，分子量 660.8。

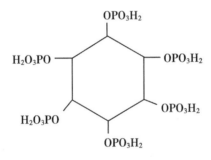

图 8 - 6　植酸的分子结构

植酸广泛存在于植物性饲料中，其中，以禾本科和豆科籽实中含量最丰富。植酸是植物性饲料中有机磷的主要存在形式，在植物体中一般都不以游离形式存在，几乎都是以复盐（与若干金属离子结合）或单盐（与一个金属离子结合）的形式存在，称为植酸盐（phytate），其中较为常见的是以钙、镁的复盐形式存在（图 8 - 7），即植酸钙镁盐或菲丁（phytin），有时也以钾盐或钠盐的形式存在。植酸与钾、钠形成的盐呈水溶性。小麦麸中的多数植酸以单铁植酸盐形式存在，水溶性。

在植物性饲料中，以植酸盐形式存在的有机磷化合物通常称为植酸磷。植酸磷平均约占植物饲料总磷的 70%，以非植酸磷形式存在的磷平均只占 30%（表 8 - 5）。前者不易被单胃动物利用，后者可被畜禽利用，称为"有效磷"或"可利用磷"。

猪、家禽可利用磷的计算公式为：

可利用磷（%）＝无机磷% ＋植物来源磷% ×30%

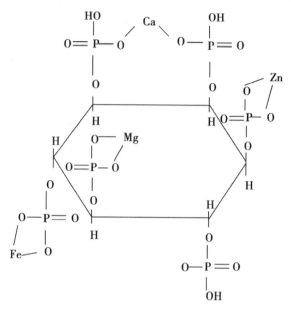

图 8 - 7　植酸盐的分子结构

表 8 - 5　常用植物性饲料中植酸磷的含量

饲料	总磷（%）	植酸磷（%）	植酸磷（%）/ 总磷（%）
玉米	0.27	0.15	56
大麦	0.39	0.18	46
小麦	0.41	0.28	68
小麦麸	0.93	0.69	74
细米糠	1.43	1.33	77
大豆粕	0.65	0.43	66
棉籽粕	1.04	0.68	65
菜籽粕	1.02	0.67	66
芝麻粕	1.19	0.97	82

资料来源：动物饲养标准，兰云贤主编，2008

　　植酸酶可以分解植酸为 1 分子的肌醇和 6 分子磷酸。植酸磷必须被水解为无机磷酸盐的形式才能被动物利用。

　　植酸对植物本身来说，是植物磷的一种贮存形式。植物为了繁衍，在孕穗或结籽时，将从土壤中吸收的无机磷以植酸的形式贮存起来，以供种子发芽或出苗时需要，所以植物籽实或其副产品中含有大量的植酸磷。

二、抗营养作用

（1）阻碍必需矿物元素的吸收利用　植酸在较宽的 pH 值范围内均带负电荷，是一种较强的螯合剂，在消化道中能牢固黏合带正电荷的 Zn^{2+}、Ca^{2+}、Mg^{2+}、Fe^{2+}、Cu^{2+}、Mn^{2+}、Co^{2+} 等金属离子，形成不溶性和不易被肠道吸收的植酸 – 金属络合物（通常称为菲丁），影响矿物元素的吸收利用。

植酸的螯合能力与 EDTA 近似。在 pH 值 >7.4 时，植酸与金属离子结合的能力依次为：$Cu^{2+} > Zn^{2+} > Co^{2+} > Mn^{2+} > Fe^{2+} > Ca^{2+}$。这些螯合物即使在 pH 值 3 ~ 4 条件下，也较难溶解，不易被消化道吸收。故饲料中植酸含量过高时，可降低这些矿物元素的吸收利用率，特别是植酸和锌形成极难溶解的植酸锌，几乎不为畜禽所吸收，日粮中钙含量过高时，形成植酸钙锌，进一步降低锌的生物学利用率。高含量的植酸可使单胃动物对钙的吸收率降低达 35%，因此，幼畜日粮含有过多的植酸可导致佝偻病。

在仔猪日粮中，植酸对矿物元素的影响程度大小顺序为：$Zn^{2+} > Ca^{2+} > Fe^{2+} > Cu^{2+}$，植物饲料中锌的平均生物学效价仅为 44.1%。家畜日粮中含植酸过高时，对钙的需要量增加 50%。严重时引起厌食、消瘦、生长迟缓和胀气等症状。

值得注意的是，在研究植酸抗营养作用时，用提纯的植酸来抑制矿物元素的吸收作用往往不能达到预期结果，其原因还不太清楚。

（2）降低饲粮蛋白质的消化利用率　植酸可与蛋白质分子螯合形成复合物，降低蛋白质的可溶性，从而大大降低蛋白质的消化利用率，影响蛋白质的功能特性。植酸与蛋白质螯合的产物和介质的 pH 值有关。

在 pH 值低于蛋白质等电点（PI）的介质中（pH < PI），溶液中的 H^+ 会抑制羧基电离，并有利于氨基与 H^+ 结合，蛋白质带正电荷，植酸与蛋白质形成植酸 – 蛋白质二元复合物。

$$Pr \genfrac{}{}{0pt}{}{COOH}{NH_2} \xrightarrow{H^+} Pr \genfrac{}{}{0pt}{}{COOH}{NH_3^+}$$

在 pH 值高于蛋白质等电点的介质中（pH > PI），溶液中的 OH^- 有利于羧基电离，不利于氨基与 H^+ 结合，蛋白质带负电荷，则以金属离子为桥，生成植酸 – 金属离子 – 蛋白质三元复合物。

$$Pr \genfrac{}{}{0pt}{}{COOH}{NH_2} \xrightarrow{OH^-} Pr \genfrac{}{}{0pt}{}{COO^-}{NH_2}$$

Knuckles（1985，1989）用胃蛋白酶在体外进行试验表明，50mg 的植酸能将酪蛋白和牛血清白蛋白的消化率分别降低 14% 和 7%，植酸的抑制作用与植酸的水解程度呈负相关，其水解 16h 后，植酸抑制作用几乎全部消失。植酸一般与碱性氨基酸如赖氨酸、精氨酸和组氨酸的亲和力较强。

（3）降低消化酶的活性　可溶性蛋白质与植酸的相互作用能引起蛋白质沉淀，消化酶本身是可溶性蛋白质，因此植酸可使消化酶如蛋白酶、α-淀粉酶、脂肪酶等失活，进一步降低蛋白质、淀粉、脂类等营养物质的消化率。Chandra 和 Shrma 等（1977）提出植酸盐可能是 α-淀粉酶的抑制剂。Lilian 和 Thompsan（1984）研究表明，淀粉消化率受植酸影响，在模拟体内环境中 66mg 植酸钠处理 1h 和 5h，使淀粉消化率分别降低 28% 和 60%。Deshpande 和 Munir（1984）报道，植酸盐非竞争性抑制 α-淀粉酶，并提出这种抑制作用主要与蛋白质与植酸的螯合性有关。Knuckles 等（1989）研究了植酸盐对唾液淀粉酶活性的影响，试验表明，在 pH 值 4.5 时，植酸盐使淀粉消化率降至 8.5%。Madhav 等（1982）报道了植酸盐对胰蛋白酶的体外抑制作用，其结果是 0.01mol/L 植酸在 pH 值 7.5、37℃ 条件下，使胰蛋白酶活性降低 46%，其可能机制是植酸螯合了胰蛋白酶原的 1 个钙结合位点，阻碍了胰蛋白酶原的转化，抑制了胰蛋白酶的产生。Knuckles（1988）研究了植酸盐对脂肪酶活性的影响，结果证明肌醇磷酸酯可使脂肪酶活性降低 14.5%。植酸的抑制作用可能由于脂肪酶与阳离子和植酸形成三元复合物，这种复合物在 pH 值上升至 10 时，更稳定、更难溶解，这种复合物的形成增加了植酸及其他肌醇衍生物的抑制作用。

（4）降低磷的利用率　饲料中植酸磷含量较高（玉米中植酸磷占总磷71%，小麦麸占83%，大豆粕占58%），动物对其利用率较低。美国 NRC1998 总结众多研究报告后提出，10～15kg 猪对磷的利用率如表 8-6 所示。美国肯塔基大学经过 10 年的研究证明，猪只能利用玉米中磷10%～20%，豆粕中磷25%～35%，大量的磷未被动物消化利用而随粪排出体外，造成土壤和水源的磷污染。

表 8-6　10～15kg 猪对磷的生物学利用率（NRC，1998）

饲　料	平均值（%）	饲料	平均值（%）
苜蓿	100	花生饼	12
磷酸氢钙	95～100	棉饼	1
鱼粉	94	米糠	25
肉骨粉	67	高粱	20
蒸骨粉	80～90	高水分高粱	43（42～43）
脱氟磷矿石	80～95	大豆饼	31
大麦	30	去壳大豆饼	23
玉米	14	小麦	49
高水分玉米	53	小麦麸	29
燕麦	22	次粉	41

三、抗营养作用的消除

徐晓娜等（2013）报道，在肉鸡日粮中添加一定量的植酸酶可使钙磷利用率、体质量，饲料转化率显著提高。

张建刚等（2013）报道，植酸酶可通过水解反应将磷酸盐从植酸中彻底释放出来，有利于提高猪对饲料养分的利用率，提高仔猪和生长肥育猪的日增重，降低料重比。

张江（2013）研究发现肉鸡日粮中添加植酸酶可提高微量元素的存留量，增加其在身体组织和鸡蛋中的吸收和结合，并可能产生新的代谢作用。

张旭等（2012）在肉鸡饲料中降低磷酸氢钙用量并添加植酸酶，不会对肉鸡胫骨的钙、磷含量造成影响（P>0.05），钙、磷的消化利用率显著高于对照组（P<0.05）。

丁涵等（2010）研究表明，在饲粮非植酸磷水平为 3.50g/kg（0~3 周）和 3.00g/kg（4~6 周）时，添加包衣植酸酶 500U/kg 能够提高肉鸡仔鸡的生长性能。

杨彩然等（2001）研究表明，添加植酶 350U/kg、500U/kg、650U/kg，磷利用率分别比标准饲粮组提高 0.5%、4.18%、8.85%，磷排泄量分别减少 0.38%、0.37%、0.55%，说明植酸酶能提高肉仔鸡有效磷饲粮中磷利用率，减少粪磷排泄。

纵上所述，在饲料中添加植酸酶有以下几方面的好处。

①能够充分利用饲料本身含有的磷资源，节约昂贵的无机磷盐资源。

②减少粪便中含磷量约 40%，减少磷对环境的污染。

③由于植酸盐作为抗营养因子还螯合饲料中的一些 Zn、Cu、Fe、Mn 等微量元素及蛋白质，添加植酸酶后，植酸盐被降解，这些被螯合的微量元素及蛋白质被释放，因而可提高这些养分的利用率。

④避免饲料中由于添加氟含量高的磷酸氢钙等伪劣产品造成的危害。

第六节 非淀粉多糖

一、概念及分类

非淀粉多糖（non-starch polysaccharides，NSP）是植物结构多糖的总称。一般植物性饲料中的多糖分为结构多糖和贮存多糖（主要是淀粉）。NSP 是细胞壁的重要组成部分，Bailey（1973）把 NSP 分成 3 个主要部分，即纤维素、半纤维素和果胶。纤维素构成细胞壁的骨架，半纤维素为细胞壁间质的组成部分，果胶为细胞间黏接物。

非淀粉多糖较易和饲料的粗纤维相混淆，其关系如下。

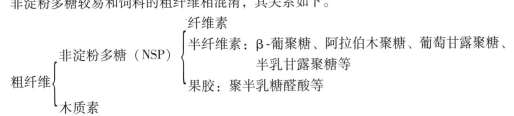

根据 NSP 的水溶性可将它们分为不溶性 NSP（NNSP）和水溶性 NSP（SNSP）：

$$
NSP\begin{cases}不溶性的 NSP：纤维素 \\ 水溶性 NSP\begin{cases}半纤维素 \\ 果胶\end{cases}\end{cases}
$$

水溶性非淀粉多糖中最主要的抗营养因子是 β-葡聚糖和阿拉伯木聚糖，大麦和燕麦中 β-葡聚糖含量较高，小麦和黑麦中阿拉伯木聚糖含量较高。谷物中阿拉伯木聚糖和 β-葡聚糖的含量见表 8 - 7。

表 8 - 7   谷物籽实中阿拉伯木聚糖和 β-葡聚糖的含量（%）

谷物籽实	阿拉伯木聚糖	β-葡聚糖	参考文献
小　麦	6.25 ~ 6.93	0.60 ~ 0.65	Henry, 1986
大　麦	6.58 ~ 6.93	3.85 ~ 4.51	Henry, 1986
燕　麦	5.71 ~ 5.77	3.78 ~ 3.98	Henry, 1986
黑　麦	8.06 ~ 9.86	2.26 ~ 2.63	Henry, 1986
小黑麦	6.23 ~ 7.88	0.43 ~ 0.84	Henry, 1986
大　米	1.00 ~ 1.35	0.09 ~ 0.11	Henry, 1986
高　粱	2.09	—	Hashimoto, 1986

二、非淀粉多糖的结构

1. 纤维素

纤维素是自然界丰富的有机物质，占所有植物多糖的50%以上，是 β-1, 4-葡萄糖的直链聚合物。植物中的纤维素由 7 000 ~ 10 000 个葡萄糖分子组成，有较高的分子量。单个纤维素分子是以束状平行排列，分子间由大量相邻羟基形成的氢键相结合，形成"带状"双折叠螺旋结构。若忽略纤维素的来源，一般认为，其化学组成相同。纤维素不溶于水和碱溶液，用碱溶液激烈提取谷物籽实细胞壁物质后，其不溶残余部分即纤维素。纤维素简单结构如下：

β-Glu-（1, 4）-β-Glu-（1, 4）-β-Glu-（1, 4）-β-Glu-

2. 阿拉伯木聚糖（Arabinoxylans），也称为戊聚糖（Pentosans），是五碳糖

谷物中的阿拉伯木聚糖主要由 2 种戊糖（阿拉伯糖和木糖）组成，其分子主链是由 β-1, 4-木聚糖组成的直线结构，一些取代基通过木糖残基上的 O_2 和 O_3 原子与主链连接，主要的取代基是阿拉伯糖残基分子，阿拉伯糖的侧链的数量和分布是伴随植物种类甚至品种而异。阿拉伯糖和木糖的比例为（0.65 ~ 0.74）：1，侧链数量增加，则水分子容易渗入，溶解度增大。有时阿拉伯木聚糖分子中还有少量其他侧链残基，如六碳糖（hexose）、葡萄糖醛酸（glucuronic acid）、阿魏酸（ferulic acid）。阿拉伯木聚糖的分子量取决于其来源和提取方法。Perlin 等（1952）用超离心法和渗透法测定谷物籽实中阿拉伯木聚糖的分子量为 20 000 ~ 170 000，聚合度为 150 ~ 1 500；用凝胶过滤色谱法测定的谷物阿拉伯木聚糖分子量则高达 80 000 ~ 1 000 000。

3. 混合链 β-葡聚糖（Mixed-Linked-β-Glucans）

大部分谷物都含有 β-葡聚糖，大麦和燕麦中含量较高。常见结构是由许多葡萄糖单位通过 β-1,3 和 β-1,4 键形成的直链结构。大麦中 β-葡聚糖约含有 70% 的 β-1,4 键和

30%的β-1,3键，隔2~3个连续的β-1,4键就插有一个β-1,3键。在一些不常见的β-葡聚糖结构中存在着高达5个连续的β-1,3键。水溶性β-葡聚糖通过超离心法测定的分子量范围是200 000~300 000，聚合度为1 200~1 850；用凝胶过滤法测定的分子量则达4×10^7。

混合链β-葡聚糖和纤维素均由β-葡萄糖单位组成，但其物理特性不同。β-1,3键的存在改变了β-1,4键主链的结构，阻止主链间的相互接近，提高了溶解度，故β-葡聚糖较纤维素易溶于水。因此，常采用水提取后再用硫酸铵沉淀的方法来分离β-葡聚糖。β-葡聚糖的性质常受提取条件的影响，高温提取的β-葡聚糖比在40℃时提取的黏度更高。混合链β-葡聚糖的典型结构如下。

β-Glu-（1,4）-β-Glu-（1,3）-β-Glu-（1,4）-β-Glu-（1,3）-β-Glu-

在谷物中阿拉伯木聚糖和β-葡聚糖并非简单、机械地嵌合在细胞壁中，而是通过酯状交联固定在细胞壁中，故多数不溶于水。但水溶性阿拉伯木聚糖，可吸收约10倍于自身重量的水形成高黏性的水溶液。

4. 甘露聚糖

甘露聚糖是以β-1,4- D-吡喃甘露糖苷键连结的线状多糖，主链某些残基可被葡萄糖取代，或半乳糖通过α-1,6-糖苷键与甘露糖残基相连形成分支，主要有半乳甘露聚糖（galactomannan）、葡萄甘露聚糖（glucomannan）、半乳葡萄甘露聚糖（galactoglucomannan），这些物质构成了植物半纤维素的第二大组分。

β-甘露聚糖及其衍生物是豆科植物细胞壁的固有组分之一，豆科植物中约含1.3%~1.6%。

5. 果胶

果胶是一种带有中性糖（包括D-半乳糖、L-阿拉伯糖、D-山梨糖、L-鼠李糖等）侧链的杂多糖，主链由D-吡喃半乳糖醛酸通过α-（1,4）糖苷键构成。豆粕中的果胶含量大约为14%。

半纤维素与果胶的最大区别是前者的主链以β键连接，而果胶则以α键连接。果胶还有许多种，且以杂多糖组成的果胶较为常见。

三、理化特性

1. 持水性

NSP通过分子内存在的羟基、酯键或醚键与水分子形成氢键，或通过分子间相互缠绕形成胶体而携带大量水。其持水能力可达数倍，甚至10倍于自身重量。

2. 黏性

NSP溶解后，通过分子间的相互作用而连接成网状结构，使水溶液呈现出较高的黏性，其黏稠度与NSP的分子量、分支程度、游离极性集团的数量及本身的浓度有关。据报道，雏鸡饲喂小麦或黑麦日粮，消化道内容物黏度的80%是由仅占多糖总量10%的戊糖大分子（分子量大于75万）引起。

3. 表面活性

NSP分子内部有极性和非极性基团，有的表面带有电荷，可与肠道中的饲料颗粒、脂类微团表面结合，影响其消化吸收。

4. 结合、吸附能力

NSP 通过酯键、醚键和酚基偶联作用与饲料中的蛋白质、多酚和消化道中的一些小分子，如 VA、VE、牛磺胆酸及钙、锌、钠、镁、铁等多种无机离子形成聚合物或螯合物，从而影响它们的吸收利用。

四、抗营养作用

1. NSP 的主要抗营养作用是降低能量利用率

一定剂量的 NSP 有稀释养分，促进胃肠道蠕动及幼畜消化道、消化腺的生长发育，提高小肠中淀粉酶、胰蛋白酶和大肠中脲酶活性的作用；还可促使畜禽胃肠道微生态菌群定植及具有清泻作用，这些对幼小的尤其开食阶段的畜禽均有极其重要的意义。但若剂量过大，则会出现抗营养作用。研究表明，肉鸡日粮中 NSP 含量达 5% 时，即产生抗营养作用，引起日粮表观代谢能，淀粉、脂肪消化率和饲料报酬下降，产生水状排泄物的黏稀粪便。饲料中的 NSP 直接影响饲料的表观代谢值，其含量愈高，能量代谢率愈低（图 8-8）。NSP 对饲料代谢能的影响受饲料类型、动物品种、所处的生理阶段等因素的影响。牛、猪和鸡（禽）对其敏感性依次增加，而幼龄单胃动物敏感性更强，因为反刍动物瘤胃及大肠中的微生物可分泌降解 NSP 的酶。

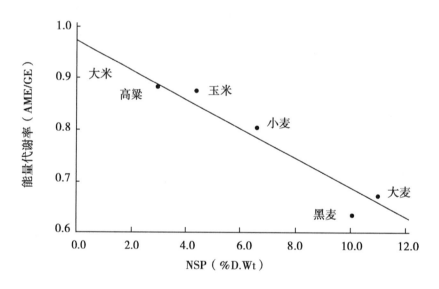

图 8-8　饲料中非淀粉多糖含量和能量代谢率的关系

NSP 降低能量利用率的作用机理可归纳为以下几个方面。

①高度黏性的 NSP 降低消化酶及其底物的扩散速率，同时阻止其在黏膜表面上有效的相互作用，因而抑制底物的消化。

②生理活性物质结合。阿拉伯木聚糖和 β-葡聚糖可直接和消化酶结合并降低其活性，某些 NSP 能结合胆汁盐、脂类和胆固醇，从而影响小肠中脂类的代谢。

③引起消化道黏膜生理形态和功能的变化。块状食糜与胶状溶液，阻碍了消化酶的扩

散，造成消化不良，最后导致小肠功能性病变。

④与肠道微生物区系之间相互作用，其抗营养作用受微生物区系调控。例如，最近的研究表明，肉鸡日粮中添加水溶性 NSP 明显增加了小肠内的发酵。水溶性 NSP 延长了小肠内消化物的滞留时间，减少消化道内的氧气，有助于厌氧微生物菌落的生长。NSP 进入下部肠道为厌氧微生物发酵，产生大量的生孢梭菌等厌氧微生物，从而产生某些毒素抑制动物的生长。

2. 使内源氮损失增加

可使肠黏膜脱落和增加消化液的分泌量，增加内源氮损失。

3. 产生黏性粪便

影响环境和污染蛋品。

4. 黏性的非淀粉多糖还会降低动物的采食量

张晓云（2013）研究表明，小麦中主要抗营养因子是 NSP，其中，阿拉伯木聚糖居多，占整粒的 6.6%，NSP 能增加消化道食糜黏度，降低饲料消化率。

刘峰等（2013）报道，NSP 表面带有负电荷，并有弱亲水性与疏水性，可与肠道中饲料颗粒表面、脂类微团表面及多糖 - 蛋白复合物相结合，还能以螯合的方式与离子和小分子结合，影响营养消化吸收。

毕晋明等（2006）报道，NSP 可改变动物肠道的理化性质及功能特性，提高肠内容物的黏度，降低食糜的通过速度，降低畜禽的采食量。

Stef Lavinia 等（2012）研究表明，肉鸡饲料中小麦加入比例增加，可使肉鸡采食量及体重降低，肠道黏度增加饲喂 30% 小麦，肉鸡采食量较对照组降低了 4.94%，体重降低了 4.1%。饲喂 40% 小麦的试验组，第三周龄，肠道食糜黏度增加了 53.07%。

五、抗营养作用的消除

1. 添加酶制剂

消除 NSP 抗营养作用最有效的措施是加入 NSP 酶制剂。NSP 酶是一种复合酶，主要包括：纤维素酶、木聚糖酶（又称戊聚糖酶）、β-葡聚糖酶、甘露聚糖酶、β-半乳糖苷酶、果胶酶等。研究表明，NSP 酶的作用效果主要表现在以下几方面。

（1）摧毁植物性饲料的细胞壁，提高饲粮的利用率　任何一种饲粮均主要由谷物、饼粕类等植物性饲料原料组成，而这些植物性原料的细胞壁均由 NSP 所构成。单胃动物不分泌聚糖酶，用添加的聚糖酶摧毁细胞壁，有利于细胞内容物淀粉、蛋白质和脂肪等养分从细胞中的释放，使之充分和消化道内源酶作用，从而提高这一部分能量和养分的消化率，进而改善畜禽生产性能。

（2）切割可溶性 NSP（SNSP），降低其黏性　某些 SNSP 含量较高的能量饲料，如次粉、麸皮、小麦、大麦等，黏度大，可吸收大量水分，导致这些饲料原料配制的日粮在消化道形成的食糜黏度大为增加。食糜黏度的增加：使养分从日粮中溶出的速度减缓，降低养分和内源酶的相互作用，养分的消化速度随之减缓；使养分向肠黏膜扩散的速度减缓，因而吸收率降低；使肠道机械混合内容物的能力减弱，脂肪乳化作用减缓，消化率下降；使食糜水分增加，排空速度减慢，促进后肠道微生物发酵，养分利用率降低。

加入聚糖酶可把 SNSP 切割成较小的分子，使之黏度大为降低，食糜的黏度随之也大大降低，从而可提高次粉、麸皮、小麦、大麦日粮中养分的消化率和利用率。加酶后这些饲料原料在饲料配方中的配合比例可以大大提高，从而使这些饲料资源得到充分的开发和利用。添加聚糖酶拓宽了饲料原料的范围，给饲料和养殖企业配制最低成本平衡日粮提供了灵活性。

（3）减少畜禽肠道疾病　某些聚糖酶如甘露聚糖酶，可将豆类饼粕中的甘露聚糖降解成甘露寡糖，甘露寡糖可和某些肠道致病性细菌结合，从而减少畜禽肠道疾病，如仔猪腹泻等。

（4）增进畜禽健康，提高畜禽的成活率　添加聚糖酶使 NSP 水解，NSP 降解产物在小肠被吸收，减少后肠道微生物增殖和泄殖腔污染；同时黏粪减少，降低空气中氨气和硫化氢的浓度和垫料湿度，保持地面干燥，改善饲养环境卫生，增进畜禽健康，提高畜禽的成活率。

（5）减少脏蛋　添加聚糖酶，减少畜禽饮水量和粪便含水量，减少黏粪排出和脏蛋。

（6）使畜禽体重均匀　饲粮中 NSP 含量变异较大，AME 变异也较大，添加聚糖酶可使之达到相同水平，故可使家禽体重均匀。

（7）减少环境污染　添加聚糖酶可减少畜禽粪便有机物和氮的排泄量及其对环境的污染。

英国 90% ~95% 的肉鸡日粮中均添加 NSP 酶。C1assen 等（1988）在 9 种不同品种大麦基础试验日粮中加入 β-葡聚糖酶和阿拉伯木聚糖酶制剂，使肉鸡体重平均增加 12.3%，饲料转化率平均改善 5.5%。Edney 等（1989）报道，添加 NSP 酶制剂也可提高燕麦、小黑麦和玉米的营养价值。Chesson 等（1987）指出，酶制剂之所以能改进饲养效果，并非因其能把多糖水解成单糖，增加单糖的吸收，而是由于它能把黏性多糖降解成较小的聚合物，因而改变了多糖形成黏性溶液和抑制养分扩散的性质。

2. 水处理

Ward 等（1988）报道，饲喂经水处理的黑麦，可显著提高鸡的增重、饲料转化率和脂肪吸收率，其原因可能是除去了水溶性 NSP 和活化了能降解这些多糖的内源酶。

3. γ-射线照射

Patel 等（1980）报道，γ-射线照射可使 NSP 降解，从而提高黑麦、大麦和小麦日粮的消化率及饲用价值。

第七节　抗原蛋白

一、概念及在饲料中的分布

抗原蛋白（antigenic protein）是饲料中的大分子蛋白质或糖蛋白，存在于大豆等多种作物种子中。动物采食后会改变体液免疫功能，因而把这类蛋白质称为致敏因子。一般来讲，蛋白质含量高的饲料是常见的致敏因素。

饲料中的抗原蛋白成分多种多样，迄今，除对大豆中的抗原蛋白成分作过稍多的分离鉴定外，对其他少数饲料（如豌豆、蚕豆、菜豆、花生、羽扇豆、禾谷类、蓖麻种子等）仅粗略地作过抗原蛋白成分的鉴定。

1. 大豆抗原蛋白

目前，已用物理学和免疫学方法查明，大豆种子蛋白质中存在免疫化学性质不同的 4 种重要抗原蛋白，即大豆球蛋白（glycinin）、α-伴大豆球蛋白、β-伴大豆球蛋白和 γ-伴大豆球蛋白（conglycinin），其中，大豆球蛋白占约 40%，β-伴大豆球蛋白占 30%，α-伴大豆球蛋白占 15%，γ-伴大豆球蛋白占 3%。大豆中，大豆球蛋白与 β-伴大豆球蛋白的比例为 3:1 到 1:1。

大豆球蛋白是一种沉淀系数为 11S 的球蛋白，分子量 35 万 ~ 36 万，有约 3 000 个氨基酸残基。曾有试验证明，加热 65℃，30min，大豆球蛋白依然保持免疫活性，而加热到 70 ~ 90℃ 则会迅速丧失其抗原性。

α-伴大豆球蛋白是一种低分子量的 2S 球蛋白，分子量为 2.6 万，单体蛋白。

β-伴大豆球蛋白是 7S 的球蛋白，分子量 14 万 ~ 21 万，糖蛋白。研究表明，β-伴大豆球蛋白由 6 种电泳成分组成，并将它们命名为 β_1-伴大豆球蛋白、β_2-伴大豆球蛋白、β_3-伴大豆球蛋白、β_4-伴大豆球蛋白、β_5-伴大豆球蛋白和 β_6-伴大豆球蛋白，但它们在免疫学上的特点一致。

γ-伴大豆球蛋白是 7S 的球蛋白，分子量 10.4 万 ~ 17 万，糖蛋白。

已有研究表明，对于家畜（断奶仔猪和犊牛）而言，大豆蛋白中引起过敏反应的主要抗原成分为大豆球蛋白和 β-伴大豆球蛋白。

2. 其他饲料中的抗原蛋白

（1）豌豆和蚕豆　豌豆种子蛋白质含有豆球蛋白（legu min）、豌豆球蛋白（vicilin）和伴豌豆球蛋白（convicilin），以豆球蛋白和豌豆球蛋白为主。豆球蛋白的分子量为 39 万（38 万 ~ 41 万），沉淀常数 11S；豌豆球蛋白的分子量为 14.5 万 ~ 17 万，沉淀常数 7S；伴豌豆球蛋白的分子量为 29 万。豆球蛋白和豌豆球蛋白的免疫学特性明显不同，伴豌豆球蛋白的免疫学特性与豌豆球蛋白相似。

蚕豆种子蛋白质含有 11S 的豆球蛋白和 7S 的豌豆球蛋白，以豆球蛋白为主，其分子量为 38 万。

（2）菜豆、羽扇豆和花生　菜豆种子蛋白质主要是一种 7S 的球蛋白，称为菜豆球蛋白。它是糖蛋白（含糖 3% ~ 5%），分子量 14 万 ~ 16 万。

羽扇豆种子蛋白质有 α-羽扇豆球蛋白、β-羽扇豆球蛋白、γ-羽扇豆球蛋白 3 种，其中以 β-羽扇豆球蛋白为主。

花生种子蛋白质有 α-花生球蛋白（α-arachin）和 α-伴花生球蛋白（α-conarachin）2 种。α-花生球蛋白是主要成分，经凝胶层析柱可分成 9S 和 14S 2 种组分。α-伴花生球蛋白的沉淀系数为 7S。

（3）禾谷类籽实和蓖麻　大麦、小麦、黑麦和玉米等禾谷类籽实存在抗原成分，可通过摄食、吸入与接触而引起过敏性疾病。小麦的抗原较不耐热，加热到 120℃，其免疫活性即降低。加热对大麦和玉米中抗原的免疫活性影响不大。荞麦是一种高致过敏性食物与饲料，可引起人和动物发生过敏反应。

蓖麻中的抗原也称蓖麻变应素，存在于蓖麻籽仁中的胚乳部分，含量占籽粒的
0.4%～5%，在蓖麻籽壳、茎和叶中也有少量存在。它是由蛋白质和少量多糖（含糖
2%～3%）聚合而成的糖蛋白。此过敏原在酸性溶液中比较稳定，而易被碱性溶液分解。

二、抗营养作用

①降低饲料蛋白质的利用率。因部分蛋白质是作为完整的大分子蛋白质直接吸收，而
非氨基酸或多肽形式，这些抗原蛋白质被吸收后，并不能作为营养物质被动物体利用。

②抗原蛋白活化动物体内的免疫系统，提高动物的维持需要。饲料中的抗原蛋白，被
动物机体摄入后，可引起对机体不利的特异性免疫反应。与正常免疫反应所不同的是，机
体的反应超过了正常机体的生理水平，增加动物的维持需要，同时还导致机体生理功能的
紊乱或组织损伤。这种异常免疫反应，一般称之为过敏反应（hypersensitivity）或变态反
应（allergy）。能引起过敏反应的抗原物质称为过敏原或变应原（allergen）。

③因慢性局部过敏反应，会增加内源性蛋白质的分泌，导致粪氮排出增加。

④大量食用后，可引起急性过敏反应，出现腹泻、生产性能下降，甚至死亡。

抗原蛋白造成的过敏反应在仔猪方面的报道较多，仔猪在断奶前后饲喂大豆蛋白，大
豆中的蛋白质抗原物质可引起早期断奶仔猪的消化道过敏反应，主要表现为肠绒毛萎缩，
腺窝细胞增生，黏膜组织损伤，消化道酶的数量及活性下降。消化道的上述变化，使营养
物质的消化吸收率下降，导致仔猪腹泻和生长受阻。因此，仔猪的腹泻中有相当部分与日
粮抗原引起的过敏反应有关，或者说饲粮中抗原成分所引起的过敏反应是仔猪断奶后腹泻
的主要原因。

三、抗营养作用的消除及合理利用

1. 加工处理，降低饲料的抗原性

饲料抗原物质大多对热稳定，普通加热处理，其抗原性仍维持不变。据谯仕彦等
（1995，1996）报道，豆粕经过膨化加工处理，可降低其中蛋白质的过敏原性，减轻过敏
反应对仔猪肠道黏膜的损伤程度。但关于膨化加工效果的机理尚无试验报道。用乙醇处理
可改变大豆蛋白的结构，对降低大豆蛋白抗原活性有一定效果。据 Sissons 等（1989）报
道，用 65%～70% 的乙醇在 70～80℃下处理后，大豆蛋白的抗原活性明显降低。其原因
可能是热乙醇处理能增加大豆抗原对胃蛋白酶和胰蛋白酶的敏感性。陈代文等（1995）
的试验也证明热乙醇处理的豆饼能降低仔猪过敏反应的发生。

2. 适当补饲，提高免疫耐受性

对单胃动物（主要是猪）的研究表明，少量多次摄入特异性过敏原，可使机体产生
免疫耐受性（immuno-tolerance），对随后进入的较大量的过敏原不发生剧烈的过敏反应。
Miller 等（1984）采用补饲方法有效地诱导出断奶仔猪对饲料抗原的耐受性。试验表明：
断奶前饲喂少量的饲粮蛋白（补饲 3d），断奶后再次接触同一饲粮时，发生严重腹泻；断
奶前饲喂多量饲粮蛋白（补饲 14d），断奶后再次接触同一饲粮时，未发生腹泻；断奶前
不补饲而突然断奶者，则腹泻率介于二者之间。由此可见，只有充分补饲，使补饲量达到
能获得免疫耐受水平的程度时，补饲才会取得降低或防止断奶后过敏反应的效果。有报道

认为（English，1981），仔猪断奶前至少须采食600g饲粮才能产生免疫耐受性，断奶后才会大大降低腹泻率。

若补饲不充分，达不到足够的饲料抗原物质食入量，则机体一直处于"过敏状态"，断奶后再次食入抗原物质则导致腹泻等过敏反应。因此，对于21d断奶仔猪，因补饲无法使总采食量达到600g，因而补饲没有什么好处。Miller等（1984）建议，对21d断奶的仔猪，断奶前不宜补饲。

3. 降低饲粮的蛋白质水平

蛋白质是饲粮的主要抗原物质，故降低饲粮蛋白质水平有利于减轻过敏反应。研究表明，降低饲粮粗蛋白质水平可降低仔猪断奶后腹泻，但要注意添加氨基酸，并按可消化氨基酸为基础配制仔猪饲粮。采用这种氨基酸平衡饲粮，可以比通常饲养标准的蛋白质需要量降低2%～3%。

此外，也可采用药物控制过敏反应，如钙制剂（葡萄糖酸钙、氯化钙等）、VC、肾上腺素等。

第八节　α-半乳糖苷

一、概念及在饲料中的含量

许多植物体中含有α-D-半乳糖苷结构的低聚糖或多聚糖类，尤其多见于种子、根、芽等组织内。常见的α-半乳糖苷为棉子糖类寡糖，是由一个蔗糖单位（果糖-葡萄糖）与多个半乳糖单位，以α-1,6糖苷键连接而成的长短不同的一类物质，主要包括棉子糖（Raffinose）、水苏糖（Stachyose）和毛蕊花糖（Verbascose）等，其结构如图8-9所示。α-半乳糖苷多聚糖主要是半乳甘露聚糖。不同植物种子中α-半乳糖苷的含量见表8-8。

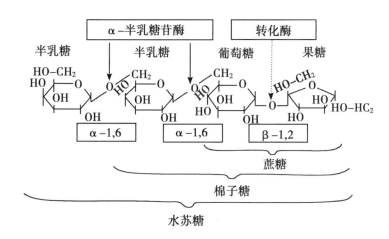

图8-9　棉子糖和水苏糖α-半乳糖苷结构和催化水解它们的酶

表8-8 不同植物种子中 α-半乳糖苷的含量（%）

植物种子	棉子糖	水苏糖	毛蕊花糖	总量
大豆	1.21	4.22	Tr.	5.43
棉籽	6.91	2.36	Tr.	9.27
菜籽	1.35	3.95	Tr.	5.30
花生	0.33	0.99	Tr.	1.32
葵花籽	3.09	0.14		3.23
大麦	0.71	Tr.		0.71
小麦	0.70	Tr.		0.70
玉米	0.26			0.26
高粱	Tr	Tr.	Tr.	Tr.

资料来源：Kuo 等（1988），张晋辉（2001）。Tr. 为痕量

从表8-8可以看出，不同植物种子中 α-半乳糖苷的含量差异较大。与谷实类种子相比，豆科种子、棉籽、菜籽、葵花籽中含有较高水平的 α-半乳糖苷（2%~9%）。通常所讲的 α-半乳糖苷主要指大豆寡糖（Soybean oligosaccharides），因其进入大肠后可被肠道微生物发酵产气，引起消化不良、腹胀、肠鸣等症状，故又称之为胃肠胀气因子（Flatulence factors）。各类豆科籽实中大豆寡糖的含量差异较大，其中，羽扇豆中含量最高（19%），豌豆中含量最低（4.7%），大豆7.1%。大豆寡糖主要存在于子叶中。

不同种类与品种的豆科籽实所引起的胃肠胀气能力不同，菜豆类籽实引起的胃肠胀气能力最强，大豆、豌豆和绿豆属于中等。几种豆类的胃肠胀气因子的产气量见表8-9。

表8-9 几种豆类的胃肠胀气因子的产气量

豆类	产气量比值*	豆类	产气量比值*
四季豆	11.4	干豌豆	5.3
加州小白豆	11.1	嫩豌豆	2.6
印度青刀豆	10.6	利马豆（Ventura 品种）	4.6
黑豆	5.5	利马豆（Fordhook 品种）	1.3
大豆	3.8		

*摄取100g（干重）豆类后第4~7h内收集的胃肠胀气的气体与对照组产生气体的比值（以没有胃肠胀气的对照作为1.0）

大豆中蔗糖和棉子糖的含量与油脂含量成正相关，水苏糖的含量与蛋白质的含量成正相关。经过加工的一些大豆产品，如大豆浓缩蛋白和大豆分离蛋白中低聚糖的含量明显降低，脱脂大豆粉中 α-半乳糖苷含量仍然较高。

大豆中的大多数抗营养因子，如胰蛋白酶抑制因子、植物凝集素、致甲状腺肿因子等可通过热加工将其破坏或使其失活，但 α-1,6-半乳糖苷等产气因子复合物（Flatulence-producing compound）在大豆热加工后仍然存在。豆粕中 α-半乳糖苷含量较高，达5%~

7%，是玉米豆粕型日粮中最主要的抗营养因子之一。

二、抗营养作用

多数植物性蛋白原料含有相当高的 α-半乳糖苷，因单胃动物的消化道内缺乏水解 α-半乳糖苷的 α-1,6 半乳糖苷酶，这些未消化的物质会增加肠道食糜的渗透压，加快肠道食糜的排空速度，从而影响能量和蛋白质的消化率以及动物的生长，另外这些未消化的碳水化合物在后肠被微生物利用，增加肠道气体的生成，导致猪的肠胃不适等。

1. 降低能量的利用率

研究表明，大豆加工产品如大豆饼粕中存在的 α-半乳糖苷寡糖（大豆寡糖）是导致其能量利用率下降的主要原因之一。Coon 等（1988）利用 80% 乙醇处理豆粕后使 α-半乳糖苷含量降低，然后使用强饲法比较低寡糖豆粕和普通豆粕的鸡氮校正真代谢能（TME_n）的变化。结果表明，低寡糖的 TME_n 值显著高于普通豆粕。Leske 等（1993）研究，萃取粕中棉子糖、水苏糖后，加入不同比例萃取的棉子糖、水苏糖或棉子糖 + 水苏糖，结果表明，当水苏糖添加量为普通豆粕水苏糖含量的 20% 或棉子糖含量的 60% 以上时，代谢能和干物质消化率显著降低。棉子糖和水苏糖对大豆产品 TME_n 值的不良影响与其含量有关，若要最大限度提高豆粕的代谢能，至少要除去 80% 的水苏糖和 60% 的棉子糖。

2. 降低饲料养分的消化率

大豆寡糖能降低大豆制品的干物质和粗蛋白质消化率，且还影响氨基酸和矿物元素的利用。α-半乳糖苷对干物质和碳水化合物的消化率有显著影响（Coon 等，1990）。与普通豆粕相比，用乙醇处理过的低寡糖豆粕纤维素和半纤维素的消化率从 0% 和 9.2% 提高到 35.5% 和 61.6%，干物质的消化率也从 53.9% 提高到 67.3%。Leske 等（1993）试验表明，随着寡糖含量的提高，豆粕的干物质消化率呈现出剂量依赖性下降，当在大豆浓缩蛋白中添加棉子糖、水苏糖和蔗糖达到普通豆粕的水平时，粗蛋白质的消化率下降 14 个百分点。可见水苏糖和棉子糖的存在是导致粗蛋白质和干物质消化率下降的主要原因。Slominski 等（1994）用产蛋鸡和成年公鸡做试验，表明低寡糖的双低菜籽粕 NSP 的消化率显著高于普通双低菜籽粕。张丽英（2000）研究表明，大豆浓缩蛋白中加入 1% 和 2% 的水苏糖明显降低猪的消化能、代谢能、干物质的消化率。Caugant 等（1993）给犊牛分别饲喂普通豆粕和用乙醇浸提过的大豆蛋白粉，发现浸提后的大豆蛋白粉氨基酸的消化率升高。Smiricky 等（2002）研究表明在大豆浓缩蛋白中添加大豆寡糖降低了 N 和 AA 的表观消化率和真消化率。Risley 等（1998）报道，大豆寡糖对矿物元素的利用也有负面影响，给 18 日龄仔猪饲喂含 30% 低水苏糖豆粕的日粮，结果表明，与普通豆粕相比，饲喂低寡糖豆粕日粮磷的表观消化率有所提高。

3. 影响动物的生产性能

Irish 等（1993）的试验表明，小肠食糜中大豆寡糖的含量越高，肉鸡的生产性能越差；对断奶仔猪而言，在以奶粉为主要蛋白质来源的日粮中添加 2% 的水苏糖会显著抑制断奶后 0～21d 的日增重，饲料转化率也有下降的趋势，但是添加 1% 的水苏糖的抑制作用并不明显。这说明 α-半乳糖苷只有在达到一定的水平后才明显影响动物生产性能。与普通豆粕相比，饲喂酶解大豆蛋白和大豆浓缩蛋白可提高断奶仔猪的采食量和增重速度，并降低断奶后 2 周仔猪的腹泻率，其原因是这些制品中的大豆寡糖和其他抗营养因子含量较低。Saini（1989）报道，α-半乳寡糖可以引起非反刍动物腹泻、胀气和不适。Risley 等（1998）研究表明，与普通豆粕相比，饲喂低水苏糖豆粕日粮的 18 日龄断奶仔猪采食量（399 vs 376g/d）和日增重（380 vs 355g/d）均增加。Dreau 等（1994）报道，饲喂乙醇水溶液提取的大豆产品可降低断奶后仔猪肠道形态的改变。

4. 影响肠道 pH 值和食糜排空速度

Coon 等（1990）研究表明，与普通豆粕（含寡糖）相比，鸡饲喂不含寡糖豆粕日粮后减少了饲料消耗，延长了食糜在消化道的吸收时间，提高了盲肠的 pH 值（表 8 – 10）。普通豆粕的 TME_n 值较低的原因是由于微生物的水解能力强，改变了后肠的消化环境，使后肠的 pH 值降低，食糜的通行速度加快，使营养物质在小肠中的消化吸收时间缩短，从而降低了营养物质的消化率，而低寡糖豆粕则正相反，食糜通过速度较慢，pH 值较高，很可能创造了一个更适合分解碳水化合物的环境，从而使半纤维素的消化率显著高于普通豆粕。未降解的寡糖直接进入后肠，被寄生的厌氧微生物所利用产生大量的氢气、CO_2、氮气及少量的甲烷和短链脂肪酸。张丽英（2000）研究认为，水苏糖对断奶仔猪食糜通过消化道的速率和结肠 pH 值有明显影响，pH 值的降低主要与食糜中挥发性脂肪酸和乳酸等物质的含量较高有关。Wiggins（1984）报道，产气因子复合物可以增加食糜通过胃肠道的速率，其原因是产气因子复合物在小肠中通过渗透压的作用保持流动性不断增加，从而使食糜通过速率加快，进而影响营养物质的吸收。此外，Smits 等（1996）认为，大豆寡糖可能增加食糜黏度，通过降低小肠消化酶与食糜的相互作用而干扰营养物质的消化。

表 8 – 10　肉仔鸡日粮中添加含或不含寡糖的豆粕，食糜通过消化道的时间及盲肠 pH 值

日粮	饲料消耗量（g）	通过时间（min）	盲肠内容物 pH 值
含寡糖	79.5	71	6.64
不含寡糖	75.2	115	7.21

资料来源：Coon 等（1990）

三、抗营养作用的消除

大豆寡糖（α-半乳糖苷寡糖）热稳定性好，仅热处理较难将其去除。发芽可使大豆的低聚糖减少，但有些豆类如绿豆、菜豆等作用不明显。乙醇浸提可以去除大豆低聚寡糖，但也可能降低原料的营养价值，且不经济。酶处理是去除这些抗营养因子最经济可行的方法。

α-半乳糖苷酶又叫 α-D-半乳糖苷酶，可水解棉子糖和水苏糖中的 α-半乳糖苷键，释放出末端的半乳糖残基。Mulimani 等（1997）报道，用 α-半乳糖苷酶处理大豆粉可使棉子糖和水苏糖的含量减少 90.4% 和 91.9%。Somiari 等（1995）发现粗酶处理比浸泡和蒸煮更能有效降低豇豆中的寡糖含量。

近年来，α-半乳糖苷酶在动物日粮中的应用研究越来越多，主要集中在家禽和猪上。

研究表明，添加 α-半乳糖苷酶可改善动物对能量和营养物质的消化率，提高动物的生产性能，降低饲料成本。

　　Borja Vila 等（2000）用肉仔鸡研究了 α-半乳糖苷酶对玉米豆粕型日粮的能量、粗蛋白质及其他营养物质利用率的影响，结果表明，添加酶制剂使日粮的代谢能提高 5%，氮存留率提高 10% 以上。王春林（2005）研究表明，在玉米豆粕型日粮中添加 α-半乳糖苷酶能显著提高肉仔鸡的 TME$_n$、Met 和 Cys 的真消化率，以及 DM、Ca 和 P 的表观消化率，并提高 21d 肉仔鸡的采食量和日增重；此外，酶的添加使肉仔鸡的肠道长度和肌胃重量均减少，动物消化道变薄有利于营养物质的吸收。Ao 等（2004）研究表明豆粕中添加 α-半乳糖苷酶可以增加单糖的释放，增加肉仔鸡体重、采食量、NDF 消化率和日粮 AME$_n$。Knap 等（1996）研究表明，α-半乳糖苷酶显著提高了去皮豆粕 TME$_n$，在玉米豆粕型日粮中添加该酶对 1~21dAA 肉仔鸡的增重和饲料转化率也有提高。Slo minski 等（1992）通过体内外试验证明，α-半乳糖苷酶与转化酶（蔗糖酶）协同水解棉子糖和水苏糖的效果比单一酶好。Kidd 等（2001）研究表明，日粮添加 α-半乳糖苷酶可改善炎热环境条件下肉仔鸡的生产性能（降低料重比和死亡率）。α-半乳糖苷酶可能改善了玉米豆粕型日粮中碳水化合物特别是大豆寡糖的消化率，消化率的提高增加了能量利用率，从而减少单位增重的饲料消耗，炎热条件下饲料采食常下降，因此，能量利用率的提高对肉仔鸡有益。Jackson（1999）研究表明，添加含 α-半乳糖苷酶的复合酶制剂可显著增加强制换羽产蛋鸡的产蛋量。

　　Baucells 等（2000）报道，在含豆粕的生长猪日粮中添加 α-1,6-半乳糖苷酶（0.08U/kg），肉料比提高 6%，但对增重和养分消化率没有显著影响；而在含豆粕的肥育猪日粮中添加相同的酶，其增重提高 16%，肉料比提高 9%，干物质和蛋白质的消化率分别改善 2.8% 和 12.5%。潘宝海（2002）研究，在日粮中添加 1% 的水苏糖对小猪的生长不利，而添加 α-半乳糖苷酶可以降低水苏糖对小猪的不利影响，并能改善肠道微生物区系结构。研究还证明，猪日粮添加 α-半乳糖苷酶可以降低食糜黏度、改善营养物质的消化。Kim 等（2001）在含豆粕的乳仔猪日粮中添加含 α-半乳糖苷酶的复合酶制剂，结果表明总能消化率改善 7%，赖氨酸、苏氨酸和色氨酸的消化率提高 3%，饲料效率提高 11%，但不影响增重。进一步研究证明，在乳仔猪后期使用这种复合酶可以改善料肉比，降低小肠末端胀气因子的含量，饲喂加酶日粮的仔猪，绒毛较高，特别是在小肠的末端。

　　研究表明，α-半乳糖苷酶能有效提高玉米豆粕型日粮养分的消化率，改变了长期以来人们认为"典型的玉米豆粕型日粮不存在消化问题"的观念。α-半乳糖苷酶是以含大豆寡聚糖的豆类饼粕为主要蛋白质来源的动物日粮中需要添加的酶制剂之一。

第九节　其他抗营养因子

一、香豆素

　　香豆素（coumarin）是具有苯骈 α-吡喃酮母核的化合物的总称。广泛存在于植物界，尤其是伞形科、豆科等，目前已发现有 800 多种。香豆素母核的环上常有羟基、烷氧基、苯基、异戊烯基等取代。因此可把香豆素分为四大类：简单香豆素、呋喃香豆素、吡喃香豆素和其他香豆素。

香豆素在植物体内的浓度低时是一种植物激素，可刺激发芽和生长，但高浓度时抑制发芽和生长。香豆素分子量小有挥发性，大多有香味。常见的香豆素分子式为 $C_9H_6O_2$，分子量为146.5。

香豆素本身并非有毒物质，在霉菌作用下可转变为具有毒性的双香豆素（dicoumarin），黄曲霉毒素属于吡喃香豆素类。

双香豆素作为抗营养因子主要表现为在体内与维生素 K 颉颃。因双香豆素与维生素 K 的化学结构相似，可发生竞争性抑制作用，从而妨碍维生素 K 的利用，使动物凝血机制发生障碍。

二、抗维生素因子

抗维生素因子（antivita min factors）是在化学结构上与某种维生素类似的化合物，它在动物代谢过程中可与该种维生素竞争并取而代之，从而干扰动物对该种维生素的利用，引起维生素缺乏症，双香豆素颉颃维生素 K 就属于这一类。另外，一些能破坏某种维生素的物质也属于抗维生素因子。

1. 抗维生素 A（脂氧合酶）

抗维生素 A 可催化某些不饱和脂肪酸为过氧化物，该过氧化物可氧化破坏与其共存的维生素 A 和胡萝卜素。脂氧合酶（lipoxygenase）存在于豆科植物中，生大豆中的脂氧合酶在常压下通过蒸气加热 15min 可被破坏。

2. 抗维生素 B_1（硫胺素酶）

硫胺素酶（thia minase）能使维生素 B_1（硫胺素）分解为嘧啶和噻唑。蕨类植物含有硫胺素酶，某些淡水鱼类、贝类和甲壳类动物也有多量的硫胺素酶，在家畜肠道中微生物也能产生硫胺素酶。在油菜及木棉的种子中也可分离出抗硫胺素因子。

3. 抗维生素 B_6（1-氨基-D-脯氨酸）

是 D-脯氨酸的衍生物，可与维生素 B_6 磷酸化生成的磷酸吡哆醛结合，而使维生素 B_6 失活。亚麻籽中含有抗维生素 B_6 因子。

4. 抗维生素 D 因子

生大豆中含有抗维生素 D 因子。

5. 抗维生素 E 因子

生菜豆中含有抗维生素 E 因子。

6. 抗生物素蛋白

生鸡蛋的蛋白中存在抗生物素蛋白。

7. 抗烟酸因子

高粱中含有抗烟酸因子。

三、皂苷

皂苷（saponins）广泛存在于植物的叶、茎、根、花和果实中。饲用植物如大豆、花生、菜豆、羽扇豆、豌豆、苜蓿、三叶草及甜菜中均含有皂苷。

皂苷主要分为甾体皂苷和三萜皂苷 2 类。各种饲用植物如苜蓿、大豆、羽扇豆中的皂苷均为三萜皂苷。大豆中含有约 0.46% ~ 0.50% 的皂苷，苜蓿含 2% ~ 3% 。皂苷多具苦味和辛辣味，因而降低含皂苷的饲用植物适口性。皂苷一般溶于水，有较高的表面活性，其水溶液经强烈振摇产生类似肥皂液的泡沫。皂苷可用热水或乙醇从植物中提取，随之用蒸发或沉淀分离。

皂苷能影响鸡的生产性能，含苜蓿皂苷 0.1% ~ 0.5% 的饲粮能抑制鸡的生长。鸡日粮中含 10% 苜蓿粉（相当于含 0.15% 皂苷）可使肉鸡生产性能下降，蛋鸡产蛋率降低。其原因可能是苜蓿皂苷抑制一些和能量代谢有关的酶，从而抑制能量代谢过程；有人则认为，苜蓿皂苷抑制单胃动物生长，主要因其苦味及对口腔和消化道的刺激作用，降低适口性及采食量所致。因皂苷和胆固醇结合，生成不被吸收的不溶性复合物，饲粮中加入胆固醇，可阻止皂苷对生长的抑制作用。苜蓿皂苷中苜蓿酸含量较低时，其对鸡的生长抑制作用也较低。选育低苜蓿酸苜蓿品种，可防止苜蓿皂苷对生长的抑制作用。Ameenuddin 等（1983）报道，用低皂苷苜蓿叶蛋白粉饲喂肉鸡时，肉鸡采食量及日增重较用高皂苷苜蓿叶蛋白粉均显著增加。

猪日粮中加入 20% 苜蓿粉，对猪的生长无不利影响。由于皂苷在反刍动物瘤胃中为细菌所分解，故也不抑制反刍动物生长。

皂苷可造成反刍动物的瘤胃臌气。皂苷具有降低水溶液表面张力的作用，当反刍动物大量采食新鲜苜蓿时，可在瘤胃中和水形成大量的持久性泡沫，夹杂在瘤胃内容物中。当泡沫不断增多，阻塞贲门时，使嗳气受阻，致使形成瘤胃臌气。预防措施为放牧苜蓿前先喂一些干草或粗饲料，露水未干前暂缓放牧，以及和禾本科牧草混种或混合饲喂等。有人认为，臌气作用和苜蓿细胞质蛋白质成分也有关。

皂苷水溶液能使红细胞破裂，故具有溶血作用。一般认为溶血作用与皂苷和红细胞膜中胆固醇的相互作用有关。皂苷可和胆固醇形成稳定的络合物。将皂苷水溶液注射入血液，低浓度时即产生溶血作用，毒性极大。但皂苷经口摄入时无溶血毒性。

用酸、碱或酶处理，可使皂苷水解，降低其毒性。用水或各种溶剂提取也可使之脱毒。

四、含羞草素

含羞草素（mimosine）又称含羞草氨酸，是一种有毒的氨基酸，全称为 β -N-（3-羟基-4-吡啶酮）-L-氨基丙酸。

含羞草素的结构与酪氨酸相似，在体内对维持正常毛发生长所需的酪氨酸和苯丙氨酸（苯丙氨酸氧化可生成酪氨酸）能起颉颃物的作用，与这些氨基酸竞争而干扰酪氨酸和苯丙氨酸的代谢过程。

含羞草素能与磷酸吡哆醛复合，从而影响需要该物质的酶，因此，可能对氨基酸脱羧酶、胱硫醚酶等产生抑制作用，影响蛋氨酸转化为半胱氨酸，而半胱氨酸是毛发的重要成分，因此引起脱毛症。

反刍动物瘤胃中某些微生物可以降解含羞草素产生 3-羟基-4-吡啶酮（3，4-DHP）和

2，3-二羟基吡啶（2，3-DHP），能抑制碘与酪氨酸有机合成甲状腺素，从而导致甲状腺肿大。

含羞草素含量最多的植物是银合欢。银合欢是豆科含羞草亚科银合欢属植物，嫩枝和叶子中的粗蛋白含量14%～30%，具有产量大、耐瘠薄土壤和抗病害等特点。但银合欢的叶、枝、种子都含有含羞草素，限制了饲用价值。

五、产雌激素因子

产雌激素因子是指饲料中含有的一些能够引起动物动情反应的因子，它们是一些与糖基结合的异黄酮类糖苷。这类物质主要有3种：4,5,7-三羟基异黄酮（genistein），4,7-二羟基异黄酮（daidzein）和2,5,7-三羟基异黄酮（ghcitein）。异黄酮主要存在于豆科植物中，尤其是大豆中含量丰富，大豆中上述3种异黄酮的含量分别为1 644mg/kg、581mg/kg、338mg/kg。

异黄酮多具有雌激素样作用，家畜大量食入后，可引起动物的假发情，卵巢囊肿以及公畜雌性化，母畜不孕、流产等。可能系因其与己烯雌酚的结构相似。但另一种观点认为，这类化合物本身并无雌激素样作用，但在体内代谢后，可以产生与合成的雌激素结构相似的并具雌激素样作用的化合物。

六、生物碱

生物碱（alkaloids）是一类含氮化合物，有类似碱的性质，能和酸结合成盐。生物碱的种类多，结构杂。巢菜碱（vicine）和伴巢菜碱（convicine）是主要存在于蚕豆的生物碱，在人体内产生蚕豆溶血性贫血现象，也可导致鸡蛋蛋白的质量下降，蛋黄脆性增加，受精率和孵化率下降。这与其代谢产物具有强烈的氧化作用有关。

七、组胺

组胺（hista mine）由细菌作用于高含量的组氨酸脱羟派生而来，主要存在于劣质鱼粉、肉骨粉和粗制配合饲料中。

组胺可损伤肠道系统，使肠壁变厚，造成肠道微生态系统紊乱和消化液分泌失调，影响营养物质的吸收。

组胺可抑制鸡的生长，降低饲料转化率，甚至引发个别鸡只死亡。实践中要防止组胺对禽类的不良影响，尤其在夏季。对饲料品质要严格把关，特别是易腐败的鱼粉、肉骨粉，出现中毒症状，要及时更换饲料。

第十节　抗营养因子研究存在的问题与展望

一、抗营养因子阈值的研究

迄今，对抗营养因子阈值的研究甚少，多数研究均以远远高出抗营养因子阈值的含量水平进行，因而研究结果对含抗营养因子饲料的加工或育种往往缺乏指导意义。学者研究了饲料中胰蛋白酶抑制因子或添加胰蛋白酶抑制因子的抗营养作用，但几乎无人研究胰蛋白酶抑制因子的最大耐受量（阈值）。有许多因素影响抗营养因子的阈值，如动物的种类、品种、年龄和体重等。不同饲料中的同一种抗营养因子的阈值也可能不同。因此对抗营养因子的阈值需根据上述特点逐一加以研究。

二、抗营养因子分析方法的研究

对抗营养因子的研究缺乏适当的分析技术，给抗营养因子阈值的测定及含抗营养因子饲料的营养价值评定往往带来障碍。现行胰蛋白酶抑制因子的分析方法，仅能用于测定大豆中的胰蛋白酶抑制因子，这种方法是否适用于测定其他豆类的胰蛋白酶抑制因子尚不清楚。同时现行胰蛋白酶抑制因子测定方法以牛胰蛋白酶为底物，然而不同动物胰蛋白酶和胰蛋白酶抑制因子的作用类型不同，因此，对不同动物胰蛋白酶抑制因子的测定方法应有所不同。此外，目前对同一种抗营养因子有数种不同的分析方法，而每种方法计算抗营养因子的活性单位往往不同。因此，比较不同方法对同一种抗营养因子的研究结果十分困难，故有必要建立抗营养因子的标准分析方法。

一般通过植物凝集素和红细胞作用来测定植物凝集素的活性，然而植物凝集素是通过和小肠壁的糖蛋白分子结合产生抗营养作用，和红细胞结合的植物凝集素不一定和小肠壁糖蛋白结合。新近发展的植物凝集素功能免疫分析法（FLIA）可以直接测定植物凝集素和肠壁不同糖蛋白基质及刷状缘黏膜的结合强度，因此，有可能利用这种方法测定植物凝集素对不同动物的生物活性和阈值，也可应用这种方法测定植物凝集素的纯度和满足饲料植物育种研究工作的需要。

三、分离、纯化抗营养因子用于其抗营养作用的研究

许多饲料同时含有多种抗营养因子，目前，一些文献常不能指出哪种抗营养因子的抗营养作用为主，哪种为辅，其原因主要是未能将抗营养因子分离、纯化逐一进行研究。分离和纯化抗营养因子是研究各种抗营养因子的抗营养作用和阈值不可缺少的前提。但分离和制备足够量的抗营养因子费用较高。应用插管技术，可以用少量的纯化抗营养因子置于动物体内靶器官的作用部位（如胰腺、小肠壁刷状缘黏膜），对其抗营养作用进行研究。

四、对不同动物抗营养因子活性的研究

一般研究抗营养因子的抗营养作用大多以小鼠、大鼠和鸡为试验对象，但这些研究测得的增重、蛋白效率比（PER）、净蛋白利用率（NPU）等指标未必能应用到大动物（如猪）上。抗营养因子与不同动物的结合部位的作用强度也不同，故不同动物对抗营养因子的敏感程度也可能不同。用小动物可以评定抗营养因子的特殊抗营养作用和研究其作用机理，但从营养价值评定的观点来看，应更多地研究抗营养因子对不同种类、品种和年龄动物的抗营养作用。

五、抗营养因子的利用

尽管抗营养因子具有抗营养作用，甚至对动物机体组织和器官产生危害，但最近几年

的研究表明某些抗营养因子在人医药中有特殊用途，具有预防和治疗疾病的作用。

蛋白酶抑制因子特别是 BBI 具有较强的抗癌作用，并对癌症发生的各个阶段都有作用。

皂苷可抑制胆固醇在肠道的吸收而降低其在血液中的含量，它也可与胆酸结合或抑制细胞增长，具有抗癌作用，异黄酮的化学结构与雌激素结构相似，有较强的抗氧化能力，能降低血液胆固醇水平，降低血栓形成及修复血管损伤等。同样，单宁和植酸也可降低胆固醇的吸收。

植物凝集素是一种糖蛋白，不易在肠道被蛋白酶分解，且对小肠有较强的黏附性。因此，植物凝集素可成为理想的投药载体，尤其是对甘露糖有特异性结合的植物凝集素被认为对机体毒性小，可以安全使用。

第九章　植物性饲料毒物中毒与防治

第一节　硝酸盐与亚硝酸盐

一、饲料中硝酸盐及亚硝酸盐

（一）饲料中硝酸盐

青绿饲料及树叶类饲料等都含有一定量的硝酸盐（nitrate），其中，以叶菜类饲料如小白菜、大白菜、萝卜叶、牛皮菜、苋菜、甘蓝、菠菜、芹菜、韭菜、莴苣叶、甜菜茎叶、南瓜叶等含量较多。不同种类青绿饲料中硝酸盐的含量差异较大。据测定，不同种类蔬菜中硝酸盐的含量（NO_3^-，均值），从高到低顺序为：绿叶菜类（2 059mg/kg）＞白菜类（1 548mg/kg）＞根茎类（630mg/kg）＞鲜豆类（413mg/kg）＞瓜类（264mg/kg）。同一种类不同品种的植物，其硝酸盐含量也有明显差异。例如，甘蓝的 NO_3^- 含量（鲜重），金生早品种为1 284mg/kg，而黄苗品种为703mg/kg。硝酸盐在植物开花之前含量最高，授粉和果实形成之后则迅速降低。硝酸盐主要聚积在植物的茎叶中，而非果实或种子中，茎含量最高，叶含量最低。青刈燕麦和玉米中硝酸盐的含量也较高，主要存在于茎叶部分，籽粒中较少。

植物体内的硝酸盐含量除了与植物种类、品种、植株部位及生育阶段有关外，还与土壤、肥料、水分、温度、光照等环境因素有关。在一定的环境条件下，植物体内的硝酸盐含量会增加。造成植物体内硝酸盐积累的条件有以下两方面。

1. 促进植物对硝酸盐吸收的条件

如土壤肥沃或施用氮肥过多，为植物提供的硝态氮也相应增多；干旱后降雨，因干旱时土壤中的硝化作用旺盛，这时土壤中的氮多以硝态氮的形式存在，一遇降雨，植物吸收的硝态氮也就多。

2. 阻碍植物体内硝酸盐代谢的条件

如日照不足以及土壤中缺乏 Mo、Fe、Cu、Mn 等元素时，植物中硝酸盐经过代谢还原而合成蛋白质的过程受阻；天气急变、干旱、施用某些除草剂（如2,4-D）、病虫害等，能抑制植物中同化作用的进行，降低硝酸还原酶的活性，均可导致硝酸盐的积累。

（二）饲料中亚硝酸盐的含量

植物从土壤中吸收的硝酸盐在体内先被还原为亚硝酸盐（nitrite），再由亚硝酸盐还原成氨，然后才合成为有机含氮化合物。植物体内亚硝酸酶的含量高于硝酸还原酶，因此，青绿植物中一般不含亚硝酸盐或含量甚微。新鲜蔬菜中硝酸盐和亚硝酸盐的含量见表9－1。

表9－1　新鲜蔬菜中硝酸盐和亚硝酸盐的含量　　（单位：mg/kg）

品种	亚硝酸盐	硝酸盐	品种	亚硝酸盐	硝酸盐
芹菜	0.00	1 799.16	包菜（甘蓝）	2.40	3 420.16
韭菜	17.89	788.04	青菜（大叶芥菜）	0.00	2 327.16
菠菜	16.80	2 327.16	萝卜	0.00	2 426.16
白菜	0.00	3 020.16	莴笋（莴苣）	0.00	2 044.50

二、硝酸盐还原成亚硝酸盐的条件

在自然环境中或动物的胃肠道内，存在着多种具有硝酸盐还原作用的细菌和真菌，通常称为硝酸盐还原菌。在适宜的温度、水分等条件下，硝酸盐还原菌可以迅速繁殖，并将硝酸盐大量地还原成亚硝酸盐，因此，亚硝酸盐的产生，主要取决于饲料中硝酸盐的含量和硝酸盐还原菌的活力。硝酸盐被还原成亚硝酸盐的反应方程式如下。

$$NO_3^- \xrightarrow{\text{硝酸盐还原菌（细菌，真菌）}} 2NO_2^- + N_2 \uparrow$$

（一）青绿饲料长时间堆放

在青绿饲料的收获、运输过程中，植物组织受到不同程度的损伤，细胞壁破裂，易被微生物侵入。长时间堆放时，尤其是在夏秋季节，气温较高，为饲料中的硝酸盐还原菌创造了良好的温度、水分、营养等条件而迅速繁殖，从而把植物中的硝酸盐大量地还原为亚硝酸盐。青绿饲料新鲜与否，放置时间长短，加工方法是否妥当，均影响亚硝酸盐的形成。

（二）青绿饲料经小火焖煮或者煮后久焖

青绿饲料经小火焖煮时，其中的硝酸盐还原菌大多不能被杀死，反而得到适宜的温度和水分条件，大量繁殖，将硝酸盐迅速地转化为亚硝酸盐。对煮熟的青绿饲料，如果不及时降温，仍然焖在锅内或其他容器中，保持较高温度，存放过久，同样可增加亚硝酸盐含量。如小白菜煮熟后再焖在锅里24～48h，亚硝酸盐的含量可达200～400mg/kg。

（三）胃肠道微生物的转化作用

饲料中的硝酸盐被家畜采食后，经胃肠道中微生物的作用可转化为亚硝酸盐。反刍动物（也可见于单胃动物）在采食新鲜的青绿饲料时，有时也发生亚硝酸盐中毒，其原因就在于此。在正常饲养条件下，反刍动物的瘤胃微生物把硝酸盐还原为亚硝酸盐后，再进一步还原为氨而被利用。若微生物群发生变化，致使亚硝酸盐还原为氨的速度受到限制时，若摄入大量硝酸盐，则会导致亚硝酸盐的大量积累，吸收后发生严重的中毒。引起微生物群发生变化的主要因素有瘤胃微生物的状态、瘤胃内的酸碱度、钼、铜缺乏等。单胃动物（猪、马）摄入的硝酸盐，通常在胃和肠道上部吸收，较少生成亚硝酸盐。但胃酸分泌不足或患胃肠道疾病时，肠道细菌可上行至肠道上部，并大量繁殖，这时如果摄入大量硝酸盐，便在肠道上部被还原为亚硝酸盐，大量吸收后可引起中毒。

与反刍动物相比，单胃动物对饲料中硝酸盐的还原能力低。生产实践中，单胃动物亚硝酸盐中毒多数是因食入已形成的亚硝酸盐造成。

三、硝酸盐和亚硝酸盐的毒性

饲料中的硝酸盐本身毒性较小，主要对消化道产生刺激作用，导致急性胃肠炎，动物因腹泻而发生虚脱。而亚硝酸盐为剧毒物质，各种动物对亚硝酸盐的敏感性不同，猪最敏感，牛、羊次之。据报道，牛硝酸钠最小致死量为每千克体重 330～616mg，而亚硝酸钠仅为每千克体重 150～170mg。猪亚硝酸钠的中毒量为每千克体重 48～77mg，最小致死量为每千克体重 70～90mg。饲料通过猪肠道时，硝酸盐可迅速转变为氨，硝酸根离子对猪血红蛋白的氧化作用较慢，故猪不易发生硝酸盐中毒。绵羊硝酸盐的致死量为每千克体重 308mg，而亚硝酸盐的致死量为每千克体重 170mg。家兔亚硝酸钠的致死量为每千克体重 80～90mg。

Reckelhoff（1994）报道，随着动物年龄的增长，其体内亚硝酸盐的代谢速度发生相应的变化，故同种动物因年龄不同而表现出对亚硝酸盐的敏感性不同。一般老幼龄动物对亚硝酸盐的敏感性较成年动物大。

此外，硝酸盐和亚硝酸盐的毒性还与个体差异、瘤胃微生物的还原能力强弱、高铁血红蛋白复原能力及遗传等因素有关。亚硝酸盐中毒常在饱食后发生，故又称"饱潲病"。

四、毒性作用

在正常红细胞中，血红蛋白含二价铁，具有携带氧和运输二氧化碳的能力，称为低铁血红蛋白。亚硝酸盐被吸收入血液后，1 分子亚硝酸根离子可与 2 分子血红蛋白（hemoglobin，Hb）相互作用，使正常的 Hb 中的二价铁氧化为三价铁，生成高铁血红蛋白（methemoglobin，MHb），从而失去携氧能力，导致机体组织缺氧，严重时因窒息而死亡。

亚硝酸盐引起的血红蛋白的这种变化可逆，血液中的辅酶Ⅰ、血小板及谷胱甘肽都可促使高铁血红蛋白还原成正常的血红蛋白，并随之恢复其携氧功能。因此，若动物只采食少量的亚硝酸盐（在安全耐受范围内），形成的高铁血红蛋白不多时，体内可以自行解毒，不显示毒性反应。若短时间内连续食入多量亚硝酸盐，使高铁血红蛋白的生成速度超过了机体本身还原高铁血红蛋白的能力，则导致红细胞中高铁血红蛋白含量增高。正常红细胞内 MHb 只占 Hb 总量的1%左右，当体内20% Hb 转变为 MHb 时，可引起黏膜发炎，达30%～60%时出现中毒症状，70%～90%时，在 90～150min 可死亡。可见亚硝酸盐对动物的毒害程度，主要取决于被吸收的亚硝酸盐的数量和动物本身高铁血红蛋白还原酶系统的活性。羊能迅速有效地将 MHb 还原为 Hb，牛较慢，猪和马更慢。

亚硝酸盐还具有以下毒性作用。

①在血液中，亚硝酸根离子可直接作用于血管平滑肌，有松弛平滑肌的作用，导致血管扩张，血压下降，外周循环衰竭。

②慢性亚硝酸盐中毒时，少量多次进入体内的亚硝酸盐可通过胎盘屏障进入胎儿红细

胞，胎儿血红蛋白对亚硝酸盐敏感，常因发生胎儿高铁血红蛋白血症（methemoglobin-emia）而导致妊娠母畜流产、死胎、畸形和胎儿被吸收。

③亚硝酸盐可促进维生素 A 和胡萝卜素分解，并影响维生素 A 原的转化和吸收，增加机体对维生素 A 的需要量，长期食入可引起继发性维生素 A 缺乏。

④亚硝酸盐可在体内争夺合成甲状腺素的碘，有致甲状腺肿的作用。

⑤亚硝酸盐与仲胺或酰胺结合，生成 N-亚硝基化合物，这类化合物对动物具有很强的致癌性，长期接触亚硝酸盐的动物，可能发生肝癌。

五、临床症状及病理变化

动物亚硝酸盐中毒多为急性，中毒的严重程度、死亡率与饲料中的硝酸盐或亚硝酸盐的含量及采食量有关。如采食大量亚硝酸盐，则中毒快，死亡率高；若采食大量的硝酸盐，则需经数小时后才发病，如牛羊约需 5h，猪约 1.5 ~ 2.5h 后才出现高铁血红蛋白血症。

猪亚硝酸盐中毒后，主要表现系列缺氧症状，如呼吸困难，心跳快速，黏膜暗紫色，鼻盘发乌，兴奋，流涎，呕吐，震颤，抽搐以至昏迷窒息死亡。尸体皮肤呈灰紫色，剖检可见肺水肿及气肿，胃膨胀并充满气体，血液暗棕色，凝固不良。血中高铁血红蛋白高达80% ~ 90%，肝、肾乌紫色，脾淤血，淋巴结轻度充血。

牛急性亚硝酸盐中毒一般表现沉郁，呆立，眼结膜发绀，体温低，头下垂，步态蹒跚，呼吸急速，心跳加快，尿频，血液变暗呈酱油色，严重时倒地不起，肌肉震颤痉挛，最后挣扎死亡，病程 12 ~ 24h。最急性中毒病例，常无可见症状而突然死亡。慢性中毒，主要表现流产，虚弱，分娩无力，受胎率低；跛行、走路拘谨，发育不良，增重慢；下痢、抗病力下降，维生素 A 缺乏，甲状腺机能下降、肿胀，产乳量减少等。

亚硝酸盐中毒动物的主要病理特征是：血液呈深紫色（巧克力色），组织也呈现同样色泽，黏膜呈青紫色，浆膜有出血点和（或）出血斑，瘤胃和皱胃有充血现象。

六、诊断

猪亚硝酸盐急性中毒的潜伏期为 30min ~ 1h，3h 达发病高峰，之后迅速减少，并不再发生新病例。牛羊采食含硝酸盐的植物约在 5h 后发病。根据发病规律，结合病史和临床症状，如黏膜发绀、血液呈酱油色、呼吸困难、痉挛等，一般可作出诊断。特效解毒药亚甲蓝静脉注射疗效显著，可进一步验证诊断。有条件的可对饲料、饮水、胃内容物、组织等进行毒物的定性或定量分析，并测定高铁血红蛋白含量。一般认为，动物血清、血浆、泪液及其他体液样品中硝酸盐和亚硝酸盐含量分别小于每毫升 10μg 和 0.2μg；10 ~ 20μg和 0.2 ~ 0.5μg 为临界值；大于 20μg 和 0.5μg 为过多接触硝酸盐和亚硝酸盐的标志。

高铁血红蛋白检测：取病畜血液少许，滴入数滴 1% 氰化钾（或氰化钠）液，振荡后立即转为鲜红色；或滴加 0.5% 亚甲蓝数滴，在 37℃ 下放置 1h，血液变为鲜红色；还可用分光镜在红色光谱 620 ~ 635nm 处出现特殊的吸光带进行检查。因高铁血红蛋白不稳定，血液应在生前或死后 2h 内采集，采血后迅速测定，否则将血液用 pH 值 6.6 磷酸盐缓冲液作 1 : 20 稀释，再冷藏或冰冻保存。除急性中毒外，单独测定高铁血红蛋白并非硝酸盐和亚硝酸盐中毒的可靠指标，因2h之内将有50%的高铁血红蛋白转变为血红蛋白。

送检样品中应加入少量氯仿或福尔马林以防止硝酸盐因细菌的发酵作用而转化。动物中毒死亡后的病料必须在1~2h内采集送检。

七、预防措施

（一）减少饲料原料中硝酸盐的含量

在种植青绿饲料时，适量施用钼肥，减少植物体内硝酸盐的积累；临近收获或放牧时，控制氮肥和2,4-D等农药的用量，减少硝酸盐的富集。

（二）注意青绿饲料的饲喂、调制及贮存方法，避免 NO_3^- 还原成 NO_2^-

青绿饲料应尽量鲜喂，暂时喂不完的要摊开敞放而不宜堆放，已烂的青绿饲料切勿喂猪。

若是熟喂，蒸煮时宜大火快煮，凉后即喂，不要小火焖煮。

在煮熟的青绿饲料中添加碳酸氢铵，按每100kg煮熟的青绿饲料添加100克碳酸氢铵后饲喂家畜，可消除亚硝酸盐的不良影响。

硝酸盐含量高的青绿饲料可以青贮，在青贮过程中因亚硝酸盐转化为氨挥发而使毒性降低。

（三）建立分析化验制度

对可疑饲料、饮水，实行临用前的简易化验，以确保安全。在大型养殖场最好建立毒物的常规检验制度。

1. 定性分析

如用对氨基苯磺酸重氮法、联苯胺法、安替比林法等。

2. 定量检测

饲料中亚硝酸盐含量的测定常用盐酸萘乙二胺法（GB/T 13085—2001）。

（四）日粮中要保证有一定量的易消化糖类

反刍动物采食硝酸盐含量高的青绿饲料时，要喂给适量富含易消化糖类的饲料，以降低瘤胃pH值，抑制硝酸盐转化为亚硝酸盐的过程，并促进亚硝酸盐转化为氨，从而防止亚硝酸盐的积累。运输和饥饿的牛羊不能吃富含硝酸盐和亚硝酸盐的饲草，如果不得不喂，最好加入四环素（30~40mg/kg），这对减少硝酸盐转变成亚硝酸盐有一定作用。

（五）严格控制饲喂量

饲料（干物质）中硝酸盐的氮含量一般大于0.2%，或按硝酸根计在0.88%以上时，有引起中毒的危险。超过此危险水平，应严格控制饲喂量。

（六）作物育种

造成植物种、品种和不同部位间硝酸盐积累差异的原因，主要是受遗传因子的控制所致。在同一组织内硝酸盐含量的变异与硝酸还原酶的活性呈负相关，硝酸还原酶的活性强度高度遗传，因此，通过育种途径，筛选低富硝酸盐品种，可预防硝酸盐危害。

八、治疗

特效解毒药为美蓝（亚甲蓝，methylene blue）和甲苯胺蓝（toluidine blue），同时配合使用维生素 C 和高渗葡萄糖溶液，疗效更好。

美蓝用于猪的标准剂量为每千克体重 1 ~ 2mg。常配成 1% 的溶液（1g 美蓝加 10ml 无水乙醇，然后加灭菌生理盐水至 100ml）静脉注射，或 1% 美蓝溶液，按每千克体重 0.1 ~ 0.2ml 静脉注射，必要时待 2h 后再重复用药。反刍动物的剂量较大，约每千克体重 8 ~ 10mg。

美蓝是一种氧化还原剂，在低浓度、小剂量时，它本身先经辅酶 I 的作用转变成白色美蓝（还原型美蓝），而白色美蓝可把高铁血红蛋白还原为正常血红蛋白。但在高浓度、大剂量时，还原型辅酶 I 不足以使之变为白色美蓝，于是过多的美蓝则发挥氧化作用，使正常血红蛋白变为高铁血红蛋白（呈现与亚硝酸盐一样的作用）。正因为如此，治疗亚硝酸盐中毒时用的是低浓度小剂量。但在反刍动物已经证明，美蓝的大剂量并不引起高铁血红蛋白症，所以可用较大的剂量。

除美蓝外，亦可用甲苯胺蓝。甲苯胺蓝的作用机制同美蓝，且疗效较高。据试验，甲苯胺蓝使高铁血红蛋白还原的速度比美蓝快 37%。甲苯胺蓝的用量为每千克体重 5mg，配成 5% 溶液静脉注射或肌肉注射，即每千克体重注射 5% 甲苯胺蓝溶液 0.1ml。

维生素 C 也具有使高铁血红蛋白还原为氧合血红蛋白的作用，但其作用效果不及美蓝和甲苯胺蓝，25% 的维生素 C 溶液用量为：牛、马 40 ~ 100ml，猪、羊 10 ~ 15ml，静脉注射。

在使用解毒剂的同时，可用 0.1% 高锰酸钾溶液洗胃或灌服，对重症的病例应及时输液、强心，以提高疗效。

第二节　氰苷和氢氰酸

一、氰苷的种类和来源

氰苷（cyanogenic glycoside）广泛存在于植物，是由一个 α-羟腈与糖分子结合生成的糖苷化合物，即由 α-羟基与糖分子的半缩醛形成 β-糖苷键，故也称生氰糖苷或氰苷配糖体。自然界中已发现有 2 000 多种生氰植物，它们在体内能够合成氰苷，经水解后释放出氢氰酸（HCN）。Bennett 等（1994）报道，在植物的不同生长阶段，不同程度地产生次生氰苷代谢产物，对自身进行保护。

目前，已确定 20 多种氰苷的结构，其中，毒性较大的有 5 种，即百脉根苷（lotaustralin）、亚麻苦苷（linamarin）、苦杏仁苷（amygdalin）、毒蚕豆苷（vicianin，或称野豌豆苷）和蜀黍苷（Dhurrin，或称叶下珠苷），其结构如图 9-1 所示。

生氰植物体内合成氰苷的过程为：氨基酸→N-羟基氨基酸→醛肟→腈→α-羟腈，不同的氨基酸可以产生不同的氰苷。百脉根苷由 L-异亮氨酸形成，亚麻苦苷由 L-缬氨酸形成，苦杏仁苷和毒蚕豆苷由 L-苯丙氨酸形成，蜀黍苷由 L-酪氨酸形成。

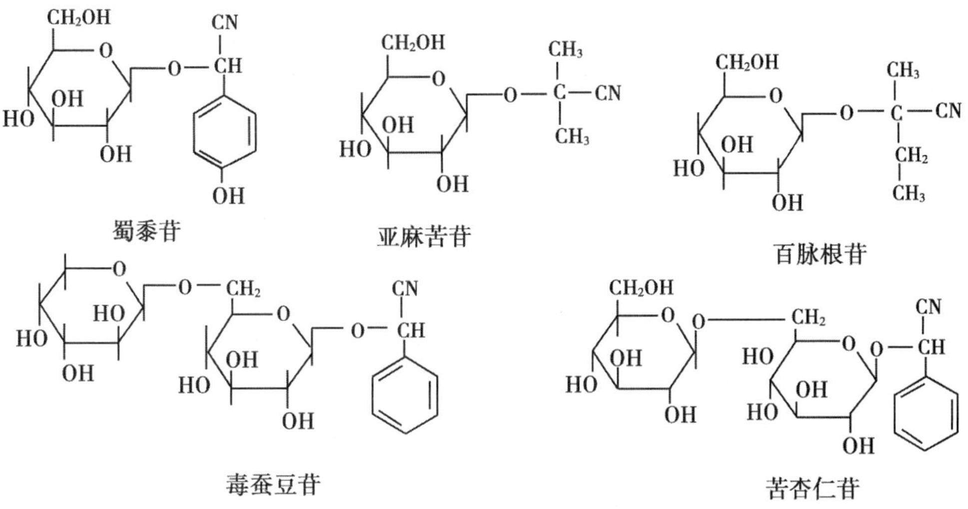

蜀黍苷　　　　　　亚麻苦苷　　　　　　百脉根苷

毒蚕豆苷　　　　　　　　苦杏仁苷

图9-1 5种氰苷的结构

禾本科植物、块根作物和水果核（仁）中，氰苷的含量均较高，家畜常因采食含氰苷的饲料植物而中毒。常见饲料性生氰植物有高粱或玉米苗、木薯、亚麻籽及其饼粕、蔷薇科植物。

1. 高粱及玉米苗

新鲜幼苗含有氰苷，特别是再生苗中含氰苷更多，已从玉米苗中分离出蜀黍苷。牛、羊因采食而发生中毒的较多。

2. 木薯

木薯是我国南方重要的杂粮之一，含有较高的淀粉等营养成分。干木薯片是良好的饲料，木薯叶也可作为猪饲料。但木薯中含有较多的氰苷，主要是亚麻苦苷，其含量约占总量的90%～95%。氰苷在各个部分的含量不同，幼嫩叶含7.14%，壮叶6.0%，老叶0.21%，块根皮59.4%，块根肉2.0%；块根全薯19.4%。氰苷含量还与季节及加工方法有关，1～10月木薯皮和木薯叶中氰苷的含量较低，10月后逐渐增多；干旱少雨季节木薯中氰苷的含量较高；加工晒干越缓慢，形成的氢氰酸物质积蓄越多。我国饲料卫生标准（GB 13078—2001）规定，木薯干的氰化物允许量（以HCN计）为≤100mg/kg。

3. 亚麻籽及其饼粕

亚麻种子及其饼粕主要含有亚麻苦苷和少量百脉根苷，其含量因亚麻的品种、种子成熟程度以种子含油量等因素的不同而异。纤维用亚麻种子中含亚麻苦苷较多，油用亚麻种子中亚麻苦苷含量较少；完全成熟的种子中极少或完全不含亚麻苦苷；含油量越低的种子，亚麻苦苷含量越高。亚麻籽饼粕中亚麻苦苷的含量因榨油方法不同而有较大差异。用溶剂提取法或在低温条件下进行冷榨时，亚麻籽中的亚麻苦苷和亚麻苦苷酶可原封不动地残留在饼粕中，一旦条件适合，就分解产生HCN。相反，采用机械热榨油法时，其亚麻苦苷和亚麻苦苷酶绝大部分被破坏，因而饼粕中HCN含量较低。我国饲料卫生标准（GB 13078—2001）规定，亚麻籽饼粕中氰化物允许量（以HCN计）≤350mg/kg。

4. 蔷薇科植物

桃、李、梅、杏、枇杷、樱桃等植物的叶子也含有氰苷，主要是苦杏仁苷，采食过多可引起动物中毒。此外还有报道，马、牛因服用中药桃仁、杏仁、李仁等的制剂过量而发生中毒。

5. 豆类

箭舌豌豆、海南刀豆、狗爪豆等都含有氰苷，如不预先经过浸泡和滤去浸液，可引起动物中毒。

6. 牧草

许多牧草也含有氰苷，如苏丹草（Sudan grass）、三叶草、箭草（arrow grass）和芸薹属的植物等，从白三叶草（white clover）中分离到百脉根苷。

二、氢氰酸的产生

氰苷本身不具有毒性，但可在酶或酸的作用下水解产生 HCN。临床上 HCN 中毒主要是由于家畜采食了富含氰苷的饲料植物而引起。

1. 酶解

在含氰苷的植物中，都存在有水解氰苷的 β-葡萄糖苷酶（β-glucosidase）和羟腈裂解酶（cyanohydrin lyase）。在完整的植物体内，氰苷和水解酶分别被隔离在不同的组织和细胞中，氰苷一般不会受到水解酶的作用。当植物枯萎、受霜冻、生长受阻、践踏或动物采食过程中，完整细胞受到破坏后，使氰苷与水解酶接触时，发生水解反应。首先 β-葡萄糖苷酶催化氰苷水解，产生 α-羟腈和葡萄糖；随后，α-羟腈在羟腈裂解酶的作用下裂解，释放出 HCN，同时产生一个羰基化合物（醛或酮）（图 9 – 2）。

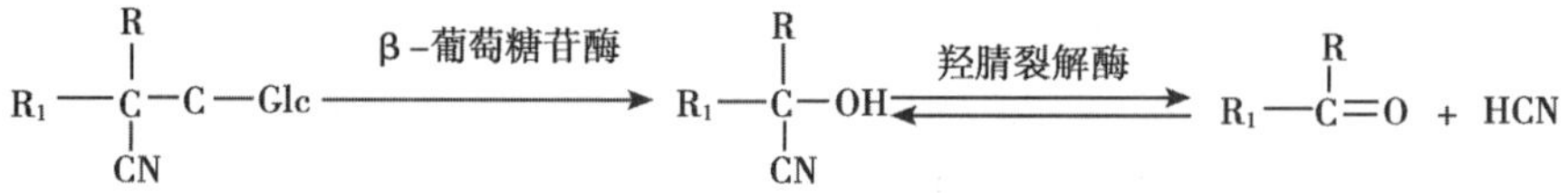

图 9 – 2　氰苷在酶作用下分解及氢氰酸生成

在生长的牧草中，其自溶作用可能与霜冻、严寒、干旱或受到践踏有关。HCN 释放速率主要取决于物理条件。在植物较干燥的情况下，HCN 释放较缓慢。

2. 化学降解

在酸性环境和裂解温度下，氰苷的 β-糖苷键断裂，生成 α-羟腈和葡萄糖，不稳定的 α-羟腈很快分解产生 HCN 和相应的羰基化合物。

三、毒性

各种动物口服 HCN 的最小致死量为每千克体重 0.5～3.5mg，含碱氰化物的致死量约为 HCN 的 2 倍。当以氰苷的形式经口摄入时，牛、羊 HCN 的最小致死量为每千克体重 2mg，羊百脉根苷的最小致死量为每千克体重 4mg。动物迅速摄取生氰植物饲料，大剂量的 HCN 能使其在几分钟内死亡，小剂量时可存活几小时。牛对 HCN 有较大的耐受性，每天可食入含有 HCN 50mg/kg 的含氰苷牧草，然而饥饿牛采食含较低氰苷牧草即可致死。羊的耐受性略小于牛。同种动物的不同品种对 HCN 的耐受性也有差异。一般来说，植物每千克干物质含 HCN200mg 即可引起中毒。据报道，未成熟高粱全株中 HCN 含量为 2 500 mg/kg，亚麻籽粕中 HCN 含量为 530mg/kg，有些植物 HCN 含量高达 6 000mg/kg。

四、中毒机理

含氰苷的植物饲料被动物采食后，在酶或酸的作用下，可水解产生 HCN。HCN 被吸收后，氰离子的主要毒性作用是抑制细胞内呼吸酶的活性，如细胞色素氧化酶、过氧化氢酶、琥珀酸脱氢酶、乳酸脱氢酶等。细胞色素氧化酶对氰离子最为敏感，这是因为氰离子能迅速地同氧化型细胞色素氧化酶的辅基三价铁结合，形成稳定的氰化高铁细胞色素氧化酶复合体，使其不能转变为具有二价铁辅基的还原型细胞色素氧化酶，从而丧失传递电子和激活分子氧的作用，阻止了组织细胞对氧的利用，造成机体组织缺氧或"细胞内窒息"。在此过程中，血液摄氧、运氧和携氧功能正常，但组织细胞不能从毛细血管的血液中摄取氧，使静脉血液氧含量高于正常，导致动脉和静脉血液颜色均呈鲜红色（可与亚硝酸盐中毒时，血液携氧功能障碍而引起的缺氧相区别）。因为组织缺氧，有氧代谢转变为无氧代谢，结果使组织内乳酸及无机磷酸的含量增高，而糖原和三磷酸腺苷等高能磷酸化合物的含量减少。由于中枢神经系统对缺氧特别敏感，并且氢氰酸在类脂质中溶解度较大，所以，中枢神经系统首先受到损害，尤以血管运动中枢和呼吸中枢最为严重，呈现先兴奋而后抑制，终以中枢麻痹而死亡。

动物长期摄入氰苷含量较低的植物可引起慢性中毒。少量的 HCN 被吸收后，在肝脏中转化为硫氰酸盐，干扰甲状腺摄取碘，引起甲状腺肿大，生长发育迟缓。妊娠母畜长期采食含氰苷的植物，可导致初生仔畜甲状腺肿大。

牛、羊的瘤胃微生物能促进植物中的水解酶释放和提高酶的活力，所以牛、羊易发生中毒。胃液的 pH 值直接影响氰苷转化为 HCN 的速度，高 pH 值可增加转化率和中毒风险，即单胃动物（pH 值 2 ~ 4）明显低于反刍动物（pH 值 6.5 ~ 7）。另外，采食有毒植物后饮水，也可促进氰苷的水解作用。饲喂谷物或干草饲料可降低氰苷转化率。

五、临床症状

因反刍动物瘤胃微生物的作用，可在瘤胃中将氰苷水解产生 HCN，中毒症状出现较早，一般在采食后 15 ~ 30min 就可发病。单胃动物在采食含氰苷的饲料后，氰苷的水解过程多在小肠中进行，中毒症状出现较晚，多在采食后几小时。HCN 急性中毒的主要症状为呼吸快速且困难，呼出气体有苦杏仁气味，体温下降，全身衰弱无力，行走站立不稳，心律失常。肌肉震颤、惊厥、角弓反张、瞳孔散大，最后卧地不起，四肢划动，呼吸麻痹死亡。可视黏膜先为鲜红色，后期出现呼吸障碍时转为发绀。急性中毒发病快，病程短，有时不出现症状也可发生死亡，生产实践中要注意防范。

慢性中毒的症状因动物品种和采食的植物种类不同而有差异。妊娠母羊和羔羊表现甲状腺肿大，羔羊骨骼畸形。马、牛和绵羊采食苏丹草可引起后躯运动失调，尿失禁，膀胱炎。另外，马、牛和羊因胎儿关节弯曲可导致难产。

各种动物都有可能发生 HCN 中毒，牛最敏感，羊次之，猪禽发生较少。犬和人长期接触含有亚致死量氰化物时，可引起中枢神经系统多发性变性和坏死。

六、病理变化

HCN 中毒的动物呈现血管充血，血液凝固不良，常为鲜红色，但肌肉为暗红色。气管和支气管内充满大量淡红色泡沫状液体，支气管黏膜和肺脏充血、出血。胃黏膜充血和发红，心内、外膜及各组织器官的浆膜和黏膜有斑点状出血，实质性器官变性。切开瘤胃可闻到苦杏仁味，胃内容物呈碱性。

七、诊断

根据摄入含氰苷植物或被氰化物污染的饲料或饮水的病史，结合发病突然、且病程进展迅速，呼吸高度困难，血液和可视黏膜鲜红色等临床特征，可做出初步诊断。进一步确诊需要对饲料、血液、瘤胃内容物、肝脏和肌肉组织等进行毒物分析。HCN 为挥发性毒物，采样后应立即将样品放入密封的容器中，并冷冻保存或放入干冰；也可将样品浸入 1%~3% 氯化汞溶液中保存送检。若死亡时间较久，推荐采用肌肉组织（20h 内可采集）。经分析检验，若 HCN 含量在饲料中超过每千克干物质 200mg、在瘤胃内容物中超过 10mg/kg、肌肉组织中超过 0.63mg/kg、新鲜肝组织中超过 1.4mg/kg，均可诊断为 HCN 中毒。

氰化物的检测方法常用普鲁士蓝法、苦味酸试纸法和联苯胺比色法、硝酸盐滴定法等。

本病应与亚硝酸盐中毒相区别，急性亚硝酸盐中毒可引起动物迅速死亡，但静脉和动脉血液均呈酱油色或巧克力色。

八、防治

（一）预防措施

1. 合理利用

掌握生氰植物生育期中有毒成分含量的变化规律，在含毒量较低时收获并适当调制后饲喂，以减少中毒机会。例如，高粱茎叶在幼嫩时不能饲用，应在抽穗时加以利用，并以调制成青贮料或干草后饲用为宜。通过青贮或晒干（或阴干），可使 HCN 挥发。

2. 控制饲喂量

饲喂含氰苷的饲料要与其他饲料混合饲喂，且量不宜过大。用木薯块根作饲料时，可占饲粮的 15%~30%，配合饲料中的用量一般以 10% 为宜。亚麻籽饼粕饲喂单胃动物一般不超过 20%，最好间歇饲喂。当家畜饥饿时不要喂含氰苷的饲料，空腹采食更易造成中毒。长期用含氰苷植物或青饲料饲喂家畜时，应注意补充碘，防止发生条件性碘缺乏症。

3. 脱毒处理

氰苷可溶于水，经酶或稀酸的作用可水解为 HCN，HCN 的沸点低（26℃），加热易挥发。因此，去毒处理一般采用水浸泡法、加热蒸煮法等。木薯去皮切成小段，放入清水中浸泡 1~2 天，煮熟，即可饲用。如将鲜薯加热 30min，HCN 也可全部消失。亚麻籽饼粕用水浸泡后煮熟，煮时将锅盖打开，可使 HCN 挥发而脱毒。磨碎和发酵对去除 HCN 也有作用。

在含有木薯的饲粮中添加硫的化合物（如硫代硫酸钠、硫酸钠等），硫在体内硫氰酸酶的作用下可与氰离子结合，生成硫氰酸盐随尿排出。同样，添加蛋氨酸作为硫源，也促进解毒，人称营养性解毒。在含有 50% 不去毒木薯的猪饲粮中添加 0.2% 蛋氨酸，在含有 50% ~ 55% 木薯粉的肉鸡饲粮中添加 0.25% ~ 0.30% 硫代硫酸钠，均获得良好的饲养效果。

4. 品种选育

应选用产量高、氰苷含量低的饲料品种，改良种植方法，培育无毒或低毒品种。育种学家利用白三叶草的遗传特点，在新西兰和澳大利亚已培育出低氰苷含量的新品种，可用作安全的植物性饲料。

此外，对氰化物农药要严加保管，不要污染饲料，或被家畜误食。

（二）治疗

治疗氰化物中毒的解毒药作用原理，主要是药物与氰离子结合，或从受抑制的酶中夺取氰离子与之结合，恢复酶活，解除氰离子引起的毒性作用；参与和促进氰离子在体内代谢，使之失去毒性，起到解毒作用。

1. 亚硝酸钠与硫代硫酸钠联合使用

首先静脉注射 1% 亚硝酸钠溶液（每千克体重 1ml），或与 10% ~ 25% 葡萄糖液混合缓慢静注。亚硝酸盐可使血红蛋白转变成高铁血红蛋白，后者能迅速夺取已与细胞色素氧化酶结合的氰离子并络合成氰化高铁血红蛋白，从而恢复细胞色素氧化酶活力，被抑制的生物氧化呼吸链得到解除，血液里的氧能进入组织，恢复细胞呼吸功能。但氰离子对细胞色素氧化酶的亲和力稍小于它与高铁血红蛋白的亲和力，因此亚硝酸钠的剂量不宜太小，应当使病畜有相当量的高铁血红蛋白（结膜稍呈青紫）以充分与氰离子结合。由于高铁血红蛋白与氰离子结合的产物仍不稳定，会逐渐放出氰离子，因而在注射亚硝酸钠后应立即（或用同一针头）注射 5% ~ 10% 硫代硫酸钠溶液（每千克体重 1ml），后者在体内硫氰酸酶的作用下，能使游离的及已与高铁血红蛋白结合的氰离子转变为毒性较小的硫氰酸盐随尿排出体外。其整个解毒的反应如下。

$$Cytaa-Fe^{3+}+CN^- \longrightarrow Cytaa-Fe^{3+}-CN^-$$
高铁细胞色素氧化酶　　　　氰化高铁细胞色素氧化酶

$$MHb-Fe^{2+} \xrightarrow{NO_2^-} MHb-Fe^{3+}$$
$$MHb-Fe^{3+}+Cytaa-Fe^{3+}-CN+CN^-$$
$$\uparrow\downarrow \quad \uparrow\downarrow$$
$$Cytaa-Fe^{3+}+MHb-Fe^{3+}-CN$$
氰化高铁血红蛋白

$$Na_2S_2O_3+CN^- \xrightarrow{硫氰酸酶} SCN^-+Na_2SO_3$$

也可用亚硝酸钠 3g，硫代硫酸钠 15g 及蒸馏水 200ml，混合溶解后经过滤过、消毒，供牛一次静脉注射。猪、羊用亚硝酸钠 1g，硫代硫酸钠 2.5g 及蒸馏水 50ml，供静脉注射。

2. 美蓝与硫代硫酸钠联合使用

用 1%～2% 美蓝（亚甲蓝）溶液（每千克体重 1ml 即每千克体重 10～20mg）静脉注射，也可促使血红蛋白转化为高铁血红蛋白，然后高铁血红蛋白夺取已与细胞色素氧化酶结合的氰离子并络合成氰化高铁血红蛋白，使细胞色素氧化酶恢复活力。在注射美蓝后也应立即注射硫代硫酸钠溶液。美蓝的治疗效果不如亚硝酸钠。

3. 4-二甲氨基苯酚（4-DMAP）

是一种有效的抗氰药物，它能使血红蛋白转化为高铁血红蛋白，后者与细胞色素氧化酶竞争氰离子，形成氰化高铁血红蛋白，从而恢复细胞色素氧化酶的活性，解除氰化物的急性中毒症状。10% 的 4-二甲氨基苯酚按每千克体重 10mg 静脉注射或肌肉注射，1h 左右再静脉注射硫代硫酸钠溶液。

在恢复期为了治疗高铁血红蛋白血症，必要时可用大剂量 VC 及小剂量亚甲蓝静脉注射。

第三节　草酸盐

一、来源

草酸（oxalic acid）又名乙二酸，在植物中主要以草酸盐形式存在。植物中的草酸盐常以可溶性钾盐或钠盐形式存在于植物细胞中，细胞液汁 pH 值 2 左右的植物（如酢浆草）中主要以钾盐为主，pH 值 6 左右的植物（如盐生草）中则以钠盐为主。

目前已发现有 70 多种植物富含草酸盐。草酸盐含量特别高的饲用植物有甜菜、苋菜、菠菜、羊蹄（*Rumex japolicus Houtt*）、酸模（*Rumex acetosa* L）（以上均属蓼科）、酢浆草（*Oxalis corniculata*）等，在这些植物中草酸盐含量（鲜重）可达 0.5%～1.5%。以干物质计，盐生草的叶中草酸盐含量为 30%～40%，籽中 10%，茎中 3%，甜菜中草酸盐的含量为 8.8%～12%，酢浆草为 5.9%。植物不同部分的草酸盐含量有一定差异，幼嫩植物的生长叶中含量最高，其次为花、果实和种子，茎中含量较少。植物的生长阶段和栽培环境也影响草酸盐含量。多数生长阶段的植物草酸钾含量超过 17%，而枯老干燥时的含量不超过 1%。用新鲜的甜菜叶饲喂家畜有一定的危害，但叶子枯萎时饲喂家畜则无害，可能是由于可溶性的有害的盐在枯萎过程中变成无害的不溶性盐的缘故。

世界上产生草酸盐的 2 种重要植物是澳大利亚的酢浆草和美国西部的盐生草，前者是由非洲引入澳大利亚，后者是由亚洲引入美国。

多数含草酸盐的植物对动物的适口性较好，有时会成为反刍动物的主要饲料，如果其中草酸盐含量达到 10%（干重）以上，则对动物造成危害。

除植物外，发霉的饲料中，有些真菌能产生大量草酸盐，也可引起动物中毒。

二、中毒机理

草酸盐在消化道可以被分解，反刍动物瘤胃中的微生物能把绝大部分草酸盐转化为碳酸盐和重碳酸盐。摄入少量的草酸盐，可使瘤胃微生物逐渐适应，且在几天内瘤胃代谢草酸盐的能力可提高30%以上，即使给予草酸盐的量达75g/d，也不会发生中毒（Carles 等1978；Blood 等1979）。但当大量摄入草酸盐时，部分尚未被分解的草酸盐被动物吸收，导致机体发生中毒。

大量草酸盐进入消化道，对胃肠黏膜有刺激作用，可引起胃肠炎；破坏反刍动物瘤胃微生物区系，影响微生物的数量和活性；同时草酸盐在消化道中能与二价、三价金属离子（如钙、锌、镁、铜和铁等）结合，形成不易被消化道吸收的化合物，影响其吸收利用。草酸盐被吸收进入血液后，能夺取体液和组织内的钙，形成草酸钙，导致低血钙症，扰乱钙代谢，从而增强神经肌肉的兴奋性，减弱心脏机能，延长血液凝固时间。急性草酸盐中毒动物的低血钙症是致死的主要因素。

进入血液中的草酸盐由肾脏排出，不溶性草酸钙的结晶通过肾脏滤过导致肾小管阻塞、变性和坏死，引起肾功能障碍，又称草酸盐肾病（oxalate nephrosis）。据报道，绵羊在以酢浆草为主的草场放牧，2～12 个月可出现草酸盐肾病，发病率高达25%以上。尿液中草酸盐排出增多可增高尿道结石发病率。慢性病例多因肾脏受损而导致尿毒症。肾损伤存在时，再采食含草酸盐的植物可致死。

草酸盐可在血管中形成结晶，损害血管组织（特别是消化道和肺脏），增加血管通透性，容易出血；草酸盐干扰细胞能量代谢，可使红细胞破裂。在某些情况下，草酸盐能在脑组织内形成结晶，引起麻痹和中枢神经系统紊乱症状。

单胃动物消化道微生物不能降解草酸盐，因此，长期饲喂含可溶性草酸盐的牧草，可导致钙缺乏而出现纤维性骨营养不良。牧草中的草酸盐在消化道与钙结合形成不溶性草酸钙，降低钙的吸收，使钙磷比例失衡，血钙浓度降低，反射性导致甲状旁腺机能亢进，甲状旁腺激素（PTH）分泌增多，引起骨钙大量释放和钙磷代谢障碍，最终导致骨质脱钙、溶解、骨质疏松，继而使结缔组织增生而发展为纤维性骨营养不良。

三、临床症状

各种动物均可发生草酸盐中毒，主要见于羊，其次为牛和马。初次采食含草酸盐植物的动物、新引进的动物、妊娠和泌乳动物对草酸盐的敏感性大，易发生本病。饥饿状态下，动物的易感性增高。因草酸盐在动物体内的代谢存在明显的种属差异，所以临床症状有所不同。

反刍动物常发生急性中毒，以低血钙症和草酸盐肾病为主。急性中毒常在动物大量采食富含草酸盐植物2～12h 后出现症状。初期表现食欲减退，呕吐，腹痛，腹泻，瘤胃蠕动次数减少、力量减弱。逐渐出现不安，肌肉震颤，步态蹒跚，心率加快，呼吸急促，鼻孔流出泡沫状血性液体，频繁排尿。严重者卧地不起，瘫痪，昏迷，因心力衰竭而死亡。

草酸盐肾病时，可出现蛋白尿、血尿，红细胞压积容量可降低至15%～20%，血液尿素氮含量达30.3mmol/L，血清钾含量升高。

马和猪、禽多呈现慢性中毒，主要表现为纤维性骨营养不良，以骨质疏松、变形和脆性增加为主要特征；蛋鸡产蛋量下降，蛋壳变薄或产软壳蛋，孵化率降低。据报道，来航种鸡采食生菠菜后，蛋壳变薄，破损率增加，部分鸡产软壳蛋，孵化率下降。即使干菠菜饲喂猪和家禽也可引起生长减慢和体内的钙储备减少。纤维性骨营养不良的病畜，血清 PTH、碱性磷酸酶活性升高。慢性中毒引起的纤维性骨营养不良应与钙磷缺乏症进行鉴别诊断。

四、病理变化

胃肠黏膜弥漫性水肿、出血，肠系膜淋巴结肿大，腹腔和胸腔积液。肺脏充血，支气管和细支气管充满血性泡沫状液体。肾脏肿大，肾皮质可见黄色条纹，皮质与髓质交接处更为明显。组织学变化为肾小管可见双折射玫瑰花结样（birefringent rosettes）的草酸盐结晶沉积，肾盂、输尿管及尿道也可发现。

五、防治

（一）预防措施

1. 防止动物过量采食富含草酸盐的植物

在以盐生草为优势的牧场应补播适宜的牧草，以控制盐生草的繁殖。在干旱季节动物处于饥饿状态时，不能在盐生草密集的地区放牧，尤其是对绵羊应特别注意。据报道，牛和绵羊在盐生草生长地放牧，一次有 1 200 只绵羊中毒。绵羊在含 2% 可溶性草酸盐的草场放牧即可中毒死亡。

反刍动物饲喂含草酸盐的植物时，应经过至少 4d 逐渐加量的过程，以使瘤胃微生物逐渐适应，并提高瘤胃代谢草酸盐的能力。对于新引进的动物，应禁止饲喂富含草酸盐的植物。

2. 添加钙剂

为了预防草酸盐的抗营养作用和草酸盐中毒，可在饲料中添加钙剂，有人认为采用磷酸氢钙（$CaHPO_4 \cdot 2H_2O$）进行预防性饲喂效果较好。对于绵羊在通常的日粮中提供 5% 的磷酸氢钙，或做成含磷酸氢钙 10% 的谷丸或苜蓿干草丸，每只每日给 225g。有价值的公羊、繁殖母羊和第一次剪毛前的羔羊，绝不能暴露于草酸盐中毒的危险之下，因治疗常无效，在中毒的几小时内给氯化钙可增加存活率。

3. 浸泡

用热水浸烫或煮沸，可除去水溶性草酸盐，降低草酸盐中毒的危险。

研究表明，草酸可被瘤胃中的一种细菌 Oxalobacter formigenes 分解为蚁酸，相当少量的这种菌即可代谢所摄入的草酸盐。

（二）治疗

本病无特效治疗方法。理论上静脉注射钙制剂（如葡萄糖酸钙溶液等）可纠正低钙血症，但因草酸盐干扰细胞能量代谢和引起肾病故治疗效果不佳。静脉注射葡萄糖酸钙、硫酸镁、葡萄糖和平衡电解质溶液，有一定疗效。口服石灰水可预防草酸盐进一步吸收。

第四节　感光过敏物质

20世纪以来，人们对动物的感光过敏现象进行了较为深入的研究。家畜采食含光敏物质的饲料或野菜后，经阳光照射，在无色素或浅色素的皮肤部位发生以红色斑疹和皮炎、骚痒不安或伴随全身症状为特征的中毒病，称为中毒性感光过敏或光敏物质（photosensitizer）中毒。光敏物质中毒在世界各地均有发生，如新西兰绵羊面部湿疹、美国羊大头病、我国北京鸭大软骨草籽中毒、西北地区家畜的苜蓿中毒、南方家畜的荞麦中毒等都属于光敏物质中毒。

一、来源及分类

（一）原发性光敏饲料

指存在于植物中的原发性感光过敏物质，尤其是在生长迅速而又青绿多汁阶段的植物中，光敏物质的含量最高。

目前研究比较清楚的光敏物质是荞麦碱（fagopyrin），分子式为 $C_{42}H_{56}O_{10}N$。荞麦碱存在于荞麦（Fagopyrun esculentum）的种子、茎叶和花中。在荞麦苗中含有原荞麦碱（proto-fagopyrin），原荞麦碱在光线作用下可转变为荞麦碱。荞麦种子的外壳和开花期间收割的荞麦茎叶中，光敏物质含量最多。

其他植物毒素类光敏物质有：金丝桃属（Hypericum）植物中含有双蒽酮化合物——金丝桃素（hypericin，海棠素），羊角草（Ammi majus）和春欧芹（Cymopterus watsonii）中的呋喃香豆素（furocoumarine）等。此外，在野生胡萝卜和寄生在饲料中的蚜虫体内也含有光敏物质。动物应用化学药物吩噻嗪（phenothiazine）后，强光照射也可出现感光过敏。

植物中原发性光敏物质的多少，可根据酵母菌对辐射的敏感性筛选试验进行检测。基本原理是将可疑植物材料置于接种酵母菌的琼脂平板上，用紫外线照射，光敏感植物可抑制酵母菌生长。

（二）继发性光敏饲料

叶红素（phylloerythrin）或称叶绿胆紫质是植物叶绿素（chlorophyll）进入动物体内的正常代谢产物，通常由胆汁排出。但当肝炎或胆管阻塞时，胆汁的分泌和排泄受阻，导致叶红素在体内蓄积，形成叶红素血症并引起感光过敏，这类中毒病称为继发性或肝源性感光过敏。动物采食含肝毒性物质的青绿饲料后，较易发生这种感光过敏性中毒病。已知马缨丹（Lantzna camara L.）中含有马缨丹烯A、B（lantadene A、B），可引起牛、羊慢性肝中毒，并继发感光过敏；狭叶羽扇豆（Lupinus angustifoliate）、蒺藜（Tribulus terrestris）等植物也可引起继发性感光过敏。继发性感光过敏在临床上更为常见。

寄生在饲料和牧草上的某些真菌可产生肝毒性真菌毒素，如绵羊的面部湿疹（facial eczema）是由寄生在黑麦草上的纸皮思霉（Pithomyces chartarum）产生的葚孢菌素（sporides min），引起胆管炎和胆管阻塞，进一步导致继发性感光过敏。

据 Steyn（1943）报道，与某些藻类相伴生的一些细菌所产生的细菌毒素，能引起肝损害，阻碍藻类形成的光敏物质藻青蛋白（phycocyan）的排泄，从而导致感光过敏。

（三）其他光敏饲料

一些植物，如苜蓿、三叶草、芜菁、油菜、灰菜、车前草等，被家畜采食后也可发生感光过敏。但这些植物到底是含有原发性光敏性植物毒素，还是含有肝毒性物质致肝脏损害后继发感光过敏，也许是二者同时存在，有待于进一步深入研究。

二、作用机理

动物发生感光过敏作用，须具备以下条件：直射阳光、无色或浅色皮肤内存在有足量的光敏物质。一般认为，光敏物质经血液循环到达皮肤，阳光照射时，紫外光或可见光的光子被光敏物质吸收，使光敏物质处于激发状态，然后将此能量传递给另一种作用物（机体组织中的某种成分，可能是氨基酸如组氨酸），该作用物便呈活化状态，当遇到分子氧时起氧化作用，从而损伤细胞结构，释放出的游离组胺（hista mine），使毛细血管扩张，通透性增强，形成红斑和引起组织局部性水肿。此外，光敏物质还能与日光联合作用，使皮肤对日光的灼伤效应特别敏感。

据报道，荞麦中还含有一种过敏原或称变应原（allergens），可使有过敏体质的动物产生过敏反应。荞麦过敏原的致毒作用与荞麦碱相似，但发病机制不同，一般将荞麦碱引起的光敏作用称为光毒效应（phototoxic effect），将荞麦过敏原引起的光敏作用称为光变态反应（photoallergic effect）。前者的潜伏期短，光照后数小时内出现症状，病变与日光烧伤类似。后者是一种免疫反应，即荞麦过敏原经光照后可形成免疫原，引起变态反应，它只发生于有过敏体质的机体，需经数天或数月的潜伏期后，再次接触同样物质和接受光照时才会发病。

需要强调的是，太阳未照射到的皮肤则不会发病。因此，面部、背部、蹄部多发，而腹部则较少发生。据报道，给大鼠注射 0.25 ~ 0.5mg 金丝桃素，用 300W 的灯照射 40min，24h 内死亡；而给存放在暗处的大鼠注射 3 ~ 4mg 金丝桃素，则均存活。

此外，有些品种羊如南丘羔羊（Southdown lambs）和考力代羔羊（Corriedale lambs）会发生遗传性感光过敏。它们的肝脏先天性缺乏对非结合胆红素和有机阴离子的摄取，使血液中非结合胆红素含量升高，叶红素排泄障碍，使第一次采食绿色植物时容易引起光敏作用。

三、临床症状

光敏性饲料中毒遍及全球，各种动物均可发生，常见于牛、羊、马、猪、家兔等。感光过敏的主要临床症状表现为皮炎。

轻症病状，皮肤的无色素或无毛部位发生红斑、水肿，进而形成水泡，如伴有细菌感染则引起糜烂。口唇、眼睛和蹄冠部因血管丰富、被毛稀短而症状明显，白皮肤的动物面部、颈部、背部和四肢更易发生。绵羊因被毛覆盖，仅在耳、面部表现症状。绵羊大头病，北京鸭大头病，皆为面部水肿而得名。病变皮肤与健康皮肤的界限分明，黑白相间者白色部位更为明显。因病变部位剧痒，导致病畜强力摩擦，挠抓患部，甚至将皮肤撕裂。

当母牛的乳头受损害时，患畜常出现频频用后肢踢腹，有的跳进池塘，使乳头浸泡于水中，有时作前后摇摆动作（似乎企图使患部变得凉爽一些）；哺乳母羊拒绝羊羔吃奶。轻症患畜，通过改变饲料，避免日光照射及合理治疗，经过 3 ~ 5d 可痊愈。

重症病状，损害部位的皮肤常有浆液性渗出物，致使被毛黏结，脱毛，皮肤坏死。动物常伴有口炎、结膜炎、鼻炎和阴道炎等症状。全身变化包括脉搏增数，体温升高，呼吸困难，双目失明，共济失调，四肢无力，甚者后肢瘫痪。重症患畜多不易治愈。

四、诊断

根据采食光敏性饲料的病史，结合临床症状可作出诊断。但如果对这种局限于无色素皮肤的损害特征不加以注意，就易与其他皮肤疾病相混淆。

鉴别诊断：

①与猪的锌缺乏症区别，锌缺乏时，易在臀部及四肢处皮肤增厚、皲裂、皮屑增多，补锌后可恢复。

②与真菌性皮炎区别，与毛色和被毛的疏密程度无关。

五、防治

（一）预防

在常发生感光过敏病区，为了合理利用含光敏物质的饲料，或尽可能继续放牧，应饲喂黑色或暗色毛品种的动物；如果白色皮肤的动物采食光敏性饲料后，应避免日光的照射，或在阴天、夜晚或早晚放牧，采食后避光管理。如果发现牧草上寄生大量蚜虫，应禁止继续放牧，对草场采取杀虫措施。

（二）治疗

对感光过敏动物无特效药治疗。发现动物光敏性中毒时，应立即停止其继续采食含有光敏物质的可疑植物，并使患畜尽快地避开太阳光照射。对肝源性感光过敏的病畜，还应供给高能量、低蛋白饲料，以减轻含氮物质对肝脏的负担。

可采取对症治疗措施。给患畜灌服轻泻剂，以排除消化道中尚未被吸收的有毒物质；同时尽快使用抗过敏药物（如异丙嗪、苯海拉明、扑尔敏等）及脱敏药物（如葡萄糖酸钙或氯化钙、肾上腺皮质激素制剂等），异丙嗪肌肉注射，马、牛 250 ~ 500mg，猪、羊 50 ~ 100mg；苯海拉明肌肉注射，马、牛 100 ~ 500mg，猪、羊 40 ~ 60mg；扑尔敏肌肉注射，马、牛 60 ~ 100mg，猪、羊 10 ~ 20mg。对受损伤的局部皮肤，可用 2% 硼酸水、0.1% 高锰酸钾溶液或菊花、蒲公英煎剂进行洗涤。注射抗菌药物以防治继发性感染和败血症。

第十章 饼粕类饲料毒物中毒与防治

第一节 菜籽饼粕

菜籽饼粕（brassica seed cake）是油菜籽提取油后的加工副产品，我国年产量在600万 t 以上。菜籽饼粕含粗蛋白质约34% ~ 39%，并含有0.60%的蛋氨酸、0.82%的胱氨酸和1.33%的赖氨酸，是重要的蛋白质饲料资源。但因菜籽饼粕中含有硫葡萄糖苷（简称硫苷、芥子苷）、芥籽碱和芥酸等有毒有害物质，限制了其在畜牧生产中的应用。因此，对菜籽饼粕中有毒有害成分进行研究，探讨有效的去毒与合理利用措施，对促进畜牧业的发展有重要意义。

一、菜籽饼粕中的有毒有害物质

（一）硫葡萄糖苷及其降解产物

1. 硫葡萄糖苷的来源、种类和含量

硫葡萄糖苷（glucosinolates, GS）广泛存在于十字花科植物，油菜系十字花科（*Cruciferae*）芸薹属（*Brassica*）植物，是我国的主要油料作物之一。我国栽培的油菜品种有3大类，即白菜型、芥菜型和甘蓝型，均为高芥酸、高硫葡萄糖苷含量的"双高"品种，其中甘蓝型油菜的播种面积最大，占95%以上。

硫葡萄糖苷的分子结构（图10-1）中包括非糖（苷元）和葡萄糖两部分，二者通过硫苷键联接起来。分子中的可变部分称 R 基团，随着 R 基团的不同，硫葡萄糖苷的种类和性质也不同。据此将硫葡萄糖苷分为脂肪族硫苷、芳香族硫苷和杂芳香族（或吲哚族）硫苷3大类，或按有无羟基存在，分为羟基硫苷和无羟基硫苷。

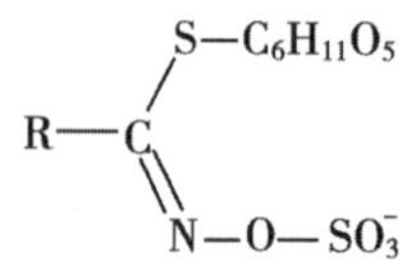

$$R-C \begin{cases} S-C_6H_{11}O_5 \\ \\ N-O-SO_3^- \end{cases}$$

图10-1 硫葡萄糖苷的分子结构

硫葡萄糖苷的种类有110多种，多数以钾盐形式存在于植物中。在油菜籽中发现的硫葡萄糖苷有11种，主要的8种是：2-丙烯基硫葡萄糖苷、3-丁烯基硫葡萄糖苷、4-戊烯基硫葡萄糖苷、2-羟基-3-丁烯基硫葡萄糖苷、2-羟基-4-戊烯基硫葡萄糖苷、3-吲哚甲基硫葡萄糖苷、1-羟-3-吲哚甲基硫葡萄糖苷、4-甲氧基吲哚-3-甲基硫葡萄糖苷。

一般油菜籽含硫葡萄糖苷3%～8%。因类型、品种、种植时间、成熟早晚不同，含量有一定差异。白菜型油菜籽中含量最低，平均4.04%；芥菜型次之，平均4.85%；甘蓝型最高，平均6.13%。同样类型中，春油菜硫葡萄糖苷含量低于冬油菜，如白菜型春油菜籽为3.67%，冬油菜籽为4.09%；芥菜型春油菜籽为4.21%，冬油菜籽为5.47%；甘蓝型春油菜籽为4.77%，冬油菜籽为6.17%。成熟期晚的品种中硫葡萄糖苷含量比成熟期早的品种高。不同品种油菜籽中硫葡萄糖苷的含量见表10－1。

表10－1　不同品种油菜籽中硫葡萄糖苷的含量　　　（单位：μmol/g）

硫葡萄糖苷	加拿大春油菜				欧洲冬油菜	
	白菜型（B. campestris）		甘蓝型（B. napus）		甘蓝型（B. napus）	
	托奇（Torch）	坎德尔（Candle）	米达斯（Midas）	瑞金特（Regent）	第曼特（Diamant）	埃格鲁（Erglu）
3-丁烯基硫苷	31.2	4.5	32.2	4.3	33.3	5.5
4-戊烯基硫苷	22.9	3.9	8.9	0.7	8.2	1.0
2-羟-3-丁烯基硫苷	22.5	5.2	98.5	8.9	109.4	8.3
2-羟-4-戊烯基硫苷	3.8	1.3	5.1	0.5	5.2	0.4
3-吲哚甲基硫苷	0.4	0.3	0.6			
1-甲氧基-3-吲哚甲基硫苷	12.3	12.5	8.8	10.8		
总硫葡萄糖苷	93.1	27.7	153.8	25.8	156.1	15.2

其中，托奇、米达斯、第曼特属高硫苷品种，坎德尔、瑞金特、埃格鲁属低硫苷品种。和白菜型相比，甘蓝型油菜含有较多的含羟基硫葡萄糖苷，因此，在芥子酶作用下分解产物中的噁唑烷硫酮含量远远高于白菜型油菜，在饲喂动物时应加以考虑。

此外，环境条件和栽培技术对硫葡萄糖苷的含量也有一定影响。同一油菜品种异地种植后，因生态条件的变化，会影响硫葡萄糖苷的含量。土壤中氮和硫元素含量增加时，植物体中硫葡萄糖苷的含量也会明显升高。

2. 硫葡萄糖苷的降解产物

在含有硫葡萄糖苷的植物中，都含有与该糖苷伴存的酶，即硫葡萄糖苷酶（thioglucosidase），或称芥子酶（myrosinase）。在油菜籽发芽、受潮或压碎等情况下，硫葡萄糖苷可被该酶水解，产生苷元和葡萄糖，苷元极不稳定，可迅速降解产生有毒产物如噁唑烷硫酮（oxazolidinethione，OZT）、硫氰酸酯（thiocyanate）、异硫氰酸酯（isothiocyanate，ITC）和腈（nitrile，CN）等，其中以噁唑烷硫酮和异硫氰酸酯的含量高、毒性大，是主要的有毒有害物质。

除了植物体内的内源硫葡萄糖苷酶可分解硫葡萄糖苷外，某些肠道细菌的酶系统也具有硫葡萄糖苷酶活性。但与植物中的硫葡萄糖苷酶不同，这在动物营养上有一定意义，即使设法使菜籽饼粕中的内源硫葡萄糖苷酶失活，饲喂家畜后，仍有可能对家畜产生毒性，这是因为过多的硫葡萄糖苷经体内消化道微生物酶的作用，可产生有毒的代谢产物。硫葡萄糖苷酶的水解过程如图 10 - 2。

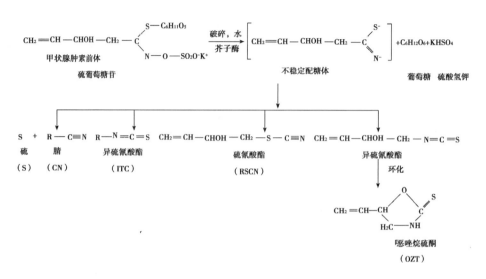

图 10 - 2　硫葡萄糖苷的水解过程

有些 R 基上带羟基的芥子苷（如甲状腺肿素原），不形成 ITC，而环化成不具挥发性的 OZT，又叫甲状腺肿素（5-乙烯基噁唑烷-2-硫酮）（图 10 - 3）。

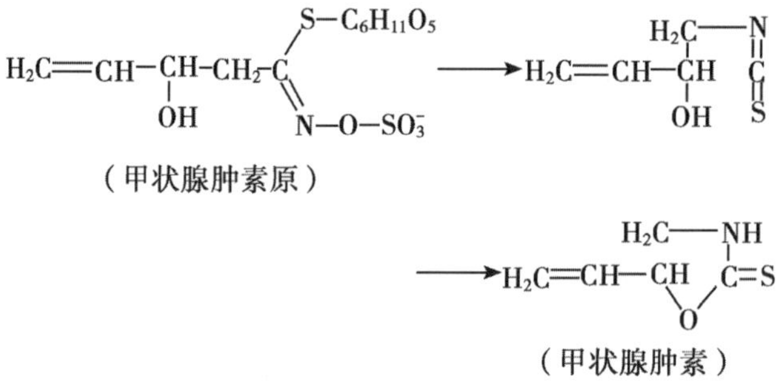

图 10 - 3　甲状腺肿素原的水解过程

3. 菜籽饼粕中硫葡萄糖苷及其降解产物的含量

李建凡等（1995）通过测定了中国 197 个不同来源的菜籽饼粕，菜籽粕中总硫葡萄糖苷含量为（6.9 ± 3.34）mg/g，异硫氰酸酯和噁唑烷硫酮的含量分别为（1 422.6 ± 874.5）mg/kg 和（1 458.0 ± 1 064.1）mg/kg；菜籽饼中总硫葡萄糖苷含量为（12.1 ± 6.02）mg/g，异硫氰酸酯和噁唑烷硫酮含量分别为（2 715.6 ± 1 935.3）mg/kg 和（2 323.3 ± 2 159.9）mg/kg。各样品中的含量差异较大，可达 200 倍以上。粕中总硫葡萄糖苷及其分解产物均低于菜籽饼，约为饼中含量的 1/2。这说明溶剂提油的同时，也去掉了部分硫葡萄糖苷及其分解产物。从这一角度来看，菜籽粕的质量优于菜籽饼。

我国饲料卫生标准（2001）规定，菜籽饼中异硫氰酸酯的允许量 ≤4 000mg/kg，我国菜籽饼粕大都低于该标准。但从动物营养角度讲，我国菜籽饼粕中硫葡萄糖苷及其分解产物的含量仍然较高，以至影响了菜籽饼粕在动物日粮中的用量。

（二）芥子碱、芥酸及其他有毒有害物质

1. 芥子碱（sinapine）

菜籽饼粕约含有 1% ~ 1.5% 的芥子碱，它是芥子酸和胆碱作用生成的酯类物质（图 10 - 4）。芥子碱的化学名称为 4-羟基-3,5 二甲氧基苯丙烯胆碱酯，分子式 $C_{16}H_{25}O_6N$，分子量 327。能溶于水，不稳定，易发生非酶催化的水解反应，生成芥子酸和胆碱。

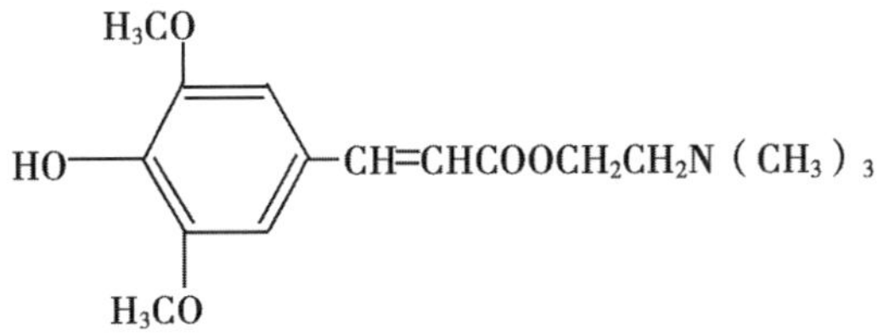

$$HO-\underset{H_3CO}{\overset{H_3CO}{\bigcirc}}-CH=CHCOOCH_2CH_2N（CH_3）_3$$

图 10 - 4　芥子碱的分子结构

芥子碱与禽蛋的腥味有关。动物体内，芥子碱先分解成胆碱，再在肠道细菌酶系统的作用下生成三甲胺〔TMA，分子式为（CH₃）₃N〕。三甲胺为挥发性物质，具有鱼腥味，可沉积于鸡蛋中，导致鸡蛋腥味。当鸡蛋中含量达 1μg/g 以上即可使鸡蛋成为腥味蛋。正常情况下，白壳蛋鸡体内有三甲胺氧化酶（肝、肾中），可以将 TMA 氧化成氧化三甲胺而除去腥味，不易产生腥味蛋。但褐壳蛋鸡体内缺少此酶，TMA 可直接进入蛋中，容易产生腥味蛋。所以，褐壳蛋鸡的日粮中使用菜籽饼粕时，会产生腥味蛋。芥子碱有苦味，影响菜籽饼粕的适口性，降低动物采食量。

芥子碱易被碱水解，用石灰水或氨水处理菜籽饼粕，可除去约 95% 的芥子碱。

2. 芥酸（erucidic acid）

芥酸普遍存在于十字花科作物种籽中，我国栽培的油菜均为高芥酸品种。芥酸非芥子酸（芥子酸是芥子碱水解产物），其分子式为 $C_8H_{17}CH=CH（CH_2）_{11}CO_2H$，分子量 338.55，是一种不饱和脂肪酸，含有 22 个碳原子和 1 个双键，碘值为 74.88，熔点为 33 ~ 34℃，常温下为固态。

芥酸一般能溶于油脂中，所以菜籽饼粕中含量少。若动物大量食入会引起心肌脂肪沉积和心肌坏死。一般情况下，芥酸对畜禽不产生明显的毒害作用。

3. 其他有害成分

在菜籽外壳中存在有缩合单宁，约 1.5% ~ 3.5%，是影响菜籽饼粕适口性的因素之一。菜籽饼粕中还含有 2% ~ 5% 的植酸，以植酸盐的形式存在，在消化道中能与蛋白质和金属离子结合，影响它们的消化、吸收和利用。

二、硫葡萄糖苷降解产物的毒害作用及中毒症状

硫葡萄糖苷本身无毒，其水解产物才具毒性。畜禽长期食入菜籽饼粕，在胃内硫葡萄糖苷经芥子酶水解，产生毒性物质异硫氰酸酯、噁唑烷硫酮等，其主要有如下毒害。

1. 异硫氰酸酯（ITC）

ITC 是硫葡萄糖苷的主要代谢产物，主要包括异硫氰酸烯丙酯（allyl-isothiocyanate）、

3-丁烯基异硫氰酸酯（3-butenyl isothiocyanate），是芥子油类的刺激性化合物，具有辛辣味，可降低饲料的适口性，动物采食后刺激消化道黏膜引起胃肠炎、腹泻。异硫氰酸酯为挥发性毒物，吸收后从肺脏和肾脏排出，可引起支气管炎和肾炎，甚至肺水肿。

ITC 也可导致动物甲状腺肿大。ITC 中的硫氰离子（SCN^-）与碘离子（I^-）的形状和大小相似的单价阴离子，血液中含量多时，可与 I^- 竞争，而浓集于甲状腺中，抑制了甲状腺滤泡细胞浓集碘的能力，结果因甲状腺素合成不足，导致甲状腺肿大，并减慢动物生长速度。饲喂低碘日粮，更易引发动物甲状腺肿大，补充碘可减轻硫氰离子的这种毒性作用。

2. 硫氰酸酯

硫氰酸酯的 SCN^- 也可引起甲状腺肿大，其作用机制与异硫氰酸酯相同。硫氰酸酯也可使动物对细菌和其他抗原的免疫应答反应降低。

3. 噁唑烷硫酮（OZT）

OZT 被称为甲状腺肿因子或致甲状腺肿素（goitrin）。OZT 引起甲状腺肿大的原因主要是：OZT 能抑制甲状腺腺泡细胞内的甲状腺过氧化物酶（thyroid peroxidase）活性，干扰甲状腺素合成，下降血液中甲状腺素浓度，垂体分泌更多的促甲状腺激素，使甲状腺细胞增生，导致甲状腺肿大。同时，还可使动物生长缓慢。一般来说，鸭对 OZT 的敏感性比鸡大，鸡比猪敏感。OZT 的这种毒性作用不能通过补碘来颉颃。

ITC 和 OZT 是硫葡萄糖苷的主要降解产物，长期饲喂硫葡萄糖苷含量较高的菜籽饼粕，动物表现甲状腺肿大，生长发育缓慢，还可间接影响成年动物的繁殖性能。Etienne 等（1994）报道，猪采食硫葡萄糖苷含量较高的菜籽饼粕后，其生殖功能受到不同程度的抑制。

4. 腈

硫葡萄糖苷在较低的温度及酸性条件下酶解时，可生成大量腈。多数腈进入体内后，通过代谢能迅速析出氰离子（CN^-），对机体的毒性比 ITC 和 OZT 大。据报道，腈的毒性约为 OZT 的 8 倍，腈的 LD_{50} 为 159～240mg/kg，而 OZT 的 LD_{50} 则为 1 260～1 415mg/kg。

腈的毒性作用与 HCN 相似，可引起细胞内窒息，但症状发展缓慢；腈可抑制动物生长，被称为菜籽饼粕中的生长抑制剂；腈能造成动物肝和肾脏肿大，家禽的肝出血和坏死。

Tookey（1965）认为，腈与硫葡萄糖苷的其他降解产物不同，主要引起动物肝脏、肾脏肿大和出血，受损器官并非甲状腺。腈属于有机氰化物，其毒性取决于氰基（CN^-）的可解离程度。Dapas（1978）将合成的 1-氰基-2-羟基-3-丁烯（菜籽饼中主要的腈）添加于饲料中饲喂动物，并未引起肝脏、肾脏损害，而用高比例的菜籽饼饲料饲喂试验动物，则发生明显的肝脏、肾脏损害征兆。菜籽饼中含有混合功能氧化酶（FMO）的诱导因子，这种因子使细胞色素 P450 的活性及数量增加，促进腈的羟基化过程，生成易水解的 2-羟基腈，从而使菜籽饼中的腈具有毒性。

菜籽饼粕中腈的毒性较大，在利用时应尽最大努力防止腈的生成。

三、剖检变化

剖检可见胃肠道黏膜充血、肿胀、出血。肝肿胀、色黄、质脆。胸及腹腔有浆液性、出血性渗出物，有的病畜在头、颈、胸部皮下组织发生水肿。肾有出血性炎症，有时膀胱积有血尿。肺水肿和气肿。甲状腺肿大。

四、诊断与治疗

根据中毒症状、剖检变化以及菜籽饼粕中毒物的检测等，可以作出确诊。

目前，尚无特效解毒药物，病畜应立即停喂可疑饲料，尽早用催吐、洗胃和下泻等排毒措施，如猪用硫酸铜或吐酒石催吐，高锰酸钾溶液洗胃，石蜡油下泻。中毒初期，已出现腹泻时，用2%鞣酸洗胃，内服牛奶、蛋清或面粉糊以保护胃肠黏膜。对症治疗。

五、菜籽饼粕毒素的去除措施

（一）改进菜籽饼粕的加工工艺

采用先蒸炒整粒油菜籽使芥子酶灭活，再去壳和预榨浸出制油的工艺比较合适，该工艺生产的菜籽粕中，硫葡萄糖苷及其分解产物较少，且蛋白质品质较高。

（二）菜籽饼粕的去毒处理

1. 坑埋法

将菜籽饼粕按1∶1比例加水泡软后，置入深宽相等、大小不定的干燥土坑内，若土壤含水量高时，需晒几日后使用。装料前先在坑底部铺一层清洁的麦秸或干草，约3～4cm，装满后，需在坑上盖以干草并覆盖适量干土，30～60d后可取出饲喂或晒干贮存。此法可去毒70%～98%。坑埋法去毒在水位低、气候干燥的地区比较适宜，简单易行，成本低，但不适合现代饲料工业。

坑埋法去毒的原理可能是在坑埋的条件下，菜籽饼粕中的硫葡萄糖苷及其分解产物被土壤吸附。如果加硫酸铜坑埋、毒素下降将更明显，这可能是菜籽饼粕中异硫氰酸酯和噁唑烷硫铜与铜离子形成螯合物的缘故。

2. 水浸泡法

硫葡萄糖苷具水溶性，故将菜籽饼粕用水浸泡数小时，再换水1～2次，也可用温水浸泡数小时后滤过。本法简单易行，但水溶性营养物质的损失较多。

3. 热处理法

用干热、湿热、压热处理菜籽饼粕，在高温下可使硫葡萄糖苷酶失去活性。因高温处理时，蛋白质变性程度很大而降低了饼粕的使用价值，且硫葡萄糖苷仍留在饼粕中，饲喂后可能被动物肠道内某些细菌酶解而产生毒性。

4. 化学处理法

用碱、硫酸亚铁等处理。碱处理时可破坏硫葡萄糖苷和大部分芥子碱。通常采用$NaOH$、$Ca(OH)_2$和Na_2CO_3种方法，其中以Na_2CO_3的去毒效果最好。氨处理法多同时进行加热，使氨与硫葡萄糖苷反应，生成无毒的硫脲。硫酸亚铁中的铁离子可与硫葡萄糖苷及其降解产物分别形成螯合物，从而使硫葡萄糖苷失去活性。

5. 微生物脱毒法

通过某些菌种（酵母、霉菌、细菌），对菜籽饼粕进行生物发酵，可使毒素减少。常用酵母液接种发酵脱毒。在30℃、接种量10%（酵母液）条件下培养25h后烘干，不仅测不出硫苷和异硫氰酸酯，而且脱毒饼粕的香味大有改善，营养价值也有所提高，尤其是必需氨基酸增加3%~5%。菜籽饼粕发酵去毒已被国内外所重视，大量试验研究工作正在进行。

6. 溶剂提取法

用醇类（多用乙醇和异丙醇）水溶液提取菜籽饼粕中的硫葡萄糖苷和多酚化合物，还能抑制饼粕中酶的活性。本法成本高，醇溶性蛋白质损失也多。

7. 添加脱毒剂等直接利用法

将菜籽饼粕和棉籽饼粕搭配使用，加入脱毒剂。动物体内，因脱毒剂作用，使毒性最强的腈化物转化为较弱的硫氰酸盐，保护动物正常生理机能，如浙江农业大学的"6107"脱毒剂，添加比例是1%，脱毒效果较好，缺点是价格较高，每吨1万多元。

（三）培育"双低"油菜品种

培育"双低"油菜品种是解决菜籽饼粕去毒和提高其营养价值的根本途径和重要措施。20世纪70年代以来，"双低"（低硫葡萄糖苷、低芥酸）油菜品种，在加拿大和欧洲各国大力培育并推广，效果良好，如加拿大的坎德尔（Candle，1977）、瑞金特（Regent，1977），德国的埃格鲁（Erglu，1973），这些油菜种子加工的饼粕中硫葡萄糖苷含量均较低，仅为一般油菜饼粕含量的1/10左右，饼粕用量可占饲粮的20%左右。多年来，我国在引进和选育双低油菜品种方面做出了积极努力，已经取得了成效，如中国的中双四号。但新的油菜品种仍存在着产量低、抗病力差和易出现品种退化等问题，需作进一步研究。但毫无疑问，"双低"菜籽饼粕将是很有前景的蛋白质饲料资源。

六、菜籽饼粕的合理利用

（一）限制饲喂量

菜籽饼粕中硫葡萄糖苷及其分解产物的含量，随油菜的品种和加工方法的不同有较大变化，故菜籽饼粕在饲粮中的比例也难以统一和固定。

一般来说，我国的"双高"油菜饼粕中硫葡萄糖苷含量达12%~18%，其在饲料中的安全限量为：蛋鸡、种鸡5%，生长鸡、肉鸡10%~15%，母猪、仔猪5%，生长肥育猪10%~15%。

（二）与其他饲料合理搭配使用

菜籽饼粕与其他饼粕，如棉籽饼粕、大豆饼粕等适当配合使用，能有效地控制饲料中的毒物含量并有利于营养互补。国内有关这方面的试验报道甚多。中国农业科学院畜牧研究所提出把菜籽饼和棉籽饼按1:1比例配合成"两合饼"日粮或把菜籽饼、棉籽饼和豆饼按1:1:2的比例配合成"三合饼"，既可保证硫葡萄糖苷及其降解毒素在安全范围内，又可满足动物对蛋白质的营养需要。

菜籽饼粕中氨基酸的利用率较低，赖氨酸的含量和有效性低，在单独或配合使用时，应添加适量的合成赖氨酸（0.2%~0.3%），或添加适量的鱼粉、血粉等动物性蛋白质饲料。

（三）营养调控

1. 强化含硫氨基酸营养

胱氨酸可降低菜籽饼粕的致毒作用，其机理在于谷胱甘肽可与 CN^- 结合，消除 CN^- 毒性，而胱氨酸是谷胱甘肽合成中所必需的氨基酸。

在菜籽饼粕中添加超量蛋氨酸，不仅具有促生长作用，还可消除菜籽饼粕引起的肝脏、肾脏肿大，降低因饲用菜籽饼粕而导致的血清谷丙转氨酶（GPT）升高，并改善动物的健康状况。蛋氨酸可将高毒的腈转化为低毒的硫氰酸酯，使猪、鸡和鸭血清中的硫氰酸酯含量明显上升，并通过尿排出体外，从而起到解毒作用。

2. 强化微量元素营养

在菜籽饼粕日粮中添加碘，可改善甲状腺的碘营养状况。另外，适当地补充铜和锌也有效果。国内外研究表明，三者合用效果最佳。

七、卫生标准

我国《饲料卫生标准》规定菜籽饼粕中有毒有害物质的允许量为：异硫氰酸酯（以丙烯基异硫氰酸酯计）在菜籽饼粕中 ≤4 000 mg/kg，鸡、生长肥育猪配合饲料中≤500mg/kg；噁唑烷硫酮在肉仔鸡、生长鸡配合饲料中 ≤1 000mg/kg，产蛋鸡配合饲料中≤500mg/kg。欧洲国家规定，反刍动物饲料中异硫氰酸酯的允许量为牛、羊配合饲料 ≤1 000mg/kg，小牛、小羊配合饲料≤150mg/kg。

第二节 棉籽饼粕

棉籽饼粕（Cotton meal）是棉籽榨油后的副产品，其粗蛋白质含量可达36%～42%，赖氨酸1.40%～1.59%，蛋氨酸0.41%～0.45%，并含有丰富的脂肪酸和矿物质等营养成分，是一种重要的蛋白质饲料。但因其中含有棉酚及环丙烯类脂肪酸等有毒有害成分，长期或大量饲喂，可导致动物中毒，因而严重影响该饲料资源的合理利用。我国棉籽饼粕主要产区集中在黄河、长江中下游诸省及新疆。据统计，全国年平均生产棉籽饼粕约374.9万 t，若能利用30万 t就能增产肉猪600万头，增肉6万多 t。因此合理利用棉籽饼粕，对促进畜牧业的发展有重要意义。

一、棉籽饼粕中的有毒有害物质

（一）棉酚

1. 来源和含量

棉酚（gossypol）主要存在于锦葵科棉属（*Gossypium* L.）植物的种籽内，根、茎、叶和花中也含有少量棉酚。除我国普遍种植的陆地棉外，本属其他品种也含有棉酚。棉酚存在于棉籽的色素腺体内。棉籽的胚叶上有许多黑褐色圆形或椭圆形的色素腺体，每个色素腺体由5～8层内壁包被，遇水或极性溶剂就破裂，释放出色素微粒，其中，主要的色素物质就是棉酚。

棉籽及其饼粕中含有 15 种以上的棉酚类色素，除棉酚外，还包括棉紫酚、棉绿酚、棉蓝酚、二氨基棉酚、棉黄素等棉酚衍生物。棉酚在色素腺中含量最高，又可衍生为其他色素，通常以棉酚含量表示棉籽饼粕的毒性大小。

通常色素腺体约占棉仁总重量的 2.4% ~ 4.8%，色素腺重量的 39% ~ 50% 为棉酚。棉仁中棉酚含量因以下多种因素的变化而不同。

①棉花的栽培环境条件对棉籽中的棉酚有一定影响。据报道，棉酚含量和环境温度呈负相关，和降水量（和/或灌溉量）呈正相关。施用氮、磷、钾完全肥料比单施氮或磷肥时的棉酚含量高。

②棉籽贮存期间的棉酚含量随贮存期的延长而降低。据报道，经 4 个月贮存后，棉酚色素可从 1.15% 降到 0.75%，但棉紫酚反而上升。

③不同棉种棉仁中棉酚含量与含油量以及蛋白质含量呈平行关系。

④棉仁中色素腺体的数目和棉酚含量有直接关系，腺体越多，则棉酚含量越高。

2. 种类和性质

棉酚是一种双萘多酚类黄色色素，分子式为 $C_{30}H_{30}O_8$，分子量 518.5。棉酚按其存在形式，可分为游离棉酚（free gossypol，FG）和结合棉酚（bound gossypol，BG）。游离棉酚中的活性基团（醛基和羟基）可与其他物质结合，对动物具有毒性。结合棉酚是游离棉酚与蛋白质、氨基酸、磷脂等物质形成的结合物，因其活性基团被结合，而失去活性。游离棉酚易溶于油和一般有机溶剂，而结合棉酚一般不溶于油和乙醚、丙酮等有机溶剂。游离棉酚可用 70% 丙酮提取，结合棉酚可在规定条件下，先用草酸进行加水分解，再用丙酮提取。

游离棉酚有 3 种异构体：羟基醛型（或酚醛型）、半缩醛型（或内酯型）和烯醇型（或环状羰基型、羰型）异构体，它们可分别从石油醚、氯仿、乙醚等溶剂中结晶制得，熔点分别是 214℃、199℃、184℃，这 3 种异构体可以互变（图 10 – 5）。

游离棉酚具有羟基和醛基，具有酚、萘、醛的性质，可与许多物质发生反应。

①可与铁盐生成不溶于水的沉淀物，这一反应常用于棉籽饼粕的脱毒。

②可与许多化合物反应生成不同颜色，如与浓硫酸显樱红色、与三氯化铁乙醇溶液呈暗绿色、与三氯化锑氯仿溶液呈鲜红色、与醋酸铅作用产生棕黄色沉淀、与醋酸镍作用呈紫色、与间苯三酚乙醇盐酸溶液显紫红色，这些反应可用于棉酚的定性检验。

③可与苯胺作用生成二苯胺棉酚，这一反应可用于棉酚的测定。

④棉酚的环己烷溶液在 236nm、286nm 和 258nm 处均有吸收峰，利用这一性质可测定棉酚含量。

3. 棉籽饼粕中棉酚的含量

棉籽在榨油加工时，色素腺破裂，释放其中内容物。部分游离棉酚转入油中，大部分由于加工过程中受热的作用，与棉籽中的蛋白质等结合，形成对动物无毒的结合棉酚，但仍有少量棉酚呈游离状态而残留在饼粕中。

棉籽饼粕中游离棉酚的残留量主要取决于制油工艺。我国棉籽饼粕可分为 3 种：机榨饼、浸出粕和土榨饼。中国农业科学院畜牧研究所（1990）在全国范围内采集了不同加工工艺的棉籽饼粕 117 个，测定了游离棉酚的含量。浸出粕为（437 ± 204）mg/kg、机榨饼（682 ± 334）mg/kg、土榨饼（1 581 ± 1 105）mg/kg。可见浸出粕的游离棉酚含量最

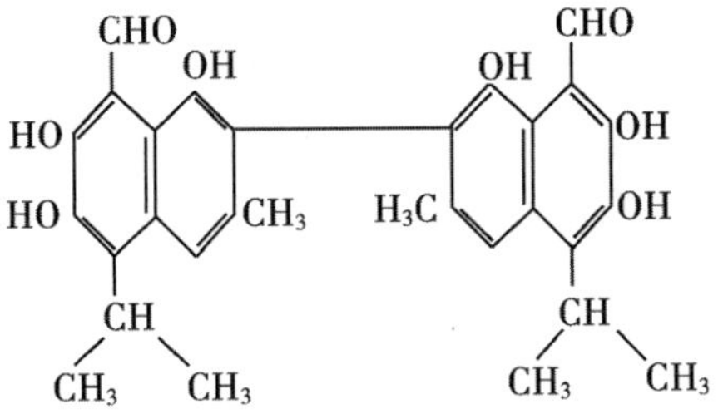

羟基醛型

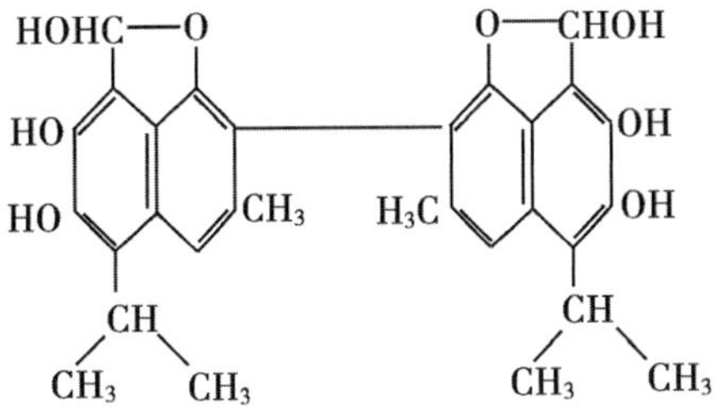

半缩醛型 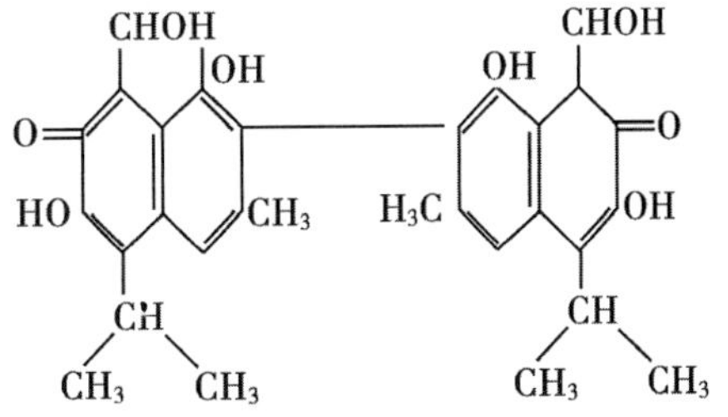　　　　　　　　　　　　烯醇型

图 10 - 5　棉酚的结构式

低，同时各种类型棉籽饼粕中的游离棉酚含量变异较大。棉籽饼粕中游离棉酚的含量约
0.04% ~ 0.26%。

（二）环丙烯类脂肪酸

环丙烯类脂肪酸（cyclopropenoid fatty acids，CPFA）存在于棉籽油及棉籽饼粕中，它
是在 3 个碳原子上含有双链结合环的脂肪酸，主要包括苹婆酸（sterculic acid）和锦葵酸
（malvic acid）（图 10 - 6）。在粗制棉油中二者含量均为 1% ~ 2%，在精炼油中可降低到
0.5% 或更少，锦葵酸的含量比苹婆酸高。这类物质有 Halphen 反应，即与 1% 硫磺的二硫
化碳溶液在正丁醇（或吡啶）存在的条件下，加热到 110℃ 时发生红色反应。

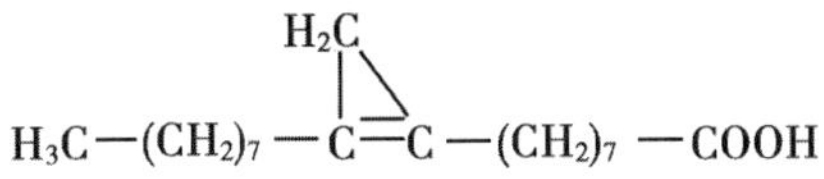

苹婆酸 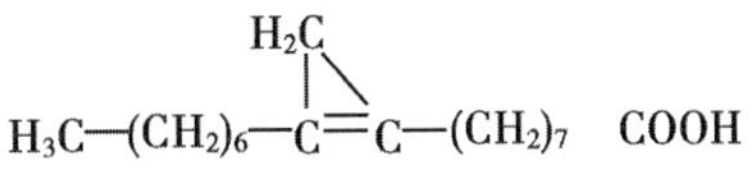　　　　　　　　　　　　　锦葵酸

图 10 - 6　苹婆酸和锦葵酸的分子结构

环丙烯类脂肪酸主要影响蛋品质量。产蛋鸡摄入此类脂肪酸后，所生产的鸡蛋经贮存
后，蛋清变为桃红色，有人称之为"桃红蛋"。其原因是此类脂肪酸能显著提高卵黄膜的
通透性，蛋黄中的铁离子可透过卵黄膜而转移到蛋清中并与伴清蛋白（conalbumin）螯
合，形成红色的复合物使蛋清成桃红色。据报道，给鸡饲喂这类脂肪酸 25mg/kg 以上，
蛋清中的铁可提高至正常蛋清铁离子含量的 7 ~ 8 倍；同时蛋清中的水分也可转移到蛋黄
中，导致蛋黄膨大。

环丙烯类脂肪酸还可使蛋黄变硬，加热后可形成所谓的"橡皮蛋"。据报道，饲料中

这类脂肪酸含量在 30mg/kg 以上，就会发生。其发生机理可能是：在动物肝细胞微粒体中，饱和脂肪酸需要由脂肪酸去饱和酶的催化，脱氢而成为不饱和脂肪酸，苹婆酸和锦葵酸都有抑制该酶活性的作用，致使蛋黄脂肪中硬脂酸和软脂酸等饱和脂肪酸的含量增加，升高蛋黄熔点，硬度增加。鸡蛋品质的改变，可降低种蛋受精率和孵化率。

此外，棉籽饼粕还含有一定量的植酸和单宁，可降低动物对钙、锌等元素和蛋白质的消化与利用。

二、棉酚的毒性

在棉酚类色素中，游离棉酚的毒性并非最强，其对大鼠的口服 LD_{50} 为 2 570mg/kg。棉酚衍生物棉紫酚、棉绿酚、二氨基棉酚对大鼠的口服 LD_{50} 分别为 6 680mg/kg、660mg/kg 和 327mg/kg。游离棉酚的毒性虽最强，但因其含量远高于其他色素，所以，棉籽及棉籽饼粕的毒性强弱主要取决于游离棉酚含量。

游离棉酚对动物的毒性因种类、品种及饲料中蛋白质的水平不同而存在显著差异。

对游离棉酚最敏感的动物是猪、兔、豚鼠和小白鼠；其次是狗和猫；对棉酚耐受性最强的是羊和大白鼠。如大白鼠和小白鼠的口服游离棉酚 LD_{50} 分别为 2 750mg/kg 和 315mg/kg。

动物品种不同对游离棉酚的敏感性也有差别。例如，饲料中游离棉酚能阻碍雏鸡生长的有害水平，白来航鸡为 160mg/kg，新汉普夏鸡为 220mg/kg。

饲料中高水平蛋白质可降低游离棉酚的毒性。据研究，猪饲料中蛋白质含量占 15% 时，其中，游离棉酚含量的安全上限是 0.01%；当蛋白质含量加倍，即含蛋白质 30% 时，则饲料中游离棉酚含量增加到 0.03%，亦不致发生中毒症状，不降低试验猪的生长速度。

反刍动物对游离棉酚的敏感性较低，游离棉酚在成年反刍动物瘤胃内与可消化性蛋白质（soluble proteins）形成结合棉酚而失去毒性，但犊牛和羔羊瘤胃机能尚不健全，可发生中毒。我国棉区耕牛时有棉籽饼粕中毒的报道，可能与耕牛冬春饲喂棉籽饼粕时间长、量大、饲料单一，同时日粮缺乏蛋白质、维生素和矿物质有关。游离棉酚一般不会引起动物急性中毒，只有在连续过量食入、并在体内蓄积达到一定数量后才会发生。

生产实践中，棉籽饼粕中毒主要发生于猪及家禽、犊牛，成年奶牛、肉牛和马较少中毒。

三、棉酚的毒性作用和危害

游离棉酚主要由其活性醛基和羟基产生毒性并引起多种危害。游离棉酚被家畜摄入后，大部分在消化道中形成结合棉酚，由粪中直接排出，只有小部分被吸收。采用放射性游离棉酚对家禽的研究表明，摄入游离棉酚的 89.3% 从粪便排出，8.9% 进入鸡的组织中，而组织中的游离棉酚有 50% 集中在肝脏。游离棉酚的排泄较缓慢，在体内有明显的蓄积作用，因而长期采食棉籽饼粕会引起慢性中毒。

游离棉酚的毒性作用和危害有如下几个方面。

（一）对细胞和组织的毒性

大量棉酚进入消化道后，可刺激胃肠黏膜，引起胃肠炎。

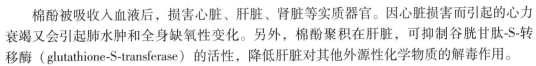

棉酚被吸收入血液后，损害心脏、肝脏、肾脏等实质器官。因心脏损害而引起的心力衰竭又会引起肺水肿和全身缺氧性变化。另外，棉酚聚积在肝脏，可抑制谷胱甘肽-S-转移酶（glutathione-S-transferase）的活性，降低肝脏对其他外源性化学物质的解毒作用。

棉酚能增强血管壁的通透性，促使血浆和血细胞向周围组织渗透，使受害的组织发生浆液性浸润、出血性炎症和体腔积液。

游离棉酚极易溶于脂质，能在神经细胞中积累而使神经系统的机能发生紊乱。

（二）与体内蛋白质、铁结合

游离棉酚在体内可与功能蛋白质和一些重要的酶结合，使其丧失正常的生理功能。棉酚与铁离子结合，干扰血红蛋白的合成，引起缺铁性贫血。

（三）影响动物的生殖机能

游离棉酚可影响雄性动物的生殖机能，破坏动物睾丸生精上皮，抑制精子细胞内乳酸脱氢酶（lactate dehydrogenase，LDH）活性，从而使精子细胞和精原细胞的呼吸作用和正常代谢障碍，使精子的活力降低或丧失，导致精子畸形、死亡，直至无精子，造成繁殖能力降低或公畜不育。Tonami 等（1994）报道，游离棉酚抑制精子合成所需的酶，因而影响公畜的生殖机能。Chase 等（1994）报道，棉酚对公牛的生长和繁殖机能均有一定的抑制作用。研究表明可作为男性的避孕药。

棉酚也可影响雌性动物的生殖机能。动物试验表明，棉酚能使母畜子宫强烈收缩，引起流产。Bansode 等（1994）报道，棉酚具有抗卵泡发育作用。

（四）影响鸡蛋品质

产蛋鸡能最高耐受日粮含游离棉酚 400mg/kg，对产蛋率、蛋重量、采食量和饲料转化效率无影响，但生产的鸡蛋经过一定时间的贮存，蛋黄变为黄绿色或红褐色，有时出现斑点。据报道，饲料中游离棉酚含量为 120mg/kg 时，鸡蛋贮存 6 个月，蛋黄发生颜色变化；游离棉酚含量为 140mg/kg 时，鸡蛋贮存 1 个月后，蛋黄发生颜色变化。蛋黄变色是因为蛋黄中的铁离子与棉酚结合形成复合物所致。一般认为，蛋鸡日粮中游离棉酚含量超过 50mg/kg 即可使蛋黄颜色发生改变。日粮中游离棉酚含量在 150mg/kg 以内时，按铁与棉酚 4∶1 的比例添加硫酸亚铁，可有效预防蛋黄变色。

（五）降低棉籽饼粕中赖氨酸的有效性

在棉籽榨油过程中，因湿热作用，游离棉酚的活性醛基可与棉籽饼粕蛋白质中赖氨酸的 ε-氨基结合，从而降低棉籽饼粕中赖氨酸的利用率。

此外，棉酚能导致维生素 A 缺乏，引起犊牛夜盲症；可使血钾降低，造成动物低血钾症。据试验报道，棉酚可引起小白鼠的凝血酶原缺乏，造成肝脏、小肠、胃出血，但可被 VK 颉颃。

反刍家畜对游离棉酚耐受性高于猪、鸡，但游离棉酚为蓄积性毒物，长期饲喂能降低食欲，影响动物生产性能和健康水平。日粮中高水平蛋白质可降低游离棉酚的毒性。家禽日粮中游离棉酚含量以不超过 0.01% 为宜。猪日粮中游离棉酚含量小于 0.01% 时，生长正常；含量在 0.01%～0.02% 时，出现食欲减退，生长减慢等现象，含量超过 0.02% 时可引起中毒，0.03% 以上时严重中毒，甚至死亡。也有试验报道，肉鸡日粮中游离棉酚含量100～150mg/kg时对其无明显影响。

四、临床症状

游离棉酚是一种蓄积性毒物，动物在短时间内采食棉籽饼粕而引起急性中毒的情况较少见。生产实践中发生的中毒，多系因长期不间断地饲喂棉籽饼粕，致使游离棉酚在体内积累而致慢性中毒，多数是在饲喂棉籽饼粕1～3个月后才出现临床症状。

非反刍动物慢性中毒的临床症状主要表现为生长缓慢、腹痛、厌食、呼吸困难、昏迷、嗜睡、痉挛性麻痹等。病理变化主要表现为实质器官广泛性充血和水肿。

反刍动物的中毒以幼畜多发，哺乳犊牛最敏感，常因吸食饲喂棉籽饼粕的母牛乳汁而中毒。慢性中毒病畜表现消瘦，有慢性胃肠炎和肾炎等，食欲不振，体温一般正常，伴发炎症拉稀时体温稍高。重度中毒者，饮食废绝，反刍和泌乳停止，结膜充血、发绀，兴奋不安，弓背，肌肉震颤，尿频，有时粪尿带血，胃肠蠕动变慢，呼吸急促带鼾声，肺泡音减弱。后期四肢末端浮肿，心力衰竭，卧地不起。急性中毒者，发病当天或2～3d死亡。

棉酚引起动物的中毒死亡分3种形式：急性致死的直接原因是血液循环衰竭，亚急性致死是因为继发性肺水肿，慢性中毒死亡多因恶病质和营养不良。

五、诊断与治疗

根据动物长期大量饲喂棉籽饼粕的病史，结合呼吸困难、出血性胃肠炎、尿频、血尿等症状和全身水肿、体腔积液、肝小叶中心性坏死、心肌变性、坏死等病变可作出初步诊断。饲料中游离棉酚含量的测定为本病的确诊提供依据。一般认为，猪和3月龄以下的反刍动物日粮中游离棉酚的含量高于100mg/kg，即可发生中毒，成年反刍动物对棉酚的耐受量较大，但日粮中游离棉酚的含量应小于1 000mg/kg。有报道认为，绵羊肝脏和肾脏棉酚含量分别超过10mg/kg和20mg/kg，表示动物接触过多量的棉酚，但目前仍缺乏动物组织中棉酚含量的背景值和中毒范围。

治疗棉籽饼粕中毒尚无特效药，病畜应立即停喂含毒棉籽饼粕，同时进行导胃、洗胃、催吐、下泻等排除胃肠内毒物。常用0.03%～0.1%的高锰酸钾溶液，或5%的碳酸氢钠液洗胃，用硫酸钠或硫酸镁进行缓泻。同时给予青绿饲料或优质青干草补饲，必要时补充维生素A和钙磷制剂。缓解肺水肿和心脏损害是治疗本病的关键。

解毒可口服硫酸亚铁（猪1～2g/次、牛7～15g/次）、枸橼酸铁铵等铁盐，并给以乳酸钙、碳酸钙、葡萄糖酸钙等钙盐制剂。静脉注射10%～50%高渗葡萄糖溶液，或10%葡萄糖氯化钙溶液与复方氯化钠溶液，配以10%～20%安钠咖、维生素C、维生素D及维生素A等。

对胃肠炎、肺水肿严重的病例进行抗菌消炎、收敛和阻止渗出等对症治疗。

六、棉籽饼粕毒素的去除措施

（一）改进棉籽加工工艺与技术

1. 低水分蒸炒法

低温或冷榨法所制得的棉籽油和棉籽饼中棉酚含量较高，均需要进一步的深加工。高

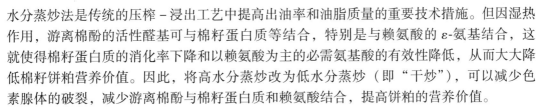

水分蒸炒法是传统的压榨－浸出工艺中提高出油率和油脂质量的重要技术措施。但因湿热作用，游离棉酚的活性醛基可与棉籽蛋白质等结合，特别是与赖氨酸的 ε-氨基结合，这就使得棉籽蛋白质的消化率下降和以赖氨酸为主的必需氨基酸的有效性降低，从而大大降低棉籽饼粕营养价值。因此，将高水分蒸炒改为低水分蒸炒（即"干炒"），可以减少色素腺体的破裂，减少游离棉酚与棉籽蛋白质和赖氨酸结合，提高饼粕的营养价值。

2. 分离色素腺体法

这种工艺是根据棉酚主要集中于色素腺体的特点，采用旋液分离法（或称液体旋风分离法），将棉籽粉置入液体旋风分离器中，借高速旋转离心作用把色素腺体完整地分离出来。用此法生产的棉籽饼粕中游离棉酚含量大大降低，但技术设备和成本要求较高。

3. 溶剂浸出法（又称低温直接浸出法）

采用混合溶剂选择性浸出工艺，萃取油脂和棉酚，得到含棉酚浓度较高的混合油（再精炼除棉酚），同时制得棉酚含量低的棉籽饼粕作饲料。如丙酮－轻汽油（或正己烷）法、乙醇-轻汽油法等。也可采用不同溶剂分步浸出法，例如先用己烷浸出棉仁片中的油脂，再用丁醇或 70% 的丙酮水溶液浸出其中的棉酚。

该法不用高温处理，对赖氨酸破坏小，且棉酚大部分进入油中，饼粕中残留少，饼粕质量高。但在工艺上较为复杂，设备投资大。

（二）棉籽饼粕的去毒处理

对棉酚含量超过 0.1% 的棉籽饼粕，需经去毒处理后，才可作为饲料使用，一般可采用如下方法。

1. 化学去毒法

在一定条件下，把某种化学物质加入棉籽饼粕中，使棉酚破坏或变成结合物。研究证明，铁、钙离子、碱、芳香胺、尿素等均有一定的去毒作用，常用的方法有以下几种。

（1）硫酸亚铁法 硫酸亚铁中的二价铁离子能与游离棉酚螯合，使游离棉酚中的活性醛基和羟基失去作用，形成难以消化吸收的棉酚－铁复合物。这种作用不仅可作为棉酚的去毒和解毒剂，且能降低棉酚在肝脏中的蓄积量，起到预防中毒的作用，是目前常用的方法。

去毒时应根据棉籽饼粕中游离棉酚的含量，按铁离子与游离棉酚 1:1 的比例向饼粕中加入硫酸亚铁。如果棉籽饼粕中的游离棉酚含量为 0.07%，则应按饼粕重量的 0.35% 加入硫酸亚铁。但因铁离子与游离棉酚的结合受粉碎程度、混合均匀度等因素的影响，添加的铁离子与游离棉酚的比例一般高于 1:1，以保证铁离子与游离棉酚的充分结合。但铁量不宜过高，一般认为饲粮中铁离子总量不得超过 500mg/kg。

（2）碱处理法 在棉籽饼粕中加入烧碱或纯碱的水溶液、石灰等，并加热蒸炒，使饼粕中的游离棉酚破坏或形成结合物。本法去毒效果理想，但较费事，且成本高。在饲养场，可将饼粕用碱水浸泡后，经清水淘洗后饲喂。此法可使饼粕中的部分蛋白质和无氮浸出物流失，从而降低饼粕的营养价值。

2. 加热处理

棉籽饼粕经蒸、煮、炒等加热处理，时间以 1h 为宜，使游离棉酚与蛋白质等结合而去毒。本法适用于农村和小型饲养场，其缺点是降低了饼粕中蛋白质、赖氨酸等的营养价值。

3. 微生物发酵法

在休外利用微生物及其酶的发酵作用破坏游离棉酚，达到去毒目的。该法的去毒效果和实用价值处于试验阶段。

（三）选育无色素腺体棉花新品种

选育无色素腺体的棉花新品种，使棉籽中不含或含微量棉酚，可以从根本上解决棉籽饼粕和棉油脱毒的问题，大大提高棉籽饼粕和棉油的质量，防止家畜中毒。国外已经于20世纪50年代培育成功，我国于70年代开始引进，现已选育出一些无色素腺体的棉花品种，棉仁中的棉酚含量由1.04%（4个老品种的平均值）降到仅为0.02%（9个新品种的平均值）。因色素腺体是棉酚存在的主要场所，棉酚是棉花本身所具有的天然杀虫和抗菌剂，因此无色素腺体的棉花比较容易发生病虫害。

七、棉籽饼粕的合理利用

（一）控制棉籽饼粕的饲喂量

试验研究和饲养实践表明，只要控制好棉籽饼粕在畜禽饲料中的合适比例，使游离棉酚保持在安全量以下，就可使动物既得到棉籽饼粕中的营养物质，满足其生长发育需要，又不致中毒。

目前，我国生产的机榨或预压浸出的棉籽饼粕，一般含游离棉酚0.06%~0.08%，如果直接配合其他饲料使用，应严格控制饲喂量。棉籽饼粕的用量应根据其游离棉酚的含量和不同动物对游离棉酚的耐受性来确定。在饲料中的安全用量一般为：肉猪、肉鸡可占饲料的10%~20%；母猪及产蛋鸡可占5%~10%；反刍动物的耐受性较强，用量可适当增大。农村生产的土榨饼中棉酚含量一般约为0.2%以上，应经过去毒处理后利用，若直接利用时，其在饲料中的比例不得超过5%。

用无色素腺体棉籽加工后的饼粕，棉酚含量极少，其营养价值不亚于豆饼，可直接、大量饲喂家畜。至于去毒处理后的棉籽饼粕，也应根据其棉酚含量，小心使用。

（二）营养调控及合理搭配

日粮中高水平蛋白质可降低游离棉酚的毒性，蛋白质含量越低，越易中毒。所以，动物日粮组分中含有棉籽饼粕时，其配方中蛋白质含量应略高于饲养标准规定的数值。

棉籽饼粕中赖氨酸的含量和利用率均低于大豆饼粕，故在饲料中添加合成赖氨酸（0.2%~0.3%）或适量的鱼粉、血粉等动物性蛋白质饲料，可获得较好的效果。棉籽饼粕与大豆饼粕搭配饲用，也是行之有效的配合方法。

此外，在饲喂棉籽饼粕时，还应在日粮中补充钙、维生素A和维生素D等营养物质，也可供给青绿多汁饲料，如青草、青菜、胡萝卜等，增强动物机体对棉酚的耐受性和解毒能力。

八、卫生标准

我国《饲料卫生标准》规定：游离棉酚的允许量为棉籽饼粕中≤1 200mg/kg；肉用仔鸡、生长鸡配合饲料≤100mg/kg；产蛋鸡配合饲料≤20mg/kg；生长肥育猪配合饲料≤60mg/kg。国外反刍动物配合饲料中游离棉酚的允许量为成年动物≤500mg/kg，犊牛≤100mg/kg。

第三节　蓖麻饼粕

蓖麻饼粕（seed cake of ricinus communis）为蓖麻榨油后的副产品，含有丰富的粗蛋白质（33%～35%）和多种矿物质。但因其中含有蓖麻毒素、蓖麻碱等有毒有害物质，动物误食或人工饲喂一定剂量后，常常引起中毒，因而影响了蓖麻饼粕的饲用价值。近年来，人们正在研究其毒性成分和去毒措施，以便更好地开发利用该蛋白质饲料资源。

一、蓖麻饼粕中的有毒有害物质

（一）蓖麻毒素（ricin）

1. 理化性质

蓖麻毒素也称蓖麻毒蛋白，主要存在于蓖麻籽中，含量为脱脂籽实的2%～3%。蓖麻毒素纯品为白色粉末状或结晶形固体，不溶于酒精、乙醚、三氯甲烷和苯等有机溶剂，能溶于酸性或盐类的水溶液，经紫外线照射或甲醛处理，可使其变性而丧失毒性。蓖麻毒素与一般蛋白质相比，对酸、碱较稳定，在25℃，pH值1～11的水中能保持其活性，可在水溶液中反复结冰和溶解，其毒性不变。蓖麻毒素对蛋白变性剂和各种蛋白酶也比较稳定。干燥加热时蓖麻毒素不易变性，但随水分含量的增加稳定性降低，在水中煮沸可使其凝固变性，失去活性，加工过程中的高热处理也可使其变性而失去毒性。因此，冷榨的蓖麻籽饼含蓖麻毒素，而热榨的蓖麻籽饼则不含（图10－7）。

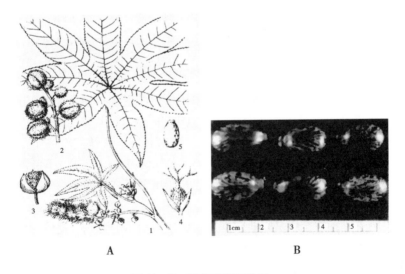

图10－7　蓖麻植株和种子

A：蓖麻（1-花枝，2-果枝，3-雄花，4-雌花，5-种子）；B：蓖麻籽

2. 毒性

蓖麻毒素是迄今所知毒性最强的植物毒蛋白，其毒性比士的宁、HCN、砒霜还强，成

人误食蓖麻籽10粒即可致死,致死量为7～30mg。未经去毒处理的蓖麻籽饼,其浸出液即使稀释2 000倍,仍能引起动物中毒。蓖麻毒素对人和各种动物均有强烈毒性,但不同动物对蓖麻毒素的敏感性不同,一般认为兔和马最敏感,羊和鸡次之,各种给药途径都能引起中毒。因蓖麻毒素进入消化道后不被蛋白酶破坏,故口服毒性也较强,但非肠道途径的毒性是口服的100倍以上。蓖麻毒素对不同动物的致死量见表10－2。

表10－2　蓖麻毒素对不同动物的致死量（每千克体重）　　　（单位：μg）

动物	给药途径	致死量	动物	给药途径	致死量
小鼠	腹腔注射	18	兔	口服	100
小鼠	静脉注射	2.4～7.5	兔	皮下注射	0.5
大鼠	口服	100	兔	腹腔注射	0.7
大鼠	腹腔注射	0.3～0.5	狗	静脉注射	1.2～2.0
豚鼠	皮下注射	3.2	猫	肌肉注射	0.2
豚鼠	肌肉注射	0.8	人	口服	2.0

3. 抗原性

蓖麻毒素具有植物性蛋白质的各种性质,是一种典型的毒素蛋白质,具有较强的抗原性。作为抗原,以任何途径小剂量多次重复给予各种哺乳动物,都可刺激机体产生相应的抗体(抗蓖麻毒素),使机体获得抗蓖麻毒素的免疫力。用蓖麻籽或未经处理的蓖麻籽饼少量递增地饲喂动物而逐渐产生的所谓习惯性或耐受性,实质上就是对蓖麻毒素产生了免疫性。据报道,用蓖麻毒素以少量递增的剂量注射动物,经一定时间后,可使其对蓖麻毒素的耐受量提高到试验前致死量的800倍。虽然蓖麻毒蛋白遇热时可凝结,甚至完全丧失其毒性,但抗原性仍然保留。

4. 毒理机制

蓖麻毒素为高分子蛋白质,不同来源的种子所含的毒素有轻微差别,已报道的蓖麻毒素有:蓖麻毒蛋白D(ricin D)、酸性毒蛋白(acidic ricin)及碱性毒蛋白(basic ricin)3种。蓖麻毒素由2条多肽链组成,分别称为A链和B链,两链间有一个二硫键连接,当用2-巯基乙醇还原时,链间的二硫键断开,将A、B两条肽链分开。蓖麻毒蛋白D的分子量为64 000,A链有265个氨基酸残基,B链有260个氨基酸残基。肽链A、B的分子量分别为30 625和31 358。

蓖麻毒素的主要毒性作用是阻断或抑制细胞内蛋白质的合成。蓖麻毒素的作用过程可归纳为以下5个步骤。

①当蓖麻毒素与动物细胞接触时,其B链作为附着体,与细胞表面受体(糖残基)结合,使毒素和细胞紧密接触。

②在毒素与细胞的接触部位逐渐内陷,形成细胞内囊,从而使整个毒素分子进入细胞内。

③毒素从细胞内囊中向细胞质中移动。

④毒素 A、B 链间的二硫键断开，使 A 链处于游离状态。

⑤A 链作为效应体，其作用类似一种酶，与真核生物大亚基（60S）的某一核蛋白体蛋白质结合，间接抑制了肽链延长因子 2（EFT2）的活性，使蛋白质合成的延长阶段受到障碍，从而抑制蛋白质的生物合成。

研究认为，只要有一个蓖麻毒素分子进入细胞质就能杀死这个细胞，但为了保证一个分子的进入，需要成百上千毒素分子结合到细胞表面，似乎仅少部分结合位置可以形成细胞内囊，有效地将毒素转移到细胞质中。在无细胞系中，游离的 A 链可直接抑制蛋白质合成，但对完整的细胞不起作用；说明必须有 B 链同时存在时的附着作用，才能进入细胞发挥毒性作用。同时也说明，也许只有当 A、B 链分开时，A 链在酶学上的位置才能形成或暴露出来。一个 A 链可使大量的核糖体失活，其酶促催化作用的反应速率约为 1 500 个/（min·链），此反应可被专一的抗 A 链抗体终止。蓖麻毒素从结合于细胞表面到抑制细胞的蛋白质合成在 37℃ 下大于 30min，同时，蛋白质合成停止后细胞还能存活数小时。

蓖麻毒素除通过使 60S 核糖体亚基失活来杀死细胞和动物外，在体外还能抑制 DNA 聚合酶的活性。

动物食入蓖麻毒素后，小部分在胃内被消化，大部分经肠管吸收。蓖麻毒素是一种血液毒，经肠管吸收后，主要造成对各器官组织的损害，如刺激胃肠道，损伤胃肠道黏膜，损伤肝脏、肾脏等实质器官，使之发生变性、出血和坏死。蓖麻毒素能使红细胞凝集，纤维蛋白原变为纤维蛋白，在肠黏膜的血管内形成血栓，引起血液循环障碍，导致肠壁的出血、溃疡，从而发生剧烈的疝痛和出血性肠炎。进入体循环后，则造成各器官组织，特别是心脏、肝脏、肾脏以及脑脊髓的血栓性血管病变，使之发生出血、变性乃至坏死，甚至引起呼吸及血管运动中枢麻痹。蓖麻毒素还可使红细胞发生崩解，最后因呼吸和循环衰竭而死亡。

（二）蓖麻碱（ricinine）

蓖麻碱是一种白色针状或棱柱状结晶性生物碱，化学名称为 3-氰基-4-甲氧基-1-甲基-2-吡啶酮，分子式为 $C_8H_8N_2O_2$，分子量 164.16，熔点 201～205℃。蓖麻碱易溶于热水、热氯仿及热乙醇中，难溶于乙醚、石油醚和苯，水溶液呈中性，与酸不易形成盐。蓖麻碱分子中含有氰基，可分解生成 HCN。

蓖麻碱存在于蓖麻的全植株中，在幼芽特别是子叶中含量较高。植株不同部位的含量为：种子 0.1%～0.2%，幼嫩绿叶 0.7%～1.1%，子壳 1.5%。蓖麻饼粕中含蓖麻碱 0.3%～0.4%。

蓖麻碱对小鼠的毒性比蓖麻毒素弱，腹腔注射的最小致死量为 16mg/kg。但对家禽毒性较强，当饲料中蓖麻碱的含量超过 0.01% 时，抑制鸡的生长，含量超过 0.1% 时，会导致鸡神经麻痹，甚至中毒死亡。据报道，蓖麻碱还具有致甲状腺肿的潜在作用。

（三）变应原（allergen）

变应原又称过敏素，存在于蓖麻仁的胚乳部分，其含量为籽实的 0.4%～5%，蓖麻的茎、叶及壳中的含量较少。变应原是由蛋白质与少量的多糖聚合而成的糖蛋白，纯品为白色粉末状固体，溶于水，不溶于有机溶剂，在碱性溶液中易溶解，而在酸性溶液或沸水中较稳定。变应原具有强烈的致敏性，对过敏体质的机体引起变态反应。

（四）红细胞凝集素（hemagglutinin）

红细胞凝集素是与蓖麻毒素不同的蛋白质，但在其合成过程以及在种子中存在时与蓖麻毒素有密切关系。红细胞凝集素的分子量为130 000，结构与蓖麻毒素相似，由两条A链和两条B链组成，遇热不稳定，100℃加热30min即丧失活性。红细胞凝集素含量占籽实的0.005%～0.015%。红细胞凝集素对动物的毒性仅为蓖麻毒素的1/100，但其对红细胞的凝集活性却比蓖麻毒素大50倍。对小白鼠的最小致死量为每千克体重1 900μg。试验证明，蓖麻红细胞凝集素在体外对各种动物和人的红细胞、小肠黏膜细胞、肝细胞以及其他组织细胞悬液均有强烈的凝集作用。

在临床上，动物采食蓖麻籽及其饼粕所致的中毒病，都不同程度的反映出上述几种毒素的毒性作用，其中起主导作用的或引起急性中毒的是蓖麻毒素。

蓖麻饼粕中各有毒成分的含量，随制油方法的不同而异。冷榨饼中各有毒成分含量均高。热榨饼中，蛋白质毒素类（如蓖麻毒素和红细胞凝集素）在加热过程中发生凝固而变性，失去毒性，但蓖麻碱和变应原不会被破坏，仍保持其毒性。在不同的个体之间，其致死量又存在着较大差异，特别是既往史，对动物的耐受性或其致死量有较大的影响。各种动物内服蓖麻籽的中毒致死量见表10-3。

表10-3　动物蓖麻籽的中毒致死量

动物	致死量		动物	致死量	
	内服量（g）	每千克体重致死量（g）		内服量（g）	每千克体重致死量（g）
马	30～50	0.1	猪	60	1.4
牛	350～450	2.0	仔猪	15～20	2.4
犊牛	20	2.5	兔	1.5	1.0
绵羊	30	1.25	鹅	1.0	0.4
山羊	100～140	5.5	鸡	1.8	14.0

二、临床症状及病理变化

动物通常在采食蓖麻茎叶、籽实或饼粕后3～20h出现中毒症状，主要表现为胃肠炎和神经系统机能紊乱。因动物种类不同，临床症状有一定差异。

马在采食后数小时至几天内发病，呈进行性发展。病初精神沉郁，食欲废绝，体温多升高。其特异的表现是口唇痉挛，颈部伸展，目光惊惧。呼吸困难，心跳次数增加且亢进，可视黏膜潮红或黄染。继而出现腹痛和严重腹泻，粪便中混有黏液和血液，有的便秘。多数病马表现明显的膈肌痉挛，往往持续数日。随着疾病的发展，肌肉震颤，出汗，运动失调，肢体末端冰凉，脉搏细弱。有的因膀胱麻痹而发生尿潴留。后期躺卧，痉挛，因呼吸中枢麻痹而死亡。

牛、羊中毒后，主要表现为伪膜性出血性肠炎。精神沉郁，食欲废绝，反刍停止，体温无明显变化，呼吸和心跳次数增加。孕牛常流产，乳牛的奶产量减少。

猪中毒时，表现为精神沉郁，呕吐、腹痛、出血性胃肠炎、黄疸及血红蛋白尿等症状。严重者突然倒地、嘶叫和痉挛，末梢器官和下垂部位严重发绀，尿闭，最后多在昏睡中死亡。

家禽表现精神沉郁，羽毛粗糙，翅膀下垂，肉垂和鸡冠发灰，产蛋停止，脱毛，腹泻，消瘦，渐进性麻痹和衰竭，最后死亡。鸭中毒时还表现上行性麻痹（ascending paralysis），即颈部肌肉麻痹，头颈伸直，软弱无力，与肉毒中毒极为相似。

试验动物在注射致死剂量的蓖麻粗毒素几小时后，表现被毛粗乱，食欲下降或停止，体重下降。临死前频繁腹泻，呼吸困难，体温下降，颤抖，眼分泌物多，最后昏迷或持续性急剧抽搐而死亡。

剖检可见肺部充血和水肿，肝脏、肾脏肿大，肠和肠黏膜有轻度出血。镜检，发现肝、肾细胞质空泡化，伴有核浓缩及坏死现象，胆管增生。试验证明，蓖麻毒素能选择地作用于大鼠肝的窦状隙和枯否氏细胞，引起坏死，但不影响实质细胞。

三、蓖麻毒素中毒的诊断

根据误食蓖麻籽或饲喂蓖麻饼粕的病史，结合急性出血性胃肠炎、膈痉挛的特征以及胃内容物发现蓖麻籽皮壳等，可做出初步诊断。胃内容物蓖麻毒素的检测为诊断提供依据。定性方法为：取胃内容物 10～20g，加蒸馏水 20ml，浸泡后过滤，取滤液 5ml，加 10%磷钼酸钠液 5ml，水浴煮沸，溶液呈绿色，冷却后加 15%氯化铵溶液，液体由绿色转为蓝色，再水浴加热，变为无色，即证明有蓖麻毒素存在。

四、防治措施

（一）去毒处理

1. 物理法

目前，常用蒸汽法和煮沸法，尤其是加压蒸汽法的效果较好。据报道，采用高压热喷法（压力 0.2MPa，120～125℃）处理 60min，蓖麻籽饼粕中的毒蛋白、红细胞凝集素、变应原和蓖麻碱的去除率分别为 100%、100%、70.91% 和 88.78%。将蓖麻饼在 125℃ 环境中湿热处理 15min，可使蓖麻毒素全部破坏。如果将蓖麻籽饼经高温处理后再用水冲洗，去毒效果更好。

内蒙古畜牧科学院热喷技术研究组经过对 16 种热喷去毒工艺的比较筛选，得到了蒸汽压力低、蛋白营养保全好、处理时间短、加工成本低的生产工艺。采用该工艺处理对蓖麻毒素、红细胞凝集素的去毒率为 100%；对蓖麻碱、变应原的去毒率可达 80%～90%，当添加 1%～2% 的生石灰或碳酸钠或食盐粉后再热喷时，去毒率可达 95%～100%。

2. 化学法

用 6 倍量 10% 的盐水浸泡蓖麻籽饼 6～10h，弃去盐水，用清水冲洗，去毒效果较好。用 4% 的石灰水或 2% 氢氧化钠溶液浸泡蓖麻籽饼，也能达到去毒的目的，但碱处理导致赖氨酸的损失。

3. 微生物发酵法

利用微生物发酵既可去除蓖麻籽毒素又可增加动物蛋白质，这是一种较有前景的方法，值得进一步研究、推广。据试验报道，用微生物发酵对蓖麻碱和变应原的去毒率为73%和59%。

（二）预防措施

在种植蓖麻的区域，应及时收获并妥善保管蓖麻籽实，避免成熟籽实散落地面或混入饲料而被动物采食；研磨蓖麻籽的用具，必须彻底清洗，否则不能用来研磨饲料。

利用蓖麻饼粕作饲料时，不同种类的动物对蓖麻毒素的耐受性差异较大，应选择性地在不同畜禽群进行试验性饲用。反刍动物对蓖麻饼中毒的耐受力较高，可适当增加饲喂量，但马对毒素的耐受力较差，须严格控制喂量。同时，应利用蓖麻毒素具有蛋白质抗原性的特性，采用逐渐增加饲喂量的方法，可以提高动物对蓖麻毒素的耐受能力。

未去毒的蓖麻籽饼，要慎用，经过去毒处理后，亦应控制其饲喂量，反刍动物应控制在日粮总量的10%~20%，家禽和猪应控制在10%以下。中毒病牛的乳汁中含有蓖麻毒素，不可饲喂犊牛或饮用，以防中毒。据报道，经热处理的蓖麻饼在鸡饲料中含量超过10%时，会降低鸡的日增重和饲料利用率。在奶牛饲粮中的去毒蓖麻饼占10%~20%时，乳汁中可检测出一定量的蓖麻碱和变应原。

（三）治疗

本病尚无特效治疗药。早期主要是破坏及排除毒物，用催吐剂、0.5%~1.0%鞣酸（单宁酸）或0.2%高锰酸钾溶液洗胃，灌服活性炭和盐类泻剂（如硫酸钠或硫酸镁，仅应用于未发生腹泻的病畜）。疾病的中后期主要原则是强心、止痛、保护胃肠黏膜、预防惊厥及维持电解质和体液平衡。口服抗酸药可缓解对消化道黏膜的刺激，应用VC可提高成活率，利尿可预防肾病的发生。

蓖麻中毒通常选用抗蓖麻毒素血清治疗。尼可刹米、异丙肾上腺素能对抗过敏原的毒性作用。另有报道，刀豆球蛋白A（Concanavaline A，Con A）、霍乱毒素B（Cholera toxin B）和麦芽凝集素均有抗蓖麻毒素的作用。此外，猪羊中毒时灌服白酒也有疗效。

第四节　亚麻饼粕

亚麻饼粕（linseed meal）是亚麻籽榨油后的副产品。我国亚麻籽年产量约60多万t，是世界产量最高的国家，居我国油料总产量的第4位。我国的亚麻主要分布在华北、西北部地区，内蒙古自治区（以下简称为内蒙古）、山西、甘肃、新疆维吾尔自治区（以下简称为新疆）四省的产量最高，吉林、河北、陕西、青海次之，西南地区的西藏、云南、贵州等地也有零星种植。亚麻籽含粗蛋白质23%左右，粗脂肪40%~48%。亚麻饼粕中粗蛋白质含量32%~35%，蛋氨酸0.46%~0.55%，赖氨酸0.73%~1.16%，具有较高的营养价值。但因亚麻饼粕中含有生氰糖苷、亚麻籽胶和抗VB_6因子等有毒成分和抗营养因子，若不经去毒处理而大量饲喂，则可引起动物中毒。因此，掌握亚麻饼粕中有毒有害成分的毒性作用并采取有效的去毒措施，合理利用该蛋白质饲料资源，对促进畜牧业的发展有很大的意义。

一、亚麻饼粕中的有毒成分及其毒性作用

（一）生氰糖苷

亚麻籽及其饼粕中含有的生氰糖苷，主要是里那苦苷（linamarin），又称亚麻苦苷（$C_{10}H_{17}O_6N$），此外，还有少量百脉根苷。这类糖苷在与其共存的水解酶的催化下（适宜温度$40 \sim 50℃$，pH值5左右），可水解产生HCN。当HCN进入机体后，氰离子能抑制细胞内呼吸酶的活性，如细胞色素氧化酶、过氧化氢酶、琥珀酸脱氢酶、乳酸脱氢酶等酶的活性都会受到抑制，其中最主要的是细胞色素氧化酶，从而丧失其传递电子和激活分子氧的作用，结果组织的氧化磷酸化过程受阻，细胞呼吸链中断，阻止了组织对氧的吸收，破坏了组织内氧化过程，导致机体内的组织缺氧或细胞内窒息。另外，氰化物对中枢神经系统具有直接损伤作用。毒性数据表明HCN是剧毒物质，口服致死量为$50 \sim 100mg$，空气中浓度为$200mg/m^3$时，人吸入10min即可致死。

亚麻苦苷的含量因亚麻的品种、种子成熟程度以及种子含油量、榨油方式不同而有较大差异。完全成熟的种子极少或不含亚麻苦苷。从种子含油量来看，含油量越低，亚麻苦苷含量越高；含油量越高，则亚麻苦苷含量越低。用溶剂提取法或在低温条件下进行机械冷榨时，亚麻籽中的亚麻苦苷和亚麻苦苷酶可原封不动地残留在饼粕中，一旦条件适合就分解产生HCN，相反，采用机械热榨油时（亚麻籽在榨油前经过蒸炒，温度一般在100℃以上，并且往往高达$125 \sim 130℃$），其亚麻苦苷和亚麻苦苷酶绝大部分遭到破坏。我国目前一般采用热榨油法，其亚麻籽饼中HCN含量很低。

（二）抗维生素B_6

亚麻籽饼中含有维生素B_6的对抗性物质，它是D-脯氨酸的衍生物，化学名称为1-氨基-D-脯氨酸。抗维生素B_6以肽键和谷氨酸结合成二肽的形式存在，称为亚麻素或亚麻亭（linatine），该结合物水解后可生成1-氨基-D-脯氨酸，后者对抗维生素B_6的作用约为亚麻亭的4倍。

维生素B_6经磷酸化转变为磷酸吡哆醛，可作为氨基酸代谢中的重要辅酶和合成神经递质的成分。1-氨基-D-脯氨酸可与磷酸吡哆醛结合，使后者失去生理作用，影响体内氨基酸代谢，引起中枢神经系统机能的紊乱。

（三）亚麻籽胶

亚麻籽胶是亚麻籽种皮所含的天然黏性胶质，其干燥籽实中的含量为$2\% \sim 7\%$，亚麻籽饼粕中约为$3\% \sim 10\%$，是一种易溶于水的糖类，主要成分为醛糖二糖酸（aldobionic acid），是由非还原糖（如L-鼠李糖、D-木糖、L-岩藻糖、D-半乳糖等）和乙醛酸组成。

亚麻籽胶不能被单胃动物和禽类消化利用，饲粮中亚麻籽胶含量太高时会影响动物食欲。亚麻籽胶遇水变得极黏稠，饲喂幼禽时，能胶黏禽喙而发生畸形，影响采食。因亚麻籽胶不能被消化利用而排出黏性粪便，黏附在家禽肛门周围，或引起大肠或肛门梗阻。研究证明，亚麻籽饼在幼禽日粮中不应超过3%。

亚麻籽胶能被反刍动物的瘤胃微生物分解利用，也可吸收大量水分而膨胀，延长饲料在瘤胃中的停留时间，便于瘤胃微生物对饲料的消化和吸收。实践证明，亚麻籽饼对反刍

动物的适口性好，肥育效果显著，且可防止便秘和使被毛富有光泽。

二、临床症状及病理变化

动物亚麻籽饼粕急性中毒较少见，多因长期大量饲喂而引起慢性中毒。病畜精神沉郁，不安，流涎，呼吸困难而急速，脉搏快而微弱，剧烈腹痛和下痢，有时尿闭。肌肉震颤，尤其肘部和胸前肌肉更明显，步态蹒跚。严重者卧地不起，四肢伸直，全身肌肉震颤，角弓反张，瞳孔散大，昏迷，心力衰竭，呼吸麻痹而死亡。

病畜血液呈鲜红色、黏稠，胸腔和腹腔常有红色液体，胃肠黏膜充血，内容物有苦杏仁味。皮下有点状或斑状出血，肺水肿，气管和支气管内有大量泡沫状红色液体。心脏扩张，肝脏、肾脏肿大、充血。

三、诊断

根据饲喂亚麻籽或饼粕的病史，结合呼吸困难、流涎、肌肉震颤、腹痛、腹泻、血液鲜红色等临床症状，可初步诊断。确诊需要对饲料、血液、瘤胃内容物、肝脏和肌肉组织等进行氰化物分析。

四、防治措施

1. 去毒处理

亚麻籽饼经水浸泡而后煮沸（煮时将锅盖打开）10min，使 HCN 挥发，消除其毒性。因亚麻籽胶可溶于水，故用水处理（亚麻籽饼：水 = 1∶2）可将其除去。

2. 预防措施

畜禽生产中应严格控制亚麻籽饼粕的饲喂量，一般应与其他饲料合理搭配。亚麻籽饼粕在单胃动物和家禽日粮中一般不超过20%，鸡、火鸡、幼禽日粮中亚麻籽饼粕的用量以不超过3%为宜，且最好饲喂半个月后停喂一段时间。至于反刍动物，可适当增加亚麻籽饼粕的用量。

3. 治疗

急性亚麻籽饼粕中毒，可按 HCN 中毒的方法治疗。病畜立即停喂可疑饲料，大量采食应尽早用催吐、洗胃和下泻等排毒措施，并尽早应用亚硝酸盐和硫代硫酸钠进行特效解毒。发病后立即用5%亚硝酸钠溶液，其剂量为牛、马2g，猪、羊0.1~0.2g，或按每千克体重10~20mg，静脉注射。随后再注射5%~10%硫代硫酸钠溶液，牛、马为100~200ml，猪、羊为20~60ml，或按每千克体重30~40mg，加入10%葡萄糖内缓慢静脉注入。或用亚硝酸钠3g，硫代硫酸钠15g及蒸馏水200ml，混合溶解后经过滤过、消毒，供牛一次静脉注射。猪、羊用亚硝酸钠1g，硫代硫酸钠2.5g及蒸馏水50ml，供静脉注射。也可用1%~2%亚甲蓝溶液静脉注射，剂量为每千克体重10~20mg，但作用不如亚硝酸盐强。

慢性中毒时，主要补充VB$_6$，同时采取对症疗法进行治疗。

第五节　糟渣类饲料

一、酒糟

酒糟（distiller's grains）是酿酒的副产品，新鲜酒糟含有12%的粗蛋白质和6%的粗脂肪，并有少量的糖、酵母和乙醇。我国的酒精工业和酿酒业发展较快，谷物酒精年产80万t以上，仅次于巴西、美国和俄罗斯，居世界第4位。每吨酒精约产鲜糟13～15t。我国年产谷物酒精鲜糟约1 040万～1 200万t，这是一项大宗饲料资源，若解决其合理利用，必将加速养殖业的发展。

但因鲜酒糟的水分含量高达50%～70%，长途运输困难，且不能直接配合到饲料中，因而出现大量的鲜酒糟作沤肥处理，影响饲用。而靠近酒精厂、酒厂的农户，有时单纯用酒糟饲喂牛、猪。当长期饲喂，或突然大量饲喂、或用酸败酒糟饲喂，都可引起中毒。酒糟中毒主要发生于猪和牛。

（一）有毒成分及其毒性作用

酒糟是酿酒的副产品，新鲜酒糟中残留有一定量的乙醇，还存在有其他多种发酵产物如甲醇、杂醇油、醛类、酸类等。酒糟在长时间贮存过程中或贮存不当，常因微生物的发酵作用，使乙酸等有机酸含量增加，杂醇油及醛类亦有所增多，这些成分的主要毒性作用如下。

1. 乙醇

乙醇对机体的危害主要是中枢神经系统，首先增强大脑皮层兴奋性，动物表现兴奋，进而出现步态蹒跚，共济失调，最后因延髓血管运动中枢和呼吸中枢受到抑制，出现呼吸障碍和虚脱，严重者因呼吸中枢麻痹而死亡。慢性乙醇中毒时，除引起肝及胃肠损害外，还可引起心肌病变，造血功能障碍和多发性神经炎等。

2. 甲醇

甲醇在体内的氧化分解和排泄都缓慢，可产生蓄积毒性作用，主要麻醉神经系统，特别对视神经和视网膜有特殊的选择作用，引起视神经萎缩，重者可致失明。

3. 杂醇油（fusel oil）

主要是戊醇、异丁醇、异戊醇、丙醇等高级醇类的混合物，由碳水化合物、蛋白质和氨基酸分解形成，其毒性随碳原子数目的增多而加强。

4. 醛类

主要为甲醛、乙醛、糠醛、丁醛等，毒性比相应的醇强，其中，甲醛是细胞质毒，甲醛在体内可被分解为甲醇。乙醛在肝细胞内被氧化为乙酸的过程中，加重了肝细胞的脂肪变性。另外，乙醛是高度反应活性分子，能与蛋白质结合形成乙醛-蛋白加合物（acetaldehyde-protein adducts），后者不但对肝细胞有直接损伤作用，且可作为新抗原诱导细胞和体液免疫反应，导致肝细胞受免疫反应的攻击，炎症细胞在肝组织浸润，释放各种细胞因子，进一步加重肝细胞损伤。

5. 酸类

主要是乙酸，还有丙酸、丁酸、乳酸、酒石酸、苹果酸等，一般不具毒性。适量乙酸对胃肠道有一定的兴奋作用，可促进食欲和消化，但大量乙酸长时间的作用，对胃肠道有刺激性；同时，大量有机酸可提高胃肠道内容物的酸度，降低消化机能；可使反刍动物瘤胃微生物区系发生变化，消化机能紊乱。长期饲喂时，消化道酸度过大，可促进钙的排泄，导致骨骼营养不良。

酒糟中的有毒有害成分常因原料品质而变化，如甘薯酒糟可能含有黑斑病甘薯中的甘薯黑疤霉酮（ipomeamarone），马铃薯酒糟可能含有发芽马铃薯中的龙葵素（solanine），谷类原料中混有麦角时，酒糟中会含有麦角毒素（ergotoxine），用霉败原料酿酒的酒糟中可含有多种霉菌毒素（mycotoxin），以大麦芽为主要原料的啤酒糟可产生二甲基亚硝胺（dimethyl nitrosamine，DMNA）。因此，用酒糟饲喂动物时，所发生的中毒原因往往较为复杂，应全面加以分析。新鲜酒糟可能引起以乙酸中毒为主的症状，其危害程度与饲喂量及持续时间有关。

（二）临床症状及病理变化

突然大量饲喂酒糟时可引起急性中毒，病畜开始呈现兴奋不安，心跳加快，呼吸急促，随后呈现腹痛、腹泻等胃肠炎症状；家畜步态不稳，四肢麻痹，卧地不起，体温下降，因呼吸中枢麻痹而死亡。

长期单独饲喂酒糟，往往引起慢性中毒，表现为消化紊乱，便秘或拉稀，并有黄疸，时有血尿，结膜发炎，视力减退甚至可致失明，出现皮疹和皮炎。因大量的酸性产物进入机体，当矿物质供给不足时，可致缺钙并出现骨质软化等缺钙现象，母畜不孕，孕畜发生流产。牛中毒时则发生顽固性前胃弛缓，有时出现支气管炎，下痢和后肢皮肤湿疹（称酒糟性皮炎）。

猪中毒时结膜潮红，初期体温升高，高度兴奋，狂燥不安，心悸，步态不稳，最后倒地抽搐，体温下降，虚脱而死。

剖检可见脑和脑膜充血，脑实质常有出血，心脏及皮下组织有出血斑。胃内容物有酒糟和醋味，胃肠黏膜充血和出血，结肠纤维素性炎症，直肠出血、水肿。肺充血、水肿，肝、肾肿胀，质地变脆。慢性中毒可见肝硬变。

（三）诊断

根据大量长期饲喂酒糟的病史，结合腹痛、腹泻、神经症状及剖检变化（如胃黏膜充血、出血，胃内容物中有乙醇味，可见残存的酒糟等）可初步诊断，确诊应进行动物饲喂试验。

（四）防治措施

1. 预防措施

①酒糟应尽可能新鲜喂给，力争在短时间内喂完，如果暂时用不完，应隔绝空气保存，可将酒糟压紧在缸中或地窖中，上面覆盖薄膜，贮存时间不宜过久，有条件时，也可用作青贮，酒糟生产量大时，也可采取晒干或烘干的方法，贮存备用。

②控制酒糟在日粮中的用量。一般情况下，牛20%～25%，不宜超过30%；生长肥

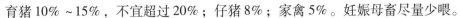

育猪 $10\% \sim 15\%$ ，不宜超过 20% ；仔猪 8% ；家禽 5% 。妊娠母畜尽量少喂。

③长期饲喂含酒糟的饲粮时，应适当补充含矿物质的饲料。

④对轻度酸败的酒糟，可在酒糟中加入 $0.1\% \sim 1\%$ 的生石灰或石灰水以中和其中的酸，对严重酸败和霉变的酒糟应予废弃。

2. 治疗

本病无特效疗法，发病后应立即停喂酒糟，并用小苏打液内服、灌服或静脉注射，同时静脉注射葡萄糖液、生理盐水等。对便秘的可内服缓泻剂。胃肠炎严重的应消炎。兴奋不安的使用镇静剂，如静脉注射硫酸镁、水合氯醛、溴化钙或肌肉注射钙剂，对慢性酒糟中毒效果好，特别是对伴有骨营养不良的慢性中毒效果更好。

有人推荐用 50% 葡萄糖液、胰岛素和 VB_1 三者配合应用，可加速乙醇氧化，但应酌情使用。

二、渣类

(一) 淀粉渣

淀粉渣（grain powder dregs）是淀粉加工的副产品，生产淀粉的原料有玉米、甘薯、马铃薯等，用这些原料所得的淀粉渣尽管粗蛋白质含量不高，但氨基酸组成多样，无氮浸出物较多，适口性好，是一种较好的动物饲料。但在玉米加工淀粉的过程中，需要用 $0.25\% \sim 0.3\%$ 的亚硫酸溶液浸泡玉米，尽管经过漂洗，其残渣中仍含有一定量的亚硫酸，可引起动物中毒。各种动物均可发病，常见于猪和牛。

1. 亚硫酸的毒害作用及其机理

亚硫酸通过淀粉渣进入动物机体后，主要通过以下几方面呈现毒害作用。当淀粉渣饲喂量过大或饲喂时间过长，多量的亚硫酸刺激腐蚀消化道，导致消化道黏膜发炎、坏死和脱落，呈现出血性胃肠炎。亚硫酸能降低瘤胃 pH 值，破坏微生物区系和瘤胃正常的消化代谢功能，造成胃肠道消化吸收和整体物质代谢紊乱，在临床上呈现出血性胃肠炎，前胃弛缓和物质代谢障碍等综合病症。亚硫酸在体内能破坏硫胺素，动物出现硫胺素缺乏症。因血液中硫胺素减少，进而引起糖氧化障碍，导致机体的代谢紊乱，出现一系列复杂病变过程，严重时可发生脑灰质软化。

亚硫酸可与饲料中钙结合成亚硫酸钙，随粪便排出，造成机体钙的吸收减少，导致动物缺钙症或营养不良，特别是泌乳高峰期的奶牛和妊娠动物表现更为严重。但这种结合可逆，在酸性环境中可分解，游离的亚硫酸又可直接刺激损伤胃肠黏膜。

亚硫酸可转化为硫化物，对机体造成危害。进入消化道的亚硫酸，有一半被氧化变成硫酸盐，在瘤胃细菌或消化道细菌的作用下，硫酸盐又还原成硫化物。特别是饲喂高精料日粮、内环境 pH 值 6.5 时，微生物的活性增强，硫酸盐还原成硫化物的数量更多。过量的硫化物对免疫器官和实质脏器能产生损害作用，如硫化氢、二氧化硫等可刺激呼吸道及胃肠黏膜，并损害大脑组织，引起咳嗽、流泪、呼吸困难、痉挛和意识障碍并伴有腹痛和下痢等现象。瘤胃中的硫化氢能与钼结合形成硫钼酸盐，遇到铜后进一步形成难溶的复合物，降低铜的吸收。少量硫钼酸盐能被机体吸收，形成铜-硫钼酸盐-白蛋白复合物，导致机体铜代谢紊乱。

2. 中毒症状及病理变化

该病为慢性蓄积性中毒。用淀粉渣饲喂肥育猪，因生长期较短，无明显影响。中毒母猪胃肠道出现明显慢性卡他性炎症，进一步导致消化吸收障碍。机体因营养物质缺乏，体质消瘦，可导致不育和流产，加上亚硫酸对免疫器官的毒害，使母猪免疫功能低下，其所生下的仔猪必然由于先天不足和后天失调，易发生各种疾病而死亡，这是导致用淀粉渣喂母猪的养殖场仔猪病多和死亡率高的一个原因。

用淀粉渣喂乳牛，当日喂量大于 10~15kg 时，连续饲喂半个月就会发生中毒。当出现中毒时，食欲下降，消化不良，前胃弛缓，渐进性消瘦，被毛粗乱无光泽，产乳量下降，但体温多无明显变化，腹泻或便秘，粪便中混有血液和黏液。有的呈不同程度的跛行。母牛不发情，或发情不明显，繁殖性能降低，即使怀孕，常引起流产或产弱仔。高产奶牛产后 1 个月左右还可发生出血性乳房炎，表现体温升高，精神沉郁，1~2 个乳区出现明显的红肿热痛，乳汁中混有大量的凝乳块，呈深红色，并因骨营养不良表现爬卧症，卧地不起，形成褥疮，严重者呈蛙泳姿势，最后被淘汰。新生犊牛抗病力低下，易继发其他疾病而死亡。

剖检可见胃肠内容物不多，有的较空虚，胃肠黏膜脱落，尤其是瘤胃绒毛和三胃瓣叶黏膜色黑，易脱落，小肠呈出血性、甚至溃疡性炎症。肝脏和肾脏都有不同程度的肿胀且变脆，有的发生肝脓肿。

3. 诊断

根据长期大量饲喂淀粉渣的病史，结合胃肠炎、繁殖机能障碍及剖检变化，可做出初步诊断，确诊需要进行亚硫酸盐含量分析及动物试验。

4. 防治措施

（1）去毒方法

① 物理去毒。主要是晒干，因亚硫酸是一种挥发性酸，淀粉渣晒干后亚硫酸量减少一半。这种方法在夏、秋两季采用，经济实用。水浸渣去毒也可获得满意效果，用 2 倍水浸泡淀粉渣 1h，弃去浸泡水，亚硫酸含量减少 50%，加水量多，效果更好。

② 化学去毒。根据亚硫酸的化学性质，选用高锰酸钾溶液、双氧水或氢氧化钙溶液去毒效果较好。研究表明，对含亚硫酸 147.6mg/kg 的淀粉渣，用 0.1% 的高锰酸钾溶液处理后，其亚硫酸残留为 30.75mg/kg，双氧水处理后为 46.9mg/kg，石灰水处理后为 78mg/kg。三者比较，高锰酸钾溶液去毒效果最好。

③ 微生物发酵。淀粉渣经过多种菌种联合发酵，既可降低其中的有毒成分，又可生产生物活性蛋白，提高淀粉渣的营养价值。

（2）预防措施　淀粉渣应新鲜饲喂，饲喂量不宜过大，饲喂时间不能过长，更不能喂腐败变质或发霉变质的淀粉渣。母猪以每天不超过 3~5kg/头，乳牛饲喂不超过 5~7kg/头为宜，且饲喂 1 周停 1 周，并应保证青绿饲料的供应。但是，对母猪和乳牛，因生产周期长，最好用去毒淀粉渣饲喂。对育成猪饲喂淀粉渣，必须保证日粮中 VB_1 含量达 50mg/kg，而喂量不超过日粮的 30%，肥育猪不超过 50%。用淀粉渣喂肉牛，每天每头不超过 7kg，同时增加青、干草和钙的喂量，增加日粮中胡萝卜素的喂量。

（3）治疗　本病无特效解毒药。动物中毒后应立即停喂淀粉渣，采取相应的排毒解毒措施和对症治疗，同时补充适量的 VA、VB、VC、VD 制剂及钙制剂，也可补充一些青绿饲料。病情较轻者停喂淀粉渣后可自然恢复。

（二）豆腐渣

因豆类含有胰蛋白酶抑制剂、植物性红细胞凝集素、致甲状腺肿物质等多种有害物质，而这些物质多不耐热，因此，用豆腐渣饲喂家畜时应当煮熟。

（三）酱油渣

酱油渣中食盐含量较高，约 7%～8% 干重，故不要长期饲喂或一次喂量过多，以防引起食盐中毒，酱油渣在饲粮中的配合量（按 DM 计）一般不得超过 10%。猪和鸡，尤其仔猪和雏鸡对食盐敏感，最易发生中毒，故酱油渣在猪饲粮中的配合量应低于 5%，鸡以不超过 3% 为宜，幼雏最好不喂，饲喂酱油渣期间，应经常供给充足的饮水。

（四）甜菜渣

甜菜渣是制糖工业的副产品，由于渣中含有大量的游离有机酸，常能影响家畜的消化机能，引起腹泻。

第十一章　其他饲料毒物中毒与防治

第一节　无机氟化物

一、来源

氟（fluoride，F）在自然界分布广，以氟化物的形式存在，水、土壤、岩石和动植物体均含有氟。氟是畜禽营养必需的微量元素，对于维持机体正常物质代谢，促进牙齿和骨骼钙化，兴奋神经传导，保证多种酶的活性都具有一定作用。但若饲料中含氟量过高，也可引起畜禽中毒。饲料中的氟化物主要来源于3个方面。

1. 自然环境中的高氟地区引起的饲料氟污染

氟在地壳中的平均含量约650mg/kg，但其分布不均匀，在我国有一条从东北经华北至西北的高氟带，还有一些其他的高氟地区，在高氟地区生长的饲料植物和农作物可从土壤中吸收可溶性氟，形成高氟饲料。

2. 工业污染

因氟在工业生产中的广泛应用，对环境的污染严重，工业排出的含氟废物不仅可通过污染土壤使饲料富含氟，也可通过污染大气使饲料植物叶面直接吸收而使饲料富含氟，工业污染区的饲料中氟含量常常高于自然高氟地区。

3. 矿物质饲料中含氟杂质

用含氟量高的磷灰石为原料制成的饲用磷酸盐和骨粉常含有较高浓度的氟。

二、毒性及中毒机理

（一）毒性

氟的毒性取决于氟化物的类型和溶解性、摄入量、接触的持续时间、排泄速度、动物的年龄（幼年动物较敏感）、营养水平、寒冷或干旱等应激因素，以及个体或种属易感性的差异等。

适量的氟，能被牙齿釉质的羟基磷灰石晶粒表面吸附，形成一种抗酸性的氟磷灰石保护层，增高牙齿硬度，提高牙齿的抗酸力，降低碳水化合物分解产生的酸度，从而预防龋齿。在饮水中加入适量的氟化钠，对预防龋齿具有较好的效果。据广州市调查，在供水中加氟6年，儿童的龋齿发生率减少了50%。用以防止人类牙齿腐蚀的氟化水对动物健康无毒害作用。但当进入机体的氟含量过高时，则往往引起动物中毒。

研究证明，当饲料中氟含量达 40mg/kg 时，家畜连续采食时间超过 1 年，60mg/kg 时超过 2 个月，80mg/kg 时超过 1 个月，均可引起氟中毒。牛饲料中含 400mg/kg 氟化钠，可产生轻度慢性氟中毒。我国规定饮水氟卫生标准为 0.5～1.0mg/L，一般认为，动物长期饮用氟含量超过 2mg/L 的水就可能发生氟中毒。

畜禽对氟的耐受能力与畜禽种类、年龄、无机氟化物形式、食入数量有关，各种畜禽对无机氟化钠的耐受量见表 11－1。

表 11－1　畜禽日粮总氟的安全水平　　　　　　（单位：mg/kg）

氟化物	母奶牛	肉用母牛	绵羊	猪	鸡	火鸡
氟化钠或其他可溶性氟化物	30～50	40～50	70～100	70～100	150～300	300～400
磷酸盐矿石或磷酸盐石灰石	60～100	65～100	100～200	100～200	300～400	300～400

（二）中毒机理

氟是一种全身性的组织毒。进入机体的氟可作用于酶系统，对体内许多酶具有毒性作用。高氟可抑制烯醇化酶，使糖代谢障碍；抑制骨磷酸化酶，影响钙磷代谢；破坏胆碱酯酶，影响神经传导功能；抑制辅酶Ⅰ、Ⅱ系统，影响机体三羧酸循环，妨碍氧化磷酸化，阻止能量代谢。研究表明，氟对酶的毒性作用与氟的浓度、作用时间及酶的结构等因素有关。一般小剂量短期作用可加强酶活性，而大剂量长期作用则往往抑制酶活。

大量的氟进入机体后，可以从血液中夺取钙、镁离子，使血钙、镁降低。因此，急性氟中毒在临床上常表现为低血镁症和低血钙症。同时，由消化道进入大量的无机氟，在胃的酸性环境里形成氢氟酸而立即产生对胃肠黏膜的刺激。

氟在少量、长期进入机体的情况下，同血液中钙结合，形成不溶性的氟化钙，致使钙代谢障碍。为补偿血液中钙，骨骼钙不断地释放，从而引起成年家畜脱钙，致使骨质疏松，易于骨折。生长中的家畜，则因钙盐吸收减少而使牙齿、骨骼钙化不全，形成对称斑釉齿和牙质疏松，易于磨损。与此同时，骨骼疏松、膨大、变形。由于成骨细胞和破骨细胞的活动，骨膜和骨内膜增生，使骨表面产生各种形状的、白色的、粗糙的和坚硬的外生骨赘。

血钙含量降低时，能引起甲状旁腺分泌增多。增加破骨细胞，活动增强，促使溶骨现象，加速骨的吸收；还能抑制肾小管对磷的再吸收，增高尿磷，这也是影响骨磷代谢的重要环节。

氟不能通过胎盘屏障，初乳及常乳中的氟含量较低，哺乳幼畜只要尚未饮用高氟水，就不会受到氟的毒害。因此，幼畜发生釉斑牙，通常在永久齿，乳齿则相对完好。

三、临床症状

急性氟中毒：急性中毒较少见，多因吸入含氟气体，舔食木材防腐用的无机氟制剂，也有因用氟化钠驱虫时用量过大所致。急性氟中毒实质上是一系列腐蚀性中毒的表现，多在食入过量氟化物半小时后出现临床症状。一般表现为厌食，流涎，恶心呕吐，腹痛，腹泻，胃肠炎，食欲废绝，肌肉震颤，阵发性、强直性痉挛，脉搏细数，极度衰弱，虚脱死亡。

慢性氟中毒也叫氟病：常见，主要是由家畜长期饮用含氟量较高的水，长期饲喂污染无机氟的牧草或混有无机氟的矿物性饲料添加剂所致。本病可发生于各种动物，但主要见于牛和羊，其次是马、猪、鸡等。其临床特征是牙齿和骨骼变化。

骨骼变化：许多症状与骨营养不良相似，出现原因不明的跛行，跛行往往先出现在一肢，随后四肢交替发生或呈"对角线"肢行。有的牛跛行十分突出，病牛表现痛苦，短步或不愿行走。耕牛在使役后，跛行加剧。严重病畜，卧地不起。羊因体躯较轻，跛行轻微，不易察觉。病猪卧地不愿起立，强迫站立则步履艰难，尖叫。大家畜为了减轻关节疼痛，常用健肢负重，久之则使蹄壳变形。骨骼变形，骨赘生物明显，颌骨、胸骨、掌骨、跖骨明显变粗，肋骨与肋软骨结合部形成大的骨赘（也叫骨疣），腕关节常肿大，因骨质增生，触诊异常坚硬。颌骨显著肿大，形成所谓河马头。

牙齿变化：有氟斑，牙齿磨损快或磨灭不整齐，有的牙齿全部脱落，氟斑牙是骨营养不良和氟中毒的主要鉴别点。牙齿的变化与中毒程度成正相关。①可疑中毒：轻微变化，不能确定明确的病因，釉质可能有小点。②轻度中毒：釉质有轻度的斑纹，但有磨损，牙齿形状正常。③中等中毒：白垩质失去光泽，有粉笔头大小的斑点，牙齿有轻度磨损。④显著中毒：明显的斑牙，变色，呈奶油色，釉质有大的斑点，牙齿明显磨损。⑤严重中毒：明显的氟斑牙，齿釉质呈奶油色或黑色，脱钙，严重的磨灭面不整齐。

病畜被毛粗乱，干燥，春季脱毛延迟，行走迟缓。幼畜生长发育缓慢，未老先衰，病畜常有异食癖，特别喜啃骨头。

血液、尿液氟含量明显升高，牛血中氟含量可由正常的 2mg/L 上升到 6mg/L 或更高。尿中氟含量可由正常的 2～6mg/L 上升到 16～18mg/L 或更高。

X 线检查，骨中含氟量超过 4 000mg/kg 时，骨骼有明显的改变，如骨膜增厚，边缘不齐而呈羽状或有骨赘，髓腔变小，骨密度减低，骨密质变窄并呈网眼状。

有的放牧牛出现皮炎，角膜炎，有的牛发生脓性结膜炎，有的单眼或双眼视力减弱，甚至双目失明。

四、饲料卫生标准及防治措施

（一）卫生标准

我国《饲料卫生标准》规定（GB 13078—2001 及其后的修改单和增补内容），饲料中氟的最大允许量为（以 F 计）：鱼粉 500mg/kg，石粉 2 000mg/kg，磷酸盐 1 800mg/kg，肉仔鸡、生长鸡 250mg/kg，产蛋鸡配合饲料 350mg/kg，猪配合饲料 100mg/kg，骨粉、肉骨粉 1 800mg/kg，生长鸭、肉鸭配合饲料 200mg/kg，产蛋鸭配合饲料 250mg/kg，奶牛、肉牛精料补充料 50mg/kg。

（二）预防

在自然病区可采取下列措施防止氟中毒。

1. 脱离氟污染区或在有条件的地区划出禁牧区或危险区

牧草含氟量平均超过 70mg/kg 为高氟区，严禁放牧；超出 40mg/kg 为危险区，只允许成年牲畜作短期放牧，且采用无氟或低氟区与危险区轮牧，在危险区放牧不宜超过 3 个月。

2. 饲料中含氟量不应超过干物质的 0.003%

对牛补饲磷酸盐时，该磷酸盐含氟量不应高于 1 000mg/kg，磷酸盐用量亦不能高于日粮的 2%，有些地区补饲骨粉，应在测定含氟量后再确定用量。注意在饲料中供应充足的钙和磷，以减轻氟的危害，有条件时可从无氟地区运进牧草饲喂。

3. 饮水含氟量超过 1.5mg/L 时不宜饮用

据报道，有许多降低饮水中氟含量的方法，如用熟石灰、明矾沉淀法等。

4. 改良高氟草场

可用自然低氟水源冲洗氟。对在工业污染区饲喂生命短暂的畜禽如猪、兔、禽、肉牛等也有预防氟中毒的作用。

（三）治疗

急性氟中毒的治疗主要在于抑制胃内氢氟酸的生成，排除消化道内残留的氟，降低神经应激性和实施胃肠炎的对症处理。

为中和胃内形成的氢氟酸，可用硫酸铅 30～50g 加水内服，也可口服 1%～2% 氯化钙或稀石灰水、乳酸钙、硫酸钙或葡萄糖酸钙，以便形成难溶的氟化钙而被排出。为了降低神经的应激性，除应用必要的镇静解痉药外，关键在于补钙，马、牛可静脉注射 10% 葡萄糖酸钙 300～500ml 或 10% 氯化钙 100～200ml。

慢性氟中毒，目前尚无特效的治疗方法，一般治疗骨营养不良的方法都有一定的效果，补给钙制剂，在饲料中添加骨粉。每日供给硫酸铝、氯化铝、硫酸钙等，可减少中毒动物骨中的氟含量。

第二节 食 盐

食盐（common salt）是动物日粮中不可缺少的营养成分，添加 0.3%～0.8%，可提高食欲，促进消化，保证机体水盐代谢的平衡。但若摄入量过多，特别是限制饮水时，常发生食盐中毒。

一、食盐中毒的原因

舍饲动物中毒多见于配料疏忽，误投过量食盐或对大块结晶盐未经粉碎和充分拌匀，或饲喂含盐分高的泔水、酱渣、咸菜及腌菜、腌肉的盐水和卤咸鱼水等。

放牧动物则多见于供盐时间间隔过长，或长期缺乏补饲食盐的情况下，突然加大量喂，加上补饲方法不当，如在草地撒布食盐不匀或让动物在饲槽中自由抢食。

用食盐或其他钠盐治疗大动物肠阻塞时，一次用量过大，或多次重复用钠盐泻剂。也见于高渗氯化钠溶液静脉注射剂量过大。

除上述病因之外，食盐中毒还与以下因素密切相关。

1. 饮水不足或饮水中盐含量过高

饮水是否充足，对食盐中毒的发生具有决定性影响。试验表明，猪饲料中含食盐0.25%时，若限制饮水或饮水不足（如饮水设施损坏、过度拥挤、饮水添加药物或冰冷等），可致中毒，但在自由充足饮水情况下，即使饲料中食盐含量达13%也不会中毒；绵羊在饮水充足时可安全地饲用含盐2%的日粮，但如严格限制饮水或缺水时就会发生食盐中毒。在饮水充足时，泌乳母牛最高能耐受饲料中4%的氯化钠（干物质，含钠1.6%），其他种类的牛对氯化钠的最大耐受量为饲料干物质的9%。放牧的牛羊补充矿物质添加剂时，限制饮水或饮用咸水也可引起中毒。绵羊可耐受饮水中1%食盐，但1.5%即引起中毒。鸡可耐受饮水中0.25%的食盐，含盐高的湿料比干料更易中毒，可能与家禽对湿料的采食量大有关，湿料中含2%的食盐即可引起雏鸭中毒。饮水食盐比饲料食盐中毒的可能性更大，一般认为，饮水中安全的食盐浓度为：绵羊0.7%~1.7%，牛0.9%~1.1%，鸡0.5%~0.9%。

2. 机体内水盐代谢状况

动物机体内的水盐代谢状况，对食盐的耐受量亦有影响。夏季高温，使机体水分大量丧失，体液减少，对食盐的耐受力降低。试验表明，鸡在炎热的夏季，限制饮水，可发生食盐中毒。另外，胃肠炎、利尿等引起的机体脱水也可增加食盐中毒的风险。

3. 其他

幼龄动物对钠离子的毒性比成年动物敏感，特别是家禽，可能与肾脏尚未发育完全有关。饲喂尿素可增加钠离子中毒的可能性，主要是与尿量增加、血液浓缩和大脑组织钠含量过高有关。

二、毒性及中毒机理

各种动物对食盐的敏感性不一，其顺序为猪、禽、马、乳牛、肉用牛、绵羊。引起食盐急性中毒的剂量（每千克体重）为：猪1~2g，家禽2g，马和牛2.2g，绵羊6g。食盐对不同动物的致死量（按成年个体）为：鸡4~5g，猪和绵羊100~250g，马900~1400g，牛1400~2700g。必须强调的是，对食盐中毒的剂量来说，如只计算其绝对剂量而不参考饮水量，没有意义。食盐的毒性作用，主要表现在两方面：一是高浓度食盐对胃肠道的刺激作用；二是钠离子在体内贮留所造成的离子平衡失调和组织细胞损害，尤其是离子之间的比例失调和脑组织的损害。

在摄入大量食盐，且饮水不足而发生急性中毒的情况下，首先呈现的是高浓度食盐对胃肠黏膜的直接刺激作用，引起胃肠道炎症。同时因胃肠道内渗透压显著增高，大量的体液向胃肠道内渗漏，使机体陷于脱水状态，当饮水不足时，患畜出现口渴，少尿和脑机能紊乱。被吸收入血的食盐，则因机体失水，丘脑下部抗利尿素分泌增加，排尿量减少，不能经肾及时排出而游离于循环血液中，积滞于组织细胞之内，造成高钠血症和机体的钠贮留，而血液内一价阳离子 Na^+、K^+ 可增高神经应激性。使动物呈现兴奋，二价阳离子 Ca^{2+}、Mg^{2+} 可降低神经应激性，使动物呈现抑制状态。两者保持一定的比例，协调神经反射活动的正常进行。高钠血症则破坏了这种平衡，使一价离子的作用占优势，结果神经应激性增高，动物呈现中枢神经兴奋状态。

吸收的钠离子广泛贮留于全身各组织器官，特别是脑组织内，为组织水肿（尤为脑水肿）创造了条件（通常在突然解除限水而暴饮之后发作），以致颅内压增高，血液循环障碍，脑组织供氧不足。研究证明，钠离子为脑内葡萄糖无氧酵解的强力抑制剂，其作用机制是促使三磷酸腺苷（ATP）转化为一磷酸腺苷（AMP），同时又由磷酸化作用降低AMP的清除率，所蓄积的AMP可抑制葡萄糖酵解。食盐中毒时，因脑组织发生水肿，脑室积液所致的颅内压升高致供氧不足，进而影响葡萄糖酵解，造成能量供应不足，而致大脑皮层局部变性等病理变化，临床上表现为神经机能的异常兴奋或麻痹。

猪食盐中毒都呈现突然的神经症状，同其他动物中毒迥然有别。研究证明，食盐在猪体内的毒性作用，主要是来自氯化钠中的钠离子，先后使用氯化钠、碳酸钠、丙酸钠、乳酸钠等，都可复制与"食盐中毒"同样的病例，因此有人主张将本病改称"钠盐中毒"。

禽类对食盐中毒较为敏感，其原因与禽的生理特征有关。与哺乳动物的肾脏相比，禽类肾脏肾小球面积小，血浆蛋白含量低，易发生水肿。

食盐可从血中逸出进入分泌液（如唾液、黏液）及浆液，因渗透作用，这种盐由水伴随，呈现大量流涎、流鼻液、心包和胸腔积水以及腹水等临床症状。

脑细胞一旦水分过多，几乎不可逆，这可能是由于驱除细胞中的钠需要能量，但过多的钠离子抑制了细胞的糖酵解，使能量产生障碍。食盐中毒性死亡可能是由重要器官的代谢性病变（由于钠引起水分过多和抗糖酵解作用）及脑水肿液的物理性损伤联合作用的结果。

三、临床症状

猪：急性食盐中毒主要表现为神经症状，病猪衰竭，肌肉震颤，阵发性惊厥，昏迷期可达48h。慢性中毒时，表现便秘，口渴，食后2～4d，皮肤开始发痒，随后12～24h内出现特征性神经综合征。最初有目盲和耳聋，对正常刺激无反应，无目的地徘徊。可能转圈或以一只前肢为轴作旋转运动，这阶段可以恢复正常，也可转为癫痫样惊厥，间隔一定时间（通常7～15min）发生一次。震颤从鼻盘和面部开始，然后经颈部向身体后部发展。当颈肌痉挛收缩时，可引起紧急跳动的角弓反张，直至头部几乎呈垂直状态，迫使身体重心后移，或向后退，或呈犬坐姿势。以后呈阵发性痉挛，病猪倒地呈侧卧姿势，四肢作划水样运动。在惊厥期间，不断地做空嚼动作，流涎或口角流出少量的白沫。喉头麻痹，呼吸困难，体温通常不高，嗜酸性白细胞有增多现象。

反刍动物：口干渴，腹痛，腹泻，脱水，流涎，粪便中有黏液。严重者双目失明，后肢麻痹，步态不稳，球关节屈曲无力，始终有鼻分泌物，多尿。肌肉痉挛，发抖，衰弱，卧地。饮盐水引起的慢性中毒动物，通常表现为食欲不振，体重减轻，脱水，体温降低，衰弱，偶尔发生腹泻，强迫病牛运动时，可引起虚脱及强直性惊厥。奶牛食盐中毒时多发生酮病。

家禽：极度口渴，腹泻，神经过敏，头颈扭曲（前庭神经损害），惊厥和腿麻痹。日粮中食盐太多会引起小鸡的睾丸囊肿，精神萎顿，运动失调，翅麻痹，两腿无力或麻痹，食欲废绝。嗉囊扩张，口鼻流出黏液性分泌物，发生下痢，呼吸困难，最后因呼吸衰竭而死亡。

马属动物表现为口渴，结膜潮红，齿龈燥红，肌肉痉挛，行走摇摆，严重时后肢不全麻痹或全麻痹，甚至昏迷。

犬的食盐中毒少见，可能因犬具有非常好的肾排泄功能，犬中毒的症状有运动失调、失明、惊厥或死亡。

检验胃肠内容物中有无食盐存在可按如下方法：将胃肠内容物连同黏膜取出，加多量的水使食盐浸出后过滤，将滤液蒸发至干，可残留呈强咸味的残渣，其中、即可能有立方形食盐结晶。取该结晶放入硝酸银溶液中，可出现白色沉淀；取残渣或结晶在火焰中燃烧时，呈现鲜黄色的钠盐火焰。有条件时可作血清钠测定，当血清钠高至 180～190mg/L（正常为 135～145mg/L），脑和肝中钠超过 150mg/kg，脑、肝、肌肉中的氯化钠含量分别超过 180mg/kg、150mg/kg 和 70mg/kg 时，即可认为是食盐中毒。

四、防治

（一）预防

①要有规律地加喂适量食盐，以防止"盐饥饿"，并提高饲养效率。

②保证饮水充足，对于泌乳期的母畜尤需充分供给饮水。

③在利用含盐的残渣废水时，必须适当限制用量，并同其他饲料搭配饲喂。

④管好饲料盐，不使家畜接近，不同其他物品混杂，以免误用或被家畜偷吃。

⑤应用食盐治疗马便秘时，应掌握好剂量，且注意给予充分的饮水。

在饲料中添加食盐要按规定进行，且与其他饲料混合均匀。食盐的用量，猪和家禽可占饲料干物质的 0.3%～0.5%，马、牛、羊等草食动物可占 1%。在饲喂富含食盐的加工副产品（如酱油等）时也应将其食盐含量计算在内，避免饲料中食盐过多，并保证供给充足的饮水。

（二）治疗

目前，尚无特效解毒药，主要措施是促进食盐排出，恢复阳离子平衡及对症疗法。

不论急性或慢性食盐中毒，均应立即停止饲喂含盐饲料和饮水。并给予新鲜饮水，给水必须有限制，应少量多次地给予，无限制地自由饮水常导致病势恶化，引起严重的脑水肿，导致动物死亡，因为此时脑细胞和脑脊髓液的渗透压高于血液。同时对消化道内未吸收的食盐可口服油类泻剂，促进食盐排出。对后期或严重者不能自行饮水的病例，可用胃管给水。也可腹腔注射灭菌冷水或葡萄糖溶液。

排除食盐并不容易，尤其是进入脑组织中的钠，即使给予强力排钠利尿剂也不能完全改变被钠所抑制的糖酵解，也不能使钠从脑细胞内泵出。

为恢复血液中一价和二价阳离子平衡，可静脉注射 5% 葡萄糖酸钙 200～400ml 或 10% 氯化钙 100～200ml（马、牛）。对猪分点皮下注射 5% 氯化钙明胶溶液（氯化钙 10g 溶于 1% 明胶液 200ml 内），氯化钙剂量为每千克体重 0.2g，每点注射量不得超过 50ml，以免组织坏死。

利尿排钠可用双氢克尿噻，以每千克体重 0.5mg 内服。解痉镇静主要用 5% 溴化钾、25% 硫酸镁溶液静脉注射，或盐酸氯丙嗪肌肉注射。缓解脑水肿、降低颅内压可用 25% 山梨醇或 20% 甘露醇静脉注射，也可用 25%～50% 高渗葡萄糖溶液进行静脉或腹腔（猪）注射。

其他对症治疗包括口服石蜡油以排钠，灌服淀粉黏浆剂保护胃肠黏膜，鸡中毒初期可切开嗉囊后用清水冲洗。

第十二章 饲料卫生质量的监督与管理

第一节 饲料卫生质量的监督

一、饲料卫生质量及其影响因素

饲料产品质量包括营养、卫生和加工质量 3 方面，这三者对饲料质量来说同等重要，在评价饲料质量时，缺一不可，尤其是饲料的卫生是衡量饲料产品质量的主要组成部分。因饲料卫生不仅直接影响畜禽的健康和生产力的充分发挥，且通过食物链间接影响人类的健康，因此，在饲料原料生产、饲料加工、贮存、运输及饲喂畜禽过程中，都必须把好饲料卫生一关。饲料卫生，主要是指饲料中有毒有害物质和微生物的含量及其对畜禽的危害程度。

影响饲料卫生的因素较多，主要有饲料源性毒物、化学性和生物性污染以及饲料添加剂使用不当等（表 12 – 1）。在使用含有毒素或可能变成毒素成分的原料时，必须进行脱毒处理或限制其使用量，保证饲料中有害物质低于规定的卫生要求，以保障人畜健康。为抑制微生物的生长和产毒，要严格控制污染途径以及生长繁殖所需的环境条件，并在饲料中使用化学防霉防腐剂。在饲料中添加抗生素等药物时，必须严格按规定进行。

表 12 – 1 饲料中有害物质及生物种类

有害生物		有 害 物 质						其他
		生物毒素		饲料源性毒物		化学污染物		
细菌	霉菌	细菌毒素	霉菌毒素	植物毒素及 ANFs	农药	有害元素	其他化学物质	
沙门氏菌、肉毒梭菌、葡萄球菌等	曲霉、青霉、镰刀菌属等	肉毒梭菌毒素、葡萄球菌肠毒素等	AF、OT、DON、F-2、T-2、FUM等	抗胰蛋白酶、游离棉酚、芥子苷（OZT、ITC）、生氰糖苷、亚硝酸盐、草酸盐等	有机氯、有机磷农药等	Pb、Hg、As、F、Cd、Cr、Mo 等	亚硝基类、多环芳烃类、多氯联苯类等	添加剂滥用、饲料虫害等

二、饲料卫生鉴定

近年来，我国加大了饲料卫生监督与管理的工作力度，监督检验机构定期或不定期对饲料产品的卫生进行检查鉴定，以了解各类饲料产品卫生水平的动态变化，但饲料卫生鉴定工作迄今仍无统一的标准和规范，有待制定。

（一）饲料卫生鉴定的目的和意义

饲料卫生鉴定就是检查饲料中是否存在损害家畜健康和生产性能的有毒有害因素，并阐明其性质、含量、来源、作用和危害，同时，在此基础上做出饲料处理等结论。通过鉴定，可保证畜禽健康和生产力；减少饲料资源的浪费，还能明确饲料卫生事故的原因和责任。饲料卫生鉴定是饲料卫生监督管理的重要工作内容。在下列情况下常需进行饲料卫生鉴定。

①饲料卫生监督检验机构定期或不定期对饲料产品的卫生进行检查鉴定，以了解各类饲料产品卫生水平的动态变化，估计饲料卫生法规的遵守执行情况。

②发生饲料中毒或其他饲料源性疾病时，为查清原因、做出确诊、明确责任和正确处理而对可疑饲料进行卫生鉴定。

③怀疑某批饲料可能受到污染时，要进行卫生鉴定。

④制定或修订饲料卫生标准的过程中，对饲料卫生进行调查验证时需进行卫生鉴定。

⑤应用新开发的饲料资源及新研制的饲料添加剂时，均需进行饲料卫生鉴定。

（二）饲料卫生质量鉴定的步骤和方法

1. 待鉴定饲料基本情况的调查

通过调查可确定鉴定工作的目标并可提供线索，有时甚至可据此直接做出鉴定结论。调查的内容因鉴定的目的不同而异。例如，对饲料产品特别是新产品进行卫生鉴定时，应对有关该饲料的加工工艺过程和原料的情况进行全面调查。对意外的污染进行探查时，应查清污染物与被污染料的实际接触程度，并应尽可能通过书面资料查清污染物的正式名称和有关情况。在饲料中毒调查中确定致病饲料时，先要查清中毒症状、潜伏期及饲料加工调制、贮存等过程的详细情况。调查中应着重深入现场搜集第一手资料，尽量避免间接口述转告。

2. 鉴定方案和检验项目的确定

饲料卫生标准所规定的项目，具有通用意义。但一般情况下，只是通过部分有针对性的项目进行鉴定。同时，也可根据需要，进行标准规定之外的其他项目的检验。因此，确定鉴定方案，明确检查目标或针对性，不能笼统地提出"检验有无毒性"或"分析是否可以饲用"。

3. 采样

采样应在现场调查的基础上进行，检验人员应尽可能亲自到现场采样。样品应对整批饲料有充分的代表性，符合鉴定目的和要求。根据具体鉴定目的确定采样的范围。如果鉴定目的是通过饲料卫生了解饲料厂遵守和执行饲料卫生法规的情况及该企业生产卫生合格产品的能力，应按工艺过程分阶段采样（原料、半成品、成品、机具容器的涂抹擦拭样品等）。如果鉴定目的是为了制定或修订饲料卫生标准提供依据，则应按不同季节、气候带、生产工艺和卫生条件的企业进行采样。若鉴定目的是查明饲料中毒的原因，则除采集剩余饲料外，还应采集病畜的呕吐物或胃肠内容物，必要时还要采取病畜的血、尿样品。

采样后应尽量避免样品变质或污染。对采集的样品必须严密包装，妥善保存，迅速运送。对易腐败的饲料，采样后应低温保存运送。对怀疑有挥发性毒物的样品应采取措施防止挥散逸失，如对氰化物、磷化物、硫化物可加碱固定后保存运送。采样工作中还应注意责任制度与法律手续的健全。例如采样时，应有 2 个以上的人员在场，共同签封，付给厂方（或货主）正式采样收据，按一定手续运送与交接，做好必要的记录与登记。必要时，可将样品等分 2 份，一份供检，另一份保存备查。对于可能涉及法律问题的事件，应会同司法部门共同采样。

4. 检验步骤和方法的选定

检验的步骤是感官检查、有毒有害因子的定性与定量和简易动物毒性试验，必要时还要进行微生物检验。检验方法应以规定的统一检验方法为准。

（1）感官检查　即通过感觉器官对饲料的色、香、味、形等状态进行检查。检查时应注意照明对颜色、温度对气味、感官疲劳对检查结果的影响。

（2）有毒有害因子的定性和定量检验　对含有未知有毒有害因子的饲料进行卫生鉴定时，应先了解可能属于何种毒物，为此可先进行预试验。经过预试验，得出毒物的线索后，必须再进行毒物的化学确证试验。有时还需要采用快速检验方法，在现场对饲料中的毒物或污染物做出初步判断。在此基础上，再根据需要和可能，进行定量测定。

（3）简易动物毒性试验　在卫生鉴定工作中，有时为了在较短时间内对某种可疑饲料的毒性做出初步判断，可采用简易动物毒性试验，其特点是对动物的品种、数量要求不高，试验时间较短，观测指标简单，即试验方法与条件均考虑到短期紧迫性的鉴定要求。此种试验可在鉴定开始时进行，借以确定可疑物质有无急性毒性和毒性的大小，并对毒物的类别和性质加以粗略估计，提供检验线索；也可在鉴定过程的后一阶段进行，以弥补理化检验中可能遗漏的某些有毒有害因素。

（三）饲料卫生鉴定的结论和饲料处理

一般经过上述工作步骤，可做出饲料卫生鉴定的最后结论，即饲料中是否存在有毒有害因素，有毒有害因素的来源、种类、性质、含量、作用和危害，该饲料可否饲用，或可以饲用的具体技术条件。结论应尽可能明确，对饲料的处理基本上可分为 3 种情况。

1. 正常饲料

即符合该饲料的卫生标准，可以饲用。

2. 需经处理或规定条件下饲用

这类饲料经鉴定发现有一定的问题并对家畜健康存在一定危害，但已有可靠措施消除危害，这种措施称为"无害化处理"，这种饲料称为"条件性可用饲料"。此类饲料可根据具体情况采取限定供应对象、混掺稀释、重新加工调制、高温处理和去除毒害等措施。经无害化处理后应再次采样检验，如证实已符合正常饲料的要求，即可不再限制出售。

3. 对家畜有明显危害

此类饲料应禁止饲用，可用作工业原料、肥料或销毁。

三、饲料毒物的检测方法

（一）饲料源性毒物的检测

饲料原料中含有一些有毒有害物质，称为饲料源性毒物，包括氰化物、亚硝酸盐、游离棉酚、异硫氰酸酯、噁唑烷硫酮、脲酶等，这些有毒有害物质因性质不同，可对动物机体造成多种危害和不良影响。

（二）化学污染物的检测

化学污染性饲料毒物主要包括农药和有毒矿物质两大类。

1. 污染饲料的农药检测

农药按其化学成分可分为有机氯、有机磷、有机氟、有机氮、氨基甲酸酯类等，其中有机氯杀虫剂（六六六和DDT）在我国曾普遍使用，因其在环境中残留期长，对食品和饲料易造成污染，为保证人类健康，我国已制定出食品和饲料中六六六、DDT残留量国家标准，但有机磷等农药在新版饲料卫生标准（GB 13078—2001及其后的修改单和增补内容）中仍未列出。

2. 饲料中有毒矿物质的检测

有毒矿物质主要包括砷、铅、汞、镉、铬和氟化物等，各国都已制定出相应卫生标准，防止有毒矿物质污染的饲料对畜禽造成危害。

（三）饲料中有害生物的检测

我国饲料卫生标准中与有害生物有关的指标主要有：即细菌总数、霉菌总数、沙门氏菌和黄曲霉毒素 B_1 等。

饲料毒物的检测方法见表12-2。

表12-2 饲料毒物的检测方法

检测项目		检测方法
饲料源性毒物	氰化物	GB/T 13084—1991 饲料中氰化物的测定方法 硝酸银滴定法
	亚硝酸盐	GB/T 13085—1991 饲料中亚硝酸盐的测定方法 盐酸萘乙二胺法
	游离棉酚	GB/T 13086—1991 饲料中游离棉酚的测定方法 苯胺比色法
	异硫氰酸酯	GB/T 13087—1991 饲料中异硫氰酸酯的测定方法 气相色谱法
	噁唑烷硫酮	GB/T 13089—1991 饲料中噁唑烷硫酮的测定方法 紫外分光光度法
	脲酶活性	GB/T 8622—1988 大豆制品中脲酶活性的测定方法 滴定法

（续表）

检测项目	检测方法
六六六、DDT	GB/T 13090—1999 饲料中六六六、滴滴涕残留量的测定
砷	GB/T 13079—1999 饲料中总砷的测定
铅	GB/T 13080—1991 饲料中铅的测定
汞	GB/T 13081—1991 饲料中汞的测定
化学污染物 镉	GB/T 13082—1991 饲料中镉的测定
氟	GB/T 13083—1991 饲料中氟的测定
铬	GB/T 13088—1991 饲料中铬的测定
钼	GB/T 17777—1999 饲料中钼的测定 分光光度法
硒	GB/T 13883—1992 饲料中硒的测定 2，3-二氨基萘荧光法
细菌总数	GB/T 13093—1991 饲料中细菌总数的检验方法
沙门氏菌	GB/T 13091—1991 饲料中沙门氏菌的测定方法
有害生物 霉菌总数	GB/T 13092—1991 饲料中霉菌检验方法
黄曲霉毒素 B_1	GB/T 17480—1998 饲料中黄曲霉毒素 B_1 的测定 酶联免疫吸附法

第二节　饲料的安全性评定

一、饲料安全性（毒理学）评价的意义

　　饲料的安全性是指某种饲料在规定的处理、使用方式和用量条件下，其所含的某种有毒有害物质对动物机体不致产生任何损害，即不引起急性、慢性中毒，亦不致对摄入该饲料的动物及其后代产生潜在的危害。为了确定饲料中出现的这些化学物质对机体是否有损害，必须进行各项毒性试验。

　　饲料安全性（毒理学）评价是通过系统的动物毒性试验，阐明饲料中某一有毒有害化学物质（天然存在的或外来的污染）的毒性及其潜在危害，对生产中利用这类饲料时的安全性做出评价。为了维护家畜的健康和生产性能，并避免人类因长期食用含有化学物质残留的动物性食品而危害健康，对可能在饲料中出现的各种有毒有害物质应进行安全性毒理学评价。特别是对新开发的饲料资源、添加剂、包装材料及新出现的饲料污染物等，都要进行安全性（毒理学）评价，确认其饲用安全后才能投入生产和使用。

　　在进行饲料安全性（毒理学）评价工作时，选用哪几种毒性试验和按何种顺序进行，都应以经济、可靠为原则统一规定，从而在较短的时间内，用较低的代价，获得最可靠的资料。目前，世界上一些国际组织和国家对于食品安全性（毒理学）评价的方法和程序做出了统一的规定或建议。我国卫生部于 1983 年颁布了"食品安全性（毒理学）评价程序（试行）"，经试行、修改后，1985 年卫生部再次颁布并执行。

　　我国目前对饲料安全性毒理学评价的程序和方法尚无系统规定，可参照我国卫生部颁

布的相关文件执行。

二、我国食品安全性（毒理学）评价程序

该程序包括 4 个阶段，第一阶段为急性毒性试验；第二阶段为蓄积毒性和诱变试验；第三阶段为亚慢性毒性（包括繁殖和致畸）试验和代谢试验；第四阶段为慢性毒性（包括致癌）试验。关于何种物质进行几个阶段试验，原则规定为：凡属我国研制的新化学物，特别是其化学结构提示有慢性和（或）致癌作用可能者，或产量大、使用面广、摄入机会多者，必须进行 4 个阶段试验；凡属与已知物质（指经过安全性评价并允许使用者）的化学结构基本相同的衍生物，则可进行前 3 个阶段试验，并按试验结果决定是否需要进行第 4 阶段试验；凡属我国仿制的产品，其质量与国外产品一致，而后者已证明为食用安全或规定有每日允许摄入量（ADI）者，一般只进行第一、第二阶段试验即可，如果产品质量或试验结果与国外资料不一致，尚应进行第三阶段试验。对农药、添加剂、高分子聚合物、新食物资源、辐照食品等各有更详细的要求。各阶段试验的目的、项目和结果判定如下：

（一）第一阶段：急性毒性试验

急性毒性试验目的是了解被检物的毒性强度和性质，为蓄积性和亚慢性毒性试验的剂量选择提供依据，常法测定经口 LD_{50}，若剂量达每千克体重 10g 仍不引起动物死亡，则不必继续测定。必要时还要进行 7d 喂养试验。结果判定是，若 LD_{50} 或 7d 喂养试验的最小有作用剂量小于人可能摄入量的 10 倍者则放弃，不许用于食品；若大于 10 倍者，可进入下一阶段试验。

（二）第二阶段：蓄积毒性和致突变试验

蓄积试验可用蓄积系数法或二十天试验法。结果判定：若蓄积系数（K）小于 3，为强蓄积性；K 大于或等于 3，为弱蓄积性；二十天试验法若 1/20 LD_{50} 组动物有死亡，且有剂量反应关系，则为强蓄积性；若 1/20 LD_{50} 组动物无死亡，则为弱蓄积性。强蓄积性者放弃。

致突变试验的目的是对被检物是否具有致癌作用的可能性进行筛选。

①细菌诱变试验：Ames、枯草杆菌或大肠杆菌试验。

②微核试验和骨髓细胞染色体畸变分析试验中任选一项。

③显性致死试验、睾丸生殖细胞染色体畸变分析试验和精子畸形试验中任选一项。

④DNA 修复合成试验。

根据被检物的化学结构、理化性质以及对遗传物质作用终点的不同，并兼顾体内、外试验及体细胞和生殖细胞的原则，在以上 4 类中选择 3 项试验。

结果判定，若 3 项试验均为阳性，则无论蓄积毒性如何，均表示被检物有可能具有致癌作用，应予以放弃，除非被检物具有十分重要的价值；若其中 2 项为阳性，而又有强蓄积性，应予以放弃，若为弱蓄积性，则由有关专家进行评议，根据被检物的重要性和可能摄入量等，综合权衡利弊再做出决定；若其中一项试验为阳性，则再选择 2 项其他致突变试验（包括体外培养淋巴细胞染色体畸变分析、果蝇隐性致死试验、DNA 合成抑制试验

和姐妹染色单体互换试验等）。若此 2 项均为阳性，则无论蓄积毒性如何均应予以放弃；若有一项为阳性，且为强蓄积性，则应予以放弃；若有一项为阳性，且为弱蓄积性，则可进入第三阶段试验。若 3 项试验均为阴性，则无论蓄积毒性如何，均可进入第三阶段试验。

（三）第三阶段：亚慢性毒性和代谢试验

亚慢性毒性试验的目的是观察被检物以不同剂量较长期喂养，对动物的毒性作用和靶器官，并确定最大无作用剂量；了解被检物对动物繁殖及对子代的致畸作用；为慢性毒性和致癌试验的剂量选择提供依据；为评价被检物能否应用于食品提供依据。

亚慢性试验项目有 4 个：90d 喂养试验、喂养繁殖试验、喂养致畸试验、传统致畸试验。前 3 项试验可用同一批动物进行。

结果判定：若以上试验中任何一项的最敏感指标的最大无作用剂量［以每千克体重中剂量（mg）计］小于或等于人的可能摄入量的 100 倍者，表示毒性较强，应予以放弃；若大于 100 倍而小于 300 倍者，可进行慢性毒性试验；大于或等于 300 倍者，则不必进行慢性试验，即可进行评价。

（四）第四阶段：慢性毒性（包括致癌试验）试验

试验目的是发现只有长期接触被检物后才出现的毒性作用，尤其是进行性或不可逆的毒性作用及致癌作用；同时确定最大无作用剂量，对最终评价被检物能否应用于食品提供依据。试验方法是：可将 2 年慢性毒性试验和致癌试验结合在一个动物试验中进行，用 2 种性别的大鼠和（或）小鼠。

结果判定：若慢性毒性试验所得的最大无作用剂量［以每千克体重中剂量（mg）计］，小于或等于人的可能摄入量的 50 倍者，表示毒性较强，应予以放弃；若大于 50 倍而小于 100 倍，需由有关专家共同评议；大于或等于 100 倍者，则可考虑允许使用食品，并制定 ADI。若在任何一个剂量发现有致癌作用，且有剂量效应关系，则需由有关专家共同评议，以做出评价。

第三节 饲料卫生标准的制定原则和方法

一、饲料卫生标准的含义及意义

（一）饲料卫生标准的含义

饲料卫生标准是从保证饲料的饲用安全性、维护动物健康和生产性能出发，对饲料中的各种有毒有害物质以法律形式规定的限量要求。饲料卫生标准是国家授权有关行政部门统一制定的各种饲料都必须达到的统一的卫生要求，是饲料法规体系的组成部分。

（二）饲料卫生标准的意义

随着我国饲料工业的发展，根据饲料卫生质量监督和管理的需要，经全国饲料工业标准化技术委员会提出，1991 年 7 月 16 日由国家技术监督局批准，颁布了我国第一部饲料卫生标准，即 GB 13078—1991，并于 1992 年 4 月 1 日起实施。

GB 13078—1991《饲料卫生标准》颁布 10 年来，为规范我国的饲料市场，保障人民的健康和保护环境，发挥了很大的作用。但随着饲料、饲料添加剂品种的增加和人们对食物安全的日益关注，《饲料卫生标准》显然不能满足新形势下饲料工业的发展需要，其内容覆盖面较小，许多事故纠纷无判定依据，一些重要的产品卫生指标没有规定等，所以急需对原标准进行修订。

在国家技术监督局的支持和指导下，全国饲料工业标准技术委员会组织了华中农业大学、无锡轻工业大学、中国农业科学院畜牧所、国家饲料质检中心等 10 多个单位对《饲料卫生标准》进行了补充、修订工作，于 2000 年完成标准草案并审查通过，2001 年 7 月 20 日批准发布，2001 年 10 月 1 日实施新《饲料卫生标准》（GB 13078—2001）。在 2006 年、2007 年、2010 年对其又进行了修改和增补，卫生标准编号分别为：GB 13078.1—2006，GB 13078.2—2006，GB 13078.3—2007，GB 21693—2008，GB 26418—2010，GB 26419—2010，GB 26434—2010。

饲料卫生标准的颁布具有十分重要的意义。

饲料卫生标准是饲料法规体系的重要组成部分，属强制性国家标准，是国家对饲料卫生进行监督管理的法律依据。修订后的饲料卫生标准（GB 13078—2001）是与《饲料和饲料添加剂管理条例》配套的技术性法规。

饲料卫生标准是饲料毒物及饲料卫生科学理论的结晶，是促进畜牧业发展、指导饲料生产实践的最有效形式。随着生产的发展和科学技术的进步，饲料卫生标准亦应进行必要的补充和修改，不断进行完善。

标准的颁布是入世的需要。我国入世后的饲料工业面临国际市场激烈竞争的严峻考验，提高产品质量，生产安全卫生、不污染环境的饲料产品，将是饲料工业健康发展的前提，新版《饲料卫生标准》在制定时，对有害物质在饲料中的允许量指标，充分考虑了国际上的有关规定，尽量与国际接轨。它的颁布有利于提高产品质量，净化市场，打击假冒伪劣产品，促进国际贸易和国民经济的健康发展。

二、饲料卫生标准的指标及制定原则

（一）饲料卫生标准的指标

饲料卫生标准对饲料卫生的要求体现在各项指标上，饲料卫生标准指标包括以下 3 类。

1. 感官指标

感官指标是指人们感觉器官所辨认的饲料性质，包括饲料的色、香、味、组织构型等。饲料的某种污染和轻微变质常可反映在它的感官指标上，如霉菌污染时可使饲料出现异味、异常的颜色和结块等。因此，对感官要有所规定，通常规定要求是：色泽一致，无异臭、无异味、无结块和无霉变外观等。

2. 毒理学指标

毒理学指标是根据毒理学原理和检测结果规定的饲料中有毒有害物质的限量标准，主要包括饲料中的天然有毒物质或在某种情况下由饲料正常成分形成的有毒物质、霉菌毒素、各种残留农药、有毒金属元素及其他化学性污染物等，对这些有毒有害成分规定一定的允许含量。

3. 生物学指标

包括各种生物性污染，其中主要是霉菌和细菌的数量。判定饲料是否发霉变质不能仅凭感官鉴定，还应对污染饲料的霉菌和细菌有明确的定量规定，如霉菌总数、细菌菌落总数、大肠菌群、沙门氏菌、金色葡萄球菌的数量等。这些指标可表明饲料的清洁程度、饲料变质可能性的大小、饲料被动物粪便污染的程度和肠道致病菌存在的可能性。

（二）饲料卫生标准的制定原则

饲料卫生标准通过科学实验和调查研究而确定。在制定每个有毒有害物质的允许量标准时，均需收集下述有关该有毒有害物质的理化特性、毒理学实验、对各类家畜进行试验、观察等 3 方面的资料，并加以综合分析。

1. 有毒有害物质的理化特性

包括比重、熔点、沸点、饱和蒸汽压、分子量和化学结构等。此外，还应了解它在饲料中的存在状态和含量。若为饲料污染物，则需了解污染物的污染途径、污染量、污染物的稳定性及降解产物、杂质的性质及其含量等。

2. 毒理学实验资料

即进行有毒有害物质的动物毒性试验，以获得有关毒物毒性的必要参数，这是制定各类有毒有害物质允许量的基本依据。这些参数包括：急性（经口）LD_{50}；亚急性或慢性毒性实验所得出的慢性阈剂量或无作用剂量；毒物动力学资料，即毒物吸收、分布、代谢和排泄规律；有时还应取得局部毒性、刺激作用和致敏作用的资料。此外，对农药污染物应进行快速筛选试验，观察有无致癌和诱变作用的可能性，必要时进行长期致癌试验。对某些影响生殖功能的毒物，应进行动物致畸和繁殖试验。毒理学实验通常采用进食量小、繁殖快、价格便宜，易于获得的哺乳类小动物，如大鼠、小鼠、家兔等，而不采用家畜，因家畜采食量大、价格较高、且供试数量常受限制，也可用鸡、鸭、鹌鹑等禽类，这样所得资料对制定禽类饲料卫生标准更有直接意义。

3. 对家畜进行试验、观察的资料

因为毒物的作用存在种属间差异，故以试验动物外推到家畜或用一种家畜外推到另一种家畜，往往会带来较大的误差。所以还要对饲料卫生标准所涉及的家畜进一步进行某些毒性试验，还可进行饲料中毒性事故调查及饲料、家畜健康及生产性能的流行病学调查。

通过对上述试验与调查的资料的综合分析和评价，由有关单位提出制定卫生标准的科学依据，即卫生基准，再结合考虑经济和技术的可行性，经国家主管部门批准并正式颁布后，即成为饲料卫生标准。

饲料卫生标准的制定是一项技术性和政策性较强的工作，因此标准要求过严或过宽都将对社会产生不利影响，要求过严会造成不必要的经济损失。相反，要求过宽又会使家畜健康与生产性能受到损失，影响畜牧业的发展。在制定饲料卫生标准的同时，还必须确定统一的检验方法，其灵敏度、精确度和采样条件均应达到规定的要求，以保证有效地进行饲料卫生监测与监督管理工作。显然，统一的检验方法是执行统一饲料卫生标准所必需，否则饲料卫生质量的评价就会失去一致性和权威性，饲料卫生标准也就失去其原有的意义。当然，这些技术规范还有待吸取实践经验，借鉴科学进展成就，不断补充修改，使其更加完善。

三、饲料卫生标准的制定方法

饲料卫生标准是按照饲料毒理学的原则和方法制定的，制定步骤如下：

动物毒性试验

↓

确定动物最大无作用剂量（MNL）

↓根据试验动物结果，考虑应用于家畜的安全系数

确定家畜每日允许摄入量（ADI）

↓根据来源于饲料的该物质在畜体总摄入量中所占比例

确定日粮中的总允许量

↓根据含有该物质的饲料种类和家畜每日摄入量

确定该物质在每种饲料中的最高允许量

↓考虑各方面的实际情况

制定饲料中的允许量标准

现将上述各主要步骤的内容简要说明如下。

（一）确定动物最大无作用量

某种毒物对动物的最大无作用剂量（MNL），有时也用无明显作用水平（NOEL）或无明显损害作用水平（NOAEL）表示。它是评定毒物毒性的重要依据，是制定允许量标准的基础。在制定允许量标准过程中确定最大无作用量时，一般应采用机体最敏感的观察指标，亦即该毒物各项毒性指标中 MNL 数量最小或最具危害性者。有些学者主张具有致癌、致畸、致突变等效应的物质，只有剂量为零时才安全。但一般还是认为致癌、致畸和致突变作用可以有 MNL，但对此类物质必须更为慎重。此外，还应了解该物质在机体内的蓄积作用、代谢过程、与其他化学物质的联合作用及形成的有害降解产物等。

（二）家畜每日允许摄入量（ADI）

家畜 ADI 是指在家畜的生活周期中每日摄取该毒物不会对机体产生已知的任何有害影响的剂量，以每千克体重摄取剂量（mg/kg）表示。该剂量一般并非来自家畜本身（尤其是牛、马等大动物）的试验毒理数据，而主要是根据大鼠或其他试验动物进行慢性毒性试验所得的结果换算而来。换算时须考虑家畜和试验动物的种间差异，它们对毒物的敏感性有所不同。此外，家畜本身还存在个体差异，畜群中往往有少数个体比大多数个体更为敏感。因此，根据试验动物毒性试验中的最大无作用量换算家畜的 ADI 时，必须考虑到种间和个体差异，即考虑一定的安全系数，一般种间差异和个体差异各为 10 倍，10 × 10 = 100，100 倍安全系数只是概略估计，并非十分精确，可以适当伸缩。一些毒理学家和生物统计学家对此仍在讨论之中，如果毒性作用的资料直接得自该种家畜的试验结果，不必由别的动物资料外推，安全系数可以缩小（2~5 倍即可）；如果被检毒物毒性作用极为严重，则安全系数可以加大。

ADI 的计算公式如下（采用 100 倍的安全系数，以每千克体重摄取量剂计）：

ADI（mg/kg）=试验动物最大无作用量（mg）× 1/100

例如某农药，动物最大无作用量为6mg/kg，则此农药的家畜ADI为6mg/kg × 1/100 = 0.06mg/kg。如果一般成年乳牛体重以550kg计，则此农药成年乳牛每日最高摄入量不应超过0.06 × 550 = 33mg/（d·头）。

（三）日粮中的最高允许含量

日粮中最高允许量一般以mg/kg表示。该数值是根据家畜ADI推算而来，家畜ADI是正常家畜每日由外界环境允许进入体内的某物质的总量，其来源并不仅限于饲料，还可能来自饮水和空气。因此，在按ADI考虑该物质在饲料中的最高允许量时，应先确定在家畜摄入该物质的总量中来源于饲料的该物质所占的比例。一般情况下，农药、金属毒物等环境污染物通过饲料进入家畜体内的比例，可达80% ~ 85%，来自饮水、空气及其他途径者，总共不过15%。如果某物质（如饲料中的天然有毒物质）除饲料外，并无其他进入家畜体内的来源，则ADI即相当于每日摄取的各种饲料中该物质含量的总和。

以上述农药为例，已知该农药的家畜ADI为33mg/kg，根据调查，此农药进入畜体总量的80%来自饲料，则每日摄取的日粮中含该农药的总量不应超过33mg × 80% = 26.4mg。此即该农药在日粮中的总最高允许含量。

（四）各种饲料中最高允许含量

为了确定一种化学物质，例如，农药在家畜所摄取的各种饲料中最高允许量，首先要对畜群的日粮进行调查，了解含有该种物质的饲料种类，及各种饲料的每日摄取量。若日粮组分中只有精料混合料含有该农药，成年乳牛对此料的摄取量为8kg/d，则该精料混合料中的此种农药的最高允许含量为26.4mg ÷ 8 = 3.3mg/kg。但若不仅精料混合料含有该农药，干草中也含有，牛每日摄取精料混合料和干草的量分别为8kg和15kg，则精料混合料与干草中该农药最高允许含量平均为26.4mg ÷（8 + 15）= 1.2mg/kg。如果还有第3种、第4种饲料也含有该农药，不论含有该种农药的饲料有多少种，均可以此推算。至于多种饲料的最高允许含量之间是否应相同或有差别，则可根据具体情况而定。

（五）各种饲料中的允许量标准

按照上述方法计算得出的各种饲料中该农药的最高允许量，虽然可作为卫生标准公布执行，但为了更符合实际情况，对家畜安全更有保证，还应根据实际情况作适当调整。如果该农药已经正式生产使用，则应对饲料中的实际含量进行调查。如果饲料中该农药的实际含量低于最高允许量，则应将实际含量作为允许量标准；如果实际含量高于最高允许含量，则应找出原因，设法降低。原则上，允许量标准不能超过最高允许含量。必要时也可以允许以略高于最高允许含量的饲料中实际含量为暂定的允许量标准。但必须明确，是"略高"而非超过较多，即在暂时执行过程中不至于对家畜机体造成明显损害。实际上，这种作法等于是适当降低安全系数。这种标准只是一种临时应急措施，必须在暂行期间设法加以彻底解决。

在具体制定允许量标准的界限数值时，如何掌握严和宽的尺宽，主要应根据该农药的毒性特点和家畜实际摄入情况而定。例如了解该农药在家畜体内易于排泄解毒，还是蓄积性较强或在代谢过程中可能形成毒性更强的物质；该农药仅具有一般的毒性，还是能严重地损害重要器官或具致癌、致突变和致畸等严重后果。凡属于各项的前种情况者，可略予放宽，属于后种情况者则应从严掌握。又如含有该农药的饲料是季节性供应或只是偶尔饲用，还是长年大量饲用；是供一般成年家畜饲用，还是专供幼畜、幼禽饲用；该农药在饲料加工调制过程中易于挥发破坏，还是性质极为稳定。凡属各项的前种情况者，可略加放宽，属于后种情况者则应严加掌握。按上述方法制定的饲料中某种物质（如农药）的允许量标准，可能受较多因素的影响，故带有一定的相对性。因此，标准制定之后尚需进行验证，包括进行畜群健康调查和重复必要的动物毒性试验等。

饲料卫生标准制定后并非一成不变，应根据科学技术与生产的发展，不断进行修订完善。在进一步完善饲料卫生标准时应注意以下方面：①饲料产品在安全卫生方面除应考虑对动物及人的影响外，还应考虑对环境的污染；②在制定饲料卫生标准的同时，须有配套的检测方法标准；③我国现行的饲料卫生标准是等同采用或等效采用国际标准或国外先进标准而制定，在今后修订和进一步完善时应继续坚持这一原则，但是在饲料卫生指标检测方法方面，目前尚存在滞后于国际先进水平的现象，主要是受我国饲料质量检测机构的仪器设备条件限制。今后一方面应加大检测仪器及设备的资金投入，另一方面要加强饲料检测技术的研究工作。

四、国家饲料卫生标准

饲料卫生标准（GB 13078—2001）及其后的修改单和增补内容见附录1。

第十三章　饲料中有毒有害物质的检测

　　饲料中有毒有害物质的含量影响饲料的卫生和饲喂安全性，也间接影响人类的健康。因此，对饲料中有毒有害物质进行检测，使其控制在国家规定的允许范围之内，是保证饲料的饲用安全、维护动物健康和生产性能的前提条件，是饲料质量检测的一项重要内容。

　　饲料中有毒有害物质的种类较多，主要包括：①天然饲料毒物及其前体物，如未经热处理或热处理不彻底的大豆饼粕中的抗胰蛋白酶、脲酶，棉籽饼粕中的游离棉酚，菜籽饼粕中的异硫氰酸酯、噁唑烷硫酮等，青绿饲料中的硝酸盐（它是毒物亚硝酸盐的前体物），高粱或玉米苗以及亚麻籽饼粕中的生氰糖苷（它是 HCN 的前体物）；②化学性污染物，如砷、铅、氟、铬、汞、镉、农药等；③次生性饲料毒物，如氧化酸败油脂中的过氧化物和游离脂肪酸等；④有害微生物，如细菌、霉菌及其毒素等；⑤违禁药物，如盐酸克伦特罗、苯巴比妥、莱克多巴胺、杀丁胺醇等。

　　依据《饲料卫生标准》（GB 13078—2001 及其后的修改单和增补内容），结合生产实际需要，本章主要介绍饲料中脲酶和抗胰蛋白酶、游离棉酚、异硫氰酸酯、噁唑烷硫酮、亚硝酸盐、氢氰酸、单宁、有毒有害矿物元素（砷、铅、氟、铬、汞、镉）、油脂中过氧化物和游离脂肪酸、黄曲霉毒素 B_1 及一些违禁药物的检测方法。

　　以下检测方法中所用试剂和水，除特殊规定外，均指分析纯试剂和蒸馏水或相应纯度的水，溶液为水溶液，仪器设备为一般实验室仪器设备。

第一节　大豆饼粕中脲酶活性的检测

　　大豆饼粕是我国常用的一种植物性蛋白质饲料，蛋白质含量 42% ～45%，甚至 47%。但未经热处理或热处理不彻底的大豆饼粕中含有对畜禽有害的抗胰蛋白酶、脲酶、血球凝集素、皂角苷、甲状腺肿诱发因子以及抗凝血因子等抗营养因子，影响畜禽的正常生长发育和生产性能，尤其对肉仔鸡。目前认为，较好的大豆热处理方法是 120℃高压处理 15min 或者 105℃蒸煮 30min。若加热过度，在灭活抗胰蛋白酶等抗营养因子的同时，也会破坏热敏氨基酸，特别是赖氨酸、精氨酸，降低其消化率及生物学价值。因此，加热程度不同，大豆饼粕中有毒有害物质的含量不同，其营养价值和饲喂效果也不同。

　　对大豆饼粕生熟度的检测越来越引起人们的重视，检测的方法也较多，如抗胰蛋白酶活性、脲酶活性、氮溶解指数、甲酚红染色法、橙黄 G 染色法、色度、有效赖氨酸、福尔马林滴定法以及蛋白质溶解度测定法等。测定抗胰蛋白酶活性，可直接反映大豆饼粕中抗营养因子水平及加热程度，但该法较复杂，因此在生产中广泛采用间接的方法——测脲酶活性。脲酶活性与抗胰蛋白酶活性呈高度正相关，且脲酶活性的测定方法简便、快速和经济的优点。许多国家都制定了脲酶活性标准，我国规定：大豆粕的脲酶活性不得超过0.4。

脲酶活性的测定有定性法和定量法。定性法简单、快速，常用的方法有酚红法、试纸法、尿素-苯酚磺法。定量法主要有滴定法和pH值增值法等，滴定法对脲酶活性的表示方式直观、准确，操作容易，是国际标准法，也是我国规定的标准方法（GB/T 8622—1988）。

一、脲酶活性的定性检测

本方法适用于大豆制品（如大豆饼粕、膨化大豆粉）中脲酶活性的快速测定，定性判断大豆制品的生熟程度，但不能作为仲裁法。

（一）酚红法

1. 测定原理

酚红指示剂在pH值6.4~8.2时由黄变红，大豆饼粕中所含的脲酶在室温下可将尿素水解产生氨气。释放的氨气可使酚红指示剂变红，根据变红的时间长短来判断脲酶活性。

2. 试剂与溶液

①尿素。

②酚红指示剂：1g/L乙醇（20%）溶液。

3. 测定步骤

称取0.2g试样（准确至0.01g），放入试管中，加入0.02g结晶尿素及2滴酚红指示剂，加20~30ml蒸馏水，摇动10s。观察溶液颜色，并记下呈粉红色的时间。

4. 结果判定

1min内呈粉红色为脲酶活性很强，表示大豆饼粕生。

1~5min呈粉红色为脲酶活性强，表示大豆饼粕生。

5~15min呈粉红色表示脲酶活性弱，为适度加热的大豆饼粕。

15~30min呈粉红色表示脲酶没有活性，为过熟的大豆饼粕。

一般认为，10min以上不显粉红色或红色的大豆饼粕，其脲酶活性即认为合格，生熟度适中。脲酶活性与呈色时间对照如表13-1所示。

表13-1 脲酶活性与呈色时间

时间（min）	脲酶活性	时间（min）	脲酶活性
0~1	0.9以上	5~6	0.2~0.15
1~2	0.9~0.7	6~7	0.15~0.1
2~3	0.7~0.5	7~9	0.1~0.05
3~4	0.5~0.3	>15 无色	0
4~5	0.3~0.2		

（二）试纸法

1. 测定原理

大豆饼粕中的脲酶可使尿素水解释放出氨，氨呈碱性，使溶液 pH 值升高，可使红色石蕊试纸变蓝。

2. 试剂与溶液

①尿素。

②红色石蕊试纸。

3. 测定步骤及结果判断

将被检试样磨细至 0.45mm，取试样 0.1g 放入 250ml 具塞三角瓶中，加尿素 0.1g，加水 100ml，加塞，45℃水浴，每隔 15min 轻轻摇晃几下，1h 后从水浴中移出。用红色石蕊试纸浸入此溶液中，如试纸变蓝表示大豆饼粕生，若试纸不变色，则说明大豆饼粕熟。

（三）尿素－苯酚磺试剂法

1. 测定原理

在尿素－苯酚磺指示剂存在的条件下，以尿素转变成氨的量及显色度检测大豆饼粕中脲酶的活性。

2. 试剂与溶液

①尿素。

②苯酚红。

③氢氧化钠溶液：0.2mol/L。量取澄清的饱和氢氧化钠溶液 11.2ml，置 1 000ml 容量瓶中，用新煮沸过的冷水稀释至刻度，混匀即可。

④硫酸溶液：0.1mol/L。量取 5.6ml 浓硫酸，注入已加了少量蒸馏水的 1 000ml 容量瓶中，冷却后稀释至刻度即可。

⑤尿素－苯酚磺试剂：取 1.2g 苯酚红溶于 30ml 0.2mol/L 氢氧化钠溶液中，用蒸馏水稀释至 300ml，加入 90g 尿素，溶解后再用水稀释至 2 000ml，加 70ml 0.1mol/L 硫酸溶液，稀释至 3 000ml。配好的溶液应呈明亮的琥珀色，若溶液转变成桔红色时，应再滴加 0.1mol/L 硫酸溶液适量，调成琥珀色。试剂最好现用现配。

3. 测定步骤

①取粉碎至 0.45mm 的大豆饼粕粉少许，在表面皿上均匀地铺成薄层。

②用吸管吸取尿素－苯酚磺试剂，浸湿表面皿上平铺的大豆饼粕粉，放置 5min，观察显色结果。

4. 结果判断

①无任何红点出现，再放置 25min，若仍无红点出现，说明被检大豆饼粕没有脲酶活性，是过熟大豆饼粕。

②有少数红点，或表面有 25%～50% 红点出现，表示含有微量脲酶，大豆饼粕可用。

③若大豆饼粕粉表面 75%～100% 被红点覆盖，说明脲酶活性较强，饼粕过生，不能直接使用。

二、脲酶活性的定量测定

酶含量不用质量或体积表示，而是用酶活性单位表示。酶活性是在一定条件下，用酶催化某一化学反应的反应速度来表示，即单位时间内、单位质量或体积的样品使某种酶促反应物增加的量。

饲用豆粕的脲酶活性是衡量豆粕营养价值的重要指标之一。我国国家标准（GB 10380—90）将脲酶活性定义为：在（30±5）℃和 pH 值等于 7 的条件下每分钟每克大豆粕分解尿素所释放的氨态氮的毫克数，并且规定大豆粕的脲酶活性不得超过 0.4。

（一）滴定 - pH 值法

本方法适用于大豆制品及其副产品中脲酶活性的测定，可确认大豆制品的湿热处理程度和抗胰蛋白酶等抗营养因子水平。

1. 测定原理

大豆制品中的脲酶在一定条件下［pH 中性、（30±0.5）℃温度］，可将尿素水解为氨，用过量的已知浓度的盐酸吸收后生成氯化铵，再用氢氧化钠标准溶液滴定剩余的盐酸，根据消耗的氢氧化钠标准溶液体积，即可计算出由脲酶水解放出的氨氮含量，从而计算出脲酶活性。等当点时，pH 值为 4.7。其反应如下：

$$CO(NH_2)_2 + H_2O \xrightarrow[\text{脲酶}]{30℃} 2NH_3 \uparrow + CO_2 \uparrow$$

$$NH_3 + HCl \longrightarrow NH_4Cl$$

$$HCl + NaOH \longrightarrow NaCl + H_2O$$

2. 试剂与溶液

①尿素。

②磷酸氢二钠（$Na_2HPO_4 \cdot 12H_2O$）。

③磷酸二氢钾（KH_2PO_4）。

④中性尿素缓冲溶液（pH 值为 6.9 ~ 7.0）：准确称取 3.40g 经 110℃烘干的磷酸二氢钾和 4.45g 磷酸氢二钠，用蒸馏水溶解后定容至 1 000ml，再将 30g 尿素溶解在此缓冲溶液中，可保存 1 个月。

⑤盐酸标准溶液：0.1mol/L。

⑥氢氧化钠标准溶液：0.1mol/L，标准溶液密封保存于聚乙烯塑料瓶中。

3. 仪器设备

①样品筛：孔径 200μm。

②酸度计：精度 0.02pH 值，附有磁力搅拌器和滴定装置。

③恒温水浴：可控制温度（30±0.5）℃。

④具塞刻度试管：直径 18mm，长 150mm。

⑤粉碎机：粉碎时应不生强热（如球磨机）。

⑥分析天平：感量 0.000 1g。

⑦移液管：10ml。

4. 测定步骤

（1）样品中脲酶活性的测定　准确称取已粉碎试样约0.2g（精确至0.000 2g），置于刻度试管中（如活性很高，只称0.05g）。加入10ml尿素缓冲溶液，立即盖好试管并剧烈摇动，置于（30±0.5）℃恒温水浴中，准确计时保持30min。取下后立即加入10ml 0.1mol/L 盐酸溶液，并速冷至20℃。将试管中内容物无损地移入烧杯中，用5ml蒸馏水冲洗试管2次，立即用0.1mol/L的氢氧化钠标准溶液滴定至pH值为4.70。记录氢氧化钠标准溶液消耗量。

（2）空白测定　另取试管加入10ml尿素缓冲溶液、10ml 0.1mol/L盐酸溶液。准确称取与上述试样量相当的试样（精确至0.000 2g），迅速加入此试管中。立即盖好试管并剧烈摇动。将试管置于（30±0.5）℃恒温水浴中，同样精确保持30min，取下后冷却至20℃，将试管内容物无损地转移到烧杯中，用5ml蒸馏水冲洗试管2次，立即用0.1mol/L的氢氧化钠标准溶液滴定至pH值为4.70。记录氢氧化钠标准溶液消耗量。

5. 结果计算

（1）计算公式　测定结果以每分钟每克大豆饼粕在30℃和pH值7的条件下释放出的氨态氮的毫克数表示。

$$UA = \frac{(V_0 - V) \times c \times 0.014 \times 1\,000}{m \times 30}$$

式中：UA——试样的脲酶活性，mg N／（g·min）；

　　　c——氢氧化钠标准溶液的浓度，mol/L；

　　　V_0——空白试验消耗氢氧化钠标准溶液的体积，ml；

　　　V——滴定试样消耗氢氧化钠标准溶液的体积，ml；

　　　m——试样质量，g；

　　　0.014——1ml氢氧化钠标准滴定溶液（$c=1$mol/L）相当于0.014g氮；

　　　30——反应时间，min。

若试样在粉碎前须经预干燥处理，则脲酶活性（UA）的计算公式为：

$$UA = \frac{(V_0 - V) \times c \times 0.014 \times 1\,000}{m \times 30} \times (1 - S)$$

式中：S——预干燥时试样失重的百分率，%。

（2）结果表示　每个试样取2个平行样进行测定，以其算术平均值为结果。

（3）重复性　同一分析者对同一试样同时或快速连续地进行2次测定，所得结果之间的差值不超过平均值的10%。

6. 注意事项

①若试样粗脂肪含量高于10%，则应先进行不加热的脱脂处理后，再测定脲酶活性。
②若测得试样的脲酶活性大于1mg N／（g·min），则样品称量应减少到0.05g。

（二）pH值增值法（△pH法）

本法在美国、日本等国家常用。

1. 测定原理

大豆饼粕与中性尿素缓冲液混合，在30℃恒温条件下，脲酶催化尿素水解产生氨使溶液 pH 值升高。试样反应 30min 后，与空白溶液的 pH 值之差可间接表示氨量的多少，从而反映脲酶活性的高低。

2. 试剂与溶液

①磷酸缓冲液：0.05mol/L。称取 3.403g 磷酸二氢钾（KH_2PO_4），溶于 100ml 水中。再称取 4.355g 磷酸氢二钾（K_2HPO_4）溶于 100ml 水中，合并上述 2 种溶液并稀释至 1 000ml。使用前应用酸溶液或碱溶液调节 pH 值为 7.0。缓冲液保存期 90d。

②尿素缓冲液：称取 15g 尿素，溶于 500ml 磷酸缓冲液中，调节溶液 pH 值为 7.0。为防止细菌滋生，可加入 5ml 甲苯。

3. 仪器设备

①酸度计：具有玻璃电极、甘汞电极；精度 0.02pH 值。

②恒温水浴：可控制温度（30±0.5）℃。

③具塞刻度试管：直径 18mm，长 150mm。

④粉碎机：粉碎时应不生强热（如球磨机）。

⑤样品筛：孔径 400μm。

⑥分析天平：感量 0.000 1g。

4. 测定步骤

①准确称取（0.200±0.001）g 样品于试管（A 管）中，加入 20ml 中性尿素缓冲液，立即加塞混匀，30℃恒温水浴中准确保持 30min。在混合操作时切勿倒置试管。

②空白试验须准确称取（0.200±0.001）g 样品于试管（B 管）中，加入 20ml 磷酸缓冲液，立即加塞混匀，30℃恒温水浴中准确保持 30min。在混合操作时切勿倒置试管。

上述试验的制备和空白试验的制备须相隔 5min，水浴期间每 5min 摇匀试管内容物一次。

③30min 后，依次从水浴中取出试管，将上层液体移入小烧杯中，在水浴中取出刚达 5min 时，分别测定溶液的 pH 值。

5. 结果计算

试验溶液 pH 值与空白溶液 pH 值之差即为尿素酶活性的指数。

尿素酶活性 = A - B

式中：A——A 管的 pH 值；

B——B 管的 pH 值。

6. 注意事项

①应提早一天浸泡电极，保持电极清洁。

②有时样品中的可溶物会附着在电极上，使电解质经过甘汞电极的多孔纤维流动速度降低，因此测定溶液的 pH 值时应快速。

三、蛋白质溶解度的测定

脲酶活性可用来评价加热不足、适度的大豆饼粕，反映大豆饼粕中的抗营养因子水平，但不能评价过度加热的大豆饼粕。Kratzer 等（1990）研究表明，生豆粕在加热到 121℃并保持 5min 时脲酶活性就变为零，即使加热时间再长，其值也为零。从豆粕颜色来看，豆粕的颜色逐渐加深，在 121℃ 保持 5min 时豆粕颜色已经发红，表明赖氨酸与还原糖发生了梅拉德反应，赖氨酸有效性下降。研究还表明蛋白质溶解度与脲酶活性、抗胰蛋白酶活性之间存在高度相关。对于同一来源的豆粕，当脲酶活性未降低为零之前，蛋白质溶解度与脲酶活性之间存在高度正相关，相关系数为 0.94，证明脲酶活性可用来检测未加热过度的豆粕。但当脲酶活性降为零之后，蛋白质溶解度与脲酶活性之间没有相关性，蛋白质溶解度随加热时间的延长和加热温度的升高而下降，生豆粕在加热到 121℃ 保持 60min 时，蛋白质溶解度从原来的 91.32% 降到 32.53%。说明蛋白质溶解度既可以用来评价加热不足、加热适的大豆饼粕，也可以用来评价加热过度的大豆饼粕。蛋白质溶解度作为评价大豆饼粕质量的指标，可以更加确切地区别大豆饼粕加热的不同程度，比脲酶活性指标具有更大的优越性。

1. 测定原理

蛋白质溶解度（Protein Solubility，PS）是指大豆饼粕在 2g/L 氢氧化钾溶液中溶解的粗蛋白质的量占原样品中粗蛋白质量的百分数。蛋白质溶解度值随大豆饼粕加热时间的延长和温度的升高而下降。生豆饼粕的 PS 可达 100%，试验表明：PS > 85%，大豆饼粕过生；PS < 75%，大豆饼粕过熟；当 PS 在 80% 左右时，认为大豆饼粕的加工适度。2004 年我国饲料工业标准规定（GB/T 19541—2004），饲料用大豆饼粕，无论是带皮或去皮其蛋白质溶解度为 ≥70.0%。

2. 试剂与溶液

①氢氧化钾溶液：2g/L。

②其他试剂与凯氏定氮法所需的标准试剂相同。

3. 仪器设备

①植物粉碎机。

②磁力搅拌器。

③台式离心机。

④凯氏定氮法测定蛋白质的仪器设备。

4. 测定步骤

①将大豆饼粕粉碎（防止过热），过 0.25mm 筛。称取 1.5g（精确至 0.000 2g），置 250ml 烧杯中，加入 75ml 的 2g/L 氢氧化钾溶液，在磁力搅拌器上搅拌 20min。

②吸取 50ml 液体转移至离心管中，以 2 700r/min 的转速，离心 10min。

③吸取 15ml 上清液，放入消化管中，用凯氏定氮法测定其中蛋白质含量，此量相当于 0.3g 试样中碱溶性粗蛋白质的含量。

④用凯氏定氮法测定原样中粗蛋白质的含量。

5. 结果计算

$$蛋白质溶解度（\%）=\frac{15ml\ 上清液中粗蛋白质的含量（\%）}{原样品中粗蛋白质的含量（\%）}\times100$$

6. 注意事项

①粒度大小影响蛋白质溶解度。因此，在比较不同大豆饼粕样品时，要注意其颗粒大小一致。

②在各种情况下，用 2g/L 氢氧化钾溶液的搅拌时间应一致。

四、抗胰蛋白酶活性的测定

大豆饼粕中含有的主要抗营养因子（抗胰蛋白酶）会对动物产生不良影响，尤其是家禽。日粮中抗胰蛋白酶活性过高，可导致家禽胰腺肿大，生产性能降低等。因此通过测定抗胰蛋白酶的活性可以准确地评价大豆饼粕的质量。但此种测定方法昂贵、费时，一般不常用。若要进一步开发利用大豆饼粕蛋白质的营养价值，测定抗胰蛋白酶活性最理想。下面对抗胰蛋白酶活性的测定方法进行介绍，便于在评价工作中参考。

1. 测定原理

将大豆饼粕粉样品在 0.01mol/L 的氢氧化钠溶液中浸泡 1h 后过滤，取部分滤液用 PABA 作用物溶液水解来测定抗胰蛋白酶活性（TIA），并以抗胰蛋白酶单位（TIU）来表示活性。

2. 试剂与溶液

①Tris 缓冲液：称取 6.05g Tris（三羟基甲基氨基甲烷）和 2.22g 氯化钙溶于 900ml 水中，用盐酸调节 pH 值为 8.2。将此溶液转移至 1 000ml 容量瓶中，用水稀释至刻度。

②醋酸溶液：用移液管移取 30ml 冰醋酸，放入 100ml 容量瓶中，定容至刻度。

③NaOH 标准溶液：0.01mol/L。

④HCl 标准溶液：0.001mol/L。

⑤PABA 作用物溶液：将 40mg 苯甲酰-DL-精氨酸-R-硝苯基胺盐酸化物（PABA）溶解于 1ml 二甲亚砜中，并用预热至 37℃ 的 Tris 缓冲液稀释至 100ml。此溶液应每日配制，使用时应保持在 37℃。

（6）胰蛋白酶溶液：将 4mg 无盐胰蛋白酶（Sigma 化学制品，自猪胰脏，IX 型）溶解于 200ml 的 0.001mol/L 的 HCl 标准溶液中。

3. 测定步骤

①称取 50mg 研细的大豆饼粕样品于三角瓶中，每瓶加入 10ml 0.01mol/L 的 NaOH 标准溶液。在 1h 内不断摇动。然后过滤。

②分别吸取上清液 0ml、0.50ml、1.00ml、1.50ml 和 2.00ml 于 5 支试管中，每管加入 Tris 缓冲液至 2ml。另用一试管加入 2ml Tris 缓冲液作空白对照。

③除空白对照管外，每管加入 2ml 胰蛋白酶溶液，将全部试管置于 37℃ 水浴中。

④温度平衡后，每管加入 5.0ml PABA 作用物溶液，反应持续 10min。

⑤10min 后在每管中加入 1ml 醋酸溶液中止反应，在空白试管中加入 2ml 胰蛋白酶溶液。

⑥所有试管中溶液用滤纸过滤，用空白调分光光度计的零点，在 410nm 波长处测定样品过滤液的吸光度值。每毫升大豆饼粕浸出液吸光度的变化可用回归法计算。

（注：①样品中抗胰蛋白酶活性（TIA）以抗胰蛋白酶单位（TIU）表示。

②抗胰蛋白酶单位（TIU）的定义为：10ml 反应液改变 0.01 个吸收单位。）

第二节　棉籽饼粕中游离棉酚的检测

棉籽饼粕中含有丰富的蛋白质等营养成分，可作为畜禽重要的蛋白质补充饲料，但因其含有游离棉酚等有毒有害成分，限制了棉籽饼粕的充分利用。

游离棉酚的检测有定性法和定量法。定性法简单、快速，但不能说明饲料中游离棉酚确切含量。定量测定法主要有比色法和高效液相色谱法，比色法又包括苯胺法、间苯三酚法等。

一、定性检测

下述方法适用于棉籽粉、棉籽饼粕和含有这些物质的配合饲料（包括混合饲料）中游离棉酚的测定，定性地判断游离棉酚的含量。

游离棉酚具有羟基和醛基，具有酚、萘、醛的性质，可与某些化合物产生显色反应。

①取被检样少许，研磨成末，加浓硫酸数滴，若有棉酚存在呈樱红色。

②取被检样少许，研磨成末，若有棉酚存在，加三氯化锑氯仿溶液呈绿色；加三氯化铁乙醇溶液呈暗绿色；与醋酸铅作用产生棕黄色沉淀；与醋酸镍作用呈紫色。

③取被检样品2g放入试管中，加20ml乙醇，充分振摇后，取上清液1ml置于另一试管中，加入氯化锡粉状少许，摇匀，若有棉酚存在显暗红色。

二、游离棉酚含量的测定

（一）苯胺比色法

苯胺比色法是国家标准方法（GB/T 13086—1991），准确度高，精密度好，是目前常用的测定方法。

1. 测定原理

在3-氨基-1-丙醇存在下，用异丙醇与正己烷的混合溶剂提取游离棉酚，用苯胺使棉酚转化为苯胺棉酚，在440nm处进行比色测定。

2. 试剂与溶液

①异丙醇 [（CH_3）$_2$CHOH]。

②正己烷。

③冰乙酸。

④苯胺（$C_6H_5NH_2$）：如果测定的空白试验吸收值超过0.022时，在苯胺中加入锌粉蒸馏，弃去开始和最后的10%蒸馏部分，放入棕色的玻璃瓶内，储存在0~4℃冰箱中。

⑤3-氨基-1-丙醇（$H_2NCH_2CH_2CH_2OH$）。

⑥异丙醇-正己烷混合溶剂：6:4（V:V）。

⑦溶剂A：量取约500ml异丙醇–正己烷混合溶剂、2ml 3-氨基-1-丙醇、8ml冰乙酸和50ml水于1 000ml容量瓶中，再用异丙醇–正己烷混合溶剂定容至刻度。

3. 仪器设备

①分光光度计：有10mm比色池，可在440nm处测量吸光度。

②振荡器：振荡频率 120～130 次/min（往复）。

③恒温水浴。

④具塞三角瓶：100ml，250ml。

⑤容量瓶：25ml（棕色）。

⑥吸量管：2ml，10ml。

⑦移液管：10ml，50ml。

⑧漏斗：直径 50mm。

⑨表玻璃：直径 60mm。

4. 试样制备

采集具有代表性的棉籽饼粕样品至少 2kg，四分法缩分至约 250g，磨碎，过 2.8mm 孔筛，混匀，装入密闭容器，防止试样变质，低温保存备用。

5. 测定步骤

①称取 1～2g 试样（精确到 0.000 2g），置于 250ml 具塞三角瓶中，加入 20 粒玻璃珠，用移液管准确加入 50ml 溶剂 A，塞紧瓶塞，放入振荡器内振荡 1h（120 次/min）。用干燥的定量滤纸过滤，过滤时在漏斗上加盖一表玻璃以减少溶剂挥发，弃去最初几滴滤液，收集滤液于 100ml 具塞三角瓶中。

②用移液管吸取等量 2 份滤液 10ml（每份含 50～100μg 的棉酚）分别置于 2 个 25ml 棕色容量瓶 a 和 b 中。

③用异丙醇－正己烷混合溶剂稀释 a 至刻度，摇匀，该溶液用做试样测定液的参比溶液。

④用移液管吸取 2 份 10ml 的溶剂 A 分别置于 2 个 25ml 棕色容量瓶 a_0 和 b_0 中。

⑤用异丙醇－正己烷混合溶剂补充容量瓶 a_0 至刻度，摇匀，该溶液用做空白测定液的参比溶液。

⑥加 2.0ml 苯胺于容量瓶 b 和 b_0 中，在沸水浴上加热 30min 显色。

⑦冷却至室温，用异丙醇－正己烷混合溶剂定容，摇匀并静置 1h。

⑧用 10mm 比色池在波长 440nm 处，用分光光度计以 a_0 为参比溶液测定空白测定液 b_0 的吸光度，以 a 为参比溶液测定试样测定液 b 的吸光度，从试样测定液的吸光度值中减去空白测定液的吸光度值，得到校正吸光度 A。

6. 结果计算

（1）计算公式

$$游离棉酚含量（mg·kg）= \frac{A \times 50 \times 25 \times 1\,000}{a \times m \times V \times L} = \frac{A \times 1.25}{a \times m \times V \times L} \times 10^6$$

式中：A——校正吸光度；

　　　50——提取样品的提取液体积，ml；

　　　25——比色测定时溶液稀释后的体积，ml；

　　　m——试样质量，g；

　　　V——测定用滤液的体积，ml；

　　　L——比色池长度，cm；

　　　　　　　　　a——游离棉酚的质量吸收系数，其值为 62.5 L/（cm·g）。

　　（2）结果表示　每个试样取 2 个平行，以其算术平均值为结果，结果精确到 20mg/kg。

　　（3）重复性　同一分析者对同一试样同时或快速连续地进行 2 次测定，所得结果之间的差值：在游离棉酚含量 <500mg/kg 时，不得超过平均值的 15%；在游离棉酚含量为 500～750mg/kg 时，绝对相差不得超过 75mg/kg；在游离棉酚含量 >750mg/kg 时，不得超过平均值的 10%。

　　（二）间苯三酚法

　　间苯三酚法快速、简便、灵敏度高，但精密度稍差，是目前常用的快速分析方法。

1. 测定原理

　　饲料中棉酚经 70% 丙酮水溶液提取后，在酸性及乙醇介质中与间苯三酚显色，置分光光度计上于 550nm 处测定其吸光度，参照标准曲线，计算试样中棉酚含量。棉酚含量在 0～140μg/ml 范围内遵循比尔定律。

2. 试剂与溶液

①间苯三酚溶液：30g/L。

②95% 乙醇。

③70% 丙酮水溶液。

④浓盐酸。

⑤混合试剂：用浓盐酸与 30g/L 间苯三酚溶液以 5∶1（V∶V）的比例混合，存于冰箱中备用。一般现用现配，不宜储存。

⑥棉酚标准液：准确称取 10mg 纯棉酚，用 70% 的丙酮水溶液定容至 1 000ml。此标准溶液浓度为 0.01mg/ml。

3. 仪器设备

①分光光度计：有 10mm 比色池，可在 550nm 处测量吸光度。

②容量瓶：1 000ml，50ml。

③具塞三角瓶：150ml。

④样品粉碎机。

⑤分析天平：感量 0.000 1g。

⑥电磁搅拌器。

⑦吸量管：1ml，2ml。

4. 试样制备

　　采集具有代表性的棉籽饼粕样品至少 2kg，四分法缩分至约 250g，磨碎，过 2.8mm 孔筛，混匀，装入密闭容器，防止试样变质，低温保存备用。

5. 测定步骤

　　（1）标准曲线绘制　在 10ml 比色管中按表 13-2 所列顺序和数量加入试剂后进行操作。

表 13 - 2 绘制棉酚标准曲线所需试剂及用量

试　　剂	比色管编号					
	0	1	2	3	4	5
棉酚标准液（ml）	0.00	0.20	0.40	0.60	0.80	1.00
棉酚含量（μg）	0.00	2.00	4.00	6.00	8.00	10.00
70%丙酮水溶液（ml）	1.00	0.80	0.60	0.40	0.20	0.00
混合试剂（ml）	2.00	2.00	2.00	2.00	2.00	2.00

加完全部试剂后摇匀，室温放置 25min，室温低于 25℃时，放置 40min，用 95% 乙醇定容至刻度，于 550nm 波长处，用 1cm 比色皿，以试剂空白为对照测定吸光度。以吸光度为纵坐标，纯棉酚的微克数为横坐标制作标准曲线。

（2）试样测定　将自然干燥后的棉籽饼粕或混合饲料研碎，过 20 目筛，精确称取棉籽饼粕 1.5~2g，或混合饲料 3~5g 放入具塞三角瓶中，加 70% 的丙酮水溶液约 35ml，置电磁搅拌器上，搅拌提取 1h，将提取液过滤到 50ml 容量瓶中，用少量 70% 丙酮水溶液洗涤滤渣数次，定容至 50ml。

吸取滤液 1.00ml，放入 10ml 的比色管中，加 2.00ml 混合试剂，摇匀，放置 25min，用 95% 乙醇定容至刻度，于 550nm 波长处测定其吸光度。参照标准曲线相应吸光度的棉酚微克数，计算试样中游离棉酚含量。

6. 结果计算

$$游离棉酚含量（mg/kg）= \frac{c \times 50}{m \times V}$$

式中：c——试样吸光度相应的棉酚浓度，μg；

　　　m——试样质量，g；

　　　V——吸取滤液的体积，ml；

　　　50——提取试样的提取液体积，ml。

第三节　菜籽饼粕中异硫氰酸酯和噁唑烷硫酮的检测

饲料中异硫氰酸酯的测定方法主要有气相色谱法和银量法（GB 13087—1991），异硫氰酸酯在高温下易挥发，因此采用气相色谱法测定，准确度和精密度均较好，但仪器设备贵重。银量法相对比较快捷、方便，是经典的测定方法，也广泛使用。

噁唑烷硫酮不易挥发，并在 245nm 处有最大吸收，因此一般采用紫外分光光度法测定（GB 13089—91）。

一、异硫氰酸酯的定性检测

以下方法适用于菜籽饼粕和配合饲料（包括混合饲料）中异硫氰酸酯的定性检测。

1. 硝酸显色反应

取菜籽饼粕 20g，加等量蒸馏水，混合搅拌，静置过夜，取浸出液 5ml，加浓硝酸 3~

4 滴，如迅速呈明显的红色反应，即为阳性。

2. 氨水显色反应

取菜籽饼粕 20g，加等量蒸馏水，混合搅拌，静置过夜，取浸出液 5ml，加浓氨水 3～4 滴，如迅速呈明显的黄色反应，即为阳性。

二、异硫氰酸酯含量的测定

（一）气相色谱法

1. 测定原理

菜籽饼粕或配合饲料中存在的硫葡萄糖苷，在芥子酶作用下生成相应的异硫氰酸酯，用二氯甲烷提取后再用气相色谱测定。

2. 试剂与溶液

除特殊规定外，本方法所用试剂均为分析纯，水为蒸馏水或相应纯度的水。

①二氯甲烷或氯仿。

②丙酮。

③缓冲液（pH 值 =7）：量取 35.3ml 0.1mol/L 柠檬酸（$C_6H_8O_7 \cdot H_2O$）溶液，置于 200ml 容量瓶中，用 0.2mol/L 磷酸氢二钠（$Na_2HPO_4 \cdot 12H_2O$）稀释至刻度，配制后检查 pH 值。

④无水硫酸钠。

⑤酶制剂：将白芥（*Sinapis alba* L.）种子（72h 内发芽率必须大于 85%，保存期不超过 2 年）粉碎后，称取 100g，用 300ml 丙酮分 10 次脱脂，滤纸过滤，真空干燥脱脂的白芥子粉，然后用 400ml 水分 2 次提取脱脂粉中的芥子酶，离心，取上层混悬液体，合并，于合并混悬液中加入 400ml 丙酮沉淀芥子酶，弃去上清液，用丙酮洗涤沉淀 5 次，离心，真空干燥下层沉淀物，研磨成粉状，装入密闭容器中，低温保存备用，此制剂应不含异硫氰酸酯。

⑥丁基异硫氰酸酯内标溶液：配制 0.100mg/ml 丁基异硫氰酸酯［$CH_3（CH_2）_3NCS$］二氯甲烷或氯仿溶液，贮于 4℃下，如试样中异硫氰酸酯含量较低，可将上述溶液稀释，使内标丁基异硫氰酸酯峰面积和试样中异硫氰酸酯峰面积相接近。

3. 仪器设备

①气相色谱仪：具有氢焰检测器、氮气钢瓶（其中氮气纯度为 99.99%）。

②微量注射器：1μl，5μl。

③分析天平：感量 0.000 1g。

④实验室用样品粉碎机。

⑤振荡器：往复，200 次/min。

⑥具塞锥形瓶：25ml。

⑦离心机。

⑧离心试管：10ml。

4. 试样制备

采集具有代表性的配合饲料样品，至少 2kg，四分法缩分至约 250g，磨碎，过 1mm

孔筛，混匀，装入密闭容器，防止试样变质，低温保存备用。

5. 测定步骤

（1）试样的酶解　称取约 2.2g 试样于具塞锥形瓶中，精确到 0.000 2g，加入 5ml pH 值为 7 的缓冲液，30mg 酶制剂，10ml 丁基异硫氰酸酯内标溶液，用振荡器振荡 2h，将具塞锥形瓶中内容物转入离心试管中，离心，用滴管吸取少量离心试管下层有机相溶液，通过铺有少量无水硫酸钠层和脱脂棉的漏斗过滤，得澄清滤液备用。

（2）色谱条件

①色谱柱：内径 3mm，长 2m，玻璃柱。

②固定液：20% FFAP（或其他效果相同的固定液）。

③载体：Chromosorb W，HP，80～100 目（或其他效果相同的载体）。

④柱温：100℃。

⑤进样口及检测器温度：150℃。

⑥载气（氮气）流速：65ml/min。

（3）测定　用微量注射器吸取 1～2μl 上述澄清滤液，注入色谱仪，测量各异硫氰酸酯峰面积。

6. 结果计算

（1）计算公式

异硫氰酸酯含量（mg/kg）

$$= \frac{m_e}{115.19 \times S_e \times m} [4/3 \times 99.15 \times S_a + (4/4 \times 113.18 \times S_b) + (4/5 \times 127.21 \times S_p)] \times 1\,000$$

式中：m——试样质量，g；

m_e——10ml 丁基异硫氰酸酯内标溶液中丁基异硫氰酸酯的质量，mg；

S_e——丁基异硫氰酸酯的峰面积；

S_a——丙烯基异硫氰酸酯的峰面积；

S_b——丁烯基异硫氰酸酯的峰面积；

S_p——戊烯基异硫氰酸酯的峰面积。

（2）结果表示　每个试样取 2 个平行测定，以其算术平均值为结果。结果表示为 1mg/kg。

（3）重复性　同一分析者对同一试样同时或快速连续地进行 2 次测定，所得结果之间的差值：异硫氰酸酯含量 ≤100mg/kg 时，不超过平均值的 15%；异硫氰酸酯含量 >100mg/kg 时，不超过平均值的 10%。

（二）银量法

1. 测定原理

菜籽饼粕中存在的硫葡萄糖苷，在芥子酶作用下可生成相应的异硫氰酸酯。用水汽蒸出后再用硝酸银 - 氢氧化铵溶液吸收而生成相应的衍生硫脲。过量的硝酸银在酸性条件下以硫酸铁铵为指示剂用硫氰酸铵回滴，再计算出异硫氰酸酯含量。

2. 试剂与溶液

除特殊规定外，本方法所用试剂均为分析纯，水为蒸馏水或相应纯度的水。

①95%乙醇。

②去泡剂：正辛醇（$C_6H_{17}OH$）。

③硝酸溶液：6mol/L。量取 195ml 浓硝酸，加水稀释至 500ml。

④10%氢氧化铵溶液：取 30%氨水 100ml，加 200ml 水混匀。

⑤硫酸铁铵溶液：200g/L。称取 100g 硫酸铁铵［$NH_4Fe(SO_4)_2 \cdot 12H_2O$］，溶于 500ml 水中。

⑥硝酸银标准溶液：0.1mol/L。准确称取在硫酸干燥器中干燥至恒质量的基准硝酸银 16.987g，用水溶解后加水定容至 1 000ml，置棕色瓶中避光保存。

⑦硫氰酸铵标准储备液：0.1mol/L。称取 7.6g 硫氰酸铵（NH_4CNS），溶于 1 000ml 水中。

标定：准确量取 10.00ml 0.1mol/L 硝酸银标准溶液，加 1ml 硫酸铁铵指示剂和 2.5ml 6mol/L 硝酸，摇动下用 0.1mol/L 硫氰酸铵标准储备液滴定，终点前摇动溶液至完全清亮后，继续滴定至溶液呈淡棕色并保持 30s 不褪色。

$$c = \frac{c_1 \times V_1}{V}$$

式中：c——硫氰酸铵标准储备液物质的量浓度，mol/L；

c_1——硝酸银标准溶液物质的量浓度，mol/L；

V_1——硝酸银标准溶液的用量，ml；

V——消耗硫氰酸铵标准储备液的体积，ml。

⑧硫氰酸铵标准工作液：0.01mol/L。临用前将 0.1mol/L 硫氰酸铵标准储备液用水稀释 10 倍，摇匀。

⑨缓冲液（pH 值=4）：称取 42g 柠檬酸（$C_6H_8O_7 \cdot H_2O$），溶于 1 000ml 水中，用浓氢氧化钠溶液调节 pH 值至 4。

⑩粗酶制剂：取白芥（*Sinapis alba* L.）种子（72h 内发芽率必须大于 85%，保存期不得超过 2 年），粉碎后，用冷石油醚（沸程 40~60℃）或正己烷脱脂，使脂肪含量不大于 2%，然后再粉碎一次使全部通过 0.28mm 孔径筛子，放 4℃冰箱可使用 6 周。

3. 仪器设备

①分析天平：感量 0.000 1g。

②恒温箱：温度范围 30~60℃，精度 ±1℃。

③恒温干燥箱：（103±2）℃。

④具塞三角烧瓶：100ml，500ml。

⑤圆底烧瓶：250ml。

⑥容量瓶：100ml。

⑦移液管：10ml，25ml。

⑧吸量管：5ml，10ml。

⑨滤纸。

⑩半自动滴定管：5ml，最小分度 0.02ml。

⑪冰水浴及沸水浴。

⑫回流冷凝器：可与瓶 b 相配。

⑬异硫氰酸酯蒸馏装置：如图 13 - 1 所示。

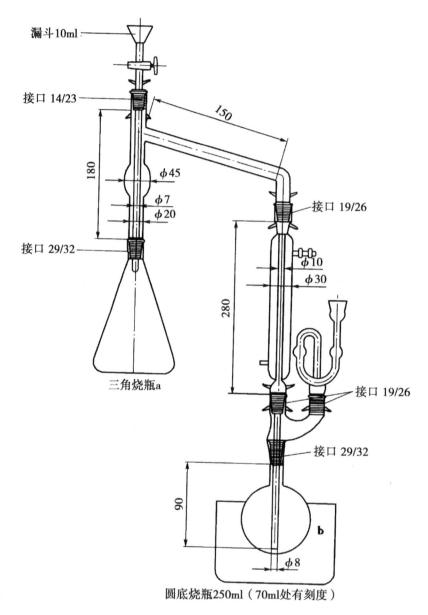

漏斗 10ml

接口 14/23

150

180

φ45

φ7
φ20

接口 29/32

280

接口 19/26

φ10
φ30

三角烧瓶 a

接口 19/26

接口 29/32

90

φ8

b

圆底烧瓶 250ml（70ml 处有刻度）

图 13 - 1　异硫氰酸酯蒸馏装置（单位：mm）

4. 试样制备

采集具有代表性的样品至少 250g，四分法缩分至 50g。若样品含脂率大于 5% 时需要事先脱脂，测定脂肪含量；若含脂率小于 5%，则进一步磨碎使其 80% 能通过 0.28mm 孔径筛子，混匀，装入密闭容器中，置5℃保存备用。

5. 测定步骤

（1）称取试样　称取试样2.2g于事先烘干的烧杯中，精确至0.000 2g，在（103±2）℃温度下烘干至少8h，干燥器中冷却，精确称重。

（2）试样酶解　将上述烘烤过的试样全部转移至500ml具塞三角烧瓶a中，加入100ml pH值为4缓冲液，同时加入0.5g粗酶制剂。另取1个500ml具塞三角烧瓶加入100ml pH值为4缓冲液和0.5g粗酶制剂，将三角烧瓶塞子塞好，置40℃恒温箱中保温3h，中间不时轻摇几次。

（3）蒸馏接收瓶准备　准确量取10.00ml硝酸银标准溶液置于250ml圆底烧瓶b中，并加入2.5ml氢氧化铵溶液。将瓶b与蒸馏装置相连并置于冰水浴中，冷凝器末端必须浸没于硝酸银–氢氧化铵液中。

（4）蒸馏　将盛试样的三角烧瓶a冷却至室温，加入几粒玻璃珠和几滴去泡剂，与蒸馏装置相连，从上面漏斗中加入10ml 95%乙醇，另加3ml 95%乙醇于接收瓶上的安全管中。缓慢加热蒸馏，至馏出液达到接收瓶b的70ml刻度处。

（5）试样测定　取下接收瓶b，将安全管中的95%乙醇倒入此瓶中，将它与回流冷凝器连接，于沸水中加热瓶中内容物30min，取下冷却至室温。将内容物定量地转至100ml容量瓶中，用水洗涤接收瓶b 2~3次，用水稀释至刻度，摇匀后过滤于100ml三角烧瓶中，用移液管取25ml滤液于另一个100ml三角烧瓶中，加1ml 6mol/L硝酸和0.5ml硫酸铁铵指示剂，用0.01mol/L硫氰酸铵标准工作液滴定过量的硝酸银，直到稳定的淡红色出现为终点。

（6）空白测定　按同样测定步骤操作，但不加试样，得到空白测定值。

6. 结果计算

（1）计算公式　试样中异硫氰酸酯含量以每克绝干样中异硫氰酸酯的毫克数表示。

$$异硫氰酸酯含量（mg/g）= \frac{4 \times (V_1 - V_2) \times c \times 56.59}{m}$$

式中：V_1——空白测定消耗硫氰酸铵标准工作液的体积，ml；

V_2——试样测定消耗硫氰酸铵标准工作液的体积，ml；

c——硫氰酸铵标准工作液的浓度，mol/L；

m——试样的绝干质量，g。

（2）结果表示　每个试样取2个平行测定，以其算术平均值为结果，结果精确到0.01mg/g。

（3）重复性　同一分析者对同一试样同时或快速连续地进行2次测定，所得结果之间的差值：异硫氰酸酯含量≤0.50mg/g时，不得超过平均值的20%；异硫氰酸酯含量为0.50~1.00mg/g时，不得超过平均值的15%；异硫氰酸酯含量>1.00mg/g时，不得超过平均值的10%。

三、噁唑烷硫酮含量的测定

一般采用紫外分光光度法测定噁唑烷硫酮含量。该方法适用于菜籽饼粕和配合饲料

（包括混合饲料）中噁唑烷硫酮的测定。

1. 测定原理

菜籽饼粕中存在的硫葡萄糖苷，在芥子酶作用下水解，再用乙醚萃取生成的噁唑烷硫酮，用紫外分光光度计测定。

2. 试剂与溶液

①乙醚：光谱纯或分析纯。

②去泡剂：正辛醇（$C_6H_{17}OH$）。

③缓冲液（pH 值 = 7）：量取 35.3ml 0.1mol/L 柠檬酸（$C_6H_8O_7 \cdot H_2O$）溶液，置于 200ml 容量瓶中，用 0.2mol/L 磷酸氢二钠（$Na_2HPO_4 \cdot 12H_2O$）稀释至刻度，配制后检查 pH 值。

④酶源：用白芥（*Sinapis alba* L.）种子（72h 内发芽率必须大于 85%，保存期不超过 2 年）制备。将白芥籽磨细，使 80% 通过 0.28mm 孔径筛子，用正己烷或石油醚（沸程 40~60℃）提取其中脂肪，使残油不大于 2%，操作温度保持 30℃ 以下，放通风橱于室温下使溶剂挥发。此酶源置具塞玻璃瓶中 4℃ 下保存，可用 6 周。

3. 仪器设备

①分析天平：感量 0.0001g。

②样品筛：孔径 0.28mm。

③样品磨。

④玻璃干燥器。

⑤恒温干燥箱：（103±2）℃。

⑥三角烧瓶：100ml，250ml。

⑦容量瓶：25ml，100ml。

⑧分液漏斗：50ml。

⑨振荡器：振荡频率 100 次/min（往复）。

⑩分光光度计：有 10mm 石英比色池，可在 200~300nm 处测量吸光度。

4. 试样制备

采集具有代表性的样品至少 500g，四分法缩分至 50g，再磨细，使其 80% 能通过 0.28mm 筛。

5. 测定步骤

（1）称取试样 称取菜籽饼粕 1.1g，配合饲料 5.5g 于事先干燥称重（精确到 0.0002g）的烧杯中，放入恒温干燥箱，在（103±2）℃温度下烘干至少 8h，取出置于干燥器中冷却至室温，再称重。

（2）酶解 将干燥称重的试样全部倒入 250ml 三角烧瓶中，加入 70ml 沸缓冲液，并用少许沸缓冲液冲洗烧杯。冷却至 30℃，然后加入 0.5g 酶源和几滴去泡剂，于室温下振荡 2h。立即将内容物定量转移至 100ml 容量瓶中，用水洗涤三角烧瓶，并稀释至刻度，过滤至 100ml 三角烧瓶中，滤液备用。

（3）试样测定 取上述滤液（菜籽饼粕 1.0ml，配合饲料 2.0ml）放入 50ml 分液漏斗中，每次用 10ml 乙醚提取 2 次，每次小心取出上层乙醚。合并乙醚层于 25ml 容量瓶中，用乙醚定容至刻度，从 200~280nm 测定其吸光度值，用最大吸光度值减去 280nm 处的吸光度值得试样测定吸光度值 A_E。

（4）试样空白测定（菜籽饼粕此项免去，A_B 为零） 按以上步骤（1）~（3）同样操作，只加试样不加酶源，测得值为试样空白吸光度 A_B。

（5）酶源空白测定 按以上步骤（1）~（3）同样操作，不加试样只加酶源，测得值为酶源空白吸光度 A_C。

6. 结果计算

（1）计算公式 试样中噁唑烷硫酮的含量以每克绝干样中噁唑烷硫酮的毫克数表示。

$$噁唑烷硫酮含量（mg/g） = \frac{(A_E - A_B - A_C) \times C_P \times V_2 \times V}{m \times V_1}$$

式中：A_E——试样测定吸光度值；

A_B——试样空白吸光度值；

A_C——酶源空白吸光度值；

C_P——转换因素，吸光度为 1 时，每升溶液中噁唑烷硫酮的毫克数，其值为 8.2；

V——试样的滤液总体积，ml；

V_1——试样测定用的滤液体积，ml；

V_2——试样测定液的乙醚相总体积，ml；

m——试样绝干质量，g。

（2）结果表示 每个试样取 2 个平行测定，以其算术平均值为结果，结果精确到 0.01mg/g。

（3）重复性 同一分析者对同一试样同时或快速连续地进行 2 次测定，所得结果之间的差值：噁唑烷硫酮 ≤0.20mg/g、0.20~0.50mg/g、>0.50mg/g 时，分别不得超过平均值的 20%、15% 和 10%。

第四节　饲料中亚硝酸盐的检测

饲料中的亚硝酸盐主要由硝酸盐转化而来。通常青绿饲料和树叶类中都含有一定量的硝酸盐，其中，以叶菜类饲料，如小白菜、大白菜、萝卜叶、包菜等富含硝酸盐。在适宜的条件下，硝酸盐在硝酸盐还原菌的作用下被还原成亚硝酸盐。因此，在实际生产中出现的动物亚硝酸盐中毒，多是由富含硝酸盐的饲料贮存或处理方法不当，导致亚硝酸盐含量剧增而引起。

动物性饲料鱼粉中的亚硝酸盐含量较高，但根据冯学勤（1989）对我国市场上 42 个鱼粉样品的检测结果（平均含量为 1.34mg/kg）来看，亚硝酸盐含量在国家饲料卫生标准规定的允许范围之内。

一、定性检测

(一)对氨基苯磺酸重氮法

1. 测定原理

试液调节至酸性后,亚硝酸盐与对氨基苯磺酸进行重氮化,然后与 α-萘胺偶合生成紫红色化合物,用以鉴定有无亚硝酸盐存在。

2. 试剂与溶液

①乙酸铅溶液:100g/L。称取 10g 乙酸铅,溶于适量水和 5ml 冰乙酸中,加水稀释至 100ml。

②对氨基苯磺酸溶液:6g/L。称取 0.6g 对氨基苯磺酸,置于 70ml 热水中,冷却后加入 20ml 浓盐酸,用水稀释至 100ml。

③α-萘胺溶液:6g/L。称取 0.6g α-萘胺,置于 20ml 水中,加 0.5ml 浓盐酸,微热溶解,用水稀释至 100ml。

3. 操作步骤

取适量试样置于烧杯中,加入适量 70℃ 水浸渍,滴加乙酸铅溶液充分混合,在 70℃ 水浴中加热 20min,取出过滤。取滤液 2ml 置于试管中,滴入对氨基苯磺酸溶液及 α-萘胺溶液各 3~5 滴,摇匀。如样液中有亚硝酸盐存在,则呈现紫红色。

(二)联苯胺法

1. 测定原理

亚硝酸盐在酸性条件下与联苯胺重氮化,生成棕红色醌式化合物,用以鉴定有无亚硝酸盐存在。

2. 试剂与溶液

①浓盐酸。

②盐酸联苯胺溶液:1g/L。称取 0.1g 联苯胺,置于 20ml 水中,加 0.5ml 浓盐酸,用水稀释至 100ml。

3. 操作步骤

取适量试样置于烧杯中,加入适量 70℃ 水浸渍,滴加乙酸铅溶液充分混合,在 70℃ 水浴中加热 20min,取出过滤。取滤液 2 滴于滤纸或点滴板上,加 2 滴 1g/L 盐酸联苯胺溶液,如呈现棕红色,说明样品中有亚硝酸盐存在。

(三)安替比林法

1. 测定原理

在酸性条件下,亚硝酸盐使安替比林亚硝基化,溶液呈绿色。

2. 试剂与溶液

①硫酸溶液:2mol/L。量取 112ml 浓硫酸,注入已加了少量蒸馏水的 1 000ml 容量瓶中,冷却后稀释至刻度即可。

②安替比林溶液:取 5g 安替比林溶于 100ml 2mol/L 硫酸中。

3. 操作步骤

取适量试样置于烧杯中，加入适量 70℃ 水浸渍，滴加乙酸铅溶液充分混合，在 70℃ 水浴中加热 20min，取出过滤。取滤液 2 滴于滤纸或点滴板上，加 2 滴安替比林溶液，如溶液呈绿色，表示有亚硝酸盐存在。

二、亚硝酸盐含量的测定

饲料中亚硝酸盐含量的测定常采用重氮偶合比色法。根据使用的试剂不同又分为 α-萘胺法和盐酸萘乙二胺法，其中盐酸萘乙二胺法为国标法（GB/T 13085—1991），下面详细介绍。

本方法适用于饲料原料（鱼粉）、配合饲料（包括混合饲料）中亚硝酸盐的测定。

1. 测定原理

样品在微碱性条件下除去蛋白质，在酸性条件下试样中的亚硝酸盐与对氨基苯磺酸反应，生成重氮化合物，再与 N-1-萘乙二胺盐酸盐偶合形成红色物质，进行比色测定。

2. 试剂与溶液

①四硼酸钠饱和溶液：称取 25g 四硼酸钠（$Na_2B_4O_7 \cdot 10H_2O$），溶于 500ml 温水中，冷却后备用。

②亚铁氰化钾溶液：106g/L。称取 53g 亚铁氰化钾 $[K_4Fe(CN)_6 \cdot 3H_2O]$，溶于水中，加水稀释至 500ml。

③乙酸锌溶液：220g/L。称取 110g 乙酸锌 $[Zn(CH_3COO)_2 \cdot 2H_2O]$，溶于适量水和 15ml 冰乙酸中，加水稀释至 500ml。

④10% 盐酸溶液：取 23ml 分析纯盐酸（浓度 36%～38%，密度 1.19g/ml），加蒸馏水至 100ml 即可。

⑤对氨基苯磺酸溶液：5g/L。称取 0.5g 对氨基苯磺酸（$NH_2C_6H_4SO_3H \cdot 2H_2O$），溶于 10% 盐酸溶液中，边加边搅拌，再加 10% 盐酸溶液稀释至 100ml，贮于暗棕色试剂瓶中，密闭保存，1 周内有效。

⑥N-1-萘乙二胺盐酸盐溶液：1g/L。称取 0.1g N-1-萘乙二胺盐酸盐（$C_{10}H_7NHCH_2NH_2 \cdot 2HCl$），用少量水研磨溶解，加水稀释至 100ml，贮于暗棕色试剂瓶中密闭保存，1 周内有效。

⑦盐酸溶液：5mol/L。量取 445ml 盐酸，加水稀释至 1 000ml。

⑧亚硝酸钠标准储备液：称取经（115±5）℃ 烘至恒重的亚硝酸钠 0.300 0g，用水溶解，移入 500ml 容量瓶中，加水稀释至刻度，此溶液每毫升相当于 400μg 亚硝酸根离子。

⑨亚硝酸钠标准工作液：吸取 5.00ml 亚硝酸钠标准储备液，置于 200ml 容量瓶中，加水稀释至刻度，此溶液每毫升相当于 10μg 亚硝酸根离子。

3. 仪器设备

①分光光度计：有 10mm 比色池，可在 538nm 处测量吸光度。

②分析天平：感量 0.000 1g。

③恒温水浴锅。

④实验室用样品粉碎机或研钵。

⑤容量瓶：50ml（棕色），100ml，150ml，500ml。

⑥烧杯：100ml，200ml，500ml。

⑦量筒：100ml，200ml，1 000ml。

⑧长颈漏斗：直径75～90mm。

⑨吸量管：1ml，2ml，5ml。

⑩移液管：5ml，10ml，15ml，20ml。

4. 试样制备

采集具有代表性的饲料样品，至少2kg，四分法缩分至约250g，磨碎，过1mm孔筛，混匀，装入密闭容器，防止试样变质，低温保存备用。

5. 测定步骤

（1）试液制备　称取约5g试样，精确到0.000 2g，置于200ml烧杯中，加约70ml（60±5）℃温水和5ml四硼酸钠饱和溶液，在水浴上加热15min，（85±5）℃，取出，稍凉，依次加入2ml 106g/L亚铁氰化钾溶液、2ml 220g/L乙酸锌溶液，每一步须充分搅拌，将烧杯内容物全部转移至150ml容量瓶中，用水洗涤烧杯数次，洗液并入容量瓶中，加水稀释至刻度，摇匀，静置澄清，用滤纸过滤，滤液为备用试液。

（2）标准曲线绘制　吸取0ml、0.25ml、0.50ml、1.00ml、2.00ml和3.00ml亚硝酸钠标准工作液，分别置于50ml棕色容量瓶中，加水约30ml，依次加入2ml 5g/L对氨基苯磺酸溶液、2ml 5.0mol/L盐酸溶液，混匀，在避光处放置3～5min。然后加入2ml 1g/L N-1-萘乙二胺盐酸盐溶液，加水稀释至刻度，混匀，在避光处放置15min，以容量瓶液0ml亚硝酸钠标准工作液为参比，用10mm比色池，在波长538nm处，用分光光度计测定其他各溶液的吸光度，以吸光度为纵坐标，各溶液中所含亚硝酸根离子质量为横坐标，绘制标准曲线或计算回归方程。

（3）试样测定　准确吸取试液25ml，置于50ml棕色容量瓶中，从"依次加入2ml 5g/L对氨基苯磺酸溶液、2ml 5.0mol/L盐酸溶液"起，按步骤"（2）"的方法显色并测量试液的吸光度。

6. 结果计算

（1）计算公式

$$亚硝酸钠含量（mg/kg） = \frac{V \times m_1 \times 1.5}{V_1 \times m}$$

式中：V——试样溶液总体积（150），ml；

V_1——试样测定时吸取试液的体积，ml；

m_1——测定用试液中所含亚硝酸根离子质量，μg（由标准曲线读得或由回归方程求出）；

m——试样质量，g；

1.5——亚硝酸钠质量与亚硝酸根离子质量的比值。

（2）结果表示　每个试样取2个平行测定，以其算术平均值为分析结果，结果精确到0.1mg/kg。

（3）重复性　同一分析者对同一试样同时或快速连续地进行2次测定，所得结果之间的差值：亚硝酸盐含量≤1mg/kg 时，不得超过平均值的 50%；含量 >1mg/kg 时，不得超过平均值的 20%。

第五节　饲料中硝酸盐的检测

硝酸盐本身无毒或毒性较低，但在适宜的条件和硝酸盐还原菌的作用下，饲料中的硝酸盐可被还原成毒性较强的亚硝酸盐，因此饲料原料中硝酸盐含量的高低与亚硝酸盐的含量有密切关系，检测饲料中硝酸盐的含量对预防动物亚硝酸盐中毒有十分重要的意义。

一、定性检测

（一）二苯胺法

1. 测定原理

样液中的硝酸盐与二苯胺生成蓝色的亚胺型醌式化合物，用以鉴定样品中的硝酸盐。

2. 试剂与溶液

①乙酸铅溶液：100g/L。称取 10g 乙酸铅，溶于适量水和 5ml 冰乙酸中，加水稀释至 100ml。

②二苯胺硫酸溶液：1g/L。称取 0.1g 二苯胺，溶于 100ml 浓硫酸中。

③尿素。

3. 操作步骤

取 4.0~5.0g 样品置于小烧杯中，加 20ml 温水，水浴加热浸渍 20min，过滤（如滤液混浊可加入 100g/L 乙酸铅溶液使蛋白质沉淀，重新过滤）。取滤液 2 滴置于白色瓷板上，加入 1g/L 二苯胺硫酸溶液 2 滴，呈蓝色者说明样品中有硝酸盐存在。样液中如含有亚硝酸盐，可加入少量尿素，然后过滤除去。

（二）酚二磺酸法

1. 测定原理

样液中的硝酸盐在硫酸存在下，与酚二磺酸作用生成硝基酚二磺酸，在酸性介质中可生成黄色化合物，用以鉴定样品中的硝酸盐。

2. 试剂与溶液

①氨水。

②硫酸银溶液：5g/L。称取 0.5g 硫酸银，溶于 100ml 浓硫酸中，放置 1~2 天，不时摇动使其溶解。

③浓硫酸。

④酚二磺酸溶液：称取 3g 无色酚，加入 21ml 浓硫酸，在沸水浴中加热 6h，冷却备用。

3. 操作步骤

取二苯胺法所得到的滤液 5ml，置于试管中，加入 5g/L 硫酸银溶液至刚出现微浊为止。过滤于小烧杯中，在水浴上蒸干，加入 1ml 酚二磺酸溶液，搅拌均匀，经 10min 后，加 10ml 水，并滴加氨水至呈明显碱性，如出现黄色化合物，说明样品中有硝酸存在。

二、硝酸盐含量的测定

1. 测定原理

用水从样品中提取硝酸盐，在乙酸溶液中用金属锌还原硝酸盐为亚硝酸盐，后者与格里斯试剂反应，生成粉红色含氮化合物。这是硝酸盐的特征反应，能测出样品中含有 $40\mu g$ 硝酸盐离子。

2. 试剂与溶液

①对氨基苯磺酸。

②α-萘胺。

③冰乙酸。

④硫酸锰。

⑤硝酸钾。

⑥格里斯试剂：0.5g 对氨基苯磺酸溶于150ml 12% 乙酸溶液中。0.1g α–萘胺加入20ml 温水中，混匀，过滤。上述 2 种溶液须放在冰冷处，保存期 2 个月。临用前，将 2 种溶液等体积混合即制得格里斯试剂。

⑦硝酸钾标准溶液：称取在 105℃ 下干燥至恒重的硝酸钾 1.630g，置于 1 000ml 容量瓶中，加水溶解并稀释至刻度。此溶液每毫升含 1mg 硝酸根离子，溶液在冰箱中可保存 3 个月。

⑧硝酸钾标准工作液：吸取 20ml 硝酸钾标准溶液于100ml 容量瓶中，用水稀释至刻度，此液每毫升含 $200\mu g$ 硝酸根离子，现用现配。

⑨锌粉。

3. 仪器设备

（1）供渗析用的小袋或薄膜。

（2）分光光度计：有 10mm 比色池，可在 536nm 处测量吸光度。

4. 测定步骤

（1）试液制备　取 10g 磨碎样品，用渗析法从植物饲料样品中提取硝酸盐，提取时，若样品溶液有色，则将磨碎的样品放在供渗析用的小袋中或薄膜里，浸渍在盛有 50ml 水的烧杯或三角瓶中 2h，取出装样品的小袋，准确测量渗析液体积。吸取 6ml 渗析液于试管中供测定硝酸盐用（当样品中含少量硝酸盐时，可将渗析液浓缩，测量体积，并取6ml 溶液供测定用）。

从植物饲料中提取硝酸盐时，若样品溶液无色，则将磨碎的样品置于三角瓶中，加50ml 水，在不断摇动下提取 1h，过滤，用 20～30ml 水再次冲洗样品，用原过滤器过滤，将洗液并入滤液中，准确量取滤液体积。吸取 6ml 滤液于试管中供测定硝酸盐用。

（2）试样测定　加 2ml 10% 乙酸溶液于盛有 6ml 待测定液的试管中，用小刀尖加入1g 锌粉和100g 硫酸锰预先混合均匀的混合物少量，摇动30s，再加入 1ml 格里斯试剂，充分振摇，10min 后，将被测定溶液进行比色，既可将待测试样与标准色阶进行目视比色，也可以在光电比色计上，用10mm 比色池，以水为参比溶液，在波长 536nm 处测定溶液的吸光度。

（3）制备目视比色标准色阶（或绘制标准曲线）　在 8 支试管中加入 200μg/ml 硝酸钾标准工作液的量，见表 13 - 3。

表 13 - 3　制备目视比色标准色阶

试管序号	溶液体积（ml）	NO$_3^-$ 含量（mg）	试管序号	溶液体积（ml）	NO$_3^-$ 含量（mg）
1	0.00	0	1	1.00	0.20
2	0.20	0.04	2	1.50	0.30
3	0.30	0.06	3	2.00	0.40
4	0.50	0.10	4	3.00	0.60

在各个试管里加水使体积达到 6ml，再加入 2ml 10% 乙酸溶液，用小刀尖端加入 1g 锌粉和 100g 硫酸锰预先混合均匀的混合物少量，以下操作同步骤"（2）"。

测定各试管中溶液的吸光度，以各溶液吸光度为纵坐标，以硝酸盐浓度为横坐标，绘制标准曲线。

5. 结果计算

$$硝酸盐（以 NO_3^- 计）含量（mg/kg）= \frac{V_1 \times B \times 1\,000}{V_2 \times m}$$

式中：B——通过与标准色阶目视比较或根据标准曲线求得的硝酸盐含量，mg；

　　　m——试样质量，g；

　　　V_1——滤液总体积，ml；

　　　V_2——分析用滤液体积，ml。

6. 注意事项

①在必须计算硝酸钾含量时，将求得的硝酸盐含量乘以换算系数 1.6 即可。

②在样品中不仅存在硝酸盐，还存在亚硝酸盐时，则在测定硝酸盐的同时，测定亚硝酸盐。然后通过求得的亚硝酸盐含量，算出欲知的硝酸盐含量。

第六节　饲料中氰化物（氢氰酸）的检测

氰苷广泛分布于植物界，常见的含氰苷植物有玉米和高粱幼苗、胡麻籽饼粕、木薯等。氰苷本身无毒，但当含有氰苷的植物，经动物采食、咀嚼时，在适宜的温度、湿度和来自植物体内源酶的作用下，氰苷被水解产生剧毒物质 HCN。

我国饲料卫生标准（GB 13078—2001 及其后的修改单和增补内容）中规定氰化物（以 HCN 计）的允许量：鸡、猪配合饲料中不超过 50mg/kg，木薯中不超过 100mg/kg，胡麻饼粕中不超过 350mg/kg。

氰化物的检测方法有定性法和定量法。常用的定性方法有普鲁士蓝法和苦味酸试纸法。定量法常用的有吡啶盐酸联苯胺比色法、硝酸盐滴定法（GB/T 13084—1991）和氰离子选择电极法。

以下方法适用于饲料原料（木薯、胡麻饼粕）、配合饲料（包括混合饲料）中氰化物的检测。

一、定性检测

（一）普鲁士蓝法

1. 测定原理

氰离子在碱性溶液中，与亚铁离子作用生成亚铁氰化钠，进一步与三氯化铁作用，生成普鲁士蓝化合物，以鉴定氰化物的存在。

$HCN + NaOH \longrightarrow NaCN + H_2O$

$2\ NaCN + FeSO_4 \longrightarrow Fe（CN）_2 + Na_2SO_4$

$Fe（CN）_2 + 4\ NaCN \longrightarrow Na_4Fe（CN）_6$

$3\ Na_4Fe（CN）_6 + 4\ FeCl_3 \longrightarrow Fe_4[Fe（CN）_6]_3 + 12\ NaCl$

2. 试剂与溶液

①酒石酸溶液：100g/L。称取分析纯酒石酸10g，溶于水，加蒸馏水稀释至100ml。

②硫酸亚铁溶液：100g/L，现用现配。

③氢氧化钠溶液：100g/L。

④10%盐酸溶液：取23ml分析纯盐酸（浓度36%～38%，密度1.19g/ml），加蒸馏水至100ml即可。

⑤三氯化铁溶液：10g/L。

3. 操作方法

①称取样品5～10g于150ml锥形瓶中，加水20～30ml呈糊状。

②取一张直径大于锥形瓶口的滤纸一张，在滤纸中心滴加100g/L硫酸亚铁溶液和100g/L氢氧化钠溶液各1滴。

③在锥形瓶中加入100g/L酒石酸溶液约5ml（使呈酸性），迅速将滤纸紧盖瓶口。

④将锥形瓶置于60℃热水中，加热20～30min。取下滤纸，在滤纸上滴加10%盐酸2滴，10g/L三氯化铁溶液1滴。如有HCN或氰化物存在，滤纸出现蓝色斑点。

（二）苦味酸试纸法

1. 测定原理

HCN或氰化物在酸性条件下生成氰化氢气体，与苦味酸试纸作用，生成红色的异氰紫酸钠。

$2\ HCN + Na_2CO_3 \longrightarrow 2\ NaCN + H_2O + CO_2$

2. 试剂与溶液

①苦味酸（2，4，6－三硝基苯酚）溶液：10g/L。称取分析纯苦味酸1g，溶于水，加蒸馏水稀释至100ml。

②酒石酸溶液：100g/L。

③碳酸钠溶液：100g/L。

3. 操作方法

①称取样品 10g 于 150ml 锥形瓶中，加水 20～30ml，将样品浸没。

②制备苦味酸试纸：将滤纸浸泡在 10g/L 苦味酸溶液中，在室温下阴干。剪成 50mm×8mm 的纸条备用。临用时再滴加 100g/L 碳酸钠溶液使之湿润。

③在锥形瓶中加入 100g/L 酒石酸溶液 5ml，使之呈酸性，立即将苦味酸试纸夹于瓶口与瓶塞之间，使纸条悬挂于瓶中（勿接触瓶壁及溶液）。

④置于 40～50℃ 左右的水浴上，加热 30min。如有氢氰酸或氰化物存在，量少时试纸呈橙红色，量多时呈红色。

4. 注意事项

①本反应不是氢氰酸特有的反应。亚硫酸盐、硫代硫酸盐、硫化物均能还原苦味酸试纸，呈红色或橙红色，干扰本反应。醛、酮类亦有干扰。因此，如结果为阴性，则表示没有氰化物。如为阳性，则需进行其他试验以使确证。

②加热温度不宜过高，否则大量水蒸气会将试纸上试剂淋洗下来，结果难以观察。

二、氰化物含量的测定（硝酸盐滴定法）

1. 测定原理

以氰苷形式存在于植物体内的氰化物经水浸泡水解后，进行水蒸气蒸馏，蒸出的 HCN 被碱液吸收。在碱性条件下，以碘化钾为指示剂，用硝酸银标准溶液滴定定量。

2. 试剂与溶液

①氢氧化钠溶液：50g/L。

②氨水：6mol/L。量取 400ml 浓氨水，加水稀释至 1 000ml。

③硝酸铅溶液：5g/L。

④硝酸银标准储备液：0.1mol/L。

⑤硝酸银标准工作液：0.01mol/L。临用前将 0.1mol/L 硝酸银标准储备液用煮沸并冷却的水稀释 10 倍，必要时应重新标定。

⑥碘化钾溶液：50g/L。

⑦铬酸钾溶液：50g/L。

3. 仪器设备

①水蒸气蒸馏装置：蒸馏烧瓶 2 500～3 000ml。

②微量滴定管：2ml。

③分析天平：感量 0.000 1g。

④凯氏烧瓶：500ml。

⑤容量瓶（棕色）：250ml。

⑥锥形瓶：250ml。

⑦吸量管：2ml，10ml。

⑧移液管：100ml。

4. 试样制备

采集具有代表性的饲料样品，至少 2kg。四分法缩分至约 250g，磨碎过 1mm 孔筛，混匀，装入密闭容器，低温保存备用，防止试样变质。

5. 测定步骤

（1）试样水解　称取 10～20g 试样于凯氏烧瓶中，精确到 0.000 2g，加水约 200ml，塞严瓶口在室温下放置 2～4h 使其水解。

（2）试样蒸馏　将盛有水解试样的凯氏烧瓶迅速连接于水蒸气蒸馏装置上，使冷凝管下端浸入盛有 20ml 50g/L 氢氧化钠溶液的锥形瓶的液面下，通水蒸气进行蒸馏，收集蒸馏液 150～160ml，取下锥形瓶，加入 10ml 5g/L 硝酸铅溶液混匀。静置 15min，经滤纸过滤于 250ml 容量瓶中。用水洗涤沉淀物和锥形瓶 3 次，每次 10ml，洗涤液并入滤液中，加水稀释至刻度，混匀。

（3）测定　准确移取 100ml 滤液置于另一锥形瓶中，加入 8ml 6mol/L 氨水和 2ml 50g/L 碘化钾溶液，混匀，在黑色背景衬托下，以硝酸银标准工作液用微量滴定管滴定至出现混浊为终点，记录硝酸银标准工作液消耗体积。

在和试样测定相同的条件下，做试剂空白试验，即以蒸馏水代替蒸馏液，用硝酸银标准工作液滴定，记录其消耗体积。

6. 结果计算

（1）计算公式

$$氰化物（以 HCN 计）含量（mg/kg）= \frac{c \times (V_1 - V_0) \times 54 \times 250 \times 1\ 000}{100 \times m}$$

式中：m——试样质量，g；

　　　c——硝酸银标准工作液物质的量浓度，mol/L；

　　　V_1——试样测定消耗硝酸银标准工作液体积，ml；

　　　V_0——空白试验消耗硝酸银标准工作液体积，ml；

　　　54——1ml 1mol/L 硝酸银相当于氢氰酸的质量，mg。

（2）结果表示　每个试样取 2 个平行测定，以其算术平均值为结果，结果精确到 1mg/kg。

（3）重复性　同一分析者对同一试样同时或快速连续地进行 2 次测定所得结果之间的差值：氰化物含量≤50mg/kg 时，不得超过平均值的 20%；氰化物含量＞50mg/kg 时，不得超过平均值的 10%。

第七节　饲料中单宁的检测

单宁又称鞣酸，是一类植物聚酚类物质，存在于高粱和豆类籽实、油菜籽、马铃薯、茶叶等中，尤以高粱中含量丰富，其含量与颗粒颜色有关，颜色越深，单宁含量越高，高粱壳中单宁含量较其他部位丰富。单宁的不良影响，在临床上主要表现为动物生长受阻，生产性能降低，严重者出现肝、肾坏死等症状。试验表明：饲料中单宁含量达 0.5%～0.6% 时，会明显抑制雏鸡生长；用含 1%～3% 单宁的日粮喂鸡，出现脂肪肝，严重者肝、肾坏死；雏鸡饲料中含有 50% 的高粱，而高粱中单宁含量为 1.6% 时，生长受到严重抑制。因此，检测饲料中单宁含量对提高动物生产性能和保证动物健康有重要意义。

单宁的检测方法有磷钼酸－钨酸钠（F-D）法、高锰酸钾法、香草醛法、普鲁士蓝法、紫外可见分光光度法和蛋白质沉淀法等。

以下方法适用于饲料原料及配（混）合饲料中单宁的检测。

一、定性检测

取被检样品 2g，加稀盐酸 50ml，加热至将沸腾，冷却，过滤。取滤液 3ml 于试管中，沿管壁缓缓注入浓硫酸 1ml，若有单宁酸存在，在检液与硫酸之界面处有褐色环生成。

二、单宁含量的测定

（一）磷钼酸－钨酸钠（F-D）法

1. 测定原理

单宁在碱性溶液中，与磷钼酸－钨酸钠作用生成有色物，以 EDTA 掩蔽干扰，用分光光度计比色测定。

2. 试剂与溶液

①氢氧化钠溶液：1mol/L。量取澄清的饱和氢氧化钠溶液 56ml，置于 1 000ml 容量瓶中，用新煮沸过的冷水稀释至刻度，混匀即可。

②EDTA 溶液：0.01mol/L。称取 3.722 4g 乙二胺四乙酸二钠盐（EDTA）溶于水中，定容至 1 000ml。

③F-D 试剂：于有 750ml 水的 1 000ml 烧瓶中加入钨酸钠 100g，磷钼酸 20g 及磷酸 50ml，接上冷凝器，回流 2h，冷却后稀释至 1 000ml。

④单宁标准溶液：用水溶解单宁（又名单宁酸）50mg，移入 500ml 容量瓶中，定容。此溶液中单宁浓度为 0.1mg/ml，随用随配。

3. 仪器设备

①分析天平：感量 0.000 1g。

②烧杯：800ml。

③烧瓶：1 000ml。

④容量瓶：100ml，500ml。

⑤吸量管：1ml，2ml，5ml，10ml。

⑥移液管：5ml，10ml。

⑦分光光度计。

4. 测定步骤

①准确称取混合均匀样品 5g 于 800ml 烧杯中，加水 400ml，缓慢加热至沸保持 1h，冷却，移入 500ml 容量瓶中，加水至刻度，摇匀，过滤（弃去初滤液 20ml），滤液供测定用。

②吸取滤液 1～10ml（视单宁含量而定）于盛有 50ml 水的 100ml 容量瓶中，加入 4ml F-D 试剂，混匀后放置 5min，加入 0.01mol/L EDTA 溶液 8ml，混匀后加入 1mol/L 氢氧化钠溶液 10ml，加水定容。放置 20～30min，在分光光度计 700nm 处比色，记下吸光度。从标准曲线上查出相应的单宁量。

③标准曲线的绘制：分别吸取单宁标准溶液 0ml、1.00ml、3.00ml、5.00ml、7.00ml 和 10.00ml 和 100ml 容量瓶中，加入 4ml F-D 试剂，以下同步骤"②"的操作。测出吸光度，以吸光度为纵坐标，单宁浓度为横坐标，绘制标准曲线。

5. 结果计算

$$单宁含量（\%）= \frac{m_1 \times V_1}{m \times V_2 \times 10^6} \times 100$$

式中：m_1——由标准曲线查出的样品测定液中单宁的量，μg；

V_1——样品溶液总体积，ml；

V_2——测定时所取滤液体积，ml；

m——样品质量，g。

（二）高锰酸钾法

1. 测定原理

单宁物质为强还原剂，易被氧化。以高锰酸钾为氧化剂，根据单宁被活性炭吸附前后的氧化值之差计算单宁物质的含量。靛红能被高锰酸钾氧化而从蓝色变为黄色，从而指示终点。

2. 试剂与溶液

①高锰酸钾标准溶液：0.01mol/L。

②靛红溶液：1g/L。称取靛红 1g，溶于 50ml 浓硫酸中，若难溶，60℃水浴 4h，稀释至 1 000ml。

③活性炭。

3. 仪器设备

①分析天平：感量 0.000 1g。

②容量瓶：100ml。

③烧杯：250ml。

④移液管：5ml，10ml。

⑤三角瓶：100ml。

⑥滴定管：25ml。

⑦其他：滴定管架、漏斗、滤纸等。

4. 操作步骤

①称取均匀混合样品 5～10g，精确至 0.000 2g，放入 100ml 容量瓶中，加蒸馏水（蒸馏水不要加至刻度），充分振摇后定容至刻度，用滤纸过滤于干净的烧杯中。

②准确移取过滤后的样品液 5ml，放入 100ml 三角瓶中，准确加入靛红 5ml，蒸馏水 10ml，用 0.01mol/L 高锰酸钾标准溶液快速滴定至黄绿色时，再缓慢滴定至明亮的金黄色即为终点。

③另取样品溶液 5ml，加入活性炭 2～3g，置水浴上加热搅拌约 10min，趁热过滤，并用热水洗涤数次，于滤液中准确加入靛红 5ml，蒸馏水 10ml，同上法滴定，记录体积。

5. 结果计算

$$单宁含量（\%）= \frac{c \times (V_1 - V_2) \times 0.041\,6 \times V_3}{m \times V_4} \times 100$$

式中：c——高锰酸钾标准溶液物质的量浓度，mol/L；

　　　V_1——滴定样品所消耗高锰酸钾标准溶液的体积，ml；

　　　V_2——单宁被吸附后滴定所消耗高锰酸钾标准溶液的体积，ml；

　　　V_3——制成样品液的总体积（100），ml；

　　　V_4——滴定用样品液体积（5），ml；

　　　0.041 6——1mmol 单宁的质量，g；

　　　m——样品质量，g。

第八节　饲料中有毒金属元素的检测

饲料中的有毒矿物元素主要包括砷、铅、氟、铬、汞、镉等，《饲料卫生标准》，它们在饲料中的含量与工业污染和农药污染密切相关。检测方法包括定量测定法和定性鉴别法。

一、饲料中总砷含量的测定

一般情况下，植物性饲料中的砷含量较低，低于 1.0mg/kg，且多为五价砷，毒性较低。但植物性饲料中的砷含量受农药污染（如杀虫剂砷酸铅、砷酸钙等）、工业污染（含砷的工业"三废"）和土壤含砷量的影响，在砷污染的土壤中生长的植物体内砷的含量较高，可达正常植物体内砷含量的 50～100 倍，在砷污染的水体中生活的动植物对砷更是具有富集作用，其体内砷浓度的提高可达 1 000 倍，且环境污染的砷多为三价砷，毒性较强。砷污染的饲料被动物食入后，可导致严重中毒。因此，对饲料原料和配合饲料中的砷含量要进行严格检测，以确保饲料卫生安全和动物健康及生产性能的发挥。

砷的测定方法有银盐法（GB 13079—1999）、硼氢化物还原光度法（快速法）、砷斑法、原子吸收分光光度法等。下面主要介绍银盐法和快速法。

以下方法适用于饲料原料（磷酸盐、石粉、鱼粉等）、配（混）合饲料、浓缩饲料及预混合饲料中总砷的测定。

（一）银盐法

1. 测定原理

样品经酸消解或干灰化破坏有机物，使砷呈离子状态存在，经碘化钾、氯化亚锡的还原，将高价砷变为三价砷，被锌粒和酸产生的新生态氢还原为砷化氢。在密闭装置中，被二乙氨、基二硫代甲酸银（Ag-DDTC）的三氯甲烷溶液吸收，形成黄色或棕红色银溶胶，其颜色深浅与砷含量成正比，用分光光度计比色测定。形成胶体银的反应如下：

$$AsH_3 + 6\,Ag（DDTC）\longrightarrow 6\,Ag + 3\,H（DDTC）+ As（DDTC）_3$$

2. 试剂与溶液

除特殊规定外，方法中所用试剂均为分析纯试剂，水为去离子重蒸馏水或相应纯度的水。

①硝酸：优级纯。

②硫酸：优级纯。

③高氯酸：优级纯。

④盐酸：优级纯。

⑤抗坏血酸。

⑥三氯甲烷。

⑦无砷锌粒：粒径（3.0±0.2）mm。

⑧混合酸溶液（A）：硝酸：硫酸：高氯酸=23:3:4（V:V:V）。

⑨乙酸铅溶液：100g/L。称取 10.0g 乙酸铅 [Pb（CH_3COO）$_2$·$3H_2O$] 溶于 20ml 6mol/L 乙酸溶液中，加水至 100ml。6mol/L 乙酸溶液配制：取 36ml 冰乙酸用水稀释至 100ml 即可。

⑩乙酸铅棉花：将医用脱脂棉在乙酸铅溶液（100g/L）中浸泡约 1h，压除多余溶液，自然晾干，或在 90~100℃ 烘干，保存于密闭瓶中。

⑪二乙氨基二硫代甲酸银（Ag-DDTC）-三乙胺-三氯甲烷吸收液：2.5g/L。

称取 2.5g（精确到 0.000 2g）Ag-DDTC 置于一干净的烧杯中，加入适量三氯甲烷，待完全溶解，转入 1 000ml 容量瓶中，加 20ml 三乙胺，用三氯甲烷定容，于棕色瓶中存放在冷暗处。若有沉淀应过滤后使用。

⑫砷标准储备液：1.0mg/ml。

精确称取 0.660 0g 三氧化二砷（110℃，干燥 2h），加 5ml 氢氧化钠溶液（200g/L）使之溶解，加 25ml 硫酸溶液（60ml/L）中和，加水定容至 500ml。此溶液每毫升含 1.00mg 砷，于塑料瓶中冷储。

⑬砷标准工作液：1.0μg/ml。

精确吸取 5ml 砷标准储备液，置于 100ml 容量瓶中，加水稀释至刻度。此溶液含砷 50μg/ml。

准确吸取 50μg/ml 砷标准溶液 2.00ml，置于 100ml 容量瓶中，加 1ml 盐酸，加水定容，摇匀。此溶液每毫升相当于 1.0μg 砷。

⑭硫酸溶液：60ml/L。吸取 6.0ml 硫酸，缓慢加入约 80ml 水中，冷却后用水稀释至 100ml。

⑮盐酸溶液：1mol/L。量取 84ml 浓盐酸，倒入适量水中，用水稀释到 1 000ml。

⑯盐酸溶液：3mol/L。量取 250ml 浓盐酸，倒入适量水中，用水稀释到 1 000ml。

⑰硝酸镁溶液：150g/L。称取 30g 硝酸镁 [Mg（NO_3）$_2$·$6H_2O$] 溶于水中，并稀释至 200ml。

⑱碘化钾溶液：150g/L。称取 75g 碘化钾溶于水中，定容至 500ml，储存于棕色瓶中。

⑲酸性氯化亚锡溶液：400g/L。称取 20g 氯化亚锡（$SnCl_2$·$6H_2O$）溶于 50ml 浓盐酸中，加入数颗金属锡粒，可用 1 周。

⑳氢氧化钠溶液：200g/L。

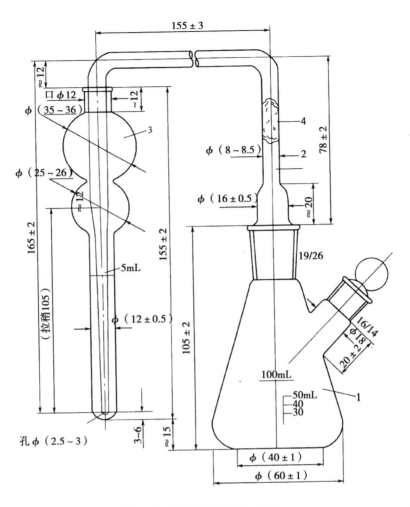

图 13 - 2　砷化氢发生器及吸收装置（单位：mm）
1. 砷化氢发生器；2. 导气管；3. 吸收瓶；4. 乙酸铅棉花

3. 仪器设备

①砷化氢发生器及吸收装置：砷化氢发生器（100ml 带 30ml、40ml、50ml 刻度线和侧管的锥形瓶），导气管（管径 φ 为 8.0 ~ 8.5mm；尖端孔 φ 为 2.5 ~ 3.0mm），吸收瓶（下部带 5ml 刻度线）。如图 13 - 2 所示。

②分析天平：感量 0.000 1g。

③实验室用样品粉碎机。

④分光光度计：附 1cm 比色杯，波长范围 360 ~ 800nm。

⑤玻璃器皿：凯氏瓶、容量瓶、高型烧杯、各种刻度吸量管。

⑥可调温电炉：六联和二联各 1 个。

⑦高温炉：温控 0 ~ 950℃。

⑧瓷坩埚：30ml。

4. 试样制备

采集有代表性的饲料样品至少 1.0kg，四分法缩减至 250g，磨碎，过 0.42mm 孔筛，混匀，装入密闭容器中，低温保存备用。

5. 操作步骤

（1）试样处理

①混合酸消解法：配合饲料及植物性单一饲料，宜采用硝酸－硫酸－高氯酸消解法。

称取试样 3～4g（精确到 0.000 2g），置 250ml 凯氏瓶中，加水少许湿润试样，加 30ml 混合酸（A），放置 4h 以上或过夜，置电炉上从室温开始消解。待棕色气体消失后，提高消解温度，至冒白烟（SO_3）数分钟（务必除尽硝酸），此时溶液应清亮无色或淡黄色，瓶内溶液体积近似硫酸用量，残渣为白色。若瓶内溶液呈棕色，冷却后添加适量硝酸和高氯酸，直到消解完全。冷却，加 10ml 1mol/L 盐酸溶液并煮沸，稍冷，转移到 50ml 容量瓶中，洗涤凯氏瓶 3～5 次，洗液并入容量瓶中，定容，摇匀，待测。

试样消解液含砷小于 10μg 时，可直接转移到砷化氢发生器中，补加 7ml 盐酸，加水使瓶内溶液体积为 40ml，从加入 2ml 150g/L 碘化钾起，以下按步骤"（3）"规定进行操作。

②盐酸溶样法：磷酸盐、碳酸盐和微量元素添加剂试样用盐酸溶样。

称取试样 1～3g（精确到 0.000 2g）于 100ml 高型烧杯中，加水少许湿润试样，慢慢滴加 10ml 3mol/L 盐酸溶液，待激烈反应过后，再缓慢加入 8ml 3mol/L 盐酸，用水稀释至约 30ml，煮沸。转移到 50ml 容量瓶中，用水洗涤烧杯 3～4 次，洗液并入容量瓶中，定容，摇匀，待测。

试样消解液含砷小于 10μg 时，可直接在砷化氢发生器中溶样，补加 8ml 盐酸，用水稀释到 40ml 并煮沸，从加入 2ml 150g/L 碘化钾起，以下按步骤"（3）"规定进行操作。

另外，少数矿物质饲料富含硫，严重干扰砷的测定，可用盐酸溶解样品后，往高型杯中加入 5ml 200g/L 乙酸铅溶液并煮沸，静置 20min，形成的硫化铅沉淀过滤除之，滤液定容至 50ml，以下按步骤"（3）"规定进行操作。

③干灰化法：预混料、浓缩饲料（配合饲料）试样可选择干灰化法。

称取试样 2～3g（精确至 0.000 2g）置于 30ml 瓷坩埚中，低温炭化至无烟后，加入 5ml 150g/L 硝酸镁溶液，混匀，于低温或沸水浴中蒸干，转入高温炉于 550℃ 恒温灰化 3.5～4h。取出冷却，缓慢加入 10ml 3mol/L 盐酸溶液，待激烈反应过后，煮沸并转移到 50ml 容量瓶中，洗涤坩埚 3～5 次，洗液并入容量瓶中，定容，摇匀，待测。

试样含砷小于 10μg 时，可直接转移到砷化氢发生器中，补加 8ml 盐酸，加水至 40ml 左右，加入 1g 抗坏血酸溶解，从加入 2ml 150g/L 碘化钾起，以下按步骤"（3）"规定进行操作。

同时于相同条件下，做试剂空白试验。

（2）标准曲线绘制　准确吸取砷标准工作液（1.0μg/ml）0.00ml、1.00ml、2.00ml、4.00ml、6.00ml、8.00ml 和 10.00ml 于发生瓶中，加 10ml 盐酸，加水稀释至 40ml，从加入 2ml 150g/L 碘化钾起，以下按步骤"（3）"规定进行操作。测定其吸光度，求出回归方程各参数或绘制出标准曲线。当更换锌粒批号或者新配制 Ag-DDTC 吸收液、150g/L 碘化钾溶液和 400g/L 氯化亚锡溶液时，均应重新绘制标准曲线。

（3）还原反应与比色测定　从处理好的待测液中，准确吸取适量溶液（含砷量应≥1.0μg）于砷化氢发生器中，补加盐酸至总量为 10ml，并用水稀释到 40ml，使溶液中盐酸浓度为 3mol/L，向试样溶液、试剂空白溶液、标准系列溶液各发生器中，加入 2ml 150g/L 碘化钾溶液，摇匀，加入 1ml 400g/L 氯化亚锡溶液，摇匀，静置 15min。

准确吸取 5.00ml Ag-DDTC 吸收液于吸收瓶中，连接好图 13-2 的装置（勿漏气，导管塞有蓬松的乙酸铅棉花），使导管尖端插入盛有银盐溶液的刻度试管中的液面下。从发生器侧管迅速加入 4g 无砷锌粒，反应 45min，室温低于 15℃，则反应延长至 1h。反应中轻摇发生瓶 2 次，反应结束，取下吸收瓶，用三氯甲烷定容至 5ml，摇匀（避光时溶液颜色稳定 2h）。以原吸收液［2.5g/L 二乙氨基二硫代甲酸银（Ag-DDTC）-三乙胺-三氯甲烷吸收液］为参比，在 520nm 处，用 1cm 比色池测定。

注：Ag-DDTC 吸收液系有机溶剂，凡与之接触器皿务必干燥。

6. 结果计算

（1）计算公式

$$砷的含量（mg/kg）= \frac{A_1 \times V_1 \times 1\,000}{m \times V_2 \times 1\,000}$$

式中：m——试样质量，g；

　　　　V_1——试样消解液总体积，ml；

　　　　V_2——分取试液体积，ml；

　　　　A_1——测试液中含砷量，μg。

若样品中砷含量较高，可用下式计算：

$$砷含量（mg/kg）= \frac{A_2 \times V_1 \times V_3 \times 1\,000}{m \times V_2 \times V_4 \times 1\,000}$$

式中：m——试样质量，g；

　　　　V_1——试样消解液总体积，ml；

　　　　V_2——分取试液体积，ml；

　　　　V_3——分取液再定容体积，ml；

　　　　V_4——测定时分取 V_3 的体积，ml；

　　　　A_2——测试液中含砷量，μg。

（2）结果表示　每个试样取两个平行测定，以其算术平均值为结果，结果精确到 0.01mg/kg。当每千克试样中含砷量≥1.0μg 时，结果取三位有效数字。

（3）重复性　同一分析者对同一试样同时或快速连续地进行 2 次测定，所得结果之间的差值：当砷含量≤1.00mg/kg 时，允许相对偏差≤20%；含量 1.00～5.00mg/kg 时，允许相对偏差≤10%；当砷含量 5.00～10.00mg/kg 时，允许相对偏差≤5%；当砷含量≥10.00mg/kg 时，允许相对偏差≤3%。

7. 注意事项

①新玻璃器皿中常含有一定量的砷，对所使用的新玻璃器皿须经消解处理几次后再用，以减少空白误差。

②吸取消化液的量根据试样含砷量而定，一般要求含砷量在 $1.0 \sim 5.0 \mu g$ 之间。

③无砷锌粒不可用锌粉代替，否则反应太快，吸收不完全，结果偏低。

④在导气之前每加一种试剂均需摇匀，导气管每次用完后需用氯仿洗净，并保持干燥。

⑤室温过高或过低均影响反应速度，必要时可将反应瓶置于水浴中，以控制反应温度。

（二）硼氢化物还原光度法（快速法）

1. 测定原理

样品经酸消解或干灰化破坏有机物，使砷呈离子状态存在，在酒石酸环境中，硼氢化钾将砷离子还原成氢化砷（AsH_3）气体。在密闭装置中，被 Ag-DDTC 三氯甲烷溶液吸收，形成黄色或棕红色银溶胶，其颜色深浅与砷含量成正比，用分光光度计比色测定。

2. 试剂与溶液

除下列试剂外，其他试剂同银盐法。

①混合酸溶液（B）：硝酸：硫酸：高氯酸 = 20：2：3（V：V：V）。

②甲基橙水溶液：$1g/L$，pH 值 3.0（红）~ 4.4（橙）。

③氨水溶液：1：1（V：V）。

④酒石酸溶液：$200g/L$。称取 100g 酒石酸，加适量水，稍加热溶解，冷却后定容至 500ml。

⑤硼氢化钾片：将硼氢化钾（KBH_4）和氯化钠按质量比 1：5 比例混匀，于 90 ~ 100℃ 干燥 2h，在压力为 2 kPa 条件下，压制成直径 10mm，厚 5mm 的片状，每片质量为（1.0 ± 0.1）g。压制及储存中应防潮湿。

3. 仪器设备

同银盐法。

4. 试样制备

同银盐法。

5. 操作步骤

（1）试样处理

①混合酸消解法：配、混合饲料及植物性单一饲料，宜采用三酸消解法。

称取试样 $2.0 \sim 3.0g$（精确至 0.000 2g）于 250ml 凯氏瓶中，加水少许湿润试样，加 25ml 混合酸（B），置电炉上从室温开始消解，待样液煮沸后，关闭电炉 10 ~ 15min，继续加热消解，直至冒白烟（SO_3）数分钟（务必赶尽硝酸，否则结果偏低），此时溶液应清亮无色或淡黄色，体积近似硫酸用量，残渣为白色。稍冷，转移到 100ml 砷化氢发生器中，洗涤凯氏瓶 3 ~ 4 次，洗液并入发生器中，使瓶内溶液体积为 30ml 左右。以下按步骤"（2）、（3）"规定进行操作。

②盐酸溶样法：磷酸盐、碳酸盐和微量元素添加剂试样应用盐酸溶样。

称取试样 $0.5 \sim 2.0g$（精确至 0.000 2g）于发生器中，慢慢滴加 5ml 3mol/L 盐酸溶液，待激烈反应过后，再缓慢加入 3 ~ 4ml 盐酸，用水稀释至约 30ml 并煮沸，试样溶解后按步骤"（2）、（3）"规定进行操作。

③干灰化法：预混料、浓缩饲料（配合饲料）试样可选择干灰化法。

称取试样 1.0~2.0g（精确至 0.000 2g）于 30ml 瓷坩埚中，低温炭化完全后转入高温炉中，于 550℃恒温灰化 3h。取出冷却，慢慢加入 10ml 3mol/L 盐酸溶液，待激烈反应过后煮沸并转移到砷化氢发生器中，加水至 30ml 左右，加入 1g 抗坏血酸溶解后，以下按步骤"（2）、（3）"规定进行操作。

同时于相同条件下，做试剂空白试验。

（2）用 1:1 氨水调节溶液 pH 值　于发生器中加入 2 滴甲基橙指示剂，用氨水调节 pH 值至橙黄色，再滴加 1mol/L 盐酸溶液至刚好变红色。加入 6.0ml 200g/L 酒石酸溶液，用水稀释至 50ml。

（3）还原反应与比色测定　准确吸取 5.00ml 吸收液［2.5g/L 二乙氨基二硫代甲酸银（Ag-DDTC）- 三乙胺 - 三氯甲烷吸收液］于吸收瓶中，连接好发生吸收装置（勿漏气，导管塞有蓬松的乙酸铅棉花），使导管尖端插入盛有银盐溶液的刻度试管中的液面下。从发生器侧管迅速加入硼氢化钾 1 片，立即盖紧塞子，反应完毕再加第 2 片。反应时轻轻摇动发生器 2~3 次，待反应结束后，以原吸收液［2.5g/L 二乙氨基二硫代甲酸银（Ag-DDTC）- 三乙胺 - 三氯甲烷吸收液］为参比，在 520nm 处用 1cm 比色池测定吸光度，与标准曲线比较，确定试样中砷含量。

注：还原反应时，应防止有毒砷化氢气体泄漏。

（4）标准曲线绘制　准确吸取砷标准工作液（1.0μg/ml）0.00ml、1.00ml、2.00ml、4.00ml、6.00ml、8.00ml 和 10.00ml 于发生瓶中，加水至 40ml，加入 6ml 200g/L 酒石酸溶液，以下按步骤"（3）"规定进行操作，测其吸光度，求出回归方程各参数或绘制出标准曲线。

6. 结果计算

计算公式、结果表示及允许相对偏差同银盐法。

二、饲料中铅含量的测定

正常饲料中铅的含量较低，一般不致引起畜禽中毒，但受农药污染（如杀虫剂砷酸铅等）、工业污染（含铅的工业"三废"）和汽车尾气等影响的饲料，铅的含量明显升高。据检测，公路主干道两侧的植物中铅含量可高达 255~500mg/kg。铅在动物体内主要沉积于骨骼中，因此骨粉、肉骨粉和含鱼骨较多的鱼粉含铅量较高，据报道骨粉中的铅含量可高达 61.7mg/kg，在工业污染严重的海水中生产的鱼粉铅含量也较高，此外，某些地区的矿物质饲料如磷酸盐、石粉中的铅含量也需要注意。因此，在我国饲料卫生标准（GB 13078—2001 及其后的修改和增补内容）中规定：骨粉、肉骨粉、鱼粉、石粉中铅含量不得超过 10mg/kg，磷酸盐中的铅含量不得超过 30mg/kg。

饲料中铅含量的测定可采用原子吸收分光光度法（GB 13080—1991）和双硫腙比色法。原子吸收分光光度法是国家规定的标准方法，结果准确、快速，干扰因素少，但受仪器设备的限制。双硫腙比色法是传统的方法，结果也准确，但操作复杂，干扰因素多，因此要严格按照操作规程进行。

以下方法适用于饲料原料（磷酸盐、石粉、鱼粉等）、配合饲料（包括混合饲料）中铅含量的测定。

（一）原子吸收分光光度法（GB 13080—1991）

1. 测定原理

样品经消解处理后，再经萃取分离，导入原子吸收分光光度计中，原子化后测量其在283.3nm 处的吸光度，与标准系列比较定量。

2. 试剂与溶液

除特殊规定外，本方法所用试剂均为分析纯，水为去离子重蒸馏水或相应纯度的水。

①硝酸：优级纯。

②硫酸：优级纯。

③高氯酸：优级纯。

④盐酸：优级纯。

⑤甲基异丁酮 ［$CH_3COCH_2CH（CH_3）_2$］。

⑥硝酸溶液：6mol/L。量取 375ml 浓硝酸，加水至 1 000ml。

⑦碘化钾溶液：1mol/L。称取 166g 碘化钾，溶于 1 000ml 水中，储存于棕色瓶中。

⑧盐酸：1mol/L。量取 84ml 盐酸，加水至 1 000ml。

⑨抗坏血酸溶液：50g/L。称取 5g 抗坏血酸（$C_6H_8O_6$），溶于水中，稀释至 100ml，储存于棕色瓶中。

⑩铅标准储备液：精确称取 0.159 8g 硝酸铅［$Pb（NO_3）_2$］，加 6mol/L 硝酸溶液 10ml，全部溶解后，转入 1 000ml 容量瓶中，加水至刻度，该溶液为每毫升 0.1mg 铅。

⑪铅标准工作液：精确吸取 1ml 铅标准储备液，加入 100ml 容量瓶中，加水至刻度，此溶液为每毫升 1μg 铅。

3. 仪器设备

①消化设备：两平行样所在位置的温度差小于或等于 5℃。

②马福炉。

③分析天平：感量 0.000 1g。

④实验室用样品粉碎机。

⑤振荡器。

⑥原子吸收分光光度计。

⑦容量瓶：25ml，50ml，100ml，1 000ml。

⑧吸液管：1ml，2ml，5ml，10ml，15ml。

⑨消化管。

⑩瓷坩埚。

4. 试样制备

采集具有代表性的饲料样品至少 2kg，四分法缩分至 250g，磨碎，过 1mm 孔筛，混匀，装入密闭容器中，低温保存备用。

5. 操作步骤

（1）试样处理

① 配合饲料及鱼粉试样处理：称取 4g 样品，精确到 0.001g，置瓷坩埚中缓慢加热炭

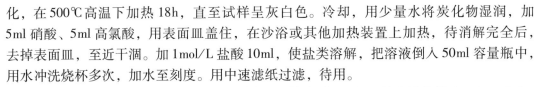

化，在500℃高温下加热18h，直至试样呈灰白色。冷却，用少量水将炭化物湿润，加5ml硝酸、5ml高氯酸，用表面皿盖住，在沙浴或其他加热装置上加热，待消解完全后，去掉表面皿，至近干涸。加1mol/L盐酸10ml，使盐类溶解，把溶液倒入50ml容量瓶中，用水冲洗烧杯多次，加水至刻度。用中速滤纸过滤，待用。

② 磷酸盐、石粉试样处理：称取5g样品，精确到0.001g，放入消化管中，加5ml水，使样品湿润，依次加入20ml硝酸、5ml硫酸，放置4h后加入5ml高氯酸，放在消化装置上加热消化。在150℃恒温消化2h，然后将温度缓缓升到300℃，在300℃下恒温消化，直至样品发白近干，取下消化管，放冷。加入1mol/L盐酸10ml，在150℃温度下加热，使样品中盐类溶解后将溶液倒入50ml容量瓶中，用水冲洗消化管，将冲洗液并入容量瓶中，加水至刻度。用中速滤纸过滤，备作原子吸收用。

同时于相同条件下，做试剂空白试验。

（2）标准曲线绘制 精确吸取1μg/ml的铅标准工作液0ml、4.00ml、8.00ml、12.00ml、16.00ml和20.00ml，分别加入25ml容量瓶中，加水至20ml。准确加入1mol/L碘化钾溶液2ml，振动摇匀；加入1ml抗坏血酸溶液，振动摇匀；准确加入2ml甲基异丁酮溶液，激烈振动3min，静置萃取后，将有机相导入原子吸收分光光度计。在283.3nm波长处测定吸光度，以吸光度为纵坐标，浓度为横坐标，绘制标准曲线。

（3）测定 精确吸取5~10ml样品溶液和试剂空白液加到25ml容量瓶中，按绘制标准曲线的步骤进行测定，测出相应吸光度和标准曲线比较定量。

6. 结果计算

（1）计算公式

$$铅的含量（mg/kg）= \frac{V_1 \times (m_1 - m_2)}{m \times V_2}$$

式中：m——试样质量，g；

V_1——试样消化液总体积，ml；

V_2——测定用试样消化液体积，ml；

m_1——测定用试样消化液铅含量，μg；

m_2——空白试液中铅含量，μg。

（2）结果表示 每个试样取2个平行样测定，以其算术平均值为结果，结果表示到0.01mg/kg。

（3）重复性 同一分析者对同一试样同时或快速连续地进行2次测定，所得结果之间的差值：在铅含量≤5mg/kg时，不得超过平均值的20%分别15%、10%、5%；在铅含量5~15mg/kg时，不得超过平均值的15%；在铅含量15~30mg/kg时，不得超过平均值的10%；在铅含量≥30mg/kg时，不得超过平均值的5%。

（二）铅-双硫腙比色法

1. 测定原理

样品经分解后，在碱性溶液中，铅离子与双硫腙生成红色络合物，可用三氯甲烷或四氯化碳提取。该红色络合物在有机溶剂中颜色的深浅与铅含量成正比，用分光光度计测定铅含量。Fe^{3+}、Cu^{2+}、Zn^{2+}、Cd^{2+}等离子有干扰作用，可加入氰化钾、柠檬酸铵掩蔽。

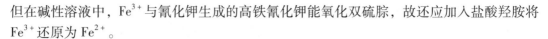

但在碱性溶液中，Fe^{3+} 与氰化钾生成的高铁氰化钾能氧化双硫腙，故还应加入盐酸羟胺将 Fe^{3+} 还原为 Fe^{2+}。

2. 试剂与溶液

①盐酸溶液：1:1（V:V）溶液。

②氨水溶液：1:1（V:V）溶液。

③酚红指示剂：1g/L 乙醇溶液。称取 0.1g 酚红，溶于 100ml 95% 乙醇中。

④双硫腙溶液：0.1g/L。

⑤柠檬酸铵溶液：200g/L。称取 50g 柠檬酸铵，溶于 100ml 水中，加入 2 滴 1g/L 酚红乙醇指示剂，用 1:1 氨水溶液调至溶液呈微红色。溶液转入 250ml 分液漏斗中，加入 0.1g/L 双硫腙溶液 5ml 和三氯甲烷 40ml，分 3 次振摇提取。第一次用 20ml 三氯甲烷，后 2 次各用 10ml。静置分层，弃去有机相。重复操作直至双硫腙不变色为止。最后用水稀释至 250ml。

⑥盐酸羟胺溶液：200g/L。称取 20g 盐酸羟胺，溶于 50ml 水中，加入 2 滴 1g/L 酚红乙醇指示剂，用 1:1 氨水溶液调节 pH 值至 8.5~9.0（溶液颜色由黄变红），再过量2~3滴。把溶液转入 250ml 分液漏斗中，加入 0.1g/L 双硫腙溶液 5ml 和三氯甲烷 40ml，分 3 次振摇提取。第一次用 20ml 三氯甲烷，后 2 次各用 10ml。在水相中加入盐酸溶液呈酸性后，加水至 100ml。

⑦氰化钾溶液：100g/L。称取氰化钾 10g，溶于 100ml 水中。

⑧1% 硝酸溶液：量取分析纯浓硝酸 1ml，加水稀释至 100ml。

⑨碘化钾溶液：150g/L。称取 15g 碘化钾，溶于 100ml 水中，储存于棕色瓶中。

⑩淀粉指示剂：5g/L。称取可溶性淀粉 0.5g，溶于少量蒸馏水中，用玻璃棒搅拌成糊状后，缓缓倒入 100ml 沸水中，随加随搅拌，继续煮沸 2min，放冷，取上清液即得。临用时现配。

⑪硫代硫酸钠溶液：200g/L。称取硫代硫酸钠 20g，溶于 100ml 水中，储存于棕色瓶中。

⑫三氯甲烷（不含氧化物）。

检验方法：

取 5ml 三氯甲烷，倒入分液漏斗中，加入 10ml 新煮沸并已冷却过的水，振摇 3min，静置分层，放出三氯甲烷。在水相中加几滴 150g/L 碘化钾溶液和 5g/L 淀粉指示剂，振摇反应不显蓝色即为不含氧化物。

去氧化物方法：

把三氯甲烷倒入大号分液漏斗中，加入 5~10 倍于三氯甲烷的 200g/L 硫代硫酸钠溶液，轻轻地振摇清洗，弃去水相，再重复 2~3 遍。三氯甲烷经无水硫酸钠脱水后进行蒸馏，弃去初馏分和末馏分，收集中间的馏出液（注意水温不要过高）。

⑬双硫腙储备液：0.5g/L。称取 0.5g 双硫腙（又名二苯硫腙、铅试剂等）溶于 50ml 三氯甲烷中，若溶解不完全，用滤纸过滤到 500ml 分液漏斗中，用 300ml 10g/L 氨水分 3 次提取。提取液经脱脂棉过滤到 250ml 分液漏斗中，用 1:1 盐酸溶液调溶液呈酸性，使双硫腙沉淀。再用 60ml 三氯甲烷分 3 次提取沉淀，合并提取液，用等体积水清洗 2~3 次

并弃去清洗液。把提取液定量地转入蒸发皿中，在 50℃ 水浴上蒸去三氯甲烷。精制的双硫腙，在干燥器中保存备用，或将沉淀出的双硫腙用 200ml、200ml、100ml 三氯甲烷分 3 次提取，合并提取液即为本储备液。

⑭双硫腙工作液：吸取 0.5g/L 双硫腙储备液 0.1ml，用三氯甲烷稀释至 10ml。在波长 510nm 处用三氯甲烷调零点，测量工作液的吸光度，并计算出双硫腙工作液在 70% 透光率时所需的双硫腙溶液的毫升数（V），即

$$V = \frac{10 \times (2 - \lg 70)}{A} = \frac{1.55}{A}$$

式中：A——双硫腙工作液的吸光度。

⑮铅标准储备液：1mg/ml。准确称取 0.159 8g 硝酸铅溶于 10ml 硝酸溶液中，定量地移入 100ml 容量瓶中，用水稀释至刻度。

⑯铅标准工作液：10μg/ml。吸取 1mg/ml 铅标准储备液 1ml，置于 100ml 容量瓶中，用水稀释至刻度。

3. 仪器设备

①恒温水浴。

②马福炉。

③分光光度计。

④分液漏斗：125ml，250ml，500ml。

⑤容量瓶：50ml。

⑥吸液管：1ml，2ml，5ml，10ml。

⑦瓷坩埚。

4. 操作步骤

（1）样品分解　采用灰化法。

① 固体样品：准确称取均匀样品 5g 于瓷坩埚中，置电炉上低温炭化，待浓烟挥尽后放入马福炉中（550℃）灰化 2～4h，待灰分呈白色残渣时取出，冷却加入 1∶1 盐酸溶液或硝酸溶液 2ml，加热溶解灰分，转移至 50ml 容量瓶中，加水至刻度，摇匀，必要时过滤。

② 液体样品：取 25ml 样品溶液置于蒸发皿中，在水浴上蒸发至干，置电炉上低温炭化，以后步骤按照固体样品的处理方法进行。

同时于相同条件下，做试剂空白试验。

（2）标准曲线的绘制　分别准确吸取 10μg/ml 铅标准工作液 0ml、0.10ml、0.20ml、0.30ml、0.40ml 和 0.50ml（相当于 0μg、1μg、2μg、3μg、4μg 和 5μg 铅）置于 125ml 分液漏斗中，各加入 1% 硝酸溶液 20ml。

（3）测定　分别准确吸取 10ml 分解液和 10ml 试剂空白液，置于分液漏斗中，各加入 20ml 水。

在标准工作液、样品溶液和试剂空白液中各加入 200g/L 柠檬酸铵溶液 2ml、200g/L 盐酸羟胺溶液 1ml 和 2～3 滴 1g/L 酚红乙醇指示剂，用氨水溶液调至浅红色，随着氨水溶液加入量的增大，溶液变成黄色，此时仔细地滴加氨水溶液，直至浅红色。再各加入

100g/L 氰化钾溶液 2ml，混匀。各加入 10ml 双硫腙工作液，剧烈振摇 1min，静置分层。有机相经脱脂棉滤入 10ml 具塞刻度试管中，在波长 510nm 处测量各溶液的吸光度。根据测得的吸光度绘制铅标准曲线并计算样品中铅的含量。

5. 结果计算

$$铅含量（mg/kg）= \frac{(A_1 - A_0) \times V_2}{m \times V_1}$$

式中：A_1——从标准曲线上查得的样品溶液中铅的含量，μg；

A_0——从标准曲线上查得的试剂空白液中铅的含量，μg；

V_2——分解液的总体积，ml；

V_1——从分解液中分取的体积，ml；

m——样品质量，g。

6. 注意事项

①本方法测定重金属灵敏度较高，所有玻璃器皿应用 10% 硝酸溶液浸泡冲洗干净，再用双硫腙工作液清洗，如果微量双硫腙溶液变色，说明器皿不洁净，应重洗。

②有机物分解须彻底，防止有机物与铅形成络合离子，影响测定。

③双硫腙在空气中易氧化，不溶于酸、碱性水溶液，溶于三氯甲烷和四氯化碳。应将双硫腙密封保存在棕色瓶内，并置于干燥器中，以确保双硫腙的稳定和纯度。

三、饲料中铬含量的测定

饲料中的天然铬含量较低，不会引起动物中毒，但受工业"三废"污染的饲料中铬含量明显增加，尤其是利用铬污染区域的水生生物生产的动物性饲料中铬含量更高，如国家饲料监督检验中心测定的某批西班牙进口鱼粉中的铬含量高达 1 000mg/kg。皮革粉中含有大量铬，必须经脱铬处理后方可用作饲料。我国饲料卫生标准（GB 13078—2001 及其后的修改单和增补内容）中规定：皮革蛋白粉中铬含量不得超过 200mg/kg，鸡、猪配合饲料中铬含量不得超过 10mg/kg。

测定铬含量的方法有比色法和原子吸收法。比色法是国家规定的标准方法（GB 13088—1991），该法反应灵敏，专一性较强，广泛使用。原子吸收法简便、快速，灵敏度较高，但受仪器设备的限制。下面主要介绍比色法，该法适用于饲料用水解皮革粉和配合饲料中铬含量的测定。

1. 测定原理

以干灰化法分解样品，在碱性条件下用高锰酸钾将灰分溶液中铬离子氧化为六价铬离子，再将溶液调至酸性，使六价铬离子与二苯卡巴肼生成玫瑰红色络合物，其颜色深浅与铬的含量成正比，通过比色测定，求得铬的含量。

2. 试剂与溶液

本方法中所用试剂均为分析纯，水为蒸馏水或相应纯度的水。

①硫酸溶液：0.5mol/L。取 28ml 浓硫酸，徐徐加入水中，再加水稀释至 1 000ml。

②硫酸溶液：1∶6（V∶V）。量取 100ml 浓硫酸，徐徐加入 600ml 水中，并加入 1 滴 20g/L 高锰酸钾溶液，使溶液呈粉红色。

③氢氧化钠溶液：4mol/L。称取32g氢氧化钠，溶于水中，加水稀释至200ml。

④高锰酸钾溶液：20g/L。

⑤二苯卡巴肼溶液：称取0.5g二苯卡巴肼 [$(C_6H_5)_2 \cdot (NH)_4 \cdot CO$]，溶解于100ml丙酮中。

⑥95%乙醇。

⑦铬标准储备液：称取0.283 0g经100~110℃烘至恒重的重铬酸钾，用水溶解，移入1 000ml容量瓶中，稀释至刻度，此溶液每毫升相当于0.10mg铬。

⑧铬标准溶液：吸取1.00ml铬标准储备液置于50ml容量瓶中，加水稀释至刻度，此溶液每毫升相当于2μg铬。

3. 仪器设备

①分析天平：感量0.000 1g。

②高温电炉（马弗炉）。

③实验用样品粉碎机或研钵。

④电炉：600 W。

⑤容量瓶：50ml，100ml，1 000ml。

⑥吸量管：1ml，5ml，10ml。

⑦移液管：5ml，10ml，25ml。

⑧三角烧瓶：150ml。

⑨短颈漏斗：直径6cm。

⑩瓷坩埚：60ml。

⑪快速定性滤纸。

⑫分光光度计：有10mm比色皿，可在540nm处测量吸光度。

4. 试样制备

采集具有代表性的饲料用水解皮革粉或配合饲料样品至少2kg，四分法缩至250g左右，磨碎，过1mm孔筛，混匀，装入密闭容器，防止试样变质，低温保存备用。

5. 操作步骤

（1）试样处理　称取1.0~1.5g试样，精确到0.000 2g，置于60ml瓷坩埚中，电炉上炭化，置于马弗炉内，由室温开始，徐徐升温至600℃灼烧5h，直至试样呈白色或灰白色无炭粒为止。

取出冷却，加入0.5mol/L硫酸溶液5ml，在电炉上微沸，内容物全部移入150ml三角瓶中，并用热水反复洗涤坩埚3~4次，洗涤液并入三角瓶中，加入4mol/L氢氧化钠溶液1.5ml，再加入2滴20g/L高锰酸钾溶液，加水使瓶内溶液总体积约为60~70ml，摇匀，溶液呈紫红色，在电炉上加热煮沸20min（在煮沸过程中，如紫红色消退，应及时补加高锰酸钾溶液，使溶液保持紫红色），然后沿壁加入3ml 95%乙醇，摇匀，趁热过滤，滤液置于100ml容量瓶中，并用少量热水洗涤三角瓶和滤纸3~4次，洗液并入容量瓶中，此滤液即为试样溶液，备用。

（2）标准曲线绘制　吸取铬标准溶液0ml、5.00ml、10.00ml、15.00ml、20.00ml、25.00ml和30.00ml，分别置于100ml容量瓶中，加入适量水稀释，依次加入4ml（1∶6）

硫酸溶液，再加入 2ml 二苯卡巴肼溶液，用水稀释至刻度，摇匀，静置 30min，以空白溶液作为参比，用 10mm 比色皿，在波长 540nm 处用分光光度计测量其吸光度，以吸光度为纵坐标，铬标准溶液浓度为横坐标，绘制标准曲线。

（3）试样测定　在装有试样溶液的 100ml 容量瓶中，依次加入 4ml（1∶6）硫酸溶液和 2ml 二苯卡巴肼溶液，用水稀释至刻度，摇匀，静置 30min，按步骤"（2）"测定其吸光度，求得试样溶液中铬的质量浓度。

6. 结果计算

（1）计算公式

$$铬含量（mg/kg）= \frac{\rho \times 100}{m}$$

式中：ρ——测定用试样溶液中铬的质量浓度，$\mu g/ml$；

　　　m——试样质量，g；

　　　100——试样溶液的定容体积，ml。

（2）结果表示　每个试样取 2 个平行样进行测定，以其算术平均值作为测定结果，结果表示到 0.01mg/kg。

（3）重复性　同一分析者对同一试样同时或快速连续地进行 2 次测定，所得结果之间的差值：在铬含量 <1mg/kg 时，不得超过平均值的 50%；在铬含量 ≥1mg/kg 时，不得超过平均值的 20%。

四、饲料中汞含量的测定

正常饲料中汞的含量较低，一般不致引起畜禽中毒。但受农药污染（如氯化乙基汞、醋酸苯汞等）和工业污染（含汞工业"三废"）的饲料中汞含量明显增高，值得注意的是，饲料一旦被汞污染，无论以何种方法脱毒，都较难将汞除去。汞是一种典型的蓄积性毒物，进入环境中的汞，通过食物链在各种生物体间传递，在传递过程中富集于动植物体内（饲料）。例如，海水中汞的含量为 0.0001mg/kg，海水浮游生物体内汞为 0.01～0.02mg/kg，小鱼吞食浮游生物后体内为 0.2～0.5mg/kg，吞食小鱼的大鱼体内汞为 1～5mg/kg，即大鱼体内汞含量为海水的 1 万～5 万倍，用富集汞的鱼类加工成的鱼粉饲喂畜禽，可使畜禽发生汞中毒。汞在通过水体污染的过程中，在水中微生物的作用下无机汞甲基化，转化成毒性较强的甲基汞蓄积在鱼体内，因此在饲料生产中，鱼粉及贝粉中的汞含量值得重视。1953 年发生在日本鹿儿岛水俣地区的"水俣病"，就是由于汞污染海域后，人畜食用了富集甲基汞的海产品而导致的严重汞中毒。

自然界中的岩石及矿石中也含有一定量的汞，利用汞含量高的岩石及矿石生产的矿物质饲料如石粉、磷酸盐中汞含量也较高。我国饲料卫生标准（GB 13078—2001 及其后的修改单和增补内容）中规定：鱼粉中汞含量不得超过 0.5mg/kg，石粉中汞含量不得超过 0.1mg/kg，鸡、猪配合饲料中汞含量不得超过 0.1mg/kg。

饲料中汞含量的测定方法有冷原子吸收法和双硫腙比色法。冷原子吸收法是国家规定的标准方法（GB 13081—1991），灵敏度较高、干扰少、应用简便、广泛，适用于各类饲料中汞含量的测定。双硫腙比色法是传统的方法，干扰因素多，需分离或掩蔽干扰离子，操作麻烦，要求严格，适合于汞含量大于 1mg/kg 饲料样品的测定。

（一）冷原子吸收法

1. 测定原理

在原子吸收光谱中，汞原子对波长为 253.7nm 的共振线有强烈的吸收。试样经硝酸 – 硫酸消化使汞转为离子状态，在强酸中，氯化亚锡将汞离子还原成元素汞，以干燥清洁空气为载体吹出，进行冷原子吸收，与标准系列比较定量。

2. 试剂与溶液

①硝酸。

②硫酸。

③氯化亚锡溶液：300g/L。称取 30g 氯化亚锡，加少量水，再加 2ml 硫酸使之溶解，加水稀释至 100ml，置冰箱备用。

④混合酸液：量取 10ml 硫酸，加入 10ml 硝酸，慢慢倒入 50ml 水中，冷却后，加水稀释至 100ml。

⑤汞标准储备液：准确称取干燥器内干燥过的二氯化汞 0.135 4g，用混合酸液溶解后移入 100ml 容量瓶中，稀释至刻度，混匀，此溶液每毫升相当于 1mg 汞，冷藏备用。

⑥汞标准工作液：吸取 1.0ml 汞标准储备液，置 100ml 容量瓶中，加混合酸液稀释至刻度，此溶液每毫升相当于 10μg 汞。再吸取此液 1.0ml，置 100ml 容量瓶中，加混合酸液稀释至刻度，此溶液每毫升相当于 0.1μg 汞，现用现配。

3. 仪器设备

①分析天平：感量 0.000 1g。

②实验室用样品粉碎机或研钵。

③消化装置。

④测汞仪。

⑤三角烧瓶：250ml。

⑥容量瓶：100ml。

⑦还原瓶：50ml（测汞仪附件）。

4. 试样制备

采集具有代表性的饲料样品至少 2kg，四分法缩分至 250g，磨碎，过 1mm 孔筛，混匀，装入密闭容器，低温保存备用。

5. 操作步骤

（1）试样处理　称取 1～5g 试样，精确到 0.000 2g，置 250ml 三角烧瓶中，加玻璃珠数粒，加 25ml 硝酸、5ml 硫酸，并转动三角烧瓶防止局部炭化，装上冷凝管，小火加热，待开始发泡即停止加热，发泡停止后，再加热回流 2h。放冷后从冷凝管上端小心加入 20ml 水，继续加热回流 10min，放冷，用适量水冲洗冷凝管，洗液并入消化液。消化液经玻璃棉或滤纸滤于 100ml 容量瓶内，用少量水洗三角烧瓶和滤器，洗液并入容量瓶内，加水至刻度，混匀。

取与消化试样用量相同的硝酸、硫酸，同法做试剂空白试验。

若为石粉，称取约 1g 试样，精确到 0.000 2g，置 250ml 三角烧瓶中，加玻璃珠数粒，装上冷凝管后，从冷凝管上端加入 15ml 硝酸，用小火加热 15min，放冷，用适量水冲洗冷凝管，移入 100ml 容量瓶内，加水至刻度，混匀。

（2）标准曲线绘制　分别吸取 0ml、0.10ml、0.20ml、0.30ml、0.40ml 和 0.50ml 汞标准工作液（相当于 0μg、0.01μg、0.02μg、0.03μg、0.04μg 和 0.05μg 的汞）置于 50ml 还原瓶内，各加入 10ml 混合酸液和 2ml 氯化亚锡溶液后，立即盖紧还原瓶 2min，记录测汞仪读数指示器最大吸光度。以吸光度为纵坐标，汞浓度为横坐标，绘制标准曲线。

（3）试样测定　准确吸取 10ml 试样消化液于 50ml 还原瓶内，加 2ml 氯化亚锡溶液后立即盖紧还原瓶 2min，记录测汞仪读数指示器最大吸光度。

6. 结果计算

（1）计算公式

$$汞的含量（mg/kg）= \frac{V_1 \times (m_1 - m_0)}{V_2 \times m}$$

式中：m_1——测定用试样消化液中汞的质量，μg；

　　　m_0——试剂空白液中汞的质量，μg；

　　　m——试样质量，g；

　　　V_1——试样消化液总体积，ml；

　　　V_2——测定用试样消化液体积，ml。

（2）结果表示　每个试样平行测定 2 次，以其算术平均值为结果，结果表示到 0.001mg/kg。

（3）重复性　同一分析者对同一试样同时或快速连续地进行 2 次测定，所得结果之间的差值：在汞含量≤0.020mg/kg 时，不得超过平均值的 100%；在汞含量为 0.020～0.100mg/kg 时，不得超过平均值的 50%；在汞≥0.100mg/kg 时，不得超过平均值的 20%。

7. 注意事项

①玻璃对汞吸附较强，因此，在配制汞标准溶液时，最好先在容量瓶中加入部分混合酸，再加入汞标准溶液。

②玻璃对汞有吸附作用，因此三角烧瓶、容量瓶、还原瓶等玻璃器皿每次使用后都需用 10% 硝酸浸泡，随后用水洗净备用。

（二）双硫腙比色法

1. 测定原理

样品经分解后，在酸性溶液中低价汞和有机汞被氧化为高价汞。高价汞离子与双硫腙生成橙色络合物，用三氯甲烷提取该络合物，其颜色的深浅和汞的含量成正比，用分光光度计测定样品中总汞的含量。

2. 试剂与溶液

①硝酸。

②硫酸。

③硫酸溶液：1mol/L。量取 56ml 浓硫酸，徐徐加入水中，再加水稀释至 1 000ml。

④5% 硫酸溶液：量取 2.8ml 浓硫酸，徐徐加入水中，再加水稀释至 100ml。

⑤氨水。

⑥高锰酸钾溶液：50g/L。

⑦双硫腙溶液：0.1g/L。准确称取 10mg 双硫腙溶解于 100ml 四氯化碳中，密封在冰箱中保存。

⑧盐酸羟胺溶液：200g/L。溶解 20g 盐酸羟胺于重蒸水中，稀释至 100ml，转入 250ml 分液漏斗中，加入 0.1g/L 双硫腙溶液 5ml，振摇 5min，如四氯化碳层变色，则弃去四氯化碳，再加入 0.1g/L 双硫腙溶液 5ml，直至四氯化碳层保持绿色不变。再用四氯化碳洗去双硫腙，最后弃去四氯化碳。

⑨碘化钾溶液：150g/L。称取 15g 碘化钾，溶于 100ml 水中，储存于棕色瓶中。

⑩淀粉指示剂：5g/L。称取可溶性淀粉 0.5g，溶于少量蒸馏水中，用玻棒搅拌成糊状后，缓缓倒入 100ml 沸水中，随加随搅拌，继续煮沸 2min，放冷，取上清液即得。临用时现配。

⑪硫代硫酸钠溶液：200g/L。称取硫代硫酸钠 20g，溶于 100ml 水中，储存于棕色瓶中。

⑫溴麝香草酚蓝-乙醇指示剂：1g/L。

⑬三氯甲烷（不含氧化物）。

检验方法：

取 5ml 三氯甲烷，倒入分液漏斗中，加入 10ml 新煮沸并已冷却过的水，振摇 3min，静置分层，放出三氯甲烷。在水相中加几滴 150g/L 碘化钾溶液和 5g/L 淀粉指示剂，振摇，反应不显蓝色即为不含氧化物。

去氧化物方法：

把三氯甲烷倒入大号分液漏斗中，加入 5～10 倍于三氯甲烷的 200g/L 硫代硫酸钠溶液，轻轻地振摇清洗，弃水相，再重复 2～3 遍。三氯甲烷经无水硫酸钠脱水后进行蒸馏，弃去初馏分和未馏分，收集中间的馏出液（注意水温不要过高）。

⑭双硫腙储备液：0.5g/L。称取 0.5g 双硫腙（又名二苯硫腙、铅试剂等）溶于 50ml 三氯甲烷中，若溶解不完全，用滤纸过滤到 500ml 分液漏斗中，用 300ml 1% 氨水分 3 次提取。提取液经脱脂棉过滤到 250ml 分液漏斗中，用（1∶1）盐酸溶液调溶液呈酸性，使双硫腙沉淀。再用 60ml 三氯甲烷分 3 次提取沉淀，合并提取液，用等体积水清洗 2～3 次并弃去清洗液。把提取液定量地转入蒸发皿中，在 50℃ 水浴上蒸去三氯甲烷。精制的双硫腙，在干燥器中保存备用。或将沉淀出的双硫腙用 200ml、200ml、100ml 三氯甲烷分 3 次提取，合并提取液即为本储备液。

⑮双硫腙工作液：吸取 0.5g/L 双硫腙储备液 0.1ml，用三氯甲烷稀释至 10ml。在波长 510nm 处用三氯甲烷调零点，测量工作液的吸光度，并计算出双硫腙工作液在 70% 透光率时所需双硫腙溶液的毫升数（V），即

$$V = \frac{10 \times (2 - \lg 70)}{A} = \frac{1.55}{A}$$

式中：A——双硫腙工作液的吸光度。

⑯汞标准储备液：1mg/ml。准确称取 0.135 4g 经干燥器干燥过的二氯化汞，用 1mol/

L 硫酸溶解并稀释至 100ml。

⑰汞标准工作液：1μg/ml。准确吸取 1mg/ml 汞标准储备液 1ml，置于 100ml 容量瓶中，用 1mol/L 硫酸溶液稀释至刻度。再从中吸取 5ml 置于 50ml 容量瓶中，用 1mol/L 硫酸溶液稀释至刻度。临用时现配制。

3. 仪器设备

分光光度计（或比色计）。

4. 操作步骤

（1）样品分解　称取 25g 样品置于消化装置的三角瓶中，加入 3 粒玻璃珠、80ml 硝酸、15ml 硫酸，接通冷凝管，用文火加热并慢慢转动三角瓶（防止局部炭化）。产生泡沫时停止加热，待剧烈反应平息后继续加热，泡沫全部停止后，至少加热回流 2h。如果加热过程中溶液变棕色，可补加 5ml 硝酸，继续回流直至样品溶液呈浅黄色透明状。冷却，用适量水清洗冷凝管，清洗液并入分解液中，再用水稀释至 150ml 或 200ml。

同时做试剂空白试验。

（2）标准曲线的绘制　分别准确吸取 1μg/ml 汞标准工作液 0ml，0.50ml、1.00ml、2.00ml、3.00ml、4.00ml 和 5.00ml（相当于 0μg、0.5μg、1.0μg、2.0μg、3.0μg、4.0μg 和 5.0μg 汞）置于 100ml 分液漏斗中，各加入 5% 硫酸溶液 10ml、水 40ml 和 200g/L 盐酸羟胺溶液 1ml，混匀，放置 20min。

（3）测定　至少取一半分解液（根据情况也可使用全部分解液）置三角瓶中，加热并煮沸 15min，除去二氧化氮，冷却。

在样品溶液和试剂空白液中各加入 50g/L 高锰酸钾溶液，至溶液呈紫色，然后再加入 200g/L 盐酸羟胺溶液使紫色消退，加入 2 ~ 3 滴 1g/L 溴麝香草酚蓝 – 乙醇指示剂，用氨水调 pH 值至 1 ~ 2，使橙红色变为橙黄色。把溶液定量转入分液漏斗中。

在样品溶液、试剂空白液和标准溶液中各加入 5ml 双硫腙标准工作液，剧烈振摇 2min，静置分层，经脱脂棉过滤到 5ml 具塞试管中，在波长 492nm 处，以三氯甲烷调分光光度计零点，测量上述各溶液的吸光度，并绘制标准曲线。

标准溶液各浓度的吸光度应减去零浓度的吸光度。样品溶液的吸光度应减去试剂空白的吸光度。

5. 结果计算

$$汞含量（mg/kg）= \frac{V_1 \times (m_1 - m_0)}{V_2 \times m}$$

式中：m_1——从标准曲线上查得的样品溶液的汞含量，μg；

m_0——从标准曲线上查得的试剂空白液的汞含量，μg；

V_1——分解液的总体积，ml；

V_2——从分解液中分取的体积，ml；

m——样品质量，g。

6. 注意事项

①双硫腙和双硫腙汞盐对光和热敏感，避免在日光下操作。

②所有的玻璃器皿洗净后应在 10% 硝酸中浸泡，并冲洗干净。

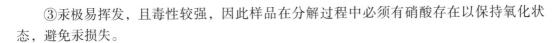

③汞极易挥发，且毒性较强，因此样品在分解过程中必须有硝酸存在以保持氧化状态，避免汞损失。

五、饲料中镉含量的测定

正常饲料中镉含量较低，一般不致引起畜禽中毒。但受含镉工业"三废"污染的饲料中镉含量明显增高。饲料中镉污染主要是由水体污染和土壤污染造成。含镉工业废水排入水体，生活在含镉废水中的鱼贝类等水生生物对镉具有富集作用，富集的结果使其体内镉含量可增大到 4 500 倍，个别鱼贝类可高达 $10^5 \sim 2 \times 10^6$ 倍。生长在镉污染土壤中的饲料植物对镉具有较强的吸收作用。据文献报道，远离工业区生长的植物镉含量为 $0.1 \sim 0.8$ mg/kg，如稻谷中为 $0.03 \sim 0.11$ mg/kg，而生长在工业污染区的植物镉含量增加到 $1 \sim 14$ mg/kg，稻谷中可达 4.17 mg/kg。自然界中的岩石及矿石中也含有一定量的镉，利用镉含量高的岩石及矿石生产的矿物质饲料如石粉、磷酸盐中镉含量也较高。我国饲料卫生标准（GB 13078—2001 及其后的修改单和增补内容）中规定：鱼粉中镉含量不得超过 2 mg/kg，米糠中镉含量不得超过 1 mg/kg，石粉中镉含量不得超过 0.75 mg/kg。

镉的测定方法主要有原子吸收法和比色法。原子吸收法是国家规定的标准方法（GB 13082—1991），快速准确，应用广泛。比色法是经典的方法，主要是利用镉离子与镉试剂生成红色络合物，其颜色深浅与镉含量成正比，用分光光度计比色测定。

（一）原子吸收分光光度法

1. 测定原理

以干灰化法分解样品，在酸性条件下，有碘化钾存在时，镉离子与碘离子形成络合物，被甲基异丁酮萃取分离，将有机相喷入空气－乙炔火焰，使镉原子化，测定其对特征共振线 228.8 nm 的吸光度，与标准系列比较求得镉的含量。

2. 试剂与溶液

除特殊规定外，方法中所用试剂均为分析纯，水为重蒸馏水。

①硝酸：优级纯。

②盐酸：优级纯。

③碘化钾溶液：2 mol/L。称取 332 g 碘化钾溶于水，加水稀释至 1 000 ml。

④抗坏血酸溶液：50 g/L。称取 5 g 抗坏血酸（$C_6H_8O_6$）溶于水，加水稀释至 100 ml，临用时现配制。

⑤盐酸溶液：1 mol/L。量取 8.4 ml 盐酸，加水稀释至 100 ml。

⑥甲基异丁酮［$CH_3COCH_2CH(CH_3)_2$］。

⑦镉标准储备液：称取高纯金属镉（Cd，99.99%）0.100 0 g 于 250 ml 三角烧瓶中，加入 1∶1（V∶V）硝酸 10 ml，在电热板上加热溶解完全后，蒸干，取下冷却，加入 1∶1（V∶V）盐酸 20 ml 及水 20 ml，继续加热溶解，取下冷却后，移入 1 000 ml 容量瓶中，用水稀释至刻度，摇匀，此溶液每毫升相当于 100 μg 镉。

⑧镉标准中间液：吸取 10 ml 镉标准储备液于 100 ml 容量瓶中，以 1 mol/L 盐酸稀释至刻度，摇匀，此溶液每毫升相当于 10 μg 镉。

⑨镉标准工作液：吸取 10 ml 镉标准中间液于 100 ml 容量瓶中，以 1 mol/L 盐酸稀释至

刻度，摇匀，此溶液每毫升相当于 1μg 镉。

3. 仪器设备

①分析天平：感量 0.000 1g。

②马福炉。

③原子吸收分光光度计。

④硬质烧杯：100ml。

⑤容量瓶：50ml。

⑥具塞比色管：25ml。

⑦吸量管：1ml、2ml、5ml、10ml。

⑧移液管：5ml、10ml、15ml、20ml。

4. 试样制备

采集具有代表性的饲料样品至少 2kg，四分法缩分至约 250g，磨碎，过 1mm 筛，混匀，装入密闭广口试样瓶中，防止试样变质，低温保存备用。

5. 操作步骤

（1）试样处理　准确称取 5~10g 试样于 100ml 硬质烧杯中，置于马福炉内，微开炉门，由低温开始，先升至 200℃ 保持 1h，再升至 300℃ 保持 1h，最后升温至 500℃ 灼烧 16h，直至试样成白色或灰白色，无炭粒为止。

取出冷却，加水润湿，加 10ml 硝酸，在电热板或砂浴上加热分解试样至近干，冷却后加入 1mol/L 盐酸溶液 10ml，将盐类加热溶解，内容物移入 50ml 容量瓶中，再以 1mol/L 盐酸溶液反复洗涤烧杯，洗液并入容量瓶中，以 1mol/L 盐酸溶液稀释至刻度，摇匀备用。

若为石粉、磷酸盐等矿物试样，可不用干灰化法，称样后加 10~15ml 硝酸或盐酸，在电热板或砂浴上加热分解试样至近干，其余步骤同上处理。

同时，于相同的条件下做试剂空白溶液。

（2）标准曲线绘制　精确吸取镉标准工作液 0ml、1.25ml、2.50ml、5.00ml、7.50ml 和 10.00ml，分别置于 25ml 具塞比色管中，以 1mol/L 盐酸溶液稀释至 15ml，依次加入 2mol/L 碘化钾溶液 2ml，摇匀，加 50g/L 抗坏血酸溶液 1ml，摇匀，准确加入 5ml 甲基异丁酮，振动萃取 3~5min，静置分层后，有机相导入原子吸收分光光度计，在波长 228.8nm 处测其吸光度，以吸光度为纵坐标，浓度为横坐标，绘制标准曲线。

（3）试样测定　准确吸取 15~20ml 待测试样溶液及同量试剂空白溶液，分别置于 25ml 具塞比色管中，依次加入 2mol/L 碘化钾溶液 2ml，以下步骤同标准曲线绘制。

6. 结果计算

（1）计算公式

$$镉含量（mg/kg）= \frac{V_1 \times (m_1 - m_0)}{V_2 \times m}$$

式中：m_1——测定用试样溶液中镉的质量，μg；

　　　m_0——试剂空白溶液中镉的质量，μg；

　　　m——试样质量，g；

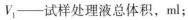

V_1——试样处理液总体积，ml；

V_2——测定用试样溶液体积，ml。

（2）结果表示　每个试样平行测定 2 次，以其算术平均值为结果，结果表示到 0.01mg/kg。

（3）重复性　同一分析者对同一试样同时或快速连续地进行 2 次测定，所得结果之间的差值：在镉含量≤0.5mg/kg 时，不得超过平均值的 50%；在镉含量为 0.5～1.0mg/kg 时，不得超过平均值的 30%；在镉含量≥1.0mg/kg 时，不得超过平均值的 20%。

（二）镉试剂比色法

1. 测定原理

试样经分解后，在碱性溶液中，镉离子与镉试剂（6-溴苯并噻唑偶氮萘酚）生成红色络合物，可用三氯甲烷提取，该络合物颜色的深浅与镉含量成正比，用分光光度计测定试样中镉含量。

2. 试剂与溶液

①盐酸溶液：1mol/L。量取 8.4ml 盐酸，加水稀释至 100ml。

②盐酸溶液：5mol/L。量取 42ml 盐酸，加水稀释至 100ml。

③氢氧化钠溶液：200g/L。

④柠檬酸钠溶液：250g/L。

⑤酒石酸钾钠溶液：400g/L。

⑥三氯甲烷。

⑦混合酸溶液：硝酸：高氯酸 = 3∶1（V∶V）。

⑧镉试剂：称取 38.4mg 镉试剂（6-溴苯并噻唑偶氮萘酚），溶于 50ml 二甲基甲酰胺中。在棕色试剂瓶中保存。

⑨镉标准储备液：1mg/ml。准确称取 0.100 0g 含量为 99.99% 的金属镉，溶于 20ml 5mol/L 盐酸溶液中，加入 2～3 滴硝酸，转入 100ml 容量瓶中，用水稀释至刻度，混匀。保存在聚乙烯瓶中。

⑩镉标准工作液：1μg/ml。准确吸取 1ml 镉标准储备液，置于 100ml 容量瓶中，用 1mol/L 盐酸溶液稀释至刻度。再从中吸取 10ml 置于 100ml 容量瓶中，用 1mol/L 盐酸溶液稀释至刻度，用时现配制。

3. 仪器设备

分光光度计（或比色计）。

4. 操作步骤

（1）试样分解　准确称取 5～10g 试样，置于 150ml 三角瓶中，加入 15～20ml 混合酸，文火加热，注意不得干涸，必要时可补加少量硝酸，待泡沫消退后再用大火，直至溶液清澈透明或微带黄色。冷却至室温。

同时做试剂空白试验。

（2）标准曲线的绘制　准确吸取 1μg/ml 镉标准工作液 0ml、0.5ml、1.0ml、2.0ml、4.0ml、6.0ml、8.0ml 和 10.0ml（相当于 0μg、0.5μg、1.0μg、2.0μg、4.0μg、6.0μg、8.0μg 和 10.0μg 镉），分别置于 100ml 分液漏斗中，用水补足到 25ml。用 200g/L 氢氧化

钠溶液调溶液 pH 值至 7，并过量 1ml。

（3）测定　分取适量分解液，用 25ml 水分次把分解液定量地转入 100ml 分液漏斗中，用 200g/L 氢氧化钠溶液调溶液 pH 值至 7，并过量 1ml。

在试样溶液、试剂空白溶液和镉标准工作液中分别加入 250g/L 柠檬酸钠溶液 3ml、400g/L 酒石酸钾钠溶液 4ml、三氯甲烷 5ml、镉试剂 0.2ml，立即振摇 2min，静置分层。有机相经脱脂棉滤入 5ml 具塞刻度试管中，在波长 585nm 处，用零管调分光光度计零点，测量上述各溶液的吸光度，并绘制标准曲线。

5. 结果计算

$$镉含量（mg/kg）= \frac{V_1 \times (m_1 - m_0)}{V_2 \times m}$$

式中：m_1——从标准曲线上查得的试样溶液中的镉含量，μg；

　　　　m_0——从标准曲线上查得的试剂空白溶液中的镉含量，μg；

　　　　m——试样质量，g；

　　　　V_1——分解液的总体积，ml；

　　　　V_2——从分解液中分取的体积，ml。

六、有毒金属元素的定性检测

（一）砷化合物的检测

1. 原理

在盐酸溶液中，金属铜能使砷化合物形成黑色砷化铜而沉淀在铜表面，借以鉴定样品中的砷化合物。

2. 试剂与溶液

①铜片：取 2 小块铜片用硝酸洗涤至光亮，再用水洗净，备用；或用铜丝作同样处理备用。

②浓盐酸。

③20g/L 氯化亚锡溶液：称取 2g 氯化亚锡，溶于 100ml 浓盐酸中备用。

④盐酸联胺。

3. 操作步骤

①取适量样品，用水调成糊状，置于烧杯中，按体积的 1/5 加入浓盐酸，再加 20g/L 氯化亚锡溶液 1ml，投入铜片 2 片，在沸水浴中加热 45min，取出铜片，观察铜片上有无黑色砷化铜存在。

②将上述样品溶液置于试管中，加入盐酸联胺 0.4g，取铜丝 2 根，加热至微沸，保持 5min，铜丝变黑则可能有砷盐存在。

（二）铅化合物的检测

1. 硫酸铅法

（1）原理　铅化合物与硫酸作用生成白色硫酸铅沉淀，如沉淀物溶于乙酸铵溶液，则表示样品中有铅化合物存在。

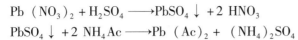

$$Pb（NO_3）_2 + H_2SO_4 \longrightarrow PbSO_4\downarrow + 2HNO_3$$
$$PbSO_4\downarrow + 2NH_4Ac \longrightarrow Pb（Ac）_2 + （NH_4）_2SO_4$$

（2）试剂与溶液

① 盐酸溶液：1∶1（V∶V）溶液。

② 浓硫酸。

③ 乙酸铵溶液：100g/L。

（3）操作步骤　取 20.0g 均匀样品，置于瓷坩埚中，先小火炭化，移入 550℃ 高温炉中使炭化完全，取出。加入 5ml（1∶1）盐酸溶液溶解后，用水移入 50ml 容量瓶中备用。

取消化液 2ml，置于小烧杯中，加入浓硫酸 4 滴，加热，加水稀释。如样液中有铅存在，则出现白色沉淀。吸去上清液，加入 100g/L 乙酸铵溶液 2ml，如白色沉淀溶解，则表示有铅盐存在。

2. 碘化铅法

（1）原理　样液中的铅盐与碘化钾作用生成黄色碘化铅沉淀，但在过量的碘化钾存在下，又重新溶解，用以鉴别铅化合物的存在。

$$Pb（NO_3）_2 + 2KI \longrightarrow PbI_2\downarrow + 2KNO_3$$
$$PbI_2\downarrow + 2KI \longrightarrow K_2PbI_4$$

（2）试剂与溶液

① 盐酸溶液：1∶1（V∶V）溶液。

② 碘化钾溶液：100g/L。称取碘化钾 10g，溶于 100ml 水中，储存于棕色试剂瓶中。

（3）操作步骤　取硫酸铅法得到的样液 2ml 置于小烧杯中，加入 100g/L 碘化钾溶液 2 滴，出现黄色沉淀物。加热，沉淀即溶解，冷却后，沉淀又析出。继续加入 100g/L 碘化钾溶液，沉淀溶解，说明样品中有铅化合物存在。

（三）铬化合物的检测

1. 二苯胺基脲法

（1）原理　样液中的六价铬在酸性条件下与二苯胺基脲作用生成紫红色络合物，用以鉴定铬化合物的存在。

（2）试剂与溶液　二苯胺基脲试剂：称取 0.25g 二苯胺基脲、50g 干燥焦磷酸钾，混合均匀即可。

（3）操作步骤　取适量样品加水浸渍后温热，过滤，取滤液 2ml，置于试管中，加入二苯胺基脲试剂一小勺，振摇 2min，样液出现紫红色说明有六价铬存在。

2. 铬酸铅法

（1）原理　样液中铬酸盐与铅离子作用生成黄色铬酸铅沉淀，用以鉴定样品中的铬酸盐。

（2）试剂与溶液

① 乙酸溶液：6mol/L。取 36ml 冰乙酸用水稀释至 100ml。

② 乙酸铅溶液：50g/L。称取 5g 乙酸铅，溶于适量水和 5ml 冰乙酸中，加水稀释至 100ml。

（3）操作步骤　吸取二苯胺基脲法中的样品处理液 1ml，置于小试管中，加入 6mol/

L 乙酸溶液酸化，再加入 50g/L 乙酸铅溶液 2 滴，如出现黄色沉淀，说明样品中有铬存在。

（四）汞化合物的检测

1. 铜片法

（1）原理　样品在盐酸溶液中，金属铜使汞化合物形成白色光泽的金属汞，沉淀在铜的表面，用以鉴定样品中汞化合物的存在。

（2）试剂与溶液

① 浓盐酸。

② 铜片：取 2 小块铜片用硝酸洗涤至光亮，再用水洗净，烘干备用。

③ 95% 乙醇。

（3）操作步骤　称取适量的样品，用水调成糊状，按 1/5 的体积加入浓盐酸，放入光亮的铜片 2 片，在沸水浴上煮沸 45min。铜片呈现白色光泽，则说明样液中可能有汞存在。将铜片用乙醇洗净，晾干，置于一端封闭的玻璃管内，封住一端，小火加热管底，若管壁上出现光亮的汞珠，说明样品中含有汞。

2. 碘化汞法

（1）原理　汞与碘生成红色或黄色碘化汞。

（2）试剂与溶液

① 浓盐酸。

② 铜片：取 2 小块铜片用硝酸洗涤至光亮，再用水洗净，烘干备用。

③ 95% 乙醇。

④ 碘片。

（3）操作步骤　按上述铜片法做铜片试验，得到呈银白色的铜片，洗净，晾干。将铜片置于小试管内，加入少许碘片，用小火从管底缓缓加热，在管壁上部冷处若有红色或黄色碘化汞结晶形成，表明样品中有汞存在。

（五）饲料中镉的检测

1. 原理

在碱性介质中，镉与镉试剂作用生成橙红色络合物，加入酒石酸钾钠可隐藏其他金属的干扰，以便鉴定样液中的镉。

2. 试剂与溶液

①盐酸溶液：1∶1（V∶V）溶液。

②酒石酸钾钠溶液：100g/L。称取 10g 酒石酸钾钠，溶于 100ml 水中。

③氢氧化钾乙醇溶液：0.02mol/L。称取 0.112g 氢氧化钾溶于 10ml 水中，用乙醇稀释至 100ml。

④镉试剂：0.2g/L。称取 0.02g 对硝基苯重氮氨基偶氮苯，溶于 100ml 0.02mol/L 氢氧化钾乙醇溶液中。

⑤氢氧化钾溶液：2mol/L。称取 11.2g 氢氧化钾，溶于 100ml 水中。

3. 操作步骤

取 20.0g 均匀样品，置于瓷坩埚中，先小火炭化，然后移入 550℃ 高温炉中使炭化完全，取出。加入（1∶1）盐酸溶液 5ml，溶解后用水移入 50ml 容量瓶中备用待检。

吸取待检液 5ml 置于试管中，用 2mol/L 氢氧化钾溶液中和后，加入 100g/L 酒石酸钾钠溶液 1ml、2mol/L 氢氧化钾溶液 7ml 和 0.2g/L 镉试剂 1ml，混匀，观察其颜色变化。若样液出现橙红色，则说明样品中有镉存在。

第九节　饲料中氟的检测

通常植物性饲料中氟含量较低，在 50mg/kg 以下，但在氟污染区生长的植物中氟的含量可达数百毫克每千克，受污染的水域中生产的鱼粉，氟含量也较高，可达 1 000mg/kg，远超出国家规定的标准。氟在动物体内主要沉积于牙齿和骨骼中，以动物骨骼为主要原料制成的骨粉中氟的含量较高，可达 3 500mg/kg。矿物质饲料如磷酸盐、石粉中氟的含量也较高。对于氟含量高的饲料，使用时最好进行脱氟处理或采取相应的措施，否则有可能引起氟中毒。我国饲料卫生标准（GB 13078—2001 及其后的修改单和增补内容）中规定：鱼粉中氟含量不得超过 500mg/kg，骨粉、肉骨粉、磷酸盐中氟含量不得超过 1 800mg/kg，石粉中氟含量不得超过 2 000mg/kg。控制饲料原料中氟含量不超标，对保证配合饲料的卫生质量和动物健康十分重要，因此要严格检测饲料中氟的含量。

氟的检测包括定性鉴别和定量测定。定量测定可用离子选择电极法和比色法。离子选择电极法测定范围宽，干扰小，简便，是国家规定的标准方法（GB 13083—1991），适用于含量较高、变化范围较大和干扰大的饲料；当氟含量低时，会出现非线性关系，宜选用比色法测定。比色法具有灵敏度高，色泽稳定，重现性好，结果准确等特点。

一、氟化合物的定性检测

1. 原理

在酸性溶液中，茜素磺酸钠与锆盐形成红色络合物，当氟离子存在时，与锆离子生成无色难解离的氟化锆离子，释放出黄色的茜素磺酸。

2. 试剂与溶液

①10% 盐酸溶液：取 23ml 分析纯盐酸（浓度 36%～38%，密度 1.19g/ml），加蒸馏水至 100ml。

②碳酸钠饱和溶液。

③硝酸锆溶液：称取 0.1g 硝酸锆，溶于 20ml 浓盐酸中，加水至 100ml。

④茜素磺酸钠溶液：称取 0.1g 茜素磺酸钠，溶于 100ml 乙醇中。

⑤茜素锆溶液：将硝酸锆溶液和茜素磺酸钠溶液以等体积混合。

3. 操作步骤

称取 20g 左右均匀混合的样品置于瓷坩埚中，加碳酸钠饱和溶液润湿之，小火加热蒸干。电热炉上小心炭化，移入高温炉中于 550℃ 灰化。取出加入 5ml 水，过滤，加入 10% 盐酸溶液使滤液呈微酸性。

吸取 2 滴样液置于白瓷板上，加入茜素锆溶液，若样液由红色变黄色表示有氟存在。

二、氟含量的测定

下述方法适用于饲料原料（磷酸盐、石粉、鱼粉等）、配合饲料（包括混合饲料）中氟含量的测定。

（一）氟离子选择电极法

1. 测定原理

氟离子选择电极的氟化镧单晶膜对氟离子产生选择性的对数响应，氟电极和饱和甘汞电极在被测试液中，电位差可随溶液中氟离子活度的变化而改变，电位变化规律符合能斯特（Nernst）方程式，即

$$E = E^0 - \frac{2.303RT}{F}\lg cF^-$$

E 与 $\lg cF^-$ 呈线性关系，$2.303RT/F$ 为该直线的斜率（25℃时为 59.16）。

在水溶液中，易与氟离子形成络合物的 Fe^{3+}、Al^{3+} 及 SiO_3^{2-} 等离子干扰氟离子测定。测量溶液的酸度为 pH 值 5～6，用总离子强度缓冲液消除干扰离子及酸度的影响。

2. 试剂与溶液

本法中所用试剂均为分析纯，水为不含氟的去离子水。全部溶液都储于聚乙烯塑料瓶中。

①乙酸钠溶液：3mol/L。称取 204g 乙酸钠（$CH_3COONa \cdot 3H_2O$），溶于约 300ml 水中，待溶液温度恢复到室温后，以 1mol/L 乙酸调节 pH 值至 7.0，移入 500ml 容量瓶，加水至刻度。

②柠檬酸钠溶液：0.75mol/L。称取 110g 柠檬酸钠（$Na_3C_6H_5O_7 \cdot 2H_2O$），溶于约 300ml 水中，加高氯酸（$HClO_4$）14ml，移入 500ml 容量瓶，加水至刻度。

③总离子强度缓冲液：3mol/L 乙酸钠溶液与 0.75mol/L 柠檬酸钠溶液等量混合，临用时配制。

④盐酸溶液：1mol/L。量取 84ml 浓盐酸，加水稀释至 1 000ml。

⑤氟标准储备液：称取经 100℃ 干燥 4h 冷却的氟化钠 0.2210g 溶于水，移入 100ml 容量瓶中，加水至刻度，混匀，置冰箱内保存。此溶液每毫升相当于 1.0mg 氟。

⑥氟标准溶液：准确吸取氟储备液 10ml 于 100ml 容量瓶中，加水至刻度，混匀。此溶液每毫升相当于 100μg 氟。

⑦氟标准稀溶液：准确吸取氟标准溶液 10ml 于 100ml 容量瓶中，加水至刻度，混匀。此溶液每毫升相当于 10μg 氟。

3. 仪器设备

①氟离子选择电极：测量范围 $5 \times 10^{-7} \sim 10^{-1}$mol/L，CSB-F-1 型或与之相当的电极。

②甘汞电极：232 型或与之相当的电极。

③磁力搅拌器。

④酸度计：测量范围 0～400mV，PHS-2 型或与之相当的酸度计或电位计。

⑤分析天平：感量 0.000 1g。

⑥纳氏比色管：50ml。

⑦超声波提取器。

4. 试样制备

采集具有代表性的饲料样品至少2kg，四分法缩分至250g，磨碎，过1mm孔筛，混匀，装入密闭容器中，防止试样变质，低温保存备用。

5. 操作步骤

（1）氟标准工作液的制备　吸取氟标准稀溶液0ml，1.00ml，2.50ml，5.00ml和10.00ml（相当于0μg，10μg，25μg，50μg和100μg氟），再吸取氟标准溶液2.50ml，5.00ml和10.00ml和氟标准储备液2.5ml（相当于250μg，500μg，1 000μg和2 500μg氟），分别置于50ml容量瓶中，于各容量瓶中分别加入1mol/L盐酸10ml、总离子强度缓冲液25ml，加水至刻度，混匀。上述两组标准工作液的浓度分别为每毫升相当于0μg，0.2μg，0.5μg，1.0μg，2.0μg和5.0μg，10.0μg，20.0μg和50.0μg氟。

（2）试液制备

① 饲料试液制备（除饲料级磷酸盐外）：称取0.5~1g试样，精确到0.000 2g，置于50ml纳氏比色管中，加入1mol/L盐酸10ml，密闭提取1h（不时轻轻摇动比色管），应尽量避免样品粘于管壁上，或置于超声波提取器中密闭提取20min。提取后加总离子强度缓冲液25ml，加水至刻度混匀，过滤，滤液供测定用。

② 磷酸盐试液制备：准确称取约含2 000μg氟的试样，精确到0.000 2g，置于100ml容量瓶中，用1mol/L盐酸溶液溶解并定容至刻度，混匀。取5ml溶解液至50ml容量瓶中，加入25ml总离子强度缓冲液，加水至刻度，混匀，供测定用。

（3）测定　将氟电极和甘汞电极与测定仪器的负端和正端连接，将电极插入盛有水的50ml聚乙烯塑料烧杯中，并预热仪器，在磁力搅拌器上以恒速搅拌，读取平衡电位值，更换2~3次水，待电位值平衡后，即可进行标准工作液和样液的电位测定。

按照由低到高浓度的顺序依次测定氟标准工作液的平衡电位。以平衡电位为纵坐标，氟离子浓度为横坐标，用回归方程计算或在半对数坐标纸上绘制标准曲线。

同法测定试液的平衡电位，从标准曲线上读取试液的氟离子浓度。每次测定均应同时绘制标准曲线。

6. 结果计算

（1）计算公式　饲料（除饲料级磷酸盐外）按下式计算试样中氟的含量，即

$$氟的含量（mg/kg）= \frac{\rho \times 50}{m}$$

式中：ρ——试液中氟的质量浓度，μg/ml；

　　　m——试样质量，g；

　　　50——试液总体积，ml。

磷酸盐按下式计算试样中氟的含量，即

$$氟的含量（mg/kg）= \frac{\rho \times 50}{m} \times \frac{100}{5}$$

（2）结果表示　每个试样都取2个平行样进行测定，以其算术平均值作为测定结果，结果表示到0.1mg/kg。

（3）重复性　同一分析者对同一试样同时或快速连续地进行 2 次测定，所得结果之间的差值：在 F⁻ 含量≤50mg/kg 时，不得超过平均值的 10%；在 F⁻ 含量＞50mg/kg 时，不得超过平均值的 5%。

7. 注意事项

①此法较快速，也可避免灰化引入误差。但植物性饲料样品中，尚有微量有机氟，如欲测定总氟含量时，可将样品灰化后，使有机氟转化为无机氟，再进行测定。

②每次氟电极使用前，应在水中浸泡（活化）数小时，至电位为 340mV 以上（不同生产厂家的氟电极，其要求不一致，应依据产品说明），然后泡在含低浓度氟（0.1mg/kg 或 0.5mg/kg）的 0.4mol/L 柠檬酸钠溶液中适应 20min，再洗至 320mV 后进行测定。以后每次测定均应洗至 320mV，再进行下一次测定。经常使用的氟电极应泡在去离子水中，若长期不用，则应干放保存。

③电极长期使用后，会发生迟钝现象，可用金相纸擦或牙膏擦，以活化表面。

④根据 Nernst 公式可知，当浓度改变 10 倍，电位值只改变 59.16mV（25℃），也即理论斜率为 59.16，据此可知氟电极的性能好坏。一般实际中，电极工作曲线斜率≥57mV 时，即可认为电极性能良好，否则需查明原因。

⑤为了保持电位计的稳定性，最好使用电子交流稳压电源，如在夏、冬季或室温波动大时，应在恒温室或空调室进行测量。

（二）扩散-氟试剂比色法

1. 测定原理

样品中氟化物在扩散盒内与酸作用，生成氟化氢气体，这种气体经扩散被氢氧化钠吸收，生成氟化钠，再与硝酸镧、氟试剂（茜素氨羧络合剂）在适宜 pH 值下生成蓝色三元络合物。该络合物的颜色与氟离子浓度成正比，经有机溶剂提取后，在波长 630nm 处测量吸光度，以此计算出氟含量。

2. 试剂与溶液

①75% 硫酸溶液：量取 70ml 浓硫酸，加入盛有少量水的 100ml 容量瓶中，冷却后稀释至刻度。

②硫酸银溶液：20g/L。称取 2g 硫酸银，用 75% 硫酸溶液溶解并稀释至 100ml。

③氢氧化钠乙醇溶液：1mol/L。称取 5.6g 氢氧化钠，用乙醇溶解，冷却后稀释至 100ml。

④乙酸溶液：1mol/L。取 6ml 冰乙酸用水稀释至 100ml。

⑤乙酸钠溶液：250g/L。

⑥硝酸镁溶液：100g/L。

⑦氢氧化钠溶液：1mol/L。称取 4g 氢氧化钠，溶于水中，加水稀释至 100ml。

⑧pH 值为 4.7 的缓冲液：称取 30g 无水乙酸钠，溶于 400ml 水中，加入 22ml 冰乙酸，慢慢滴加冰乙酸调 pH 值到 4.7，用水稀释至 500ml。

⑨硝酸镧溶液：称取 0.22g 硝酸镧置 500ml 容量瓶中，用少许 1mol/L 乙酸溶液溶解，约加入 450ml 水稀释，用 250g/L 乙酸钠溶液调 pH 值至 5.0，用水稀释至刻度，在冰箱内保存。

⑩丙酮。

⑪二乙基苯胺－异戊醇溶液：取 25ml 二乙基苯胺用异戊醇稀释到 500ml。

⑫氟试剂：称取 0.192 5g 茜素氨羧络合剂，加入 5ml 水和 1mol/L 氢氧化钠溶液 1ml 使之溶解。加入 0.125g 乙酸钠，用 1mol/L 乙酸溶液调 pH 值为 5.0（红色），加水稀释至 500ml，置冰箱中保存。

⑬氟标准储备液：1mg/ml。称取经 100℃ 干燥 4h 冷却的氟化钠 0.221 0g 溶于水，移入 100ml 容量瓶中，加水至刻度，混匀，置冰箱内保存。

⑭氟标准工作液：5μg/ml。吸取 1mg/ml 氟标准储备液 0.5ml 于 100ml 容量瓶中，用水稀释至刻度，混匀。用时现配制。

3. 仪器设备

①塑料盒：内径 4.5cm、高 2cm，盒盖内壁顶部平滑，带有凸起的圈，供盛放氢氧化钠吸收液用，密封后不得漏气。亦可用康威扩散皿。

②恒温箱：(55±1)℃。

③马福炉。

④分光光度计。

4. 操作步骤

（1）制备的碱膜　根据待测样品个数，取若干个洁净干燥的塑料盒，分别在盒盖内空间部分加 1mol/L 氢氧化钠乙醇溶液 0.2ml，轻轻转动塑料盒盖使溶液均匀涂铺在盖边缘内，于 55℃ 恒温箱内烘干 20min，使其形成一层碱薄膜，取出备用。

（2）吸收　准确称取 1g 样品置于塑料盒内，加入 4ml 水，使样品均匀分布（不能结块）。加入 20g/L 硫酸银溶液 4ml，立即盖紧，轻轻摇匀，置于 55℃ 恒温箱中保温 20h。

若样品需经灰化处理，先将灰分定量转入塑料盒内，用 4ml 水分次清洗坩埚，清洗液并入盒内，使灰分分散均匀，不能结块。加入 20g/L 硫酸银溶液 4ml，立即盖紧，轻轻摇匀，置于 55℃ 恒温箱中保温 20h。

（3）转移　将盒取出打开盒盖，用 20ml 水分次溶解盖内的氢氧化钠样品薄膜，用吸管定量把溶液转入 100ml 分液漏斗中。

（4）提取与显色　加入 3ml 氟试剂、pH 值为 4.7 的缓冲液 3ml、丙酮 8ml，混匀，再加入 3ml 硝酸镧溶液、13ml 水，混匀，静置 20min。加入二乙基苯胺－异戊醇溶液 10ml，振摇 3min，静置分层。分出有机相，放置 20min。用空白溶液作为参比溶液，在波长 630nm 处测量溶液的吸光度。

（5）标准曲线的绘制　取 6 个塑料盒，按步骤"（1）"操作。用移液管分别吸取 5μg/ml 氟标准工作溶液 0ml、0.40ml、0.80ml、1.20ml、1.60ml 和 2.00ml 分别置于 6 个塑料盒内（相当于 0μg、2μg、4μg、6μg、8μg 和 10μg 氟）。各加入 4ml 水，使标准工作液均匀分布，加 20g/L 硫酸银溶液 4ml，立即盖紧，不能漏气，轻轻摇匀，置于 55℃ 恒温箱中 20h。将盒取出，打开盒盖，用 10ml 水分次溶解盖内的氢氧化钠标准工作液薄膜，用滴管定量地把溶液转入 25ml 容量瓶中。分别加入 2ml 氟试剂、pH 值为 4.7 的缓冲液 2ml、丙酮 6ml，混匀，再加入 3ml 硝酸镧溶液，用水稀释至刻度，混匀，再静置 20min。加入 10ml 二乙基苯胺-异戊醇溶液，振摇 3min，静置分层，分出有机相，放置 20min。用空白溶液作为参比，在波长630nm处测量各溶液的吸光度，根据测得的吸光度绘制氟标准曲线。从标准曲线上读取试样液的含氟量。

5. 结果计算

$$氟的含量（mg/kg）= \frac{A}{m}$$

式中：A——从标准曲线上查出的样品溶液中氟的含量，μg；

m——样品质量，g。

第十节 饲料中水溶性氯化物（食盐）的检测

在动物日粮中添加0.3%~0.8%食盐，可提高食欲，促进消化，保证机体水盐代谢的平衡，但若摄入量过多，特别是限制饮水时，常发生食盐中毒。对饲料中食盐含量的测定方法主要有两种：硫氰酸铵滴定法（GB 6439—86）和快速测定法。

一、硫氰酸铵滴定法

本方法适用于各种配合饲料、浓缩饲料、预混合饲料和单一饲料中水溶性氯化物的测定。

1. 测定原理

在酸性条件下的澄清溶液中，加入过量硝酸银溶液使样品溶液中的氯化物形成氯化银沉淀，用硫氰酸铵溶液回滴过量的硝酸银，根据消耗的硫氰酸铵溶液的量，计算出试样中氯化物的含量。

$$Ag^+ + CNS^- = AgCNS\downarrow$$

2. 试剂与溶液

①硝酸（GB 626）：化学纯。

②60g/L硫酸铁溶液：称取分析纯硫酸铁60g，加水微热溶解后，调成1 000ml。

③硫酸铁指示剂：250g/L硫酸铁的水溶液，过滤除去不溶物，与等体积的浓硝酸混和均匀。

④氨水溶液：1:19（体积比）。

⑤氯化钠标准储备溶液：基准级氯化钠（GB 1253），500℃灼烧1h，干燥器中冷却保存。称取5.845 4g溶解于水中，转入1 000ml容量瓶中，用水稀释至刻度，摇匀。此氯化钠标准储备液的浓度为0.100mol/L。

⑥氯化钠标准工作液：准确吸取氯化钠标准储备液20.00ml于100ml容量瓶中，用水稀释至刻度，摇匀。此氯化钠标准溶液的浓度为0.020mol/L。

⑦硫氰酸铵 c（NH_4CNS）= 0.02mol/L：称取分析纯硫氰酸铵1.52g溶于1 000ml水中。

⑧硝酸银标准溶液 c（$AgNO_3$）= 0.02mol/L：称取分析纯硝酸银3.4g溶于1 000ml水中，贮于棕色瓶中。

⑨硝酸银标准溶液与硫氰酸铵溶液的体积比。吸取硝酸银溶液20.0ml，加硝酸4ml，

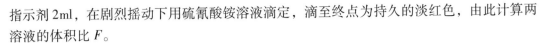

指示剂 2ml，在剧烈摇动下用硫氰酸铵溶液滴定，滴至终点为持久的淡红色，由此计算两溶液的体积比 F。

$$F = \frac{20.00}{V}$$

式中：F——硝酸银标准与硫氰酸氨溶液的体积比；

20.00——硝酸银溶液的体积，ml；

V——硫氰酸氨溶液的体积，ml。

3. 仪器设备

①实验室用样品粉碎机或研钵。

②分样筛：孔径 0.45mm（40 目）。

③分析天平：感量 0.000 1g。

④刻度移液管：2ml，10ml。

⑤滴定管：酸式，25ml。

⑥容量瓶：100ml，1 000ml。

⑦烧杯：250ml。

⑧滤纸：快速，直径 12.5cm。

4. 试样的选取和制备

取有代表性试样，用四分法缩减至 200g，粉碎至 40 目，装入密封容器中，防止试样成分的变化或变质。

5. 测定步骤

（1）氯化物的提取　称取试样适量（氯含量在 0.8% 以内，取试样 5g；氯含量在 0.8%～1.6%，取试样 3g；氯含量在 1.6% 以上，取试样 1g）。准确至 0.000 2g，准确加入硫酸铁溶液 50ml，氨水溶液 100ml，搅拌数分钟，放置 10min，用干的快速滤纸过滤。

（2）滴定　准确移取含氯化物的滤液 50ml，于 100ml 容量瓶中，加浓硝酸 10ml，硝酸银标准溶液 25ml，用力振荡使沉淀凝结，用水稀释至刻度，摇匀，静置 5min，过滤于 150ml 的干锥形瓶中或静置（过夜）陈化。吸取滤液 50ml，加硫酸铁指示剂 10ml，用硫氰酸铵溶液滴定，出现淡橘红色，且 30s 不退色为终点。

6. 结果计算

（1）计算结果

$$Cl(\%) = \frac{(V_1 - V_2 \times F \times 100/50) \times c \times 150 \times 0.035\ 5}{m \times 50} \times 100$$

$$NaCl(\%) = \frac{(V_1 - V_2 \times F \times 100/50) \times c \times 150 \times 0.0584\ 5}{m \times 50} \times 100$$

式中：m——试样的质量，g；

V_1——硝酸银溶液的体积，ml；

V_2——滴定时硫氰酸铵溶液的体积，ml；

F——硝酸银和硫氰酸铵溶液的体积比；

c——硝酸银标准溶液浓度，mol/L；

0.035 5——与 1.00ml 硝酸银标准溶液 $[c(AgNO_3) = 1.000\ 0mol/L]$ 相当的以克表示的氯元素的质量;

0.058 48 为与 1.00ml 硝酸银标准溶液 $[c(AgNO_3) = 1.000\ 0mol/L]$ 相当的以克表示的氯化钠的质量。

所得结果应保留两位小数。

（2）重复性 每个试样应取 2 个平行样进行测定,以其算术平均值为测定结果。氯化钠含量在 3%（含 3%）以下,允许绝对值差 0.05;氯化钠含量在 3% 以上,允许相对偏差 3%。

7. 注意事项

①本法测定中是根据氯离子计算氯化钠含量,但因配合饲料或单一饲料（如鱼粉或合成赖氨酸盐酸盐或盐酸硫胺素等）中都带有氯离子,所以此估计值仅作参考值用。

②在标定硝酸银溶液时,或滴定试样滤液时,速度应快,且又不要过分剧烈摇动,以防下列反应发生:

$$AgCl + CNS^- = AgCNS + Cl^-$$

这样会因氯化银沉淀转化成硫氰酸银沉淀,消耗的硫氰酸铵溶液增加,而使结果偏低。

二、快速测定法

1. 测定原理

饲料中的 Cl^- 可与硝酸银反应生成氯化银沉淀,微过量的银离子与铬酸根作用生成砖红色铬酸银沉淀,根据消耗的硝酸银的量计算出氯化物的含量。

2. 试剂与溶液

①100g/L 铬酸钾溶液:称取分析纯铬酸钾 100g,加水溶解后,调成 1 000ml。

②硝酸银标准溶液 $c(AgNO_3) = 0.02mol/L$:称取分析纯硝酸银 3.4g 溶于 1 000ml 水中,贮于棕色瓶中。

3. 仪器设备

①实验室用样品粉碎机或研钵。

②分样筛:孔径 0.45mm（40 目）。

③分析天平:感量 0.000 1g。

④刻度移液管:1ml,20ml。

⑤滴定管:酸式,25ml。

⑥烧杯:250ml。

4. 方法步骤

称取试样 5~10g,准确至 0.000 2g,准确加蒸馏水 200ml,搅拌 15min,静置 15min,准确移取上清液 20ml,加蒸馏水 50ml,铬酸钾溶液 1ml,用硝酸银溶液滴定,直至呈现砖红色,且 1min 不褪色为终点。

5. 结果与计算

$$NaCl(\%) = \frac{V \times c \times 0.058\ 45}{20 \times \dfrac{m}{200}} \times 100$$

式中：m——试样的质量，g；

V——滴定消耗硝酸银溶液体积，ml；

c——硝酸银标准溶液的物质浓度，mol/L。

第十一节　油脂酸价和过氧化物值的检测

油脂在贮存期间，受光、热、湿、空气中氧以及生物酶等因素的影响，会发生系列的化学变化，产生游离脂肪酸、过氧化物、醛、酮（酸）等物质，同时有令人不快的气味和苦涩滋味，该过程称为油脂的氧化酸败。酸败的油脂，酸值和过氧化物值升高，因此可通过测定油脂的酸价及过氧化物值，来判断油脂变质与否及变质程度，从而确定其是否适宜在饲料中添加使用。正常情况下，牛油的酸值为 0.66～0.88，羊油 2～3，猪油 0.5～0.8，花生油 0.8，菜油 0.36～1.0，豆油 0.3～1.8，蓖麻油 0.8～1.2，桐油 2。精制鱼油酸价一级品不超过 1.0，二级品不超过 2.0，粗制鱼油酸价一级品不超过 8.0，二级品不超过 15.0。

在生产实践中，油脂的氧化酸败主要发生在高温高湿季节。

一、油脂酸败的定性检测

1. 测定原理

油脂酸败时产生醛、酮等分解产物，环氧丙醛即是其中较普遍的一种。环氧丙醛以缩醛的形式存在，此物质在盐酸作用下即可释出，与间苯三酚作用生成桃红色化合物。

2. 试剂和材料

①间苯三酚试纸：将普通滤纸用 1g/L 间苯三酚乙醚溶液浸湿，晾干，剪成 20×4mm 条状，贮于棕色瓶中。

②浓盐酸。

③碳酸钙或大理石粒（直径 2mm）。

3. 仪器设备

①100ml 锥形瓶：具装有玻璃管的橡皮塞。

②水浴锅。

4. 操作方法

取水浴融化的油脂 5ml，置于锥形瓶中，加浓盐酸 5ml，摇匀，立即加碳酸钙一小匙，快速盖上插有玻璃管的橡皮塞（玻璃管的下端事先装入间苯三酚试纸条），置 30～40℃ 水浴 20min 后，观察试纸的颜色变化。

5. 判定标准

①试纸条若显桃红色，表示油脂已酸败。

②试纸条若显黄色或微橙色，表示油脂未酸败。

二、油脂酸价（AV）的测定

1. 测定原理

酸败油脂的醇醚提取液中含有游离脂肪酸，用标准氢氧化钾溶液中和滴定，根据消耗氢氧化钾的量计算出酸价。化学反应式如下：

$$RCOOH + KOH \longrightarrow RCOOK + H_2O$$

酸价是指中和 1g 油脂中的游离脂肪酸所需氢氧化钾的质量（mg）。酸价高，表明油脂因水解而产生的游离脂肪酸多。酸价的高低可直接说明油脂的新鲜度和质量。

2. 试剂与溶液

①乙醚。

②95% 乙醇。

③中性醇醚混合液：按照乙醚：95% 乙醇（2：1）（V：V）混合，加入酚酞指示剂数滴，用 0.05mol/L 氢氧化钾溶液中和至对酚酞指示剂呈中性（呈微红色）。临用时现配。

④酚酞指示剂：10g/L 乙醇溶液。称取 1g 酚酞，溶于 100ml 95% 乙醇中。

⑤氢氧化钾标准滴定溶液：0.05mol/L。准确称取 5.6g 氢氧化钾溶于 1 L 煮沸后冷却的蒸馏水中，此溶液浓度约 0.1mol/L，标定。吸取 0.1mol/L 氢氧化钾溶液 50ml，置于 100ml 容量瓶中，加蒸馏水稀释至刻度，即配制成 0.05mol/L 氢氧化钾标准滴定溶液。

3. 仪器设备

①组织捣碎机。

②恒温水浴锅。

③分析天平：感量 0.000 1g。

④具塞锥形瓶：250ml。

⑤碱式滴定管：25ml。

4. 操作方法

（1）样品处理

① 固体样品：取捣碎或研碎的脂肪样品，置于小烧杯中，于 80 ~ 90℃ 水浴上融化成油脂，备用。

② 液体样品：采用一批油脂的 10%，但不得少于 3 个容器；若每一容器的质量不超过 500g 时，采样不得少于 1%；若油脂已经酸败或与说明不符时，应对所有的容器进行抽样。用干燥的铝制镀镍杆状采样器，斜角插入油桶至桶底，盛满检样后取出，移入广口采样瓶中，备检。每份样品不超过 600g。

（2）测定　准确称取 3 ~ 5g 样品，置于 250ml 具塞锥形瓶中，加入 50ml 中性醇醚混合液，振摇使油脂溶解（必要时可温热）。冷却至室温，加入酚酞指示剂 2 ~ 3 滴，用 0.05mol/L 氢氧化钾标准溶液滴定至微红色，且在 30 s 内不褪色为终点。

5. 结果计算

（1）计算公式

$$酸价（AV）= \frac{V \times c \times 56.11}{m}$$

式中：V——试样消耗氢氧化钾标准滴定溶液的体积，ml；

　　　　c——氢氧化钾标准滴定溶液的实际浓度，mol/L；

　　　56.11——1ml 1mol/L 氢氧化钾标准溶液相当的氢氧化钾的毫克数；

　　　　m——样品质量，g。

（2）结果表示　以 2 次平行测定结果的算术平均值表示，取两位有效数字。

（3）重复性　同一分析者对同一试样同时或快速连续地进行 2 次测定，所得结果之间的相对误差不大于10%。

6. 注意事项

①滴定所用氢氧化钾标准溶液的量应为乙醇量的 1/5，以免皂化水解，如过量则有混浊沉淀，造成结果偏低。

②脂肪色深时，可改用 10g/L 麝香草酚蓝乙醇溶液作指示剂。

③滴定剂也可用氢氧化钾乙醇（或异丙醇）标准溶液。因为有机溶剂的膨胀系数比水大，所以必须保持标定时与滴定时的温度一致。

三、油脂过氧化物值（POV）的测定

1. 测定原理

根据碘化氢（在无水乙酸中加入碘化钾而得到）与油脂中的过氧化物反应析出游离碘，再用硫代硫酸钠标准溶液滴定析出的碘，根据消耗硫代硫酸钠标准溶液的量，求得油脂中的过氧化物值。化学反应式如下：

$$CH_3COOH + KI \longrightarrow CH_3COOK + HI$$

$$I_2 + 2 Na_2S_2O_3 \longrightarrow 2 NaI + Na_2S_4O_6$$

过氧化物值（peroxide value，缩写为 POV），我国常采用每 100g 油脂析出碘的克数表示。

2. 试剂与溶液

①三氯甲烷 – 冰乙酸混合液：取三氯甲烷 40ml 加冰乙酸 60ml 混匀。

②饱和碘化钾溶液：取碘化钾 14g，加 10ml 水溶解，必要时微热使其溶解，冷却后贮于棕色瓶中。

③淀粉指示剂：5g/L。取可溶性淀粉 0.5g，溶于少量蒸馏水中，用玻璃棒搅拌成糊状，缓缓倒入 100ml 沸水中，随加随搅拌，继续煮沸 2min，放冷，取上清液即得。临用时现配。

④硫代硫酸钠标准溶液：0.1mol/L。

⑤硫代硫酸钠标准滴定溶液：0.002mol/L。准确吸取 0.1mol/L 硫代硫酸钠标准溶液 5ml，置于 250ml 容量瓶中，加蒸馏水稀释至刻度即可。

3. 仪器设备

①分析天平：感量 0.000 1g。

②碘量瓶：250ml。

③棕色滴定管：10ml。

4. 操作方法

（1）样品处理 同"酸价的测定"。

（2）测定 准确称取 2～3g 混匀（必要时过滤）样品，置于 250ml 碘量瓶中，加 30ml 三氯甲烷 – 冰乙酸混合液，立即振摇使样品完全溶解。加入 1ml 饱和碘化钾溶液，加塞后摇匀，暗处放置 3min。取出加入 100ml 蒸馏水，摇匀，立即用硫代硫酸钠标准溶液滴定至淡黄色，加 1ml 淀粉指示液，继续滴定至蓝色消失为终点。取相同量三氯甲烷 – 冰乙酸溶液、碘化钾溶液、水，按同一方法，做试剂空白试验。

5. 结果计算

（1）计算公式

$$过氧化物值（碘\%）= \frac{(V_1 - V_0) \times c \times 0.126\,9}{m} \times 100$$

式中：V_1——滴定样品溶液时消耗硫代硫酸钠标准溶液的体积，ml；

V_0——滴定空白试验溶液时消耗硫代硫酸钠标准溶液的体积，ml；

c——硫代硫酸钠标准溶液的物质量浓度，mol/L；

m——样品质量，g

0.126 9——与 1ml 1mol/L 硫代硫酸钠标准溶液相当的碘的质量，g。

（2）结果表示 以 2 次平行测定结果的算术平均值表示，取两位有效数字。

6. 注意事项

①碘与硫代硫酸钠的反应须在中性或弱酸性溶液中进行，因为在碱性溶液中易发生副反应；在强酸性溶液中，则硫代硫酸钠会发生分解，且碘离子在酸性溶液中易被空气中的 O_2 所氧化。

②碘易挥发，故滴定时溶液的温度不能高，滴定时不要剧烈摇动溶液。

③为防止碘离子被空气氧化，应放在暗处，避免阳光照射；析出碘（I_2）后，应立即用硫代硫酸钠标准溶液滴定，滴定速度应适当快些。

④用作指示剂的淀粉溶液应新鲜配制。在滴定过程中，因淀粉吸附碘产生蓝色物质，故不要过早加入，以免吸附太多碘而解析不完全，造成测定误差。

⑤日光能促进硫代硫酸钠溶液分解，应装于棕色滴定管中。

⑥硫代硫酸钠溶液不稳定，每次滴定时应准确标定其浓度。

第十二节　饲料中黄曲霉毒素 B₁ 的检测

饲料的贮存、运输过程中，若保管不善而受潮，会促使各种霉菌和腐败菌的生长繁殖，引起饲料发霉变质，产生霉菌毒素。黄曲霉毒素（aflatoxin，缩写 AF）是最常见的一类，它主要污染玉米、花生饼粕、棉籽饼粕、菜籽饼粕、大豆饼粕。已知的黄曲霉毒素有

B_1、黄曲霉毒素 B_2、黄曲霉毒素 G_1、黄曲霉毒素 G_2、黄曲霉毒素 M_1、黄曲霉毒素 M_2、黄曲霉毒素 P 等 17 种，饲料与食品中污染的黄曲霉毒素主要有黄曲霉毒素 B_1、黄曲霉毒素 B_2、黄曲霉毒素 G_1、黄曲霉毒素 G_2，其中以黄曲霉毒素 B_1 的含量最高，毒性最强，是一种肝脏毒素，能引起肝脏功能损坏，诱发肝癌，严重影响动物健康和生产性能。因此，我国以黄曲霉毒素 B_1 作为饲料黄曲霉毒素污染的卫生指标，在《饲料卫生标准》（GB 13078—2001 及其后的修改单和增补内容）中规定：玉米、花生饼粕、棉籽饼粕、菜籽饼粕中黄曲霉毒素 B_1 含量不得超过 50μg/kg，大豆饼粕中不得超过 30μg/kg，肉鸡前期、雏鸡配合饲料及浓缩料、仔猪配合饲料及浓缩料不得超过 10μg/kg，肉鸡后期、生长鸡、产蛋鸡配合饲料及浓缩料、生长育肥猪、种猪配合饲料及浓缩料不得超过 20μg/kg。

饲料中黄曲霉毒素 B_1 的检测方法有酶联免疫吸附法、薄层层析法、快速筛选法等。酶联免疫吸附法（GB 17480—1998）和薄层层析法（GB 8381—1987）是我国规定的标准方法，前者操作容易，精确度高，最低检出量可达 0.1μg/kg，但有一定比例的假阳性；后者为半定量测定方法，最低检出量为 5μg/kg，但假阳性结果少。在生产现场，可采用快速筛选法，此法简便快速，但不能准确定量。

一、酶联免疫吸附法

本方法适用于各种饲料原料、配（混）合饲料中黄曲霉毒素 B_1（AFB_1）的测定。

1. 测定原理

利用固相酶联免疫吸附原理，将 AFB_1 特异性抗体包被于聚苯乙烯微量反应板的孔穴中，再加入样品提取液（未知抗原）及酶标 AFB_1 抗原（已知抗原），使两者与抗体之间进行免疫竞争反应，加酶底物显色，颜色的深浅取决于抗体和酶标 AFB_1 抗原结合的量，即样品中 AFB_1 多，则被抗体结合酶标 AFB_1 抗原少，颜色浅，反之则深。用目测法或仪器法与 AFB_1 标样比较来判断样品中 AFB_1 的含量。

2. 试剂和材料

除特殊规定外，本方法中所用试剂均为分析纯，水为蒸馏水或相应纯度的水。

（1）AFB_1 酶联免疫测试盒组成

① 包被抗体的聚苯乙烯微量反应板：24 孔或 48 孔。

② A 试剂：稀释液，甲醇：蒸馏水为 7:93（V:V）。

③ B 试剂：AFB_1 标准物质（Sigma 公司，纯度 100%）溶液，1.00μg/L。

④ C 试剂：酶标 AFB_1 抗原（AFB_1–辣根过氧化物酶交联物，AFB_1-HRP），AFB_1：HRP（摩尔比）<2:1。

⑤ D 试剂：酶标 AFB_1 抗原稀释液，含 0.1% 牛血清白蛋白（BSA）的 pH 值为 7.5 的磷酸盐缓冲液（PBS）。

pH 值 7.5 磷酸盐缓冲液的配制：称取 3.01g 磷酸氢二钠（$Na_2HPO_4 \cdot 12H_2O$），0.25g 磷酸二氢钠（$NaH_2PO_4 \cdot 2H_2O$），8.76g 氯化钠（NaCl），加水溶解至 1L。

⑥ E 试剂：洗涤母液，含 0.05% 吐温 –20 的 PBS 溶液。

⑦ F 试剂：底物液 a，四甲基联苯胺（TMB），用 pH 值为 5.0 乙酸钠 – 柠檬酸缓冲液配成浓度为 0.2g/L。

pH 值 5.0 乙酸钠 – 柠檬酸缓冲液的配制：称取 15.09g 乙酸钠（$CH_3COONa \cdot 3H_2O$），1.56g 柠檬酸（$C_6H_8O_7 \cdot H_2O$），加水溶解至 1L。

⑧ C 试剂：底物液 b，1ml pH 值为 5.0 乙酸钠 – 柠檬酸缓冲液中加入 0.3% 过氧化氢溶液 28μl。

⑨ H 试剂：终止液，$c(H_2SO_4) = 2mol/L$ 硫酸溶液。

⑩ I 试剂：AFB_1 标准物质（Sigma 公司，纯度 100%）溶液，50.00μg/L。

（2）测试盒中试剂的配制

① C 试剂中加入 1.5ml D 试剂，溶解，混匀，配成试验用酶标 AFB_1 抗原溶液，冰箱中保存。

② E 试剂中加 300ml 蒸馏水配成试验用洗涤液。

③ 甲醇水溶液：甲醇：水为 5：5（V：V）。

3. 仪器设备

①小型粉碎机。

②分样筛：内孔径 0.995mm（20 目）。

③分析天平：感量 0.000 1g。

④滤纸：快速定性滤纸，直径 9～10cm。

⑤微量连续可调取液器及配套吸头：10～100μl。

⑥培养箱：[（0～50）±1]℃，可调。

⑦冰箱：4～8℃。

⑧AFB_1 测定仪或酶标测定仪，含有波长 450nm 的滤光片。

4. 测定步骤

（1）取样

①采用正确的取样方法。样品采集的正确与否决定分析样品的代表性，直接影响分析结果的准确性。分析测定用样品应是经过多次四分法制得，样品应全部通过 20 目筛。

②检验局部发霉变质的样品时，应单独取样检验。

③如果样品脂肪含量超过 10%，粉碎前应用乙醚脱脂，再制成分析用试样，但分析结果以未脱脂计算。

（2）试样提取 称取 5g 试样，精确至 0.000 2g，置于 50ml 磨口试管中，加入甲醇水溶液 25ml，加塞振荡 10min，过滤，弃去 1/4 初滤液，再收集适量试样滤液。

根据各种饲料的限量规定和 B 试剂浓度，按表 13 – 4 用 A 试剂将试样滤液稀释，制成待测试样稀释液。

表 13 – 4　待测试样稀释液

每千克饲料中 AFB_1 限量（μg）	试样滤液量（ml）	A 试剂量（ml）	稀释倍数
≤10	0.10	0.10	2
≤20	0.05	0.15	4
≤30	0.05	0.25	6

| ≤40 | 0.05 | 0.35 | 8 |
| ≤50 | 0.05 | 0.45 | 10 |

（3）限量测定

①洗涤包被抗体的聚苯乙烯微量反应板：每次测定需要标准对照孔3个，其余按测定试样数，截取相应的板孔数。用E洗涤液洗板2次，洗液不得溢出，每次间隔1min，并放在吸水纸上拍干。

②加试剂：按表13－5依次加入试剂和待测试样稀释液。

表13－5　试剂和待测试样稀释液的加入量和次序

次序	加入量	孔号											
		1	2	3	4	5	6	7	8	9	10	11	12
1	50μl	A	A	B	…………待测试样稀释液…………								
2	—	摇　　匀											
3	50μl	D	C	C	C	C	C	C	C	C	C	C	C
4	—	摇　　匀											

注：表中1号孔为空白孔，2号孔为阴性孔，3号孔为限量孔，4～12号孔为试样孔

③反应：37℃恒温培养箱，30min。

④洗涤：将反应板从培养箱中取出，用E洗涤液洗板5次，洗液不得溢出，每次间隔2min，在吸水纸上拍干。

⑤显色：每孔各加入底物F和G试剂各50μl，摇匀，37℃恒温培养箱，反应15min。目测法判定。

⑥终止：每孔加终止液H试剂50μl。仪器法判定。

⑦结果判定

目测法：先比较1～3号孔颜色，若1号孔接近无色（空白），2号孔最深，3号孔次之（限量孔，即标准对照孔），说明测定无误。这时比较试样孔与3号孔颜色，若浅者，为超标；若相当或深者为合格。

仪器法：用 AFB_1 测定仪或酶标测定仪，在450nm处用1号孔调零点后测定标准孔及试样孔吸光度 A 值，若 $A_{试样孔}$ 小于 $A_{3号孔}$ 为超标，若 $A_{试样孔}$ 大于或等于 $A_{3号孔}$ 为合格。

试样若超标，则根据试样提取液的稀释倍数，推算 AFB_1 含量，见表13－6。

表13－6　根据试样提取液的稀释倍数推算 AFB_1 含量

稀释倍数	每千克试样中 AFB_1 含量（μg）
2	>10
4	>20
6	>30

8	>40
10	>50

（4）定量测定　若试样超标，则用 AFB$_1$ 测定仪或酶标测定仪在450nm波长处进行定量测定，通过绘制 AFB$_1$ 的标准曲线来确定试样中 AFB$_1$ 的含量。将50.00μg/L 的 AFB$_1$ 标准溶液用 A 试剂稀释成 0.00μg/L、0.01μg/L、0.10μg/L、1.00μg/L、5.00μg/L、10.00μg/L、20.00μg/L 和 50.00μg/L 的标准工作溶液，分别作为 B 试剂系列，按限量法测定步骤测得相应的吸光度值 A；以 0.00μg/L AFB$_1$ 浓度的 A$_0$ 值为分母，其他标准浓度的 A 值为分子的比值，再乘以 100 为纵坐标，对应的 AFB$_1$ 标准浓度为横坐标，在半对数坐标纸上绘制标准曲线。根据试样的 A/A$_0$ 值，再乘以 100，在标准曲线上查得对应的 AFB$_1$ 量，并计算出试样中 AFB$_1$ 的含量。

5. 结果计算

每千克试样中 AFB$_1$ 含量（μg）$= \dfrac{\rho \times V \times n}{m}$

式中：ρ——从标准曲线上查得的试样提取液中 AFB$_1$ 的含量，μg/L；

V——试样提取液的体积，ml；

n——试样稀释倍数；

m——试样质量，g。

6. 注意事项

①精确度：重复测定结果相对偏差不得超过 10%。

②测试盒应放在 4～8℃冰箱中保存，不得放在 0℃ 以下的冷冻室内保存。测试盒有效期为 6 个月。

③凡接触 AFB$_1$ 的容器，需浸入 10g/L 次氯酸钠（NaClO$_2$）溶液，0.5d 后清洗备用。

④为保证分析人员安全，操作时要带上医用乳胶手套。

二、薄层层析法

本方法适用于各种饲料原料、配（混）合饲料中黄曲霉毒素 B$_1$（AFB$_1$）的测定。

1. 测定原理

样品中黄曲霉毒素 B$_1$ 经提取、柱层析、洗脱、浓缩、薄层分离后，在 365nm 波长紫外灯下产生蓝紫色荧光，根据其在薄层板上显示荧光的最低检出量测定含量。

2. 试剂与溶液

①三氯甲烷。

②正己烷。

③甲醇。

④苯。

⑤乙腈。

⑥无水乙醚或乙醚经无水硫酸钠脱水。

⑦丙酮。

以上试剂于试验时先进行一次试剂空白试验，如不干扰测定即可使用。否则需逐一检查进行重蒸馏。

⑧苯－乙腈混合液：量取 98ml 苯，2ml 乙腈混匀。

⑨三氯甲烷－甲醇混合液：取 97ml 三氯甲烷，3ml 甲醇混匀。

⑩硅胶：柱层析用 80～200 目。

⑪硅胶 G：薄层色谱用。

⑫三氟乙酸。

⑬无水硫酸钠。

⑭硅藻土。

⑮黄曲霉毒素 B_1 标准溶液。

a. 仪器校正：测定重铬酸钾溶液的摩尔吸光系数，以求出使用仪器的校正因素。精密称取 25mg 经干燥的基准级重铬酸钾。用 0.009mol/L 硫酸溶液溶解后准确稀释至 200ml（相当于 0.000 4mol/L 的溶液）。吸取 25ml 此稀释液于 50ml 容量瓶中，加入 0.009mol/L 硫酸溶液稀释至刻度（相当于 0.000 2mol/L 溶液）。吸取 25ml 此稀释液于 50ml 容量瓶中，加 0.009mol/L 硫酸溶液稀释至刻度（相当于 0.000 1mol/L 溶液）。用 1cm 石英杯，在最大吸收峰的波长处（接近 350nm）用 0.009mol/L 硫酸溶液作空白，测得以上 3 种不同浓度溶液的吸光度。按下式计算出以上 3 种浓度的摩尔吸光系数的平均值。

$$E_1 = \frac{A}{m}$$

式中：E_1——重铬酸钾溶液的摩尔吸光系数；

A——测得重铬酸钾溶液的吸光度；

m——重铬酸钾溶液的摩尔浓度。

再以此平均值与重铬酸钾的摩尔吸光系数值 3 160 比较，按下式求出使用仪器的校正因素。

$$f = \frac{3\ 160}{M}$$

式中：f——使用仪器的校正因素；

M——测得的重铬酸钾摩尔吸光系数平均值。

若 $0.95 < f < 1.05$，则使用仪器的校正因素可略而不计。

b. 10μg/ml 黄曲霉毒素 B_1 标准溶液的制备：精密称取 1～1.2mg 黄曲霉毒素 B_1 标准品，加入 2ml 乙腈溶解，用苯稀释至 100ml，4℃ 冰箱保存。

用紫外分光光度计测此标准溶液的最大吸收峰的波长及该波长的吸光度值，并按下式计算该标准溶液的浓度。

$$X_1 = \frac{A \times M \times 1\ 000 \times f}{E2}$$

式中：X_1——黄曲霉毒素 B_1 标准溶液的浓度，μg/ml；

A——测得的吸光度值；

M——黄曲霉毒素 B_1 的相对分子质量，312；

E_2——黄曲霉毒素 B_1 在苯-乙腈混合液中的摩尔吸光系数，19 800；

f——仪器的校正因素。

根据计算，用苯－乙腈混合液调到标准液浓度恰为 $10\mu g/ml$，并用分光光度计核对其浓度。

c. 纯度的测定：取 $10\mu g/ml$ 黄曲霉毒素 B_1 标准溶液 $5\mu l$ 滴加于涂层厚度 $0.25mm$ 的硅胶 G 薄层板上。用甲醇－氯仿（4∶96）（V∶V）与丙酮－氯仿（8∶92）（V∶V）展开剂展开，在紫外灯下观察荧光的产生，必须符合以下条件：

在展开后，只有单一荧光点，无其他杂质荧光点。

原点上没有任何残留的荧光物质。

⑯黄曲霉毒素 B_1 标准使用液：精密吸取 $10\mu g/ml$ 标准溶液 $1ml$，置于 $10ml$ 容量瓶中，加苯－乙腈混合液至刻度，混匀，此溶液每毫升相当于 $1\mu g$ 黄曲霉毒素 B_1。吸取 $1.0ml$ 此稀释液置于 $5ml$ 容量瓶中，加苯－乙腈混合液稀释至刻度，此溶液每毫升相当于 $0.2\mu g$ 黄曲霉毒素 B_1。吸取 $1.0ml$ 此溶液置于 $5ml$ 容量瓶中，加苯－乙腈混合液稀释至刻度，此溶液每毫升相当于 $0.04\mu g$ 黄曲霉毒素 B_1。

⑰次氯酸钠溶液（消毒用）：取 $100g$ 漂白粉，加入 $500ml$ 水，搅拌均匀。另将 $80g$ 工业用碳酸钠（$Na_2CO_3 \cdot 10H_2O$）溶于 $500ml$ 温水中，再将两液混合，搅拌，澄清过滤。此滤液次氯酸钠浓度约为 $25g/L$。若用漂白粉精制备则碳酸钠的量可以加倍，所得溶液浓度约为 $50g/L$。污染的玻璃仪器用 $10g/L$ 次氯酸钠溶液浸泡半天或用 $50g/L$ 次氯酸钠溶液浸泡片刻后即可达到去毒效果。

3. 仪器设备

①小型粉碎机。

②分样筛一套。

③电动振荡器。

④层析管：内径 $22mm$，长 $300mm$，下带活塞，上有贮液器。

⑤玻璃板：$5cm \times 20cm$。

⑥薄层板涂布器。

⑦展开槽：内长 $25cm$，宽 $6cm$，高 $4cm$。

⑧紫外光灯：波长 $365nm$。

⑨天平。

⑩具塞刻度试管：$2.0ml$，$10.0ml$。

⑪旋转蒸发器或蒸发皿。

⑫微量注射器或血色素吸管。

4. 操作方法

（1）取样和样品的制备　同酶联免疫吸附法。

（2）样品提取　取 $20g$ 制备样品，置于磨口锥形瓶中，加硅藻土 $10g$，水 $10ml$，三氯甲烷 $100ml$，加塞，在振荡器上振荡 $30min$，用滤纸过滤，滤液至少 $50ml$。

（3）柱层析纯化

① 柱的制备：柱中加三氯甲烷约 2/3 柱体积，加无水硫酸钠 5g，使表面平整，小量慢加柱层析硅胶 10g，小心排除气泡，静止 15min，再慢慢加入 10g 无水硫酸钠，打开活塞，让液体流下，直至液体到达硫酸钠层上表面，关闭活塞。

② 纯化：取 50ml 滤液，放入烧杯中，加正己烷 100ml，混合均匀，定量转移至层析柱中，用正己烷洗涤烧杯倒入柱中。打开活塞，使液体以 8 ~ 12ml/min 流下，直至到达硫酸钠层上表面，再把 100ml 乙醚倒入柱子，使液体再流至硫酸钠层上表面，弃去以上收集液体。整个过程保证柱不干。

用三氯甲烷 - 甲醇液 150ml 洗脱柱子，用旋转蒸发器烧瓶收集全部洗脱液。50℃ 以下减压蒸馏，用苯 - 乙腈混合液定量转移残留物到刻度试管中，经 50℃ 以下水浴气流挥发，使液体体积到 2.0ml 为止。洗脱液也可在蒸发皿中经 50℃ 以下水浴气流挥发干，再用苯 - 乙腈转移至具塞刻度试管中。

如用小口径层析管进行层析，则全部试剂按层析管内径平方之比缩小。

（4）单向展开法测定

① 薄层板的制备：称取约 3g 硅胶 G，加相当于硅胶量 2 ~ 3 倍的水，用力研磨 1 ~ 2min 至成糊状后立即倒入涂布器内，堆成 5cm × 20cm，厚度约 0.25mm 的薄层板 3 块。空气中干燥约 15min，100℃ 活化 2h，取出放干，于干燥器中保存。一般可保存 2 ~ 3 天，若放置时间较长，可再活化后使用。

② 点样：将薄层板边缘附着的吸附剂刮净，在距薄层板下端 3cm 的基线上用微量注射器或血色素吸管滴加样液。一块板可滴加 4 个点，点距边缘和点间距约为 1cm，点直径约 3mm。在同一块板上滴加点的大小应一致，滴加时可用吹风机用冷风边吹边加。滴加样式如下。

第 1 点：10μl 0.04μg/ml 黄曲霉毒素 B₁ 标准使用液。

第 2 点：16μl 样液。

第 3 点：16μl 样液 + 10μl 0.04μg/ml 黄曲霉毒素 B₁ 标准使用液。

第 4 点：16μl 样液 + 10μl 0.2μg/ml 黄曲霉毒素 B₁ 标准使用液。

③ 展开与观察：在展开槽内加 10ml 无水乙醚预展 12cm，取出挥干，再于另一展开槽内加 10ml 丙酮 - 三氯甲烷（8∶92），展开 10 ~ 12cm，取出，在紫外灯下观察结果，方法如下。

因样液点上滴加黄曲霉毒素 B₁ 标准使用液，可使黄曲霉毒素 B₁ 标准点与样液中的黄曲霉毒素 B₁ 荧光点重叠。如样液为阴性，薄层板上的第 3 点中黄曲霉毒素 B₁ 为 0.0004μg，可用做检查在样液内黄曲霉毒素 B₁ 最低检出量是否正常出现；如为阳性，则起定位作用。薄层板上的第 4 点中黄曲霉毒素 B₁ 为 0.002μg，主要起定位作用。

若第 2 点在与黄曲霉毒素 B₁ 标准点的相应位置上无蓝紫色荧光点，表示样品中黄曲霉毒素 B₁ 含量在 5μg/kg 以下；如在相应位置上有蓝紫色荧光点，则需进行确证试验。

④ 确证试验：为了证实薄层板上样液荧光系由黄曲霉毒素 B₁ 产生，加滴三氟乙酸，产生黄曲霉毒素 B₁ 的衍生物，展开后此衍生物的比移值在 0.1 左右。

方法：于薄层板左边依次滴加 2 个点。

第 1 点：16μl 样液。

第 2 点：10μl 0.04μg/ml 黄曲霉毒素 B_1 标准使用液。

于以上 2 点各加 1 滴三氟乙酸盖于样点上，反应 5min 后，用吹风机吹热风 2min，使热风吹到薄层板上的温度不高于 40℃。再于薄层板上滴加以下 2 个点。

第 3 点：16μl 样液。

第 4 点：10μl 0.04μg/ml 黄曲霉毒素 B_1 标准使用液。

再展开，同前。在紫外灯下观察样液是否产生与黄曲霉毒素 B_1 标准点相同的衍生物。未加三氟乙酸的第 3、第 4 两点，可依次作为样液与标准的衍生物空白对照。

⑤ 稀释定量：样液中的黄曲霉毒素 B_1 荧光点的荧光强度若与黄曲霉毒素 B_1 标准点的最低检出量（0.000 4μg）的荧光强度一致，则样品中黄曲霉毒素 B_1 含量即为 5μg/kg。如样液中荧光强度比最低检出量强，则根据其强度估计减少滴加微升数或将样液稀释后再滴加不同的微升数，直至样液点的荧光强度与最低检出量的荧光强度一致为止。滴加式样如下。

第 1 点：10μl 0.04μg/ml 黄曲霉毒素 B_1 标准使用液。

第 2 点：根据情况滴加 10μl 样液。

第 3 点：根据情况滴加 15μl 样液。

第 4 点：根据情况滴加 20μl 样液。

⑥ 计算和结果的表示

$$X_2 = 0.000\ 4 \times \frac{V_1 \times D \times 1\ 000}{V_2 \times m}$$

式中：X_2——样品中黄曲霉毒素 B_1 的含量，μg/kg；

V_1——加入苯 – 乙腈混合液的体积，ml；

V_2——出现最低荧光时滴加样液的体积，ml；

D——样液的总稀释倍数；

m——加苯 – 乙腈混合液溶解时相当试样的质量，g；

0.000 4——黄曲霉毒素 B_1 的最低检出量，μg。

（5）双向展开法测定　如用单向展开法展开后，薄层色谱因杂质干扰掩盖了黄曲霉毒素 B_1 的荧光强度，需采用双向展开法。薄层板先用无水乙醚作横向展开，将干扰的杂质展至样液点的一边而黄曲霉毒素 B_1 不动，然后再用丙酮 – 三氯甲烷（8：92）作纵向展开，样品在黄曲霉毒素 B_1 相应处的杂质底色大量减少，因而提高了方法灵敏度。如用双向展开法中滴加两点法，展开仍有杂质干扰时则可改用滴加一点法。

① 滴加两点法

点样：取薄层板 3 块，在距下端 3cm 基线上滴加黄曲霉毒素 B_1 标准溶液与样液。即在 3 块板的距左边缘 0.8～1cm 处各滴加 10μl 0.04μg/ml 黄曲霉毒素 B_1 标准使用液，在距左边缘 2.8～3cm 处各滴加 16μl 样液，然后在第 2 块板的样液点上滴加 10μl 0.04μg/ml 黄曲霉毒素 B_1 标准使用液。在第 3 块板的样液点上滴加 10μl 0.2μg/ml 黄曲霉毒素 B_1 标准使用液。

展开：包括横向展开和纵向展开。

横向展开：在展开槽内的长边置一玻璃支架，加入 10ml 无水乙醚。将上述点好的薄层板靠标准点的长边置于展开槽内展开，展至板端后，取出挥干，或根据情况需要时可再重复展开 1~2 次。

纵向展开：挥干的薄层板以丙酮：三氯甲烷（8：92）（V：V）展开至 10~12cm 为止。丙酮与三氯甲烷的比例根据不同条件自行调节。

观察及评定结果：在紫外灯下观察第 1、第 2 板。若第 2 板的第 2 点在黄曲霉毒素 B_1 标准点的相应处出现最低检出量，而第 1 板在与第 2 板的相同位置上未出现荧光点，则样品中黄曲霉毒素 B_1 含量在 5μg/ml 以下。

若第 1 板在与第 2 板的相同位置上出现荧光点，则将第 2 块板与第 3 块板比较，看第 3 块板上第 2 点与第 1 板上第 2 点的相同位置上的荧光点是否与黄曲霉毒素 B_1 标准点重叠，如果重叠，再进行确证试验。在具体测定中，第 1、第 2、第 3 板可以同时做，也可按照顺序做。若按顺序做，当在第 1 板出现阴性时，第 3 板可以省略。如第 1 板为阳性，则第 2 板可以省略，直接作第 3 板。

确证试验：另取 2 块薄层板。于第 4、第 5 两块板距边缘 0.8~1cm 处各滴加 10μl 0.04μg/ml 黄曲霉毒素 B_1 标准使用液及 1 小滴三氟乙酸；距左边缘 2.8~3cm 处，第 4 板滴加 16μl 样液及 1 小滴三氟乙酸。第 5 板滴加 16μl 样液，10μl 0.04μg/ml 黄曲霉毒素 B_1 标准使用液及 1 小滴三氟乙酸，产生衍生物的步骤同单向展开法，再用双向展开法展开后，观察样液是否产生与黄曲霉毒素 B_1 标准点重叠的衍生物。观察时，可将第 1 板作为样液的衍生物空白板。

如样液黄曲霉毒素 B_1 含量高时，则将样液稀释后，按"（4）④"作确证试验。

稀释定量：如样液黄曲霉毒素 B_1 含量高时，按"（4）⑤"稀释定量操作，如黄曲霉毒素 B_1 含量低稀释倍数小，在定量的纵向展开板上仍有杂质干扰，影响结果的判定，可将样液作双向展开测定，以确定含量。

计算：同"（4）⑥"。

② 滴加一点法

点样：取薄层板 3 块，在距下端 3cm 基线上滴加黄曲霉毒素 B_1 标准使用液与样液。即在 3 块板距左边缘 0.8~1cm 处各滴加 16μl 样液，在第 2 块板的点上加滴 10μl 0.04μg/ml 黄曲霉毒素 B_1 标准使用液，在第 3 块板的点上加滴 10μl 0.2μg/ml 黄曲霉毒素 B_1 标准使用液。

展开：同"（5）①"的横向展开与纵向展开。

观察及评定结果：在紫外灯下观察第 1、第 2 板，如第 2 板出现最低检出量的黄曲霉毒素 B_1 标准点，而第 1 板与其相同位置上未出现荧光点，样品中黄曲霉毒素 B_1 在 5μg/kg 以下。如第 1 块板在与第 2 块板黄曲霉毒素 B_1 标准点相同位置上出现荧光点，则将第 1 块板与第 3 块板比较，看第 3 块板上与第 1 块板相同位置上的荧光点是否与黄曲霉毒素 B_1 标准点重叠，如果重叠，再进行以下确证试验。

确证试验：于距左边缘 0.8~1cm 处，第 4 板滴加 16μl 样液及 1 小滴三氟乙酸；第 5 板滴加 16μl 样液，10μl 0.04μg/ml 黄曲霉毒素 B_1 标准使用液及 1 小滴三氟乙酸。产生衍生物及展开方式同"（5）①"。再将以上 2 块板在紫外线灯下观察以确定样液点是否产生与黄曲霉毒素 B_1 标准点重叠的衍生物，观察时可将第 1 板作为样液的衍生物空白板。

经过以上确证试验定为阳性后，再进行稀释定量，如含黄曲霉毒素 B_1 低不需稀释或稀释倍数小，杂质荧光仍有严重干扰，可根据样液中黄曲霉毒素 B_1 荧光的强弱，直接用双向展开法定量，或与单向展开法结合，方法同上。

计算：同"（4）⑥"。

5. 注意事项

①黄曲霉毒素 B_1 毒性大，具有强致癌性，操作者应严密注意个人防护。干燥时，黄曲霉毒素 B_1 带有较强的静电荷，容易吸附在其他物质表面，较难洗脱掉，同时所用试剂均有一定毒性，因此，所有操作应在通风橱中进行，被玷污的玻璃仪器及蒸发皿应在 10g/L 的次氯酸钠溶液中浸泡 6h 以上。

②展开剂中的丙酮与三氯甲烷的比例影响黄曲霉毒素 B_1 在层析板上的 R_f 值。丙酮比例高，R_f 值大；反之，R_f 值小，因此可根据情况适当调整丙酮与三氯甲烷的比例。同一次测定中，展开剂应一次配足。

③展开剂在层析缸空气中的饱和度影响展开效果，因此应先将展开剂加入层析缸，振摇，30min 后再对层析板进行展开。

④点样斑点大小影响检出量及结果判定，点样斑点最好控制在 3mm 以内。

⑤在空气潮湿的环境里，薄层板活性降低，因此点样操作最好在盛有干燥剂的盒内进行。

三、快速筛选法（紫外 – 荧光法）

本方法适用于玉米及猪鸡配（混）合饲料的快速检测。

1. 原理

被黄曲霉毒素污染的霉粒在 360nm 紫外线下呈亮黄绿色荧光，根据荧光粒多少来概略评估饲料受黄曲霉毒素污染状况。

2. 仪器

①小型植物粉碎机。

②紫外分析仪：波长 360nm。

3. 测定方法

将被检样品粉碎过 20 目筛，用四分法取 20g 平铺在纸上，于 360nm 紫外线下观察，细心查看有无亮黄绿色荧光，并记录荧光粒个数。

4. 结果判定

①样品中无荧光粒，可基本判为饲料未受黄曲霉毒素 B_1 污染。

②样品中有 1~4 个荧光粒，为可疑黄曲霉毒素 B_1 污染。

③样品中有 4 个以上荧光粒，可基本确定饲料中黄曲霉毒素 B_1 含量在 5μg/kg 以上。

5. 注意事项

本方法为概略分析方法，不能准确定量，对仲裁检验及定量分析需用国家标准检测方法。

第十三节 饲料中盐酸克伦特罗的检测

盐酸克伦特罗为违禁饲料添加剂。所谓违禁添加剂是指不允许往饲料、饲料添加剂中添加的 β - 兴奋剂（如盐酸克伦特罗、沙丁胺醇等）、激素类添加剂（性激素、生长激素等）以及某些药物添加剂等。目前，对这些违禁添加剂的检测标准尚不健全，我国主要建立了饲料中盐酸克伦特罗的检测方法标准，包括高效液相色谱法（HPLC）和气相色谱 - 质谱联用法（GC-MS）（NY438—2001），此法适用于配合饲料、浓缩饲料和预混合饲料中盐酸克伦特罗含量的测定与确证。HPLC 法的最低检测限为 0.5ng（取样 5g 时，最低检测浓度为 0.05mg/kg），GC-MS 法最低检测限为 0.025ng（取样 5g 时，最低检测浓度为 0.01mg/kg）。酶联免疫吸附测定法（ELISA）是近年来研究形成的一种快速、准确、灵敏、简便的测定方法。

一、HPLC 法

1. 方法原理

用加有甲醇的稀酸溶液将饲料中的克伦特罗盐酸盐溶出，溶液碱化，经液液萃取和固相萃取柱净化后，在 HPLC 仪上分离、测定。

2. 试剂和材料

所用试剂除特别注明者外均为分析纯试剂，水为符合 GB/T 6682 中规定的三级水。

①甲醇：色谱纯，过 0.45μm 滤膜。

②乙腈：色谱纯，过 0.45μm 滤膜。

③提取液：0.5% 偏磷酸溶液（14.29g 偏磷酸溶解于水，并稀释至 1 L）：甲醇 = 80：20。

④氢氧化钠溶液 c（NaOH）约 2mol/L：20g 氢氧化钠溶于 250ml 水中。

⑤液液萃取用试剂：乙醚，无水硫酸钠。

⑥氮气。

⑦盐酸溶液 c（HCL）约 0.02mol/L：1.67ml 盐酸用水稀释至 1 L。

⑧固相萃取（SPE）用试剂

a. 30mg/lcc Oasis RHLB 固相萃取小柱（Waters Corperation，34 Maple Street Milford MA，USA）或同等效果净化柱。

b. SPE 淋洗液。淋洗液 - 1：含 2% 氨水的 5% 甲醇水溶液。淋洗液 - 2：含 2% 氨水的 30% 甲醇水溶液。

⑨HPLC 专用试剂。

a. HPLC 流动相：1ml 1：1 磷酸（优级纯）用实验室二级水稀释至 1 L，并按 100：12 的比例和乙腈混合，用前超声脱气 5min。

b. 盐酸克伦特罗标准溶液。

c. 贮备液，200μg/ml：10.00mg 盐酸克伦特罗（含 $C_{12}H_{18}Cl_{12}N_2O \cdot HCl$ 不少于 98.5%）溶于 0.02mol/L 盐酸溶液并定容至 50ml，贮于冰箱中。有效期 1 个月。

d. 工作液，2.00μg/ml：用微量移液器移取贮备液 500μl 以 0.02mol/L 盐酸溶液稀至 50ml，贮于冰箱中。

e. 标准系列：用微量移液器移取工作液 25μl、50μl、100μl、500μl 和 1 000μl，以 0.02mol/L 盐酸溶液稀释至 2ml，该标准系列中盐酸克伦特罗的相应浓度分别为：0.025μg/ml、0.050μg/ml、0.100μg/ml、0.500μg/ml 和 1.00μg/ml，贮于冰箱中。

3. 仪器、设备

①实验室常用仪器设备。

②分析天平：感量 0.001g；感量 0.000 1g。

③超声水浴。

④离心机：能达 4 000 r/min。

⑤分液漏斗：150ml。

⑥电热块或砂浴：可控制温度至 [（50～70）±5]℃。

⑦烘箱：温度可控制在（70±5）℃。

⑧高效液相色谱仪：具有 C_{18} 柱 4μm（如 150mm×3.9mm ID）或类似的分析柱和 UV 检测器或二极管阵列检测器。

4. 样品制备

取具有代表性的饲料样品，用四分法缩减分取 200g，粉碎过 0.45mm 孔径的筛，充分混匀，装入磨口瓶中备用。

5. 分析步骤

（1）提取 称取适量试样（配合饲料 5g，预混料和浓缩料 2g）精确至 0.001g，置于 100ml 三角瓶中，准确加入提取液 50ml，振摇使全部润湿，放在超声水浴中超声提取 15min，每 5min 取出用手振摇一次。超声结束后，手摇至少 10s，并取上层液于离心机 4 000r/min 下离心 10min。

（2）净化 准确吸取上清液 10.00ml，置 150ml 分液漏斗中滴加氢氧化钠溶液，充分振摇，将 pH 值调至 11～12。该过程反应较慢，放置 3～5min 后，检查 pH 值，若 pH 值降低需再加碱调节。溶液用 30ml 和 25ml 乙醚萃取 2 次，令醚层通过无水硫酸钠干燥，用少许乙醚淋洗分液漏斗和无水硫酸钠，并用乙醚定容至 50ml。准确吸取 25.00ml 于 50ml 烧杯中，置通风橱内，50℃加热块或砂浴上蒸干，残渣溶于 2.00ml 盐酸溶液，取 1.00ml 置于预先已分别用 1ml 甲醇和 1ml 去离子水处理过的 SPE 小柱上，用注射器稍试加压，使其过柱速度不超过 1ml/min，再先后分别用 1ml SPE 淋洗液-1 和淋洗液-2 淋洗，最后用甲醇洗脱，洗脱液置（70±5）℃加热块或砂浴上，用氮气吹干。

（3）测定

①于净化、吹干的样品残渣中准确加入 1.00～2.00ml 0.02mol/L 盐酸溶液，充分振摇、超声，使残渣溶解，必要时过 0.45μm 滤膜，清液上机测定，用盐酸克伦特罗标准系列进行单点或多点校准。

②HPLC 测定参数设定

色谱柱：C18 柱，150mm×3.9mm ID，粒度 4μm 或类似的分析柱。

柱温：室温。

流动相：0.05%磷酸水溶液：乙腈＝100：12，流速：1.0ml/min。

检测器：二极管阵列或 UV 检测器。

检测波长：210nm 或 243nm。

进样量：20～50μl。

③定性定量方法

定性方法：除用保留时间定性外，还可用二极管阵列测定盐酸克伦特罗紫外光区的特征光谱，即在 210nm、243nm 和 296nm 有 3 个峰值依次变低的吸收峰。

定量方法：积分得到峰面积，而后用单点或多点校准法定量。

6. 分析结果

（1）计算公式　每千克试样中所含盐酸克伦特罗的质量按以下公式计算

$$X = \frac{m_1}{m} \times D$$

式中：X——每千克试样中盐酸克伦特罗的质量，mg；

　　　m_1——HPLC 色谱峰的面积对应的盐酸克伦特罗的质量，μg；

　　　D——稀释倍数；m 为所称量的样品质量，g。

结果表示至小数点后 1 位。

（2）允许差　取平行测定结果的算术平均值为测定结果，2 个平行测定的相对偏差不大于 10%。

二、GC-MS 法（确证法）

1. 方法原理

用加有甲醇的稀酸溶液将饲料中的克伦特罗盐酸盐溶出，溶液碱化，经液液萃取和固相萃取柱净化后，在 GC-MS 联用仪上分离、测定。

2. 试剂和材料

所用试剂除特别注明者外均为分析纯试剂，水为符合 GB/T 6682 中规定的三级水。

（1）提取净化用试剂　同 HPLC 法。

（2）衍生剂　N，O - 双三甲基甲硅烷三氟乙酰胺（BSTFA）。

（3）甲苯

（4）盐酸克伦特罗标准溶液

①贮备液，200μg/ml：10.00mg 盐酸克伦特罗（含 $C_{12}H_{18}Cl_{12}N_2O \cdot HCl$ 不少于 98.5%）溶于甲醇并定容至 50ml，贮于冰箱中。有效期 1 个月。

②工作液，2.00μg/ml：用微量移液器移取贮备液 500μl 以甲醇稀释至 50ml，贮于冰箱中。

③标准系列：用微量移液器移取工作液 25μl、50μl、100μl、500μl 和 1 000μl，以甲醇稀释至 2ml，该标准系列中盐酸克伦特罗的相应浓度分别为：0.025μg/ml、0.050μg/ml、0.100μg/ml、0.500μg/ml 和 1.00μg/ml，贮于冰箱中。

3. 仪器、设备

①样品前处理设备同 HPLC 法。

②GC-MS 联用仪。

③装有弱极性或非极性的毛细管柱的气相色谱仪和具电子轰击离子源和检测器。

4. 样品的制备

同 HPLC 法。

5. 分析步骤

（1）提取同 HPLC 法

（2）净化同 HPLC 法

（3）测定

①衍生：于净化、吹干的样品残渣中加入衍生剂 BSTFA 50μl，充分涡旋混合后，置（70±5）℃烘箱中，衍生反应 30min。氮气吹干，加甲苯 100μl，混匀，上 GC-MS 联用仪测定。用盐酸克伦特罗标准系列做同步衍生。

②GC-MS 测定参数设定：色谱柱：DB-5MS，30mm×0.25mm ID 0.25μm。

③载气：氮气，柱头压：50 Pa。

④进样口温度：260℃。

⑤进样量：1μl，不分流。

⑥柱温程序：70℃保持 1min，以 25℃/min 速度升至 200℃，于 200℃ 保持 6min，再以 25℃/min 的速度升至 280℃并保持 2min。

⑦EI 源电子轰击能：70 eV。

⑧检测器温度：200℃。

⑨接口温度：250℃。

⑩质量扫描范围：60～400 AMU。

⑪溶剂延迟：7min。

⑫检测用克伦特罗三甲基硅烷衍生物的特征质谱峰：M/Z = 86、187、243、262。

（4）定性定量方法

①定性方法：样品与标准品保留时间的相对偏差不大于 0.5%。特征离子基峰百分数与标准品相差不大于 20%。

②定量方法：选择离子监测（SIM）法计算峰面积，单点或多点校准法定量。

6. 分析结果的表述

（1）计算公式　每千克试样中所含盐酸克伦特罗的质量按以下公式计算

$$X = \frac{m_2}{m} \times D$$

式中：X——每千克试样中盐酸克伦特罗的质量，mg；

m_2——GC-MS 色谱峰的面积对应的 盐酸克伦特罗的质量，μg；

D——稀释倍数；

m——所称量的样品质量，g。

结果表示至小数点后 1 位。

（2）允许差　取平行测定结果的算术平均值为测定结果，2 个平行测定的相对偏差不大于 20%。

三、ELISA 法

适用范围。本法适用于各种动物源饲料原料、配（混）合料中盐酸克伦特罗（CL）含量的定性、定量测定。

1. 检测原理

利用固相酶联免疫吸附原理，将检测抗原（CL-OVA）包被于 96 孔聚苯乙烯酶标板中，制成固相载体。往包被的微孔中加入样品提取液（待测样品）和抗 CL 单克隆抗体（CL mAb），使样品中待测抗原和 CL-OVA 与 CL mAb 进行免疫竞争反应，加入酶标二抗（RaMIgG-HRP），用四甲基联苯胺（TMB）底物显色。TMB 在过氧化物酶的催化下转化成蓝色，并在酸（H_2SO_4）的作用下转化成最终的黄色。用酶标仪在 450nm 波长下测定吸光度（A_{450}）值，通过标准曲线计算样品中待测样品浓度。

2. 试剂盒组成

①酶标板：一块 96 孔（8 孔×12 条），用 CL-OVA 包被微孔反应板，2~8℃干燥保存，有效期内保持稳定。

②标准品（冻干品）：2 瓶，临用前 15min 内配制。每瓶以样品稀释液稀释至 1ml，盖好后室温静置 10min，同时反复颠倒/搓动以助溶解，其浓度为 100ng/ml，然后做系列倍比稀释（注：不要直接在板中进行倍比稀释），分别配制成 100ng/ml，50ng/ml，25ng/ml，12ng/ml，6ng/ml，3ng/ml，1ng/ml，0.5ng/ml 和 0.2ng/ml，样品稀释液直接作为空白孔 0ng/ml。如配制 50ng/ml，取 0.5ml 标准品（不要少于 0.5ml）加入含有 0.5ml 样品稀释液的 Eppendorf 管中，混匀即可，其余浓度以此类推。

③样品稀释液：1×20ml。

④酶标二抗结合物：一瓶，0.1ml，含 CL 与辣根过氧化物酶的结合物，2~8℃保存，有效期内保持稳定。

⑤3 号液：1×10ml /瓶（1：100）。临用前以稀释液 1：100 稀释（如：10ml 与 990ml 稀释液充分混匀），稀释前根据预先计算好的每次试验所需的总量配制（100ml/孔），实际配制时应多配制 0.1~0.2ml。

⑥4 号液：1×10ml/瓶（1：100）。临用前以稀释液 1：100 稀释，稀释方法同 3 号溶液。

⑦终止液：1×10ml/瓶（2mol/L H_2SO_4）。

⑧洗液：1×30ml/瓶，使用时每瓶用蒸馏水稀释 100 倍。

自备仪器和试剂：

①酶标仪：（建议仪器使用前提前预热 30min）。

②微量加液器及吸头，EP 管。

③蒸馏水或去离子水，滤纸等。

3. 常用试剂配制方法

（1）包被缓冲液（CBS）　　$NaCO_3$ 1.59g，$NaHCO_3$ 2.94g，加入双蒸水（ddw）1 000ml，即 pH 值 9.6 的 0.05mol/L 的 CBS 缓冲液。

（2）磷酸盐稀释液（PBS）　　NaCl 8.0g，$Na_2HPO_4 \cdot 12H_2O$ 3.56g，KH_2PO_4 0.2g，

KCl 0.2g，加入 ddw 1 000ml，即 pH 值 7.4 的 0.01mol/L PBS 缓冲液。

（3）洗液（PBST）　　PBS + Tween-20（体积分数 0.05%）。

（4）3 号液配制

①称柠檬酸（含 1 分子结晶水，MW 210.14）3.15g，加 ddw 至 150ml，得 0.1mol/L 柠檬酸。

②称醋酸钠（含 3 个结晶水，MW 136.09）11.56g，加 ddw 至 850ml，得 0.1mol/L 醋酸钠（无水醋酸钠为 6.966g）。

③用 0.1mol/L 的柠檬酸约 150ml，把 0.1mol/L 醋酸钠 pH 值调至 5.0。

④称非那西丁 0.08g，加入少许（约 30ml）ddw，加热至完全溶解，并加入前两种混合液中。

⑤再加入 0.5g 过氧化脲于上述混合液中，混匀即可。

实际操作：柠檬酸 3.15g + 醋酸钠 11.56g，加入 900ml ddw，再将加热熔解的 0.08g 非那西丁加入，最后补 ddw 至 1 000ml，再加入 0.5g 过氧化脲。

（5）4 号液配制　　称 TMB 1.27g，置于洁净烧瓶中，加入 500ml 甲醇，加热至 TMB 全部溶解。再加入 500ml 丙三醇（甘油），混匀即可。

（6）5 号液（终止液）配制　　浓 H_2SO_4 为 18mol/L；$18 X = 2 \times 1\,000ml$，计算得 $X = 111ml$。即 111ml H_2SO_4 + 889ml ddw 配制 2mol/L H_2SO_4。

4. 样品前处理

①每份样品经粗碎与连续多次四分法缩减至 0.5 ~ 1.0kg，全部粉碎。样品通过 20 目筛，混匀，取样时搅拌均匀。必要时，每批样品可采取 3 份大样作样品制备及分析测定用，以观察所采样品是否具有一定的代表性。如果样品脂肪含量超过 10%，粉碎前应用乙醚脱脂，再制成分析用试样，但测定结果以未脱脂计算。

②称取 5g 试样，精确至 0.01g，于 50ml 磨口试管中，加入甲醇水溶液 25ml，加塞振荡 10min，过滤。收集适量试样滤液，用 PBS 稀释成试样稀释液进行检测。

5. 检测步骤

（1）加样　　分别设空白孔、标准孔、待测样品孔。空白孔加样品稀释液 100μl，余孔分别加标准品或待测样品 100μl，注意不要有气泡。加样时将样品加于酶标板底部，尽量不触及孔壁，轻轻晃动混匀，37℃温育 25min。为保证试验结果有效性，每次试验使用新鲜配制的标准品溶液。

（2）洗板　　弃去孔内液体，将推荐的洗涤缓冲液至少 0.4ml 注入孔内，浸泡 2 ~ 3min，吸去（不可触及板壁）或甩掉酶标板内的液体，在实验台上铺垫几层吸水纸，酶标板朝下用力拍几次；根据需要，重复此过程数次。

（3）加抗体　　加入推荐浓度的抗 CL 单克隆抗体，每孔 100μl，37℃温育 25min，洗板。

（4）加酶标二抗　　每孔加底物溶液 60μl，酶标板 37℃避光显色（反应时间控制在 20 ~ 30min，当标准孔的前 3 ~ 4 孔有明显的梯度蓝色，后 3 ~ 4 孔梯度不明显时，即可终止）。

（5）加终止液　　每孔加终止溶液 100μl，终止反应，此时蓝色立转黄色。终止液的加

入顺序应尽量与底物液的加入顺序相同。

（6）显色　立即用酶标仪在 450nm 波长测量各孔的光密度（A_{450} 值）。

6. 浓度计算

各样品 A_{450} 值扣除空白孔 A_{450} 值后作图（七点图），每次检测 3 个重复，计算其平均值。以标准品的浓度为纵坐标（对数坐标），A_{450} 值为横坐标（对数坐标），在对数坐标纸上绘出标准曲线。推荐使用专业制作曲线软件进行分析，如 curve expert 1.3 等，根据样品 A_{450} 值由标准曲线查出相应的浓度，再乘以稀释倍数；或用标准物的浓度与 A_{450} 值计算出标准曲线的回归方程式，将样品的 A_{450} 值代入方程式，计算出样品浓度，再乘以稀释倍数，即为样品的实际浓度。

7. 注意事项

①试剂盒从冷藏环境中取出应在室温平衡 15～30min 后方可使用，酶标包被板开封后如未用完，板条应装入密封袋中保存。

②试剂或样品配制时，均需充分混匀，混匀时尽量避免起泡。试验前应预测样品含量，如浓度过高时，应对样品进行稀释，以使稀释后的样品符合试剂盒的检测范围，计算时再乘以相应的稀释倍数。

③加样或加试剂时，第 1 个孔与最后 1 个孔加样之间的时间间隔若太大，将会导致不同的"预温育"时间，从而影响到测量值的准确性及重复性。一次加样时间（包括标准品及所有样品）最好控制在 3min 内，推荐设置重复孔进行试验。如标本数量多，推荐使用排枪加样。

④测定试剂盒在 4～8℃冰箱内保存，不得室温或冷冻保存。底物注意避光保存。

⑤严格按照说明书的操作进行，试验结果判定必须以酶标仪读数为准。

⑥所有样品，洗涤液和各种废弃物都应按传染物处理。为保证分析人员安全，操作时要带上医用乳胶手套。

⑦试剂盒不同批号、不同组分之间不得混用。

附录 1 饲料卫生标准 (GB 13078—2001) 及其后的修改单和增补内容

序号	卫生指标项目及标准编号	产品名称	指 标	试验方法	备 注
1	砷（以总砷计）的允许量（每千克产品中）（mg）GB 13078—2001	石粉	≤2.0	GB/T 13079	不包括国家主管部门批准使用的有机砷制剂中的砷含量
		硫酸亚铁、硫酸镁			
		磷酸盐	≤20.0		
		沸石粉、膨润土、麦饭石	≤10.0		
		硫酸铜、硫酸锰、硫酸锌、碘化钾、碘酸钙、氯化钴	≤5.0		
		氧化锌	≤10.0		
		鱼粉、肉粉、肉骨粉	≤10.0		
		家禽、猪配合饲料	≤2.0		
		牛、羊精料补充料	≤10.0		
		家禽、猪浓缩饲料			以在配合饲料中 20% 的添加量计
		家禽、猪添加剂预混合饲料			以在配合饲料中 1% 的添加量计
2	铅（以 Pb 计）的允许量（每千克产品中）（mg）GB 13078—2001	生长鸭、产蛋鸭、肉鸭、鸡、猪配合饲料	≤5	GB/T 13080	
		奶牛、肉牛精料补充料	≤8		
		产蛋鸡、肉仔鸡、仔猪、生长肥育猪浓缩饲料	≤13		以在配合饲料中 20% 的添加量计
		骨粉、肉骨粉、鱼粉、石粉	≤10		
		磷酸盐	≤30		
		产蛋鸡、肉仔鸡、仔猪、生长肥育猪复合预混合饲料	≤40		以在配合饲料中 1% 的添加量计

（续表）

序号	卫生指标项目	产品名称	指标	试验方法	备注
3	氟（以 F 计）的允许量（每千克产品中）（mg）GB 13078—2001	鱼粉	≤500	GB/T 13083	高氟饲料用 HG 2636—1994 中 4.4 条
		石粉	≤2 000		
		磷酸盐	≤1 800	HG 2636	
		肉仔鸡、生长鸡配合饲料	≤250	GB/T 13083	
		产蛋鸡配合饲料	≤350		
		猪配合饲料	≤100		
		骨粉、肉骨粉	≤1 800		
		生长鸭、肉鸭配合饲料	≤200		
		产蛋鸭配合饲料	≤250		
		奶牛、肉牛精料补充料	≤50		
		家禽、猪添加剂预混合饲料	≤1 000	GB/T 13083	以在配合饲料中 1% 的添加量计
		家禽、猪浓缩饲料	按添加比例折算后，与相应猪、禽配合饲料规定值相同		
4	霉菌的允许量（每千克产品中）霉菌总数 ×10³ 个 GB 13078—2001	玉米	<40	GB/T 13092	限量饲用：40~100 禁用：>100
		小麦麸、米糠			限量饲用：40~80 禁用：>80
		豆饼（粕）、棉籽饼（粕）、菜籽饼（粕）	<50		限量饲用：50~100 禁用：>100
		鱼粉、肉骨粉	<50		限量饲用：20~50 禁用：>50
		鸭配合饲料	<20		
		猪、鸡配合饲料，猪、鸡浓缩饲料，奶牛、肉牛精料补充料	<35		
			<45		

（续表）

序号	卫生指标项目及标准编号	产品名称	指 标	试验方法	备 注
5	黄曲霉毒素 B_1 允许量（每千克产品中）（μg）GB 13078—2001	玉米、花生饼（粕）、棉籽饼（粕）、菜籽饼（粕）	≤50	GB/T 17480 或 GB/T 8381	
		豆粕	≤30		
		仔猪配合饲料及浓缩饲料	≤10		
		生长肥育猪、种猪配合饲料及浓缩饲料	≤20		
		肉仔鸡前期、雏鸡配合饲料及浓缩饲料	≤10		
		肉仔鸡后期、生长鸡、产蛋鸡配合饲料及浓缩饲料	≤20		
		肉仔鸭前期、雏鸭配合饲料及浓缩饲料	≤10		
		肉仔鸭后期、生长鸭、产蛋鸭配合饲料及浓缩饲料	≤15		
		鹌鹑配合饲料及浓缩饲料	≤20		
		奶牛精料补充料	≤10		
		肉牛精料补充料	≤50		
6	铬（以 Cr 计）的允许量（每千克产品中）（mg）GB 13078—2001	皮革蛋白粉	≤200	GB/T 13088	
		鸡、猪配合饲料	≤10		
7	汞（以 Hg 计）的允许量（每千克产品中）（mg）GB 13078—2001	鱼粉	≤0.5	GB/T 13081	
		石粉 鸡、猪配合饲料	≤0.1		
8	镉（以 Cd 计）的允许量（每千克产品中）（mg）GB 13078—2001	米糠	≤1.0	GB/T 13082	
		鱼粉	≤2.0		
		石粉	≤0.75		
		鸡、猪配合饲料	≤0.5		
9	氰化物（以 HCN 计）的允许量（每千克产品中）（mg）GB 13078—2001	木薯干	≤100	GB/T 13084	
		胡麻饼（粕）	≤350		
		鸡、猪配合饲料	≤50		

（续表）

序号	卫生指标项目及标准编号	产品名称	指标	试验方法	备注
10	亚硝酸盐（以NaNO₂计）的允许量（每千克产品中）（mg）GB 13078.1—2001	鸭配合饲料	≤15	GB/T 13085	
		鸡、鸭、猪浓缩饲料	≤20		
		牛（奶牛、肉牛）精料补充料	≤20		
		玉米	≤10		
		饼粕类、麦麸、次粉、米糠	≤20		
		草粉	≤25		
		鱼粉、肉粉、肉骨粉	≤30		
11	游离棉酚的允许量（每千克产品中）（mg）GB 13078—2001	棉籽饼（粕）	≤1 200	GB/T 13086	
		肉仔鸡、生长鸡配合饲料	≤100		
		产蛋鸡配合饲料	≤20		
		生长肥育猪配合饲料	≤60		
12	异硫氰酸酯（以丙烯基异硫氰酸酯计）的允许量（每千克产品中）（mg）GB 13078—2001	菜籽饼（粕）	≤4 000	GB/T 13087	
		鸡、生长肥育猪配合饲料	≤500		
13	噁唑烷硫酮的允许量（每千克产品中）（mg）GB 13078—2001	肉仔鸡、生长鸡配合饲料	≤1 000	GB/T 13089	
		产蛋鸡配合饲料	≤800		
14	六六六的允许量（每千克产品中）（mg）GB 13078—2001	米糠、小麦麸、大豆饼（粕）、鱼粉	≤0.05	GB/T 13090	
		肉仔鸡、生长鸡、产蛋鸡配合饲料	≤0.3		
		生长肥育猪配合饲料	≤0.4		
15	滴滴涕的允许量（每千克产品中）（mg）GB 13078—2001	米糠、小麦麸、大豆饼（粕）、鱼粉	≤0.02	GB/T 13090	
		鸡、猪配合饲料	≤0.2		
16	沙门氏杆菌 GB 13078—2001	饲料	不得检出	GB/T 13091	

（续表）

序号	卫生指标项目及标准编号	产品名称	指 标	试验方法	备 注
17	细菌总数的允许量（每克产品中）细菌总数×10⁶个	鱼粉	≤2	GB/T 13093	限量饲用：2～5 禁用：>5
18	赫曲霉毒素A的允许量（每千克产品中）（μg）GB 13078.2—2006	玉米	≤100	GB/T 19539	
	玉米赤霉烯酮的允许量（每千克产品中）（μg）GB 13078.2—2006	玉米	≤500	GB/T 19540	
19	脱氧雪腐镰刀菌烯醇的允许量（每千克产品中）（mg）GB 13078.3—2007	猪配合饲料	≤1	GB/T 8381.6	
		配合饲料	≤1		
		泌乳期动物配合饲料	≤1		
		牛配合饲料	≤5		
		家禽配合饲料	≤5		
20	T-2毒素的允许量（每千克产品中）（mg）GB 21693—2008	猪配合饲料	≤1	GB/T 8381.1—2005	
		禽配合饲料	≤1		
21	硒的允许量（每千克产品中）（mg）GB 26418—2010	猪、家禽配合饲料	≤0.5	GB/T 14699.1（采样）GB/T 13883（测定）	
		反刍动物牛、羊配合饲料	≤0.5		
22	铜的允许量（每千克产品中）（mg）GB 26419—2010	仔猪配合饲料（30kg体重以下）	≤200	GB/T 14699.1（采样）GB/T 13885（测定）	注1：浓缩饲料按添加比例折算，与相应畜禽配合饲料的允许量相同 注2：添加剂预混合饲料按添加比例折算，与相应畜禽配合饲料的允许量相同
		生长肥育猪前期配合饲料（30～60kg体重）	≤150		
		生长肥育猪后期配合饲料（60kg体重以上）	≤35		
		种公猪配合饲料	≤35		
		禽配合饲料	≤35		
		牛精料补充料	≤35		
		羊精料补充料	≤25		

（续表）

序号	卫生指标项目及标准编号	产品名称	指　标	试验方法	备　注
23	锡的允许量（每千克产品中）（mg）GB 26434—2010	猪、家禽及反刍动物配合饲料	≤50	GB/T 14699.1（采样）GB/T 5009.16（测定）	
		猪、家禽浓缩饲料及反刍动物精料补充料	按在配合饲料中应用比例折算		

注：1. 所列允许量均为以干物质含量为88%的饲料为基础计算

2. 浓缩饲料、添加剂预混合饲料添加比例与本标准备注不同时，其卫生指标允许量可进行折算

附录2 禁止在饲料和动物饮水中使用的药物品种目录（农业部第176号公告）

种　类	名　称
肾上腺素受体激动剂	盐酸克伦特罗、沙丁胺醇、硫酸沙丁胺醇、莱克多巴胺、盐酸多巴胺、西马特罗、硫酸特布他林
性激素	己烯雌酚、雌二醇、戊酸雌二醇、苯甲酸雌二醇、氯烯雌醚、炔诺醇、炔雌醚、醋酸氯地孕酮、左炔诺孕酮、炔诺酮、绒毛膜促性腺激素、促卵泡生长激素
蛋白同化激素	碘化酪蛋白、苯丙酸诺龙及苯丙酸诺龙注射液
精神药品	（盐酸）氯丙嗪、盐酸异丙嗪、安定（地西泮）、苯巴比妥、苯巴比妥钠、巴比妥、异戊巴比妥、异戊巴比妥钠、利血平、艾司唑仑、甲丙氨酯、咪达唑仑、硝西泮、奥沙西泮、匹莫林、三唑仑、唑吡旦、其他国家管制的精神药品
其他	各种抗生素滤渣

附录3　食品动物禁用兽药及其他化合物清单
（农业部第 193 号公告）

序号	兽药及其他化合物名称	禁止用途	禁用动物
1	β-兴奋剂类：克伦特罗 Clenbuterol、沙丁胺醇 Salbuta-mol、西马特罗 Cimaterol 及其盐、酯及制剂	所有用途	所有食品动物
2	性激素类：己烯雌酚 Diethylstilbestrol 及其盐、酯及制剂	所有用途	所有食品动物
3	具有雌激素样作用的物质：玉米赤霉醇 Zeranol、去甲雄三醇酮 Trenbolone、醋酸甲孕酮 Mengestrol Acetate 及制剂	所有用途	所有食品动物
4	氯霉素 Chloramphenicol 及其盐、酯（包括琥珀氯霉素 Chloramphenicol Succinate）及制剂	所有用途	所有食品动物
5	氨苯砜 Dapsone 及制剂	所有用途	所有食品动物
6	硝基呋喃类：呋喃唑酮 Furazolidone、呋喃它酮 Furaltadone、呋喃苯烯酸钠 Ni-furst-yrenatesodium 及制剂	所有用途	所有食品动物
7	硝基化合物：硝基酚钠 Sodium- nitrophenolate、硝呋烯腙 Nitrovin 及制剂	所有用途	所有食品动物
8	催眠、镇静类：安眠酮 Methaqualone 及制剂	所有用途	所有食品动物
9	林丹（丙体六六六）Lindane	杀虫剂	所有食品动物
10	毒杀芬（氯化烯）Toxaphene	杀虫剂、清塘剂	所有食品动物
11	呋喃丹（克百威）Carbofuran	杀虫剂	所有食品动物
12	杀虫脒（克死螨）Chlordimefom	杀虫剂	所有食品动物
13	双甲脒 Amitraz	杀虫剂	水生食品动物
14	酒石酸锑钾 Antimony potassium tartrate	杀虫剂	所有食品动物
15	锥虫胂胺 Tryparsamide	杀虫剂	所有食品动物
16	孔雀石绿 Malachite green	抗菌杀虫剂	所有食品动物
17	五氯酚酸钠 Pentachlorophenol sodium	杀螺剂	所有食品动物
18	各种汞制剂包括：氯化亚汞（甘汞）Calomel、硝酸亚汞 Mercurous nitrate、醋酸汞 Mercurous acetate、吡啶基醋酸汞 Pyridyl mercurous acetate	杀虫剂	所有食品动物

（续表）

序号	兽药及其他化合物名称	禁止用途	禁用动物
19	性激素类：甲基睾丸酮 Methyltestostcronc、丙酸睾酮 Testosterone Propionate、苯丙酸诺龙 Nandrolone Phenylpropionate、苯甲酸雌二醇 Estradiol Benzoate 及其盐、酯及制剂	促生长	所有食品动物
20	催眠、镇静类：氯丙嗪 Chlorpromazine、地西泮（安定）Diazepam 及其盐、酯及制剂	促生长	所有食品动物
21	硝基咪唑类：甲硝唑 Metronidazole、地美硝唑 Dimetronidazole 及其盐、酯及制剂	促生长	所有食品动物

注：食品动物是指各种供人食用或其产品供人食用的动物

主要参考文献

［1］边连全．农药残留对饲料污染及其对畜产品安全的危害［J］．饲料工业，2005，26（9）：1～5

［2］蔡辉益．饲料安全及其检测技术［M］．北京：化学工业出版社，2005

［3］常碧影，张萍．饲料质量与安全检测技术［M］．北京：化学工业出版社，2008

［4］陈惠卿．配合饲料生产中危害饲料安全的关键控制点［J］．饲料研究，2007（2）：28～30

［5］陈喜斌．饲料学［M］．北京：科学出版社，2003

［6］崔淑文，陈必芳．饲料标准资料汇编（1）［M］．北京：中国标准出版社，1991

［7］崔淑文，陈必芳．饲料标准资料汇编（2）［M］．北京：中国标准出版社，1993

［8］丁伯良．动物中毒病理学［M］．北京：农业出版社，1996

［9］河南农业大学．动物微生物学［M］．北京：中国农业出版社，2005

［10］贺普霄，贺克勇．饲料与绿色食品［M］．北京：中国轻工业出版社，2004

［11］何世宝．饲料安全问题和生产技术控制措施［J］．畜牧兽医科技信息，2007（4）：91～92

［12］黄先纬．种子毒物［M］．西安：陕西科学技术出版社，1986

［13］计成．霉菌毒素与饲料食品安全［M］．北京：化学工业出版社，2007

［14］计成，许万根．动物营养研究与应用［M］．北京：中国农业科技出版社，1997

［15］考庆君．铬的生物学作用及毒性研究进展［J］．中国公共卫生，2004，20（11）：1398～1400

［16］李德发，范石军．饲料工业手册［M］．北京：中国农业大学出版社，2002

［17］李德发．中国饲料大全［M］．北京：中国农业出版社，2001

［18］李德发，邢建军．HACCP与饲料工业——概论［M］．北京：中国农业大学出版社，2001

［19］李光辉．重金属污染对畜禽健康的危害［J］．中国兽医杂志，2006，42（4）：54～55

［20］刘继业，苏晓鸥．饲料安全工作手册（上、中、下册）［M］．北京：中国农业科技出版社，2001

［21］李建凡等．中国菜籽饼营养成分和抗营养因子［J］．畜牧兽医学报，1995，26（3）：193～199

［22］李里特，乔发东．畜产食品安全标准化生产［M］．北京：中国农业大学出版

社，2006

　　[23] 李晓丽，何万领，董淑丽．重金属对饲料污染的分析及防治措施 [J]．饲料工业，2006，27 (17)：48～51

　　[24] 刘宗平．环境铅镉污染对动物健康影响的研究 [J]．中国农业科学，2005.38 (1)：185～190

　　[25] 刘宗平．动物中毒病学 [M]．北京：中国农业出版社，2006

　　[26] 陆昌华，王长江，吴孜忞．动物卫生经济学及其实践 [M]．北京：中国农业科学技术出版社，2006

　　[27] 罗方妮，蒋志伟．饲料卫生学 [M]．北京：化学工业出版社，2003

　　[28] 欧守杼．畜牧微生物学 [M]．北京：中国农业出版社，1997

　　[29] 马力，田婷婷．我国的饲料安全与保障措施 [J]．西南民族大学学报，2008，34 (1)：107～110

　　[30] 农业部畜牧兽医局（全国饲料工作办公室），中国饲料工业协会，全国饲料工业标准化技术委员会，中国标准出版社第一编辑室．饲料工业标准汇编（上、下册）[M]．北京：中国标准出版社，2002

　　[31] 农业部畜牧兽医局（全国饲料工作办公室），中国饲料工业协会，全国饲料工业标准化技术委员会，中国标准出版社第一编辑室．饲料工业标准汇编（2002～2006）[M]．北京：中国标准出版社，2006

　　[32] 齐德生．饲料毒物学附毒物分析 [M]．北京：科学出版社，2009

　　[33] 邱东茹，吴振斌．二噁英对人体和动物的毒性作用和内分泌干扰 [J]．生物学通报，2000，35 (6)：19～21

　　[34] 瞿明仁．饲料卫生与安全学 [M]．北京：中国农业出版社，2008

　　[35] 单安山．饲料配制大全 [M]．北京：中国农业出版社，2005

　　[36] 沈建忠．动物毒理学 [M]．北京：中国农业出版社，2002

　　[37] 史志诚．动物毒物学 [M]．北京：中国农业出版社，2001

　　[38] 孙鹏，秦贵信．蒸汽处理对纯化大豆抗原含量及免疫原性的影响 [J]．中国兽医学报，2006，26 (5)：551～554

　　[39] 孙泽威．大豆中主要抗原物质对犊牛的影响 [D]．长春：吉林农业大学硕士论文，2003

　　[40] 佟建明，沈建忠．饲用抗生素研究与应用 [M]．北京：中国农业大学出版社，2000

　　[41] 汪儆，王建华，冯定远．饲料毒物与抗营养因子研究进展 [M]．西安：西北大学出版社，1997.

　　[42] 汪昭贤．兽医真菌学 [M]．杨凌：西北农林科技大学出版社，2005

　　[43] 王安，单安山．饲料添加剂 [M]．哈尔滨：黑龙江科学技术出版社，2001

　　[44] 王成章．饲料学 [M]．北京：中国农业出版社，2007

　　[45] 王建华，冯定远．饲料卫生学 [M]．西安：西安地图出版社，2000

　　[46] 王冉．非淀粉多糖的化学结构和营养特性 [J]．国外畜牧科技，1998，25

（6）：9～14

［47］王卫国．对饲料安全理解的几个误区［J］．陕西科技报，2006－02－09：002 版

［48］王宗元．动物营养代谢病和中毒病学［M］．北京：中国农业出版社，1997

［49］魏秀莲．饲料安全及生产应用手册［M］．北京：中国农业科学技术出版社，2010

［50］吴永宁．现代食品安全科学［M］．北京：化学工业出版社，2003

［51］吴永宁．兽药残留检测与监控技术［M］．北京：化学工业出版社，2007

［52］谢黎虹，许梓荣．重金属镉对动物及人类的毒性研究进展［J］．浙江农业学报，2003，15（6）：376～381

［53］徐荣军，张明秀等．浅谈饲料安全对畜产品质量的影响及应对措施［J］．养殖与饲料，2007（8）：72～73

［54］许振英．动物营养研究进展［M］．哈尔滨：黑龙江人民出版社，1986

［55］许振英，张子仪．动物营养研究进展［M］．北京：中国农业科技出版社，1994

［56］杨公社．绿色养猪新技术［M］．北京：中国农业出版社，2004

［57］杨曙明，张辉．饲料中有毒有害物质的控制与测定［M］．北京：北京农业大学出版社，1994

［58］杨晓刚，余东游，许梓荣．动物铅毒性研究进展［J］．中国畜牧杂志，2006，42（19）：57～59

［59］杨志强．微量元素与动物疾病［M］．北京：中国农业科技出版社，1998

［60］易中华，陈旭东．砷制剂的毒副作用及其对生态环境的负面效应［J］．家畜生态，2004，25（4）：196～167

［61］于炎湖．饲料毒物学附毒物分析［M］．北京：中国农业出版社，1992

［62］袁慧．饲料毒物与饲料卫生学［M］．长沙：湖南科学技术出版社，1995

［63］赵之阳等．饲料行业 HACCP 管理技术指南［M］．北京：中国农业出版社，2003

［64］张丽英．饲料分析及饲料质量检测技术（第二版）［M］．北京：中国农业大学出版社，2003

［65］张乔．饲料添加剂大全［M］．北京：北京工业大学出版社，1994

［66］张子仪．中国饲料学［M］．北京：中国农业出版社，2000

［67］中国农业科学院研究生院组．饲料质量安全与 HACCP［M］．北京：中国农业科学技术出版社，2008

［68］邹明强，杨蕊，金钦汉．农药与农药污染［J］．大学化学，2004，19（6）：1～8

［69］邹志刚．盐酸克伦特罗食物中毒及残留检测研究进展［J］．预防医学论坛．2007，13（2）：145～148

［70］Annison, G. Relationship between the levels of soluble non-starch polysaccharides and the apparent metabolizable energy of wheats assayed in broiler chickens［J］. J. Agric. Food

Chem，1991，39：1252

[71] Bowman K. Fractions derived form soybeans and navybeans which retard tryptic digestion of casein [J]. Proceedings of the Society for Experimental Biology and Medicine，1944，57：139~140

[72] Edney M J，et a1. The effect of β-glucanase supplementation of nutrient digestibility and growth in broilers given diets containing barley，oat groats or wheat [J]. Anim. Feed Sci. Tech. ，1989，25：193

[73] Englyst H N. Classification and measurement of plant polysaccharides [J]. Ani. Feed Sci. &Tech. ，1989，23：27~42

[74] Miccstein，et al. Cerebrospinal fluid nitrite/nitrate levels inneurotogic diseases [J]. Journal of Neurochemistr，1994，63（3）：1178~1180

[75] Reckelhoff，et a1. Changes in nitric oxide precursor，L-arginine，and metabolites nitrate and nitrite with aging [J]. Life Science，1994，55（24）：1895~1902

[76] Yi Z，Kornegay E T，Ravindran V，and Denbow D M. Improving phytate phosphorus availability in corn and soybean meal for broilers using microbial phytase and calculation of phosphorus equivalency values for phytase [J]. Poultry Science，1996，75：240~249

[77] GB 13078—2001 饲料卫生标准

[78] GB 13078. 1—2006 饲料卫生标准 饲料中亚硝酸盐的允许量

[79] GB 13078. 2—2006 饲料卫生标准 饲料中赭曲霉毒素 A 和玉米霉烯酮的允许量

[80] GB 13078. 3—2007 配合饲料中脱氧雪腐镰刀菌烯醇的允许量

[81] GB 21693—2008 配合饲料中 T-2 毒素的允许量

[82] GB 26418—2010 中华人民共和国国家标准 饲料中硒的允许量

[83] GB 26419—2010 中华人民共和国国家标准 饲料中铜的允许量

[84] GB 26434—2010 中华人民共和国国家标准 饲料中锡的允许量